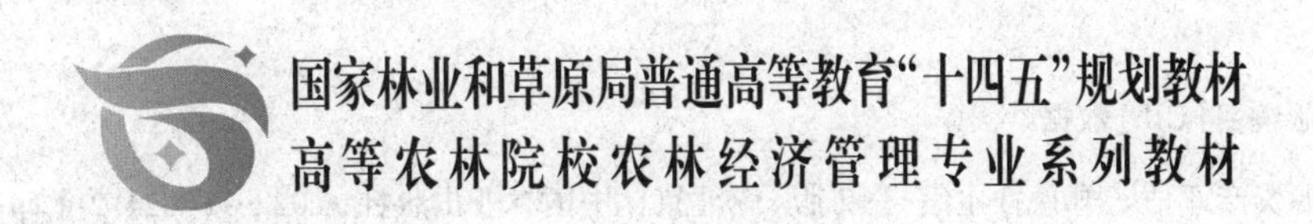

森林资源资产评估

（第2版）

郑德祥　主编

中国林業出版社
CFPH China Forestry Publishing House

图书在版编目(CIP)数据

森林资源资产评估 / 郑德祥主编. —2版. —北京：中国林业出版社，2022.7(2024.2重印)
国家林业和草原局普通高等教育"十四五"规划教材　高等农林院校农林经济管理专业系列教材
ISBN 978-7-5219-1576-1

Ⅰ.①森…　Ⅱ.①郑…　Ⅲ.①森林资源-资产评估-高等学校-教材　Ⅳ.①F307.26

中国版本图书馆CIP数据核字(2022)第025111号

福建农林大学生态文明建设与管理交叉学科建设项目
福建农林大学教材出版基金资助

中国林业出版社教育分社

策划编辑：肖基浒　　**责任编辑**：肖基浒　田夏青
电　　话：(010) 83143555　　**传　　真**：(010) 83143516

出版发行：中国林业出版社(100009　北京市西城区刘海胡同7号)
E-mail:jiaocaipublic@163.com　电话:(010)83223120
http://www.forestry.gov.cn/lycb.html
经　　销：新华书店
印　　刷：北京中科印刷有限公司
版　　次：2016年2月第1版(共印3次)
2022年7月第2版
印　　次：2024年2月第2次印刷
开　　本：850mm×1168mm　1/16
印　　张：19
字　　数：451千字
定　　价：55.00元

《森林资源资产评估》（第2版）
编写人员

主　　编： 郑德祥

副 主 编： 刘　健　张卫民

编写人员：（按姓氏笔画排序）

吕　勇（中南林业科技大学）
刘　健（福建农林大学）
陈昌雄（福建农林大学）
陈世清（华南农业大学）
张卫民（北京林业大学）
林进添（福建江夏学院）
欧阳勋志（江西农业大学）
郑德祥（福建农林大学）
康海军（福州外语外贸学院）
黄选瑞（河北农业大学）
龚直文（西北农林科技大学）
彭道黎（北京林业大学）

《森林资源资产评估》(第1版)
编写人员

主　　编： 郑德祥

副 主 编： 陈平留　张卫民　刘　健

编写人员：（按姓氏笔画排序）

吕　勇（中南林业科技大学）
刘　健（福建农林大学）
陈平留（福建农林大学）
陈昌雄（福建农林大学）
陈世清（华南农业大学）
张卫民（北京林业大学）
欧阳勋志（江西农业大学）
郑德祥（福建农林大学）
黄选瑞（河北农业大学）
龚直文（西北农林科技大学）
彭道黎（北京林业大学）

第2版前言

资产评估是通过资产的价值优化配置资源的重要工具，是维护社会秩序、促进市场公平竞争所不可或缺的，是完善社会主义市场经济体制、促进社会主义市场经济健康发展的重要手段。随着社会的发展与人们认识的提高，生物性资产正成为资产评估的新兴组成部分，而作为生物性资产的重要组成部分的森林资源对我国生态文明建设具有重要意义。森林资源资产评估是深化林业体制改革与集体林权制度改革的重要保障措施，开拓了资产评估行业的新领域，已成为资产评估行业的重要分支领域。

自20世纪90年代以来，森林资源资产评估历经近30年的发展，已初步形成了较为完善的理论体系，正朝着规范化、专业化与法制化方向发展。2016年7月《中华人民共和国资产评估法》(以下简称《资产评估法》)的正式颁布与实施，弥补了资产评估行业的法律空白，为整个资产评估行业的规范、健康与持续发展起到重要的指导作用。资产评估法的出台对森林资源资产评估执业及管理提出了新的规范化要求，在资产评估法基础上，我国的资产评估准则体系不断修订完善，加强了评估行业的自律管理。与此同时，林业政策方面2016年育林金的全面取消、天然林禁伐政策等一系列林业管理政策的提出均对森林资源资产评估产生了较大影响，2020年7月1日新修订的《中华人民共和国森林法》(以下简称《森林法》)正式施行，对森林资源经营管理也提出了一些新的要求。为更好地适应新《资产评估法》、新《森林法》以及评估行业与林业发展需要，本教材针对新法律、新政策的变化，在保留原有教材总体结构基础上，总结第1版教材不足进行修订，以新法律及行业准则为依据，结合林业发展新政策的变化，重点对原教材中资产评估概论、评估方法、评估基础知识等章节进行修订，删除与法律及政策规章不相符的内容，更新全书案例参数与计算，并新增森林灾害损失评估、森林生态服务功能价值评估等新领域资产评估知识，新增森林资源资产评估报告书范例作为附录，并引入《中华人民共和国资产评估法》《资产评估执业准则》作为附录参考，从而更好地为教学、生产实践及评估行业执业提供参考。

本教材由郑德祥主编与统稿，具体编写分工如下：第1章由郑德祥、张卫民编写；第2章由陈昌雄、黄选瑞、龚直文编写；第3章由郑德祥、林进添、康海军编写；第4章由郑德祥、陈世清编写；第5章由郑德祥、张卫民、彭道黎编写；第8章由刘健、欧阳勋志、郑德祥编写；第9章由郑德祥、黄选瑞、吕勇编写；第6章、第7章、第10章、附录及各章节案例均由郑德祥编写。在本教材修订过程中，得到了中国林业出版社、福建农林大学、北京林业大学、福建江夏学院等领导及同仁的关心、支持、帮助和指导，在此表示诚挚谢意，同时感谢福建农林大学苏仪与何冬梅同学对有关图表及文字的校对工作。

本教材可作为全国高等农林院校林学、林业经济管理及相关专业学生教材，也可作为相关专业研究生教材，并供林业工作者及资产评估从业人员参考。

由于时间仓促和水平有限，教材难免存在不足和疏漏之处，欢迎广大读者批评指正，以便进一步修改完善本书，为提高教学水平与教材质量贡献我们的智慧与力量。

编　者

2022. 5. 30

第1版前言

资产评估具有独立、客观的价值发现和鉴证功能，是优化资源配置、维护经济秩序的重要手段。它在维护资产所有者权益、规范资本市场运作、防范金融风险，保障社会公共利益和国家经济安全等方面发挥了十分重要的作用，随着社会主义市场经济的不断深入发展，资产评估作为一个社会中介服务行业已成为我国经济发展的一个有机组成部分，是市场经济建设的一支重要专业力量。

森林生态系统对于全球生态系统维护具有重要意义，其主体即森林资源不仅对人类生态环境建设具有重要意义，也是林业可持续发展的根本。自20世纪90年代以来，森林资源的资产化已逐步被社会认识与接受，森林资源成为生物性资源资产的重要组成部分，国际会计准则与中国企业会计准则均将森林资源资产纳入重要的生物资产范畴。2003年《中共中央 国务院关于加快林业发展的决定》及《中共中央 国务院关于全面推进集体林权制度改革的意见》均将森林资源资产评估作为深化林业体制改革与集体林权改革的重要保障措施。森林资源资产评估开拓了资产评估行业的新领域，并成为资产评估新的组成部分与重要分支。

本教材为顺应集体林权制度深化改革形势的需要，与时俱进，以前人研究为基础，综合本教学研究团队近二十年的教学、科研和评估实践进行编写，教材吸收了森林资源资产评估新领域研究，更新与修订了部分理论知识，并根据现时林业政策制度修订实例分析计算参数，以利于读者更好地学习与参考，适应森林资源资产评估事业发展的需要。由于时间仓促和水平所限，难免不足和疏漏之处，欢迎各位读者给我们提出宝贵意见，以便进一步完善这本教材。

本教材由10章及附录构成，编写过程中重视理论与实践相结合，在大量吸收资产评估与森林资源资产评估研究与发展的理论基础上，在森林资源资产基础理论、基本方法、林木资产评估、林地资产评估等涉及评估实践部分章节均辅以大量的评估案例为读者学习提供参考。教材编写力求简要、务实，可作为林业本科院校林学及相关专业教材，亦可作为相关专业研究生及林业经济专业的参考书，并可作为林业工作者及资产评估从业人员参考资料。

本教材的结构和大纲由郑德祥提出，第1章由陈平留、张卫民、郑德祥编写；第2章由陈昌雄、黄选瑞、龚直文编写；第3章由张卫民、郑德祥编写；第4章由郑德祥、陈世清编写；第5章由郑德祥、张卫民、彭道黎编写；第8章由刘健、欧阳勋志、郑德祥编写；第9章由郑德祥、黄选瑞、吕勇编写；第6章、第7章、第10章及各章节案例均由郑德祥编写，全书由郑德祥统稿。在本教材编写过程中，得到了中国林业出版社、国家林业局调查规划院、国家林业局人才交流与培训中心、福建农林大学、北京林业大学经济管理学院、福建省福林咨询中心领导同仁的关心、支持、帮助和指导，在此表示诚挚谢意。

编　者

2015. 12

目 录

第1章　概　论

【本章提要】

本章主要介绍森林资源、森林资源资产、森林资源资产评估的基本概念。从森林资源及其特点出发，介绍森林资源资产的界定，森林资源资产评估的基本要素构成，评估的原则及假设等基本理论基础，并简要介绍了当前资产评估与森林资源资产评估的管理体制、人员、机构及项目管理，以利于学习者了解森林资源资产评估的总体框架，掌握资产、森林资源资产的基本概念与理论体系，了解森林资源与森林资源资产、森林资源资产评估及其管理，从而为后续学习奠定基础。

森林生态系统是陆地上最大的生态系统，它对于全球生态系统维护具有极为重要的意义，而作为其主体的森林资源不仅对人类生态环境建设具有重要意义，并且是林业企业赖以生存和发展的物质基础。近年来随着社会主义市场经济与集体林权制度改革的不断发展，森林资源已成为国际公认的生物性资产的重要组成部分。在我国集体林区，森林资源流转现象日益频繁，森林资源资产化管理已成为必然，为维护森林资源资产所有者、经营者的权益，提高森林资源资产的使用效益，森林资源资产评估应运而生。森林资源资产评估已成为深化集体林权制度改革的重要保障措施，对促进社会主义林业事业发展，实现我国森林资源的可持续经营具有重要的现实意义。

1.1　森林资源及森林资源资产

1.1.1　森林资源与森林

1.1.1.1　森林资源的概念

森林资源是一种重要的可再生的自然资源，它涉及人类环境与发展的各个方面，是实现可持续发展不可缺少的环节。森林资源也是林业生态建设和产业发展的基础，没有森林资源就没有林业。森林资源的数量、质量、分布不但决定着森林的生态、社会、经济功能，而且是衡量一个地区生态状况、国民生活质量、经济社会发展水平的重要指标。

森林资源是以多年生木本植物为主体，包括以森林环境为生存条件的林内动物、植物、微生物等在内的生物群落，具有一定的生物结构和地段类型并形成特有的生态环境，在进行科学管理及合理经营条件下，可以不断地向社会提供大量物质产品、非物质产品及发挥其多种生态功能。森林是地球上最大的陆地生态系统，是全球生物圈中重要的一环。它是地球上的基因库、碳贮库、蓄水库和能源库，对维系整个地球的生态平衡起着至关重要的作用，是人类赖以生存和发展的资源和环境。

从狭义角度出发，森林资源主要指树木资源，尤其是乔木资源，在我国2019年修订颁布的《中华人民共和国森林法实施条例》第二条即规定："森林资源，包括森林、林木、林地以及依托森林、林木、林地生存的野生动物、植物和微生物。"但随着社会的不断发展与人们认识的提高，森林资源的内涵不断扩大，即从广义角度出发，森林资源应该包括两部分：直接的实物资源和间接资源。

(1)直接的实物资源

①林地资源　现实和规定将要用于种植林木的土地。

②林木资源　成片或单株的树木，包括利用木材的树木和利用果、叶、茎、根等非木材的树木。

③林中其他植物资源　除树木以外的其他植物。

④林中野生动物资源　包括所有的兽、鸟、昆虫、鱼类等动物。

⑤林中的非生物资源　包括水、石、矿等。

(2)间接资源

这部分资源主要是由于森林的存在而产生的环境、气候、观赏、旅游、森林文化等资源。

1.1.1.2　森林的定义

俗话说"独木成林"，但从理论与林业生产实际出发，一株或若干株树木在一起，并不一定能成为森林。目前世界上没有统一的森林标准。由于各国森林数量多少不同，森林及其产品在国民社会生活中的地位和作用不同，因而对森林的界定也不同。美国等国家规定郁闭度(林地上林木树冠的投影面积与林地面积的比值)达到0.1以上为森林；联合国粮农组织和许多国家，如德国、日本等国规定郁闭度达到0.2以上为森林；北欧部分国家规定每公顷林木蓄积生长量达到1 m^3以上为森林。2020年修订的《中华人民共和国森林法》中规定："森林，包括乔木林、竹林和国家特别规定的灌木林。按照用途可以分为防护林、特种用途林、用材林、经济林和能源林。"在我国，结合林业生产森林被定义为：面积大于0.067 hm^2，郁闭度不小于0.2(林木树冠层覆盖度不小于20%)的林地，包括乔木林(含行数在2行以上且行距≤4 m或林冠冠幅投影宽度在10 m以上的防护林带或防护林网)、红树林、竹林。林木树冠层覆盖度暂未达到20%，但保存率达到80%(年平均降水量400 mm以下地区为65%)以上，面积大于0.067 hm^2的人工幼林，除此之外，在我国计算森林覆盖率时，国家特殊规定灌木林地亦纳入森林范畴，特指年平均降水量400 mm以下地区，或乔木垂直分布界线以上，或热带亚热带岩溶地区、干热河谷等生态环境脆弱地带，且覆盖度大于30%的灌木林，以及以获取经济效益为目的进行经营的灌木经济林。

1.1.2　森林资源资产概念及特点

1.1.2.1　森林资源资产的概念

资产指特定权利主体拥有或控制的，能够给特定权利主体带来未来经济利益的经济资源，它包括了具有内在经济价值以及市场交换价值的所有实物和无形的权利。其基本特征是必须由经济主体拥有或控制，能给经济主体带来经济利益并且能以货币计量的。根据《中华人民共和国资产评估法》的资产评估定义，在中华人民共和国境内的资产评估所涉及的资产包括不动产、动产、无形资产、企业价值、资产损失或者其他经济权益。

资产是一种经济资源，但不意味着所有的资源都能成为一种资产，同理在社会主义市场经济条件下，森林资源作为一种可再生资源，并非所有的森林资源均能成为资产，只有当森林资源具备资产的基本特征后才可能成为森林资源资产，因此结合资产的基本特征，森林资源资产可以定义为：由特定权利主体拥有或控制并能带来经济利益的，用于生产、提供商品和生态服务功能的森林资源，它包括森林、林木、林地、森林景观等。应当明确的是森林资源资产是以森林资源为物质内涵的资产，它并不是指所有的森林资源，而仅是森林资源中具有资产性质的一部分经济资源，它是一种具有可再生能力的生物性资产。

森林资源资产根据其物质构成可分为林木资源资产、林地资源资产、景观资源资产、野生植物资源资产、野生动物资源资产；在林木资源资产中，根据其收获形式的不同还可分为用材林林木资源资产、薪炭林林木资源资产、经济林林木资源资产和竹林资源资产。而在企业会计核算体系中，森林资源资产归属于不同的资产类别：林木资产属于生物资产类，林地资产则被划归为无形资产作为林地使用权进行计量和核算，森林景观资产的核算目前还没有涉及。在《国际会计准则第41号——农业》与我国的《企业会计准则第5号——生物资产》中，林木资源资产是一项重要的生物资产，以此为基础，林木资源资产又可分为消耗性林木资产（指为出售而持有的、或在将来收获为林产品的林木类生物资产，如杉木、松树、杨树等用材林）、生产性林木资产（指为产出林产品、提供劳务或出租等目的而持有的林木类生物资产，如经济林中的果树、竹林、桑树、茶树等）、公益性林木资产（指以防护、环境保护为主要目的的林木类生物资产，包括防风固沙林、水土保持林和水源涵养林等）。

1.1.2.2　森林资源资产的特点

(1)森林资源资产和一般资产的共性特点

①获利性　森林资源资产是林业企业及其经济组织所拥有的，能够获得预期经济收益的森林资源。企业盈利过程是以生产的价值量形成和实现为前提的，不能给所有者带来经济利益的森林资源，不能作为森林资源资产，只能作为潜在性的森林资源资产，待条件改善后，能获得经济利益再转化为资产。

②占有性　森林资源资产必须为某一经济主体排他性地占有，即产权的归属必须明确并能实施有效的控制，无法实施有效控制的森林资源不能作为资产。如现阶段大部分的野生动物和植物资源，由于无法对其实施有效的控制，因而不能作为森林资源资产。

③变现性　从市场经济角度出发，任何具有价值和使用价值的资产，都是可以变现的，森林资源资产也不例外。虽然森林资源资产的生长周期较长，不同的森林资源资产变现的方式可能不同，但都受制于价值规律，都具有变现的能力。

④可比性　根据资产的价值分析，资产功能同成本有着内在的联系，所以，资产的合理价值应体现在生产功能的重要性系数和成本系数的一致性上。虽然森林资源资产经营的周期长，成本对市场价格反映较为滞后，但从长时间看成本仍然对其功能发生影响。因

此，在评估中可以通过资产功能的对比，确定其调整系数，评估资产的成本价值。

(2)森林资源资产的自身特点

除了具有资产的共性特点外，森林资源资产作为可再生性的自然资源性资产，它还具有其自身的特点：

①经营的可再生性　根据森林生长的规律和再生能力，通过科学合理的森林经营利用措施，可以使森林资源资产消耗得以补偿。因此，森林资源资产在没有受到自然灾害和人为破坏时，在科学、合理的经营下，是不发生折旧问题的，而且每年都出售部分资产(林产品)，其森林资源资产的总量保持不变，或略有增长，长期永续地实现其保值增值的目的。

②经营的长期性　根据森林生长的规律，它的产品要经过很长的时间后才能出售。投入某一森林资源资产经营的资金少则数年，多则数十年、上百年才能回收，因为一块林地造上林木，要到数十年后林木成熟并进行采伐时，才能将其本金收回。

③自然力的主导性　森林资源的形成、发展与更新等动态过程均离不开自然力的作用，与人力相比，这种自然力具有独立性、主导性与决定性作用。离开自然生产力，无论人们投入多少的人力、物力、财力都不能造就森林资源，因此在森林资源资产的形成与经营过程中必须遵循自然规律予以合理地开发利用。

④产品的非标准性　与一般性资产不同，森林资源资产的产品表现形式包括各类立木蓄积量、经济林产品以及生态服务等，这些产品均为非标准化产品。例如，一片林分中立木大小交错各异，没有统一的规格，而一棵果树上所生产的果品也是大小形状各异；而一片森林的生态服务产品则包括了水源涵养、空气净化等诸多服务在内，这些产品的非标准化给森林资源资产评估带来了许多困难，必须借助于专业技术按特定的参数通过复杂的测算才能得出合理的资产价格。

⑤经营效益的多样性　传统的森林资源资产经营目的主要以生产木材、林副产品及非木质林产品为主，除此之外，森林资源还承载着涵养水源、保育土壤、固碳释氧、净化空气等一系列生态效益，进入21世纪以来，人们已认识到森林生态服务效益对人类的重要性，并逐步接受森林生态补偿的理念，从而使森林生态服务可被纳入森林资源资产评估对象，森林资源资产的这种多效益性使森林资源资产评估较一般性资产更为复杂，如何对森林资源资产的生态效益进行评估成为森林资源资产的新的热点领域，但也成为最大的难点。

⑥管理的艰巨性　与其他资产相比，森林资源分布的辽阔性使其资产管理任务十分艰巨。多数森林资源资产分布于广袤无垠的大地上，既不能仓储，又难以封闭，使其安全保卫十分困难，火灾、虫灾、盗伐等人为或自然的灾害很难控制，从而增加了森林资源资产经营风险损失的概率，增加了风险损失的可能性。因此，森林资源资产经营必须引入风险机制，才能使其适应社会主义市场经济的发展。

1.1.3　森林资源资产的界定

森林资源资产界定主要包含两方面的内容：其一是界定森林资源资产的物质内涵，即哪些是森林资源资产，哪些不是森林资源资产；其二是界定森林资源资产的所有权，即确定森林资源资产的占有权、使用权、收益权和处分权。

1.1.3.1 森林资源资产界定的基本原则

森林资源资产的界定是我国林业经济管理体制的变革，是为建立具有中国特色社会主义市场经济体制服务的。其界定应遵循若干基本原则：

(1)以法律为依据的原则

森林资源资产的界定是一种法律行为，其界定必须以有关法律、法规为依据。无论是森林资源资产物质内涵的界定，还是森林资源资产所有权的界定，都必须要有法律依据。

(2)国家所有权受特殊保护的原则

国家是特殊的经济主体，唯有国家的利益最能反映全体人民的共同利益和社会的长远利益，因此，在界定中国家所有权必须受到保护。根据《中华人民共和国民法典》规定：无人继承又无人受赠的遗产，归国家和集体所有。就森林资源资产而言，凡没有法律依据为集体所有或其他经济成分所有的森林资源资产均应界定为国有森林资源资产。

(3)维护其他非国有经济主体合法地位的原则

在森林资源资产的界定中，由于森林资源具有定位性，与林地是不可分割的。而我国的土地所有制只有全民所有和集体所有两种，其他经济主体只拥有土地的占有权与使用权。因此，保证非国有经济主体对森林资源资产的合法占有与使用，对于林业发展具有重要意义。

(4)“谁投资谁占有谁受益”的原则

在商品经济的条件下，资产及其收益最终都归投资者所有，收益的分配也由投资者来控制；森林资源资产在其形成中有较多自然力因素，但也离不开资金的投入。鼓励多种经济成分积极投资林业是振兴我国林业的重要举措。因此，在森林资源资产的界定中要特别注意林地资源资产与林木资源资产的归属，“谁投资谁占有谁受益”就是这一政策的最好体现。但必须注意，林地资源资产的归属不因林权的改变而随意变动。

1.1.3.2 森林资源资产界定的依据

森林资源资产界定的依据在内容上分为两个层次：

(1)不同财产构成的界定依据

森林资源资产的财产构成界定依据主要有：首先是有关的自然资源法规，如《中华人民共和国森林法》《中华人民共和国森林法实施条例》《中华人民共和国土地管理法》《中华人民共和国草原法》《中华人民共和国水土保持法》《中华人民共和国野生动植物保护法》《中华人民共和国渔业法》等资源的法规中关于资产构成的条款是资产构成界定的基本依据；其次是当地生产力发展的水平，资产的财产构成是随着生产力发展水平的提高而丰富的。例如，森林环境资产在20世纪80年代中期前，人们对它的认识是非常有限的，但随着时代的进步与科学技术的发展，森林旅游已成为旅游热点，森林环境资源就理所当然地成为森林资源的重要组成部分，也成为重要的森林资源资产。

(2)所有权权能的界定依据

所有权权能的界定就是对资产占有、使用、处分、受益的界定。森林资源资产的占有权要依据县(市)以上人民政府的具有法律效力的法律文书来确定归属。如县政府签发的土地证、不动产权证等。森林资源资产的使用权界定，除了依据县级以上人民政府的法律文书外，通常还可依据森林资源资产占有者具有法律约束力的契约性文书来界定。例如，通过签订合同、协议的方式将森林资源资产交由其他经济主体使用。森林资源资产受益权主要根据“谁投资谁受益”的原则，依据法定或约定的经济管理文件来界定，如合同书等。涉及国有森林资源资产的处分权则必须由原占有森林资源资产的经济主体的上级主管部门的具有法律效力的文书来界定，因为国有森林资源资产的处分权涉及产权的流转，必须得到上一级主管部门的确认才有效，而集体所有或个体所有的处分权则通常由经营者自行决定或按当地相关林木资源流转政策与规定执行。

1.1.3.3　森林资源资产的界定

森林资源资产的界定就是要界定哪些森林资源属于资产，哪些不属于资产，以及属于资产的各项权能的归属。在界定中必须对各项森林资源资产的内部构成进行仔细的分析与认定。对这些资产进行分类分析的主要依据是价值论。森林资源界定为资产必须满足三方面的要求：第一是产权归属明确，为某一经济主体所占有，并实施有效控制的森林资源；第二是具有使用价值，可作为经营对象；第三是数量明确且可用货币进行度量，可作为商品在市场中进行交换的森林资源。

(1)林地资源资产认定

根据《中华人民共和国森林法》规定：“林地是指县级以上人民政府规划确定的用于发展林业的土地。包括郁闭度0.2以上的乔木林地以及竹林地、灌木林地、疏林地、采伐迹地、火烧迹地、未成林造林地、苗圃地等。”除此之外，中华人民共和国国家标准《森林资源规划设计调查技术规程》(GB/T 26424—2010)、国家林业和草原局《森林规划设计调查主要技术规定》都对林地(林业用地)作了更为具体的划分。

(2)林木资源资产认定

林木资源资产是具有资产属性的林木总和。根据《中华人民共和国森林法》和《森林资源规划设计调查主要技术规定》，林木资源按其功能主要可分为：防护林、特种用途林、用材林、经济林和能源林5种。

在五大林种中，经济林多数应认定为森林资源资产。因为它的产权明晰，可实现有效的控制，而且它以生产果品、油料、饮料、调料、工业原料和药材为目的，通常有较多的投入和较高的经济效益。

用材林和能源林的大部分应认定为森林资源资产。不能认定为资产的主要有：

a. 产权关系不明确的用材林和能源林；

b. 经营主体无法进行事实上有效控制的用材林，如不可及林；

c. 生产条件恶劣或林分质量极差，无法产生经济效益，不能作为经营对象的森林。

防护林的情况较为特殊，相当一部分的防护林虽然以防护效益为主要目的，但仍可产生较大的经济效益，如水源涵养林由于防护效益带来了间接的经济效益为某一特定经济主体所占有，如农田牧场防护林、护路林等。这类防护林产权关系明确并能产生经济效益，其效益为某一特定的经济主体所占有，则应认定为森林资源资产。其他的防护林，由于其产生的生态效益为社会所共有，且难以用货币计价，它们暂时只能作为潜在的资产而不能直接认定为资产。但随着生态文明建设与社会经济的不断发展，防护林的生态效益可得到相应的补偿时，防护林的生态效益就会成为资产的一部分。

特殊用途林的情况很复杂，它的经营目的多种多样，它们中间有一部分即使产权关系明确也不能作为森林资源资产。如以保护军事设施和作为军事屏障为主要目的的国防林，自然保护区内的禁伐林等。但以培育优良种子为目的的母树林，教学、科研实验林场的实验林，城镇、医院、疗养院、工业区等以净化空气、改善环境、防止污染、降低噪音为主要目的环境保护林，在风景游览区内以美化环境、吸引游人的风景林等特种用途林，虽然有其特殊的经营目的，但在实现该目的前提下，仍可产生较大的经济效益，可以作为资产经营。这类森林只要产权关系明确，为某一经营主体所占有并实施实际上的有效控制，则应认定为森林资源资产。

(3)林区野生动植物资产认定

林区野生动植物是森林资源的重要组成部分，但野生动植物的产生不是人类劳动的产物，如何确认它们的数量及价值一直是学术界研讨的题目。传统的认识是将其作为资源来管，而不认为是资产。但随着社会的进步，野生动植物的价值发生了巨大的变化，而且森林资源的经营方式也朝着多样化与综合利用方向发展，在林区中对野生动植物采取管护和经营利用措施并实施有效控制，如野生菌类采集区等，这类野生动植物应认定其为森林资源资产。其他的野生动植物资源仅能作为潜在性资产。

(4)森林环境资产认定

森林环境是森林生态系统的组成部分。林区中的山、水、土、石、大气、光照、动物、植物等各种生物和非生物要素的组合称为森林环境。森林环境的开发利用是随着森林旅游的兴旺而兴旺起来的。森林环境的开发、经营是以森林旅游为目的、以林地的开发为基础。森林环境能被界定为森林环境资产，除了其产权要求外，关键是看当地的旅游业发展水平。交通条件较好，森林环境优美，可以吸引游客的环境资源应认定为森林环境资产。地处偏远，交通困难，虽然环境优美但无法吸引游人前往的森林环境资源，在当前只能是资源，而不能作为资产。

1.2 森林资源资产评估的概念和特点

1.2.1 森林资源资产评估的概念

资产评估是市场经济条件下客观存在的经济范畴，随着商品经济的发展，越来越多的不同所有者和不同的利益主体，在社会经济主体资本的指导下，通过市场纽带，建立起由社会分工、社会必要劳动所规范的社会联系，越来越多地把生产成果及生产条件纳入交换、流通、竞争和价值规律制约的范围。为了将生产成果和生产条件共同纳入商品经济的约束范围内，维护不同所有者和经济利益主体的权益，就必须合理地估计和判断这些生产条件和生产成果的现时市场价格，这就需要对这些生产条件和生产成果(资产)进行评估。

资产评估(以下称评估)，是指评估机构及其评估专业人员根据委托对不动产、动产、无形资产、企业价值、资产损失或者其他经济权益进行评定、估算，并出具评估报告的专业服务行为。资产评估的实质是对资产价值的判断，它是评估专业人员根据所掌握的市场资料和资产资料对现在和未来市场进行多因素分析的基础上，对资产所具有的现时市场价值量进行的评定估算。

森林资源资产评估实际上就是对以森林资源为内涵的资产进行价值评估，即评估人员依据相关法律、法规和资产评估准则，在评估基准日，对特定目的和条件下的森林资源资产价值进行分析、估算，并发表专业意见的行为和过程。

森林资源资产评估是一项技术性、政策性很强的工作，从业者不仅要掌握一般资产评估的理论和技术，而且还要了解森林资源本身特殊的生长变化规律、森林的经营和调查技术等，其知识结构既涉及林学、森工的专业知识，又涉及经济学、法学、管理学等方面的知识，要求多学科的协同工作。

1.2.2 森林资源资产评估的特点

1.2.2.1 森林资源资产评估与一般资产评估的共性特点

①市场性　资产评估是适应市场经济要求的专业中介服务活动，其基本目标就是根据资产业务的不同性质，通过模拟市场条件对资产价值做出可进行市场检验的评定估算和报告。

②公正性　公正性是指资产评估行为服务于资产业务的需要，而不是服务于资产业务当事人的任何一方的需要。

第一，资产评估按公允、法定的准则和规程进行，公允的行为规范和业务规范是公正性的技术基础。

第二，评估人员是与资产业务没有利害关系的第三者，这是公正性的组织基础。

③专业性　资产评估是一种专业人员的活动，从事资产评估业务机构应由一定数量和不同类型的专家及专业人士组成。一方面这些资产评估机构形成专业化分工，使得评估活动专业化；另一方面，评估机构及其评估人员对资产价值的估计判断也都是建立在专业技术知识和经验的基础之上。

④咨询性　咨询性是指资产评估结论是为资产业务提供专业化估价意见，该意见本身并无强制执行的效力，评估专业只对结论本身合乎职业规范要求负责，而不对资产业务定价决策负责。事实上，资产评估为资产交易提供的估价往往是当事人作为要价和出价的参考，最终的成交价取决于当事人的决策动机、谈判地位和谈判技巧等综合因素。

⑤综合性　森林资源资产评估最后的结果将以货币量来体现，加之资产评估的范围包括多方面，因此，这是一项十分复杂而细致的工作，要求评估人员具备全面的知识和经验。对一项资产的评估，不仅要了解它的自然属性、使用价值，了解它的社会属性、价值及其表现在货币形态上的价格，还要了解被评估资产同外界的联系，预测它的日后效能。在评估中，对资产的诸多因素大部分要用确切的数据进行计算、分析和综合，因此，评估人员应具有相应的知识。一名评估人员不可能完全具备与资产评估工作相适应的全面的技术和知识，但必须要有一个具有多方面知识的群体，做到优化组合、取长补短，评估人员不仅要具有多方面的知识，还要有较高的智力水平(如观察能力、思维能力等)，丰富的经验和较强的工作能力。

⑥时效性　林业企业森林资源资产的数额和结构都不可能是静止不变的，一方面物价经常变动，另一方面森林资源本身也在不断生长。评估结果只能说明一个林业企业在某一

个时点的森林资源资产状况，随着时间的推移，必然会发生变化，并产生较大的差距，因此确定的评估结果只能在一定期限内有效(我国规定是从评估基准日起一年内有效)。

⑦规范性 资产评估是一项复杂而严肃的工作，决不能具有主观随意性，为了确保评估结果的真实性，要求评估结果的全过程都要按照一定的规范进行，比如评估的组织管理、原则、程序、方法以至评估报告书的内容都有具体的要求，必须严格按照规定的要求进行。

⑧权威性 评估结果将作为国有资产经营和产权变动底价的依据，作为一个企业来说，经确认的评估结果可据以调整账务，这就从客观上要求评估具有权威性。评估不是任何单位所作的估测都具有法律效力，而只有评估机构出具的并经有关的主管部门或国有资产管理部门认可的评估才有效，这也就是评估机构的权威性；另外，评估的权威性还体现在评估专业人员应具备的专业知识背景(评估师还需通过国家资格考试)、测算所依据的权威性和计算方法的科学性。

⑨责任性 资产评估结论应当是真实可靠的，无论在什么情况下，都要经得起检验和推敲，而且还得对其结果承担民事和法律责任。因而来不得半点马虎，否则将受到法律制裁。例如，1995 年第八届全国人大常务委员会第十二次会议通过的《关于惩治违反公司法的犯罪的决定》第六条规定：承担资产评估、验资、审计职业的人故意提供虚假证明文件，情节严重的，处五年以下有期徒刑或者拘役，可以并处 20 万元以下罚金。

⑩风险性 森林资源资产评估是根据有关资料的可靠性，对森林资源资产价值作出的一种模拟价格。这种模拟价格是评估人员主观对被评估资产的客观反映。其估价的准确程度如何，取决于所搜集到的资料情况，以及评估人员的道德素养和业务水平的高低，可以做到尽可能准确，但不可能做到绝对准确。但评估机构要对评估结果负法律责任，具有很高的风险性。

1.2.2.2 森林资源资产评估本身的特点

森林资源资产是一种特殊的资产，因而，森林资源资产评估也有不同于一般资产评估的特点。

(1)林地资源资产和林木资源资产的不可分割性

林地资源资产和林木资源资产构成了森林资源资产的实物主体，其他森林资源资产则是由其派生出来的。而林地和林木具有不可分割性，木生于地，地因木而谓林地。林地资源资产的价值必须通过林木资源资产的价值测算来体现。

(2)森林资源资产的可再生性

森林资源资产具有可再生性，这是森林经营的特点，是森林实现可持续经营的基础。在评估时应考虑再生产的投入，即森林更新、培育、保护费用的负担；考虑再生产的期限，即未来经营期的长短，包括产权变动对经营期的限制；考虑综合平衡森林资源培育、利用和保护的关系。

(3)森林经营的长周期性

森林的经营周期少则数年，多则数十年、上百年。这样长的经营周期对评估方面影响表现为：①在供求关系对价格的影响方面表现为供给弹性小，且成本效应滞后。当培育成本与市场需求价格出现背离时，市场需求价格会在短期内起主导作用。评估时应更多地考虑现行市场价格的因素。②由于经营周期长，成本的货币时间价值极为重要，投资收益率的微小变化将对评估结果产生重大影响。③由于经营周期长，对未来投入产出的预测较为困难，而预测的准确性将对评估结果产生显著的影响。

(4)森林资源资产效益的多样性

森林资源资产具有经济效益、生态效益和社会效益，效益的多样性对森林资源资产评估带来了重大的影响：①在现实的生产中生态效益和社会效益往往限制了经济效益的发挥，国家为了公众的利益制定了一系列的法规对一些森林的经营进行限制，这些限制影响了这些森林的最佳经济效益的发挥，在评估时必须给予充分的关注。②生态效益和社会效益在理论上虽然很大，但社会给予认可的经济补偿却很有限，评估时对生态效益和社会效益的处理是森林资源资产评估中极具争议的难点。

(5)森林资源资产核查的艰巨性

森林资源资产的基础数据是资产评估的基础，该数据多数要通过资源调查与核查获取与验证，然而，森林资源资产分布的地域辽阔，多处于荒郊野外，在林区山高路陡，交通不便，生活和工作条件较差，这将给以野外调查为主的森林资源资产核查带来困难，资产的调查与核查工作必须面对风吹日晒雨淋，与一般资产的核查相比极为艰苦。同时评估所涉及的森林资源实物量往往面积大且分布广，从而使资产清查变得非常困难，因此，森林资源资产清查与核查工作的艰巨性是森林资源评估工作的一大特点。

1.3 森林资源资产评估基本要素

1.3.1 森林资源资产评估主体

森林资源资产评估的主体是指森林资源资产评估的机构和评估专业人员。森林资源资产评估工作的政策性强，技术复杂，其评估结果是否真实、准确，直接影响到委托方或相关当事方的合法权益。自2016年《中华人民共和国资产评估法》(以下简称《资产评估法》)颁布以后，森林资源资产评估作为资产评估的重要组成部分之一，森林资源资产评估也应由评估机构来完成，从事森林资源资产评估的评估机构应当是依法采用合伙或者公司形式成立的，向市场监督管理部门申请办理登记后并报有关评估行政管理部门备案的组织机构，因此以往以林业专业技术服务为主的机构(如林业调查规划设计单位)都不再具备独立承接森林资源资产评估业务的资质，然而由于森林资源的专业性与特殊性，根据《资产评估执业准则——利用专家工作及相关报告》中规定“执行资产评估业务，涉及特殊专业知识和经验时，可以利用专业机构出具的专业报告作为评估依据”，由此可见，林业专业机构虽然不具备独立承接评估业务的资质，但仍可以专业机构的身份通过与评估机构的协作参与资产评估业务，但应注意在此过程中林业专业机构可以出具专业报告作为评估依据但不能独立出具资产评估报告。

资产评估机构承接森林资源资产评估业务后，应当指定至少2名评估专业人员承办该项业务，根据《资产评估法》规定，评估专业人员则包括评估师和其他具有评估专业知识及实践经验的评估从业人员，其中评估师是指通过评估师资格考试的评估专业人员。评估专业人员从事评估业务，应当加入评估机构，并且只能在一个评估机构从事业务。根据《资产评估法》规定，评估业务又可分为法定评估业务与非法定评估业务，所谓的法定评估业务指的是涉及国有资产或者公共利益等事项，法律、行政法规规定需要评估的业务，根据《资产评估法》规定“评估机构开展法定评估业务，应当指定至少两名相应专业类别的评估师承办，评估报告应当由至少两名承办该项业务的评估师签名并加盖评估机构印章”，由此可见，森林资源资产评估必须且只能由评估机构来完成，而涉及国有森林资源资产业务的则必须由评估师来完成，而非国有森林资源资产则不一定要评估师来完成，可以由评估专业人员来完成，因此具备林业专业知识经验或教育背景的林业专业人员在加入并得到评估机构认可后即可作为评估专业人员从事非法定评估业务的森林资源资产评估，在报告上签章。应注意的是，无论是评估师或者评估从业人员都应当是受聘于评估机构才能从事评估业务，与评估师不同的是，评估专业人员的能力与从业资质由聘用的评估机构予以认定。无论是哪一类的森林资源资产评估业务都应当至少由2名以上的评估师或评估从业人员签字并加盖评估机构公章后方能生效。

1.3.2　森林资源资产评估对象

如前所述，森林资源资产作为一种经济资源，但并不意味着所有的森林资源均将成为森林资源资产，因此森林资源资产评估的对象是指以森林资源为物质内涵的资产。根据《中华人民共和国森林法实施条例》第二条规定“森林资源，包括森林、林木、林地以及依托森林、林木、林地生存的野生动物、植物和微生物。森林，包括乔木林和竹林。林木，包括树木和竹子。林地，包括郁闭度0.2以上的乔木林地以及竹林地、灌木林地、疏林地、采伐迹地、火烧迹地、未成林造林地、苗圃地和县级以上人民政府规划的宜林地”。结合资产的属性要求，森林资源资产应该是由特定的主体拥有或控制的，并能给经营者带来经济利益的森林资源。主体不明确或无法实施有效控制的森林资源以及不能给经营者带来经济利益的森林资源仅能作为经济资源，而不能作为资产。因此，在《资产评估准则——森林资源资产》中规定森林资源资产评估对象是指由特定主体拥有或控制并能带来经济利益的，用于生产、提供商品和生态服务功能的森林资源，包括森林、林木、林地、森林景观等。

由此可见，除通常人们所认识的林木、林地、林区野生动植物、微生物资产外，随着社会生产力与人们认识的提高，森林的生态服务功能包括森林所提供的涵养水源、保育土壤、固碳制氧、积累营养物质、净化大气环境、森林防护、保护生物多样性和森林游憩等生态服务功能，当生态服务功能被社会认可并给付经济补偿时，森林的生态服务功能就成为森林资源评估对象。

1.3.3　森林资源资产评估目的

森林资源资产评估目的是指对某项具体的森林资源资产评估所要达到的具体目的和结果。森林资源资产评估特定目的是由引起森林资源资产评估的特定经济行为所决定的，它对评估结果的性质、价值类型等有重要的影响。森林资源资产评估的目的主要有：

①资产转让　资产转让是指资产拥有单位有偿转让其拥有的资产，通常是指转让非整

体性资产的经济行为；

②企业兼并　企业兼并是指一个企业以承担债务、购买、股份化和控股等形式有偿接收其他企业的产权，使被兼并方丧失法人资格或改变法人实体的经济行为；

③企业出售　企业出售是指独立核算的企业或企业内部的分厂、车间及其他整体资产产权出售行为；

④企业联营　企业联营是指国内企业、单位之间以固定资产、流动资产、无形资产及其他资产投入组成各种形式的联合经营实体的行为；

⑤股份经营　股份经营是指资产占有单位实行股份制经营方式的行为，包括法人持股、内部职工持股、向社会发行不上市股票和上市股票；

⑥中外合资、合作　中外合资、合作是指我国的企业和其他经济组织与外国企业和其他经济组织或个人在我国境内举办合资或合作经营企业的行为；

⑦企业清算　企业清算包括破产清算、终止清算和结业清算；

⑧担保　担保是指资产占有单位，以本企业的资产为其他单位的经济行为担保，并承担连带责任的行为。担保通常包括抵押、质押、保证等；

⑨企业租赁　企业租赁是指资产占有单位在一定期限内，以收取租金的形式，将企业全部或部分资产的经营使用权转让给其他经营使用者的行为；

⑩债务重组　债务重组是指债权人按照其与债务人达成的协议或法院的裁决同意债务人修改债务条件的事项；

⑪引起资产评估的其他合法经济行为。

1.3.4　森林资源资产评估价值类型

森林资源资产评估结果的价值类型应与评估的特定目的相匹配，即在具体评估操作过程中，评估结果价值类型要与已经确定时间、地点、市场条件下的资产业务相匹配、相适应。任何事先划定的资产业务类型与评估结果的价值类型相匹配的固定关系或模型都可能偏离或违背客观存在的具体业务对评估结果价值类型的内在要求。换一句话说，资产的业务类型是影响甚至是决定评估结果价值类型的一个重要的因素，但是，它并不是决定森林资源资产评估结果价值类型的唯一因素。评估的时间、地点、评估时的市场条件、资产业务各当事人的状况以及资产自身的状态等，都可能对森林资源资产评估结果的价值类型起影响作用。

根据中国资产评估协会 2017 年 7 月 1 日颁布的《资产评估价值类型指导意见》规定，资产评估的价值类型包括市场价值类型和市场价值以外的价值类型。市场价值以外的价值类型包括投资价值、在用价值、清算价值、残余价值等。

1.3.4.1　市场价值类型

市场价值类型是指自愿买方和自愿卖方在各自理性行事且未受任何强迫的情况下，评估对象在评估基准日进行正常公平交易的价值估计数额。

森林资源资产评估中的市场价值是指森林资源资产在评估基准日公开市场上正常使用即最佳使用或最有可能使用条件下所能实现的交换价值的估计值。市场价值既是一种价值类型，同时也是一种具体价值表现形式。

市场价值作为评估结果的价值类型应当满足以下要求：

①评估对象是明确的，包括资产承载的权益；

②评估专业人员在整个评估过程中是以公开市场(假设)来设定森林资源资产评估所依据的市场条件；

③评估专业人员是以评估对象被正常使用或最佳使用或最有可能使用，并达到正常使用水平和效益水平作为评估对象在评估时的使用状态；

④评估专业人员在森林资源资产评估过程中所使用的数据均来自于市场；

执行资产评估业务，当评估目的、评估对等资产评估基本要素满足市场价值定义的要求时，一般选择市场价值作为评估结论的价值类型。

1.3.4.2 市场价值以外的价值类型

市场价值以外的价值类型包括：

(1)投资价值

投资价值是指估计对象对于具有明确投资目标的特定投资者或者某一类投资者所具有的价值估计数额，也称特定投资者价值，执行资产评估业务，当评估业务针对的是特定投资者或者某一类投资者，并在评估业务执行过程中充分考虑并使用了仅适用于特定投资者或者某一类投资者的特定评估资料和经济技术参数时，通常选择投资价值作为评估结论的价值类型。例如，在林地资产评估中，通常的经营者普遍选择当地常见树种(如杉木、松木)作为经营对象并支付林地使用费，但有一些特定的林木经营者出于个人的经验与技术等，愿意因为培育珍稀树种(如楠木、红豆杉)而付出更高的林地使用费就会构成林地资产的投资价值。

(2)在用价值

在用价值是评估对象作为企业、资产组组成部分或者要素资产按其正在使用方式和程度及其对所属企业、资产组的贡献的价值估计数额。执行资产评估业务，评估对象是企业或者整体资产中的要素资产，并在评估业务执行过程中只考虑了该要素资产正在使用的方式和贡献程度，没有考虑该资产作为独立资产所具有的效用及在公开市场上交易等对评估结论的影响，通常选择在用价值作为评估结论的价值类型。例如，在有林地资源资产评估中，即使该林地现有状况并不满足适地适树或最佳使用的要求，但受森林资源管理政策限制，在本轮伐期内只能按现有用途予以评估，其林地资产价值实际上就是一种在用价值。

(3)清算价值

清算价值是指在评估对象处于被迫出售、快速变现等非正常市场条件下的价值估计数额。执行资产评估业务，当评估对象面临被迫出售、快速变现或者评估对象具有潜在被迫出售、快速变现等情况时，通常选择清算价值作为评估结论的价值类型。例如，对于因各种灾害损失而必须即时清理的林木资产的评估、低产林改造的林木资产评估等。

(4)残余价值

残余价值是指机器设备、房屋建筑物或者其他有形资产等的拆零变现价值估计数额。执行资产评估业务，当评估对象无法使用或者不宜整体使用时，通常考虑评估对象的拆零变现就可以选择残余价值作为评估结论的价值类型。例如，在进入衰产期的经济林林木价值将不再以其经济林产品为主，而转变为伐除经济林树木的残余价值。

1.3.5 森林资源资产评估程序

森林资源资产评估程序，是指评估人员执行森林资源资产评估业务所履行的系统性工作步骤，受《资产评估准则——基本准则》及《资产评估准则——评估程序》所规范。

(1)明确森林资源资产评估业务基本事项

明确森林资源资产评估业务基本事项是森林资源资产评估程序的第一个环节，包括在签订森林资源资产评估业务约定书以前所进行的一系列基础性工作，其对森林资源资产评估项目风险评价、项目承接与否以及森林资源资产评估目的顺利实施具有重要意义。由于森林资源资产评估专业服务的特殊性，森林资源资产评估程序甚至在森林资源资产评估机构接受业务委托前就已开始。森林资源资产评估机构和评估人员在接受森林资源资产评估业务委托之前，应当采取与委托人等相关当事人讨论、阅读基础资料、进行必要的初步调查等方式，与委托人等相关当事人共同明确委托方与相关当事方基本状况、评估目的、评估对象、价值类型、评估基准日、评估限制条件和重要假设等资产评估业务基本事项。

(2)签订森林资源资产评估业务的约定书

森林资源资产评估业务约定书是森林资源资产评估机构与委托人共同签订的，确认森林资源资产评估业务的委托与受托关系，明确委托目的、被评估森林资源资产范围及双方权利义务等相关重要事项的合同。

(3)编制森林资源资产评估计划

森林资源资产评估计划是评估人员为执行森林资源资产评估业务拟定的森林资源资产评估工作思路和实施方案，对合理安排工作量、工作进度、专业人员调配以及按时完成森林资源资产评估业务具有重要意义。由于森林资源资产评估项目千差万别，森林资源资产评估计划也不尽相同，其详略程度取决于森林资源资产评估业务的规模和复杂程度。评估人员应当根据所承接的具体森林资源资产评估项目情况，编制合理的森林资源资产评估计划，并根据执行森林资源资产评估业务过程中的具体情况，及时修改、补充森林资源资产评估计划。

(4)现场调查

森林资源资产评估人员执行森林资源资产评估业务，应当对评估对象进行现地核查。进行森林资源资产核查工作不仅仅是基于森林资源资产评估人员勤勉尽责的要求，同时也是森林资源资产评估程序和操作的必经环节，有利于森林资源资产评估机构和人员全面、客观地了解评估对象，核实委托方和产权持有者提供资料的可靠性，并通过在现地核查过程中发现的问题、线索，有针对性地开展资料收集、分析工作。

(5)收集森林资源资产评估资料

在上述几个环节的基础上，资产评估专业人员应当根据森林资源资产评估项目的具体情况收集森林资源资产评估相关资料。资料收集工作是森林资源资产评估业务质量的重要保证，也是进行分析判断以形成评估结论的基础。另外，由于评估对象及其所在行业的市场状况、信息化和公开化程度差别较大，相关资料的可获取程度也不同。因此，评估人员的执业能力在一定程度上就体现在其收集、占有与所执行项目相关信息资料的能力上。评估人员在日常工作中就应当注重收集信息资料及其来源，并根据所承接项目的情况确定收集资料的深度和广度，尽可能全面、翔实地收集与占有资料，并采取必要措施确定资料来源的可靠性。

(6)评定估算

评估人员在收集相关森林资源资产评估资料的基础上，进入评定估算环节，其主要包括：分析森林资源资产评估资料、恰当选择森林资源资产评估方法、运用森林资源资产评估方法形成初步森林资源资产评估结论、综合分析确定森林资源资产评估结论、森林资源资产评估机构内部复核等具体工作步骤。

(7)编制和提交森林资源资产评估报告

评估人员在执行必要的资产评估程序、形成森林资源资产评估结论后，应当按有关森林资源资产评估报告的准则与规范编制森林资源资产评估报告。

评估人员应当以恰当的方式将森林资源资产评估报告提交给委托人。在提交正式森林资源资产评估报告之前，可以与委托人等进行必要的沟通，听取委托人、资产占有方等对森林资源资产评估结论的反馈意见，并引导委托人、产权持有者、森林资源资产评估报告使用者等合理理解森林资源资产评估结论。

(8)森林资源资产评估工作底稿归档

评估人员在向委托人提交森林资源资产评估报告后，应当及时将森林资源资产评估工作底稿归档。将这一环节列为森林资源资产评估基本程序之一，充分体现了森林资源资产评估服务的专业性和特殊性，其不仅有利于评估机构应对今后可能出现的森林资源资产评估项目的检查和法律诉讼，也有利于评估人员总结、完善和提高森林资源资产评估业务水平。评估人员应当将在森林资源资产评估工作中形成的、与森林资源资产评估业务相关的有保存价值的各种文字、图表、音像等资料及时予以归档，并按国家有关规定对资产评估工作档案进行保存、使用和销毁。

1.3.6　森林资源资产评估方法

森林资源资产评估方法是指确定森林资源资产评估值的技术手段和途径。森林资源资产评估方法与一般资产评估相同，按其分析原理和技术思路不同也可大致归纳为3种基本方法，即市场法、成本法和收益法，由于森林资源资产的特殊性，在3种基本方法基础上衍生出适用于森林资产评估的测算方法与计算公式，其常用的方法大致可归为以下几种：

①市场法　主要有市场价倒算法、现行市价法等；

②收益法　主要有收益净现值法、收获现值法、林地期望价法、年金资本化法等；

③成本法　主要有重置成本法、林地费用价法等。

森林资源资产评估基本方法之间既有区别又有内在联系并可相互替代，各基本方法均有其适用前提条件，不同的评估方法由于其评估角度的不同与具体使用时经济技术参数方面的差异，在判断资产价值的过程中也会有所差别。森林资源资产评估人员在进行森林资源资产评估业务时，不但要充分注意资产评估基本方法层面上的选择，还要注意同一评估技术思路(基本方法)下具体评估方法之间的差异和选择，并充分考虑森林资源作为生物性资产的特点以适应合理评估的需要。

1.4 森林资源资产评估的原则及假设

1.4.1 森林资源资产评估的原则

森林资源资产评估原则是指森林资源资产评估时必须遵循的准则，是调节资产占用单位，评估主体及资产业务有关权益各方的相互关系，规范森林资源资产评估行为和评估业务的准则。

1.4.1.1 森林资源资产评估工作原则

森林资源资产评估必须遵循公平性原则、科学性原则、客观性原则、独立性原则、可行性原则等资产评估工作原则。

(1)公平性原则

在森林资源资产评估过程中，要以掌握的资料为依据，尊重客观事实，不带有主观随意性，不受外界干扰，也不迁就任何单位或个人的片面要求。森林资源资产评估的结果，直接关系到不同经济主体的经济利益。因此，评估机构和评估专业人员必须坚持客观真实地表达自己的观点，必须坚持公正的态度和独立的立场处理资产评估涉及有关各方的利益关系，才能使其结果真实可靠地反映资产价值。

(2)科学性原则

森林资源资产评估过程中，必须根据评估的特定目的选择适用的价值类型和方法，制订科学的评估实施方案，使评估结果科学合理。森林资源资产评估工作的科学性，不仅在于方法本身，更重要的是必须严格与价值类型相匹配。价值类型的选择要以评估的特定目的为依据，评估目的对评估方法具有约束性，不能以评估方法取代价值类型，以技术方法的多样性和可替代性模糊评估价值类型的唯一性，影响评估结果的合理性。

(3)客观性原则

评估专业人员从实际出发，认真进行调查研究，在评估过程中排除人为因素的干扰，坚持客观、公正的态度并采用科学的方法，评估的指标具有客观性，推理和逻辑判断建立在市场和现实的基础资料上。

(4)独立性原则

要求在森林资源资产评估过程中摆脱资产业务当事人的影响，评估工作始终坚持第三方立场。评估机构是社会中介机构，在评估中处于中立地位，不能为资产业务的任何一方左右，评估工作不应受外界干扰和委托者意图的影响。评估机构和评估专业人员不应与资产业务各方有利益上的联系。

(5)可行性原则

森林资源资产评估方法要简便易行，使人们都能了解和掌握。森林资源资产评估机构是合法的，评估程序是规范的，所用方法是科学的，森林资源资产评估结果应当是可信的并具有法律效力的。

1.4.1.2 森林资源资产评估经济技术原则

森林资源资产评估经济技术原则，是指在森林资源资产评估执业过程中的一些技术规范和业务准则。

(1)预期收益原则

预期收益原则是以技术原则的形式概括出森林资源资产及其资产价值的最基本的决定因素。森林资源资产之所以有价值是因为它能为其拥有者或控制者带来未来经济利益，森林资源资产价值的高低主要取决于它能为其所有者或控制者带来的预期收益量的多少。预期收益原则是评估人员判断资产价值的一个最基本的依据。

(2)供求原则

供求原则是经济学中关于供求关系影响商品价格原理的概括。假定在其他条件不变的前提下，商品的价格随着需求的增长而上升，随着供给的增加而下降。尽管商品价格随供求变化并不成固定比例变化，但变化的方向都带有规律性。供求规律对商品价格形成的作用力同样适用于资产价值评估，评估专业人员在判断森林资源资产价值时也应充分考虑和依据供求原则。

(3)贡献原则

从一定意义上讲，贡献原则是预期收益原则的一种具体化原则。它也要求森林资源资产价值的高低要由该森林资源资产的贡献来决定。贡献原则主要适用于构成整体资产的各组成要素资产的贡献，或者是当整体资产缺少该项要素资产将蒙受的损失。

(4)替代性原则

作为一种市场规律，在同一市场上，具有相同使用价值和质量的商品，应有大致相同的交换价值。如果具有相同使用价值和质量的商品，具有不同的交换价值或价格，买者会选择价格较低者。当然，作为卖者，如果可以将商品卖到更高的价格水平上，他会在较高的价位上出售商品。在森林资源资产评估中存在着评估数据、评估方法等的合理替代问题，正确运用替代原则是公正进行森林资源资产评估的重要保证。

(5)评估时点原则

市场是变化的，森林资源资产的价值会随着市场条件的变化而不断改变。为了使森林资源资产评估得以操作，同时，又能保证森林资源资产评估结果可以被市场检验。在森林资源资产评估时，必须假定市场条件固定在某一时点，这一时点就是评估基准日，或称估价日期。

1.4.2 森林资源资产评估中的假设

由于认识客体的无限变化和认识主体有限能力的矛盾，人们不得不依据已掌握的数据资料对某一事物的某些特征或全部事实做出合乎逻辑的推断。这种依据有限事实，通过一系列推理，对于所研究的事物做出合乎逻辑的假定说明就叫假设。假设必须依据充分的事实，运用已有的科学知识，通过推理(包括演绎、归纳和类比)而形成。森林资源资产评估与其他学科一样，其理论体系和方法体系的确立也是建立在一系列假设基础之上的，其中交易假设、公开市场假设、持续使用假设和清算假设是森林资源资产评估中的基本前提假设。

(1)交易假设

交易假设是森林资源资产评估得以进行的一个最基本的前提假设，在《资产评估操作规范》中称为产权利益主体变动原则。交易假设是假定所有待评估森林资源资产已经处在交易过程中，资产评估专业人员根据待评估森林资源资产的交易条件等模拟市场进行估价。

众所周知，森林资源资产评估其实是在森林资源资产实施交易之前进行的一项专业中介服务活动，而森林资源资产评估的最终结果又属于森林资源资产的交换价值范畴。为了发挥森林资源资产评估为委托人提供决策参考意见的作用，同时又能够使森林资源资产评估得以进行，利用交易假设将被评估森林资源资产置于“交易”当中，模拟市场进行评估就是十分必要的。交易假设一方面为森林资源资产评估得以进行“创造”了条件；另一方面它明确限定了森林资源资产评估外部环境，即森林资源资产是被置于市场交易之中。森林资源资产评估不能脱离市场条件而孤立地进行。就是说不管被评估森林资源资产的特定目的是什么，是否涉及产权利益主体的变动，但评估操作中都应假设该森林资源资产将出让或转移来评估确定其市场的时价，而不允许存在“内外有别”的评估值出现。

(2)公开市场假设

公开市场假设是对森林资源资产拟进入的市场的条件，以及市场条件对资产评估价值影响的一种假定说明或限定。公开市场假设的关键在于认识和把握公开市场的实质和内涵。就森林资源资产评估而言，公开市场，是指充分发达与完善的市场条件，指一个有自愿的买者和卖者的竞争性市场，在这个市场上，买者和卖者的地位是平等的，彼此都有获取足够市场信息的机会和时间，买卖双方的交易行为都是在自愿的、理智的基础上，而非强制或不受限制的条件下进行的。公开市场假设就是假定那种较为完善的公开市场存在，被评估森林资源资产将要在这样一种公开市场中进行交易。当然公开市场假设也是基于市场客观存在的现实，即森林资源资产在市场上可以公开买卖这样一种客观事实为基础的。

由于公开市场假设市场是一个充分竞争的市场，森林资源资产在公开市场上实现的交换价值隐含着市场对该森林资源资产在当时条件下有效使用的社会认同，且在这种条件下，森林资源资产的交换价值受市场机制的制约并由市场行情决定，而不是由个别交易决定。

公开市场假设是森林资源资产评估中的一个重要假设，其他假设都是以公开市场假设为基本参照。公开市场假设也是森林资源资产评估中使用频率较高的一种假设，凡是能在公开市场上交易、用途较为广泛或通用性较强的资产，都可以考虑按公开市场假设前提进行评估。

(3)持续使用假设

持续使用假设首先设定被评估森林资源资产正处于使用状态，包括正在使用中的森林资源资产和备用的森林资源资产；其次根据有关数据和信息，推断这些处于使用状态的森林资源资产还将继续使用下去。持续使用假设既说明了被评估森林资源资产面临的市场条件或市场环境，同时着重说明了森林资源资产的存续状态。评估时必须根据被评估森林资源资产目前的用途和使用方式、规模、频度、环境等情况继续使用，或者在有所变化的基础上使用，确定相应的评估方法、参数和依据。

持续经营被假设认为是进行森林资源资产评估的一个重要假设，从评价的角度上继续使用假设是指森林资源资产将按现行用途继续使用，或转移用途继续使用来对森林资源资产进行评估。同一森林资源资产按不同的假设用作不同的目的，其价格差异是很大的，尤其是林地资源资产。

在使用森林资源资产的持续经营原则时，必须充分考虑以下条件：

a. 森林资源资产能以其提供的服务和用途，满足所有者经营上期望的收益；

b. 森林资源资产尚有显著的剩余使用寿命（主要指经济林等资产）；

c. 森林资源资产所有权明确，保持完好，并能实施有效的控制；

d. 必须考虑森林资源资产从经济上、法律上是否允许其转为它用。如用材林的中、幼龄林，法律上不允许将其提早采伐，改换成其他的树种或林种，一般情况下林地不允许改为其他用地；

e. 森林资源资产的使用功能完好或较为完好。对用材林来讲，它应当是生长正常的林分，对于残次林分则不能让其持续下去。

(4)清算假设

具体而言，清算假设是对森林资源资产在非公开市场条件下被迫出售或快速变现条件的假定说明。

清算假设首先是被评估森林资源资产面临清算或具有潜在的被清算的事实或可能性，再根据相应数据资料推定被评估森林资源资产处于被迫出售或快速变现的状态。

由于清算假设假定被评估森林资源资产处于被迫出售或快速变现条件之下，被评估森林资源资产的评估值通常要低于在公开市场假设前提下或持续使用假设前提下同样森林资源资产的评估值。因此，在清算假设前提下的森林资源资产评估结果的适用范围是非常有限的，当然，清算假设本身的使用也是较为特殊的。

1.5 森林资源资产评估管理

1.5.1 资产评估管理体制与规范

1.5.1.1 资产评估管理体制

资产评估管理是指通过行政和社会自律对森林资源资产评估的行为、工作过程和有关当事主体进行规范、指导、监督、协调等一系列工作的总称。随着我国社会主义市场经济与集体林权制度改革的深入发展，森林资源资产评估得以快速发展，成为资产评估行业发展的新生力量，在行业规模、业务规模和业务范围等方面均取得了很大的拓展，根据资产评估行业管理体制要求，资产评估管理体制重点在于处理行业管理与行政管理之间的关系。

(1)资产评估行业行政管理

我国的资产评估管理实行的是“统一政策、分级管理”的原则。根据《资产评估法》规定“评估机构及其评估专业人员开展业务应当遵守法律、行政法规和评估准则”。按照国务院现行的有关规定，评估行业经过了几次的清理整顿之后，划分了资产评估，土地评估，房地产评估、估价，矿业权评估，保险公估和旧机动车评估6种专业类别，分别由财政部、自然资源部、住房和城乡建设部、商务部、银保监会5个部门管理，国务院有关评估行政管理部门组织制定评估基本准则和评估行业监督管理办法，而设区的市级以上人民政府有关评估行政管理部门依据各自职责，负责监督管理评估行业，对评估机构和评估专业人员的违法行为依法实施行政处罚，将处罚情况及时通报有关评估行业协会，并依法向社会公开。同时，评估行政管理部门承担对有关评估行业协会实施监督检查的责任。《资产评估法》将不同专业评估管理统一在一部法律框架中，从而发挥各部门分别管理的优势以及各专业评估协会自律管理的作用，规范评估行业的管理。

(2)资产评估行业自律管理

资产评估是一项社会公证性中介服务活动，《资产评估法》规定："评估机构及其评估专业人员开展业务应当遵循'独立、客观、公正'的原则。"按照社会主义市场经济的要求，社会公证性行业应通过建立独立的社团组织对行业成员进行行业自律性管理，即以社团成员共同确认的专业准则和行为规范进行自我教育、自我协调、自我约束，并由社团组织进行指导和监督的管理过程。为此，《资产评估法》规定"评估行业可以按照专业领域依法设立行业协会，实行自律管理，并接受有关评估行政管理部门的监督和社会监督"。

资产评估行业协会是评估机构和评估专业人员的自律性组织，依照法律、行政法规和章程实行自律管理，我国资产评估行业协会主要由中国资产评估协会及各省区的资产评估协会组成。评估行业协会的章程由会员代表大会制定，报登记管理机关核准，并报有关评估行政管理部门备案，评估行业协会主要履行下列职责：

①制定会员自律管理办法，对会员实行自律管理；

②依据评估基本准则制定评估执业准则和职业道德准则；

③组织开展会员继续教育；

④建立会员信用档案，将会员遵守法律、行政法规和评估准则的情况记入信用档案，并向社会公开；

⑤检查会员建立风险防范机制的情况；

⑥受理对会员的投诉、举报，受理会员的申诉，调解会员执业纠纷；

⑦规范会员从业行为，定期对会员出具的评估报告进行检查，按照章程规定对会员给予奖惩，并将奖惩情况及时报告有关评估行政管理部门；

⑧保障会员依法开展业务，维护会员合法权益；

⑨法律、行政法规和章程规定的其他职责。

1.5.1.2 资产评估管理规范

(1)资产评估管理规范体系

资产评估管理的规范体系由相关法律、行政法规、财政及部门规章制度与资产评估准则体系构成。

①相关法律　2016年7月2日，第十二届全国人大常委会第二十一次会议表决通过《中华人民共和国资产评估法》，自2016年12月1日起实施。资产评估法对资产评估的总体要求、评估专业人员、评估机构、评估程序、行业协会以及监督管理、法律责任等均做出了规范的约束性要求，从而改变了过去多头管理各自为政的管理状况，将不同专业评估管理统一在一部法律框架之下，统一了评估行政管理部门监管尺度，有利于各评估行业协会统一制定规则与评估机构统一执业标准，落实评估当事人各方的法定责任，规范了中国

资产评估行业的管理，保障与促进我国资产评估行业的健康有序发展。除此之外，我国多项法律均有涉及资产评估行业的内容，包括《公司法》《证券法》《公路法》《企业国有资产法》《城市房地产管理法》《拍卖法》《政府采购法》等，主要规定了涉及国有资产产权转让、抵押、股东出资、股票和债券发行、房地产交易等业务，必须要进行评估。

②行政法规 我国资产评估的行政法规有16部，包括《国有土地上房屋征收与补偿条例》《国有资产评估管理办法》《社会救助暂行办法》《全民所有制工业企业转换经营机制条例》《土地增值税暂行条例》《森林防火条例》《证券公司监督管理条例》《民办教育促进法实施条例》《金融机构撤销条例》《矿产资源勘查区块登记管理办法》《矿产资源开采登记管理办法》《探矿权采矿权转让管理办法》《国务院关于股份有限公司境内上市外资股的规定》《中外合作经营企业法实施细则》《股权发行与交易管理暂行条例》《全民所有制小型工业企业租赁经营暂行条例》等，主要规定对涉及房屋征收补偿、矿产资源开采、金融机构抵押贷款、金融机构撤销等多种业务，必须要进行评估。

③财政部门规章、规范性文件 按照《资产评估法》的要求，2017年4月21日，财政部出台了《资产评估行业财政监督管理办法》，明确了行业监管的对象和内容，规定了行业监管的手段和法律责任。2017年5月，人力资源和社会保障部、财政部修订发布了《资产评估师职业资格制度暂行规定》和《资产评估师职业资格考试实施办法》，规定中国资产评估协会负责资产评估师职业资格考试组织和实施工作，同时放宽了报考条件，优化了考试科目，建立了适合行业发展和行业特点的资产评估师考试制度。2017年7月，财政部发布了《关于做好资产评估机构备案管理工作的通知》，细化了资产评估机构的备案管理。2017年8月，财政部正式印发了《资产评估基本准则》，对资产评估的基本要求、基本遵循以及资产评估程序、资产评估报告、资产评估档案等做出了明确规定。

除了财政部颁布的一般行政法规和部门规章外，还有一部分是与特殊资产评估有关的特定主管部门发布或联合发布的有关行政法规和部门规章，如国家林业和草原局发布或与其他部门联合发布的与森林资源资产评估有关的法规与规章等。

(2)资产评估准则体系

资产评估工作具有很强的专业性，世界各国和地区在资产评估行业发展过程中，大都根据需要制订了本国、本地区的资产评估准则，用于指导资产评估专业人员执业。资产评估准则的完善和成熟程度在一定程度上反映了一个国家或地区评估业发展的综合水平。

2004年2月，财政部正式发布了《资产评估准则——基本准则》和《资产评估职业道德准则——基本准则》，标志着我国资产评估准则体系初步形成。2016年《资产评估法》规定了评估准则的制定和实施方式，并对资产评估准则的规范主体、重要术语、评估程序、评估方法以及评估报告等内容作出了规定，为贯彻落实资产评估法，财政部和中国资产评估协会于2017年对资产评估准则进行了全面的修订后重新发布，形成了较为完善的资产评估准则体系，适应了资产评估执业、监督和使用需求，与国际主要评估准则体系实现了趋同。

我国资产准则体系框架包括：

(1)资产评估基本准则

资产评估基本准则是财政部依据《资产评估法》《资产评估行业财政监督管理办法》等

制定的资产评估机构及其资产评估专业人员执行各种资产类型、各种评估目的资产评估业务应当共同遵循的基本规范，资产评估基本准则是资产评估执业准则与职业道德准则制定的基本依据。

(2)资产评估执业准则

资产评估执业准则是依据基本准则制定的资产评估机构及评估专业人员在执业资产评估业务过程中应当遵循的程序规范和技术规范，包括具体准则、评估指南和指导意见三个层次：

第一层次为资产评估具体准则。资产评估具体准则分为程序性准则和实体性准则两部分。程序性准则是关于评估专业人员通过履行一定的专业程序完成评估业务、保证评估质量的规范，包括评估程序、评估业务约定书、评估工作底稿、评估报告等。实体性准则针对不同资产类别的特点，分别对不同类别资产评估业务中的评估机构及评估专业人员的技术操作提供指导，包括企业价值、无形资产、不动产、机器设备、森林资源资产等准则。

第二层次为资产评估指南。资产评估指南是针对出资、抵押、财务报告等特定评估目的、特定资产类别(细化)评估业务以及对资产评估中某些重要事项的规范。

第三层次为资产评估指导意见。资产评估指导意见是针对资产评估业务中的某些具体问题的指导性文件。该层次较为灵活，针对评估业务中新出现的问题及时提出指导意见，某些尚不成熟的评估指南或具体评估准则也可以先作为指导意见发布，待执行一段时间或成熟后再上升为具体准则或指南。

(3)资产评估职业道德准则

资产评估职业道德准则从专业能力、独立性、与委托人和其他相关当事人的关系、与其他资产评估机构及评估专业人员的关系等方面对资产评估机构及其评估专业人员应当具备的道德品质和体现的道德行为进行了规范。

我国现行资产评估准则体系框架如图 1-1 所示：

截至 2019 年 12 月，我国已构建了包括 1 项基本准则、1 项职业道德准则和 27 项执业准则在内的资产评估新准则体系，具体如下：

《资产评估基本准则》

《资产评估职业道德准则》

《资产评估执业准则——资产评估方法》

《资产评估执业准则——企业价值》

《资产评估执业准则——资产评估档案》

《资产评估执业准则——资产评估程序》

《资产评估执业准则——资产评估报告》

《资产评估执业准则——资产评估委托合同》

《资产评估执业准则——利用专家工作及相关报告》

《资产评估执业准则——无形资产》

《资产评估执业准则——不动产》

《资产评估执业准则——机器设备》

《资产评估执业准则——珠宝首饰》

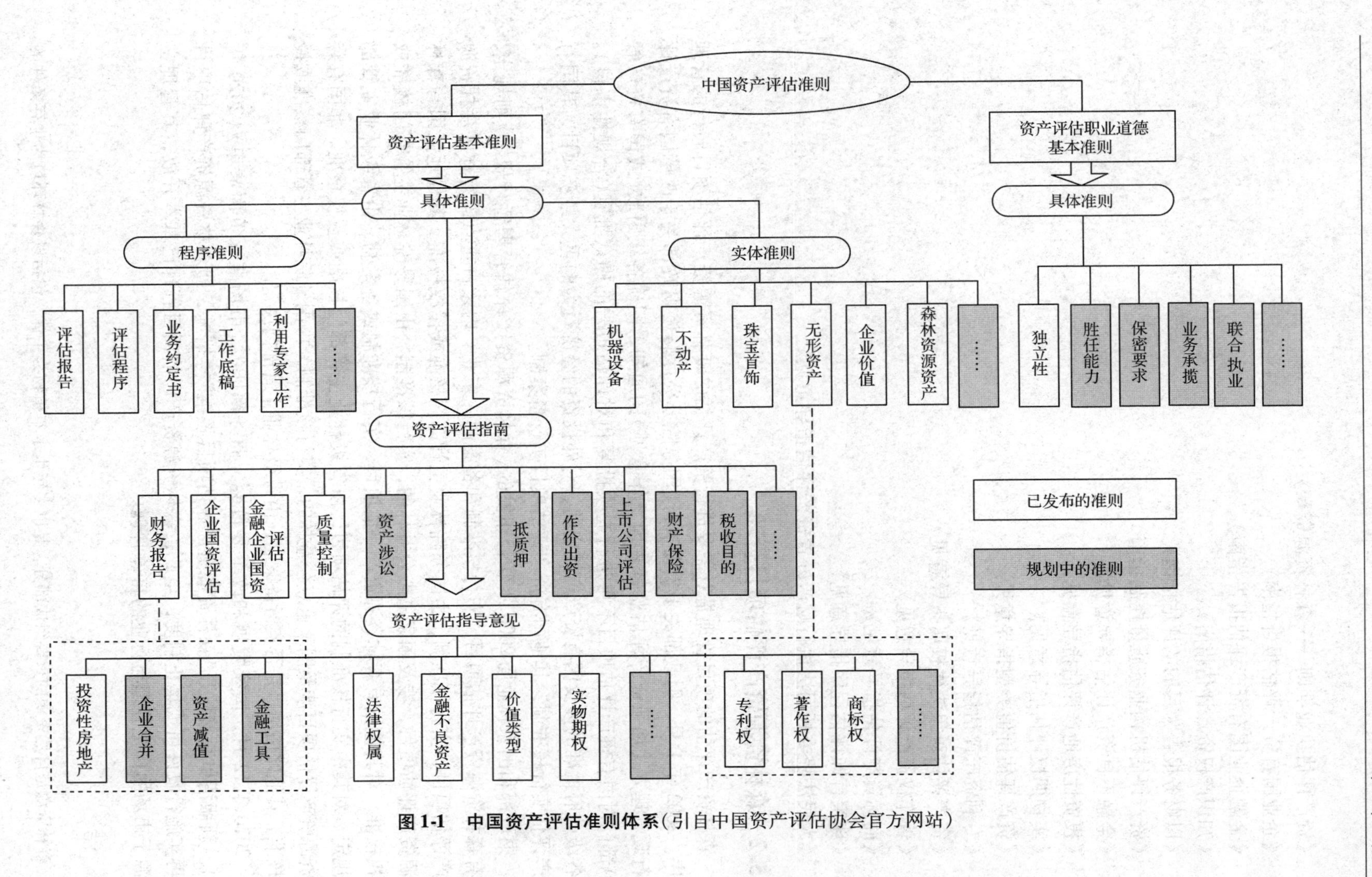

图 1-1 中国资产评估准则体系（引自中国资产评估协会官方网站）

《资产评估执业准则——森林资源资产》
《企业国有资产评估报告指南》
《金融企业国有资产评估报告指南》
《知识产权资产评估指南》
《以财务报告为目的的评估指南》
《资产评估机构业务质量控制指南》
《金融不良资产评估指导意见》
《投资性房地产评估指导意见》
《实物期权评估指导意见》
《资产评估价值类型指导意见》
《专利资产评估指导意见》
《资产评估对象法律权属指导意见》
《著作权资产评估指导意见》
《商标资产评估指导意见》
《珠宝首饰评估程序指导意见》
《人民法院委托司法执行财产处置资产评估指导意见》

1.5.2 森林资源资产评估项目管理

森林资产评估的项目管理是对需要进行资产评估的森林资源资产评估项目履行的管理程序。2002 年 1 月，财政部关于贯彻执行《国务院办公厅转发财政部关于改革国有资产评估行政管理方式加强资产评估监督管理工作意见》的通知，明确各级财政(或国有资产管理)部门对国有资产评估项目不再进行立项批复和对评估报告的确认批复(合规性审核)。对各级政府批准的涉及国有资产产权变动、对外投资的经济行为的重大经济项目，其国有资产评估实行核准制，其他国有资产评估项目实行备案制。

财政部和国家林业局 2006 年联合印发的《森林资源资产评估管理暂行规定》则规定，国有森林资源资产评估项目，实行核准制和备案制。东北、内蒙古重点国有林区森林资源资产评估项目，实行核准制，由国务院林业主管部门核准或授权核准。其他地区国有森林资源资产评估项目，涉及国家重点公益林的，实行核准制，由国务院林业主管部门核准或授权核准。对其他国有森林资源资产评估项目，实行核准制或备案制，由省级林业主管部门规定。对其中实行核准制的评估项目，由省级林业主管部门核准或授权核准。非国有森林资源资产评估项目涉及国家重点公益林的，实行核准制，由国务院林业主管部门核准或授权核准。其他评估项目是否实行备案制，由省级林业主管部门决定。

2020 年 12 月，国家发展和改革委员会、商务部印发《市场准入负面清单》(2020 年版)。新版清单直接放开“森林资源资产评估项目核准”等措施，即森林资源资产评估项目不再实施行政许可或禁止制度，至此，森林资源资产评估项目管理已基本开放，其管理主要源于市场的自主管理与行业的自律管理。

小　结

森林资源是自然资源的重要组成部分，是以多年生木本植物为主体，包括以森林环境为生存条件的林内动物、植物、微生物等在内的生物群落，是具有再生性的自然资源。并非所有的森林资源都能作为森林资源资产，只有当森林资源具备了资产的基本特征才可能成为森林资源资产，因此，森林资源资产是指由特定权利主体拥有或控制并能带来经济利益的，用于生产、提供商品和生态服务功能的森林资源，它包括森林、林木、林地、森林景观等。森林资源资产是以森林资源为物质内涵的资产，是自然资源资产的主要组成部分，是一种具有再生能力的自然资源资产。

在此基础上，对森林资源资产评估的概念和特点进行了相应的阐述，明确森林资源资产评估的主体、对象、目的、价值类型、程序与方法等基本要素，森林资源资产评估必须遵循其工作原则与经济技术原则，基于交易假设、公开市场假设、持续使用假设和清算假设等合理的假设，恰当地确定市场价值类型或非市场价值类型，选择适当的评估方法，从而对森林资源资产价值做出公正、合理、科学的评定估算。此外，介绍了森林资源资产评估的管理体制与规范、评估项目等管理，以增进对森林资源资产评估行业发展的了解。

思考题

1. 简述森林资源和森林资源资产的定义，它们之间的区别是什么？
2. 简述森林资源资产评估的概念、原则。
3. 简述森林资源资产评估的基本要素。
4. 简述森林资源资产评估的价值类型及其作用。
5. 简述森林资源资产评估的特点。
6. 简述森林资源资产评估的原则。
7. 简述森林资源资产评估的基本假设。
8. 森林资源资产评估有哪些特定目的？
9. 我国资产评估执业准则包括哪几类？
10. 我国如何对森林资源资产评估进行管理？

第2章　森林资源资产评估林学基础

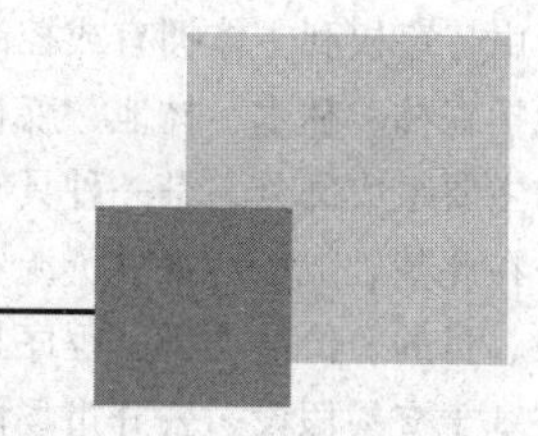

【本章提要】

本章主要介绍了森林资源调查的测树学基础、我国的森林资源调查体系、森林经营周期、森林生长收获及森林档案管理等内容，通过各林分因子调查方法、调查工具的使用、森林资源调查体系及相关技术标准的学习，掌握森林资源数量与质量调查基础，了解森林资源经营周期与森林档案管理，从而为森林资源资产清单数据的获取、调查及核查奠定基础。

森林资源资产评估是建立在森林资源经营管理基础上，尤其是森林资源的数量与质量是决定森林资源资产价值的实物量基础，因此，森林资源资产评估人员应当具备并掌握森林资源调查与经营管理的基本专业知识技能，才能胜任森林资源资产评估工作。

2.1　测树学基础

2.1.1　林分调查因子

为了揭示森林生长演替规律，科学地经营、管理、利用森林，有必要将大片森林按其本身的特征和经营管理的需要，区划成若干个内部特征相同且与四周相邻部分有显著区别的小块森林，这样的小块森林即称为林分。而将大片森林划分为林分的反映林分特征的因子就称为林分调查因子。通过林分调查因子的调查，才能掌握森林的数量和质量特征。常用的林分调查因子主要有：林分起源、林相、树种组成、林分年龄、林分密度、立地质量、林木的大小(直径和树高)、数量(蓄积量)和质量(出材量)等，当这些因子的差别达到一定程度时就视为不同的林分。

2.1.1.1　林分起源

根据林分起源，林分可分为天然林和人工林，由天然下种、人工促进天然更新或萌生所形成的森林称为天然林；以人为的方法供给苗木、种子或营养器官进行造林培育而成的森林称为人工林。

无论天然林或人工林，凡是由种子起源的林分称为实生林；当原有林木被采伐或自然灾害(火烧、病虫害、风害等)破坏后，有些树种先由根株上萌发或根蘖形成的林分，称作萌生林或萌芽林。萌生林大多数为阔叶树种，如山杨、白桦、栎类等，但少数针叶树种，如杉木也能形成萌生林。

确定林分起源可靠的方法主要有考查已有的资料、现地调查或访问等方式。现地调查时，可根据林分特征进行判断，如人工林有规则的株行距、树种单一，或者几个树种在林地上的分布具有某种明显的规律性，一般情况下树木年龄基本相同。天然林则相反，没有规则的株行距、林木分布也不均匀，若林分内有几个树种时，树种常呈团状分布，一般林木年龄差别甚大，这些林木特征都有助于判断林分起源。

2.1.1.2　林相(林层)

林分中乔木树种的树冠所形成树冠层次称作林相或林层。明显只有一个树冠层的林分称作单层林；乔木树冠形成两个或两个以上明显树冠层次的林分称作复层林。在复层林中，蓄积量最大、经济价值最高的林层称为主林层，其余为次林层。我国《森林资源规划设计调查主要技术规定》(2003)规定，林层划分应满足以下4个条件：

①各林层蓄积量大于30 m^3/hm^2；

②相邻林层间平均高相差20%以上；

③各林层林木平均胸径在8cm以上；

④主林层郁闭度大于0.3，其他林层郁闭度不小于0.2。

这些标准是人为确定的划分林层的一般标准，同时满足这4个条件就能划分林层，目前我国的森林资源规划设计调查采用这一标准。但有时在实际工作中，还可以根据具体情况因地制宜地做出相应的变动，如在热带雨林中，林木树冠呈垂直郁闭，很难划分林层，在这种情况下则就可以不必划分林层。

2.1.1.3　树种组成

组成林分树种的成分称为树种组成。由单一树种组成的林分称纯林，而由两个或更多个树种组成的林分称混交林。在混交林中，为表达各树种在组成林分中所占比例，通常以各树种的蓄积量(或断面积)占林分总蓄积量(或总断面积)的比重来表示(在未成林造林与幼龄林中常以株数百分比来表示)，这个比重称为树种组成系数。组成系数通常用十分法表示，即各树种组成系数之和等于“10”。由树种名称及相应的组成系数写成组成式，例如杉木纯林，则林分组成式为“10杉”。

在混交林中，蓄积量比重最大的树种称为优势树种。在组成式中，优势树种应写在前面，例如，一个由马尾松和杉木组成的混交林，林分总蓄积量285 m^3，其中，马尾松的蓄积量为216.6 m^3，杉木蓄积量为68.4 m^3，各树种的组成系数分别为：

马尾松：$216.6\ m^3/285\ m^3=0.76=0.8$

杉　木：$68.4\ m^3/285\ m^3=0.24=0.2$

该林分的树种组成式为：8松2杉

如果某一树种的蓄积量不足林分总蓄积量的5%，但大于等于2%时，则在组成式中用“+”号表示；若某一树种的蓄积量少于林分总蓄积量的2%时，则在组成式中用“-”号表示。例如，一个由马尾松、杉木、青冈栎、楠木组成的混交林，总蓄积量100 m^3，其中马尾松55 m^3，杉木40 m^3，青冈栎4 m^3，楠木1 m^3。各树种的组成系数分别为：

马尾松：$55\ m^3/100\ m^3=0.55$

杉　木：$40\ m^3/100\ m^3 = 0.40$

青冈栎：$4\ m^3/100\ m^3 = 0.04$

楠　木：$1\ m^3/100\ m^3 = 0.01$

该混交林分的树种组成式应为：6 松 4 杉 + 栎 - 楠

另外，在一个地区既定的立地条件下，林分中最适合经营目的树种称为“主要树种”或“目的树种”。在混交林中若两者蓄积量相等，则应在组成式中将主要树种写在前面。应注意的是，根据我国《造林技术规程》(GB/T 15776—2016)规定：“混交林是指由两种或两种以上树种组成的主要树种的株数或断面积或蓄积量占总株数或总断面积或总蓄积量 65%（含）以下的森林。”因此，在实际生产中，对于主要树种的株数或断面积或蓄积量占总株数或总断面积或总蓄积量在 65%（不含）以上且 90% 以下的森林则称为相对纯林。

由于胸高断面积测定比蓄积量测定容易，所以在实践中常以断面积代替蓄积量确定树种组成。而对于复层林，组成式应分林层记载。

2.1.1.4　林分年龄

树木自种子萌发后生长的年数为树木年龄，对于林分常以组成林分的林木平均年龄表示林分年龄。根据年龄可把林分分为同龄林和异龄林。林分内树木年龄差别在一个龄级以内，可视为同龄林；超过一个龄级的称为异龄林。按照这个划分标准，在同龄林中，林分内所有林木的年龄都相同的林分又称为绝对同龄林，而组成林分的林木年龄相差不足一个龄级的林分又称为相对同龄林。

对于绝对同龄林分，林分中任何一株林木的年龄就是该林分年龄；而对于相对同龄林或异龄林，通常以林木的平均年龄表示林分年龄。对于异龄林，以主要树种或目的树种的平均年龄作为林分的年龄。

对于复层林，通常按林层分树种记载年龄，而以各层优势树种的年龄作为林层的年龄。

确定树木年龄可靠的方法是伐倒树木，查数根颈部位的年轮数。对于轮生枝明显的树种，如红松、油松、马尾松等针叶树种，在年龄不详时，可通过查数轮生枝的方法确定树木年龄。在伐树比较困难的地区，也可以利用生长锥钻取胸高部位的木芯，查数年轮数，此为胸高年龄，再加上树木生长到胸高时的年数，即为该树木的年龄。

2.1.1.5　平均胸径

胸径又称为干径，在我国乔木的胸径指乔木主干基部离地面以上 1.3 m 高处的直径。林分平均断面积 $\bar{g}$ 是反映林分林木粗度的指标，但为了表达直观、方便起见，常以林分平均断面积 $\bar{g}$ 所对应的直径 D_g 代替，直径 D_g 则称为反映林分林木粗度的平均胸径。在实际工作中，D_g 也简称为林分平均直径，但是 D_g 实际上是林木胸径的平方平均数，而不是林木胸径的算术平均数，这由 D_g 的计算过程便可以看出，即：

$$D_g = \sqrt{\frac{4}{\pi}\bar{g}} = \sqrt{\frac{4}{\pi}\frac{1}{N}\bar{g}} = \sqrt{\frac{4}{\pi}\frac{1}{N}\sum_{j=1}^{N}g_j} = \sqrt{\frac{4}{\pi}\frac{1}{N}\sum_{j=1}^{N}\frac{\pi}{4}d_j^2} = \sqrt{\frac{1}{N}\sum_{j=1}^{N}d_j^2} \qquad (2\text{-}1)$$

式中　d_j——第 j 株树的胸径；

N——量测胸径的株数。

根据数理统计方差定义，可知林分平方平均胸径 D_g 与林分算术平均胸径 $\bar{d}$ 的关系为

$\sigma^2=\frac{1}{N}\sum_{j=1}^{N}(d_j-\bar{d})^2=\frac{1}{N}\sum_{j=1}^{N}d_j^2-\bar{d}^2$，而 $D_g^2=\frac{1}{N}\sum_{j=1}^{N}d_j^2$，所以 $\sigma^2=D_g^2-\bar{d}^2$ 即 $D_g^2=\bar{d}^2+\sigma^2$，由此可看出林分平方平均胸径 D_g 大于林分算术平均胸径 $\bar{d}$。

在森林调查时，为了读数和统计方便，一般是按 1 cm、2 cm、4 cm 分组，所分的直径称为径阶。径阶整化常采用上限排外法见表 2-1。

表 2-1　径阶范围划分

径阶/cm	2 cm 径阶范围/cm	径阶/cm	4 cm 径阶范围/cm
2	1.0~2.9	4	2.0~5.9
4	3.0~4.9	8	6.0~9.9
6	5.0~6.9	12	10.0~13.9
8	7.0~8.9	16	14.0~17.9
10	9.0~10.9	20	18.0~21.9
⋮	⋮	⋮	⋮

因此，在实际工作中，林木胸径常按径阶记录，则林分平均胸径 D_g 的计算公式更改为：

$$D_g=\sqrt{\frac{1}{N}\sum_{j=1}^{k}n_jd_j^2} \tag{2-2}$$

式中　d_j——第 j 径阶的组中值；

n_j——第 j 径阶的株数；

k——径阶个数；

N——量测胸径的株数。

【例 2-1】　在某标准地每木检尺，得各径阶株数，见表 2-2，试分别计算该标准地的平均胸径 D_g 和算术平均胸径 $\bar{d}$。

表 2-2　每木检尺统计表

径阶	6	8	10	合计
株数	10	15	12	37

平均胸径：$D_g=\sqrt{\frac{1}{N}\sum_{j=1}^{k}n_jd_j^2}=\sqrt{\frac{1}{37}(10\times6^2+15\times8^2+12\times10^2)\text{ cm}^2}=8.3\text{ cm}$

算术平均胸径：$\bar{d}=\frac{1}{N}\sum_{j=1}^{k}n_jd_j=\frac{1}{37}(10\times6+15\times8+12\times10)\text{ cm}=8.1\text{ cm}$

有时为了估算林分平均直径，也可以目测选出大体近于平均大小的林木 3~5 株，实测林木胸径，以其平均值作为林分平均直径，这种估算方法也适用于混交林中伴生树种的平均胸径计算。

对于复层混交林，按林层分树种计算平均直径，而各林层并不计算林层平均直径。

2.1.1.6　平均高

林木的高度是反映林木生长状况的数量指标，同时也是反映林分立地质量高低的重要依据。平均高则是反映林木高度平均水平的测度指标，根据不同的目的，通常平均高又分为林分平均高和优势木平均高。

(1)林分平均高

树木的高生长与胸径生长之间存在着密切的关系，一般的规律为：树高随胸径的增大而增加，两者之间的关系常用树高—胸径曲线表示，把反映树高随胸径变化的曲线称为树高曲线，如图 2-1 所示，图中各散点的数字表示该散点所代表的林木株数。在树高曲线上，与林分平均直径 D_g 相对应的树高，称为林分条件平均高，简称平均高 H_D。

另外，根据各径阶中值由树高曲线上查得的相应树高值，称为径阶平均高。

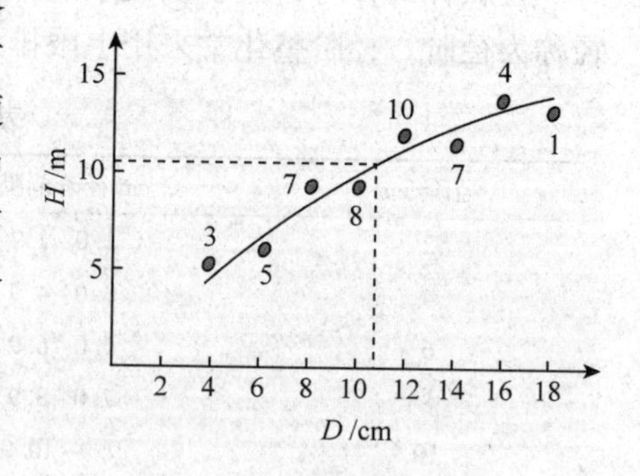

图 2-1　树高曲线

在林分调查中为了估算林分平均高，可在林分中选测 3~5 株与林分平均直径相近的林木的树高，以其算术平均数作为林分平均高。

(2)优势木平均高

除了上述反映林分总体平均水平的平均高以外，实践中还采用林分中少数“优势木或亚优势木”的算术平均高代表林分优势木平均高。因此，优势木平均高可定义为林分中所有优势木或亚优势木高度的算术平均高。

优势木平均高常用于鉴定立地质量和不同立地质量下的林分生长的对比。因为林分平均高受抚育措施(下层抚育)影响较大，不能正确地反映林分的生长和立地质量，譬如，林分在抚育采伐的前后，立地质量没有任何变化，但林分平均高却会有明显的增加，这种“增长”现象称为“非生长性增长”。若采用优势木平均高则可以避免这种现象的发生。

2.1.1.7　立地质量

立地质量(又称地位质量)是对影响森林生产能力的所有生境因子(包括气候、土壤和生物)的综合评价的一种量化指标。林木生产力的高低，除与林地的立地质量有关外，还与林木生物学特性有着密切关系。所以，反映林分生产力高低的立地质量，与林地上的树种有关。在实际工作中，不能离开生长着的树种评定林分立地质量。评定指标有地位级和地位指数，地位级是以林分的平均年龄所对应的林分平均树高衡量立地质量，可通过林分平均树高和平均年龄查地位级表予以确定，地位指数是反映林分在标准年龄时优势木所能达到的树高值，由优势木平均树高和优势木平均年龄查地位指数表可得。

测定立地质量(或林分生产力等级)是开展森林经营活动的重要基础工作。譬如，选择适地适树的造林树种、确定造林密度、制订营林技术方案和经营方法等都与立地质量有关。另外，评定立地质量，也是编制各种林业经营数表、研究林分生长规律、预估森林生长与收获等项工作的重要基础。

2.1.1.8　林分密度

林分密度是说明林木对其所占有空间的利用程度。它是影响林分生长和木材数量、质量的重要因子。在森林资源经营管理中的最基本任务之一，就是在森林整个生长过程中，通过人为干预，使林木处于最佳密度条件下生长，以便提供最高木材产量或发挥最大的防护效益。我国现行常用的林分密度指标有以下几种。

(1)株数密度

单位面积上的林木株数称株数密度，常用 N(株/hm^2)表示。单位面积上林木株数多少，直接反映出每株林木平均占有的营养面积和空间的大小。株数密度是造林、营林、林分调查及编制林分生长过程表或收获表中经常采用的林分密度指标，在林业调查中常用标准地法、样圆法、株行距法等方法测定株数密度。

(2)每公顷断面积

林地上每公顷的林木胸高断面积之和即为每公顷断面积，常用 G(m^2/hm^2)表示。由于断面积易于测定，而且断面积的大小与林木株数和林木大小有关，同时，它又与林分蓄积量紧密相关，所以，每公顷断面积也是一个广泛使用的林分密度指标，在林业调查中常用标准地法、样圆法、常规测树法等方法测定每公顷断面积。

(3)疏密度

林分每公顷胸高断面积(或蓄积量)与相同立地条件下标准林分每公顷胸高断面积(或蓄积量)之比，称为疏密度，以 P 表示：

$$P = \frac{G_{现}}{G_{标}} \quad 或 \quad P = \frac{M_{现}}{M_{标}} \tag{2-3}$$

式中　$G_{现}$，$M_{现}$——现实林分每公顷断面积和蓄积量；

$G_{标}$，$M_{标}$——标准林分每公顷断面积和蓄积量。

所谓标准林分，可理解为“某一树种在一定年龄、一定立地条件下最完善和最大限度地利用了所占有空间的林分”。这样的林分在单位面积上具有最大的胸高断面积(或蓄积量)，标准林分的疏密度定为“1.0”。以这样的林分为标准，衡量现实林分，所以现实林分的疏密度一般小于 1.0。

(4)郁闭度

林分中林冠垂直投影面积与林地面积之比，称为郁闭度。它可以反映林木利用生长空间的程度。根据郁闭度的定义，测定林分郁闭度既费工又困难，在一般情况下常采用一种简单易行的样点测定法，即在林分调查中，机械设置 10 个样点，在各样点位置上采用抬头垂直仰视的方法，判断该样点是否被树冠覆盖，统计被覆盖的样点数，被覆盖的样点数除以设置的点数即为郁闭度。

2.1.1.9　林分蓄积量

林分中所有活立木材积的总和称林分蓄积量，常以 M(m^3/hm^2)表示。林分蓄积量是重要的林分调查因子之一，测定方法很多，可概括为实测法和目测法两大类。目测法是以实测法为基础的经验方法。实测法又可分为全林实测和局部实测。全林实测法因工作量大，常常受人力、物力等条件的限制，仅在林分面积小的伐区调查和科学实验等特殊需要的情况下采用，最常用的还是局部实测法。

在森林调查中，为了提高工作效率，一般常采用预先编制好的立木材积表确定林分蓄积量，这种方法称为材积表法。

材积表是立木材积表的简称，是按树干材积与其三要素(断面积、树高和形数)之间的函数关系编制。根据胸径一个因子与材积的函数关系编制的表称为一元材积表。根据胸径、树高两个因子与材积的函数关系编制的表称为二元材积表。

(1)一元材积表测定林分蓄积量

设置标准地并进行每木调查(也称每木检尺)统计各径阶株数；分树种，选用一元材积表，分径阶(按径阶中值)由材积表上查出各径阶单株平均材积值；各径阶单株平均材积值乘以径阶林木株数即可得到径阶材积；各径阶材积之和就是该树种标准地林分蓄积量，各树种的林分蓄积量之和就是标准地林分总蓄积量。依据这个蓄积量及标准地面积计算每公顷林分蓄积量，再乘以林分面积即可求出整个林分的蓄积量。

(2)二元材积表测定林分蓄积量

该方法应用步骤为：第一，设置标准地每木调查(也称每木检尺)统计各径阶株数；第二，测定部分树高，画树高曲线；第三，分别树种，选用二元材积表，分别径阶(按径阶中值)从树高曲线上查出的该径阶的平均高值，由二元材积表上查出各径阶单株平均材积值；第四，各径阶单株平均材积值乘以径阶林木株数即可得到径阶材积；第五，各径阶材积之和就是该树种标准地林分蓄积量，各树种的林分蓄积量之和就是标准地林分总蓄积量。依据这个蓄积量及标准地面积计算每公顷林分蓄积量，再乘以林分面积即可求出整个林分的蓄积量。

除此之外，常用的林分蓄积量测定方法包括常规测树法等，其具体应用详见本章相关章节。

2.1.1.10　材种出材量

林分蓄积量是数量指标，它不能全面地反映林分林木材积的经济利用价值的大小。例如，两个蓄积量相等的林分，但各径阶林木株数的多少、木材缺陷及病腐程度不同，则可利用的符合用材标准的材种出材量不相同，即两个林分的木材经济利用价值不同。因此，在林分调查中，除了调查林分蓄积量之外，还应调查林分材种出材量，林分材种出材量测定方法主要有：

(1)一元材种出材率表法

所谓的一元材种出材率表即根据林木胸径一个因子确定材种出材率的数表，实际应用中通过标准地每木检尺求得各径阶的林木株数，利用一元材积表查得各径阶单株材积，乘以径阶林木株数得到各径阶林木带皮总材积。然后，利用一元材种出材率表，分别径阶查定各名目材种出材率，乘上相应径阶带皮总材积，即为各名目材种材积。各径阶同名材种材积之和，为标准地该材种材积值，各材种材积值之和，即为标准地总出材量。根据标准地面积可换算成林分单位面积出材量。

(2)二元材种出材率表法

根据材种出材量随直径和树高的变化规律，所编制的材种出材率表称为二元材种出材率表，其使用精度要明显高于一元材种出材率表。利用二元材种出材率表计算林分材种出材量主要步骤为：

①标准地调查　在标准地每木检尺，测定一部分林木的胸径和树高，绘制树高曲线。并根据径阶中值查得径阶平均高。利用二元材积表计算各径阶带皮材积。

②根据径阶中值和径阶平均高查定每个径阶各材种出材率　乘上相应径阶带皮总材积，即为各名目材种材积。各径阶同名材种材积之和，为该林分材种材积值，林分各材种

材积值之和，即为林分材种出材量。

(3)树高级材种出材率表法

树高级材种出材率表是分别以树高级编制的一元材种出材率表，应用时先确定林分所属的树高级，取用相应的树高级材种出材率表，计算步骤与一元材种出材率表法相同。

2.1.2　常用调查工具

2.1.2.1　树干直径测定仪器

树干直径是指垂直于树干轴的横断面的直径，用 D 或 d 表示。测定直径的常用仪器有直径卷尺和检径尺(钩尺)等。

(1)直径卷尺(围尺)

在我国，直径卷尺又称作围尺、围径尺，根据制作材料的不同，又有布围尺和钢围尺之分。通过围尺量测树干的圆周长，换算成直径。一般长 1~3 m，围尺采用双面(或在一面的上、下)刻画。一面刻普通米尺；另一面刻上与圆周长相对应的直径读数，也就是根据 $C=\pi D$ 的关系(C 为圆周长，D 为直径)进行刻画。围尺比轮尺携带方便且测定值比较稳定，使用时，围尺要拉紧并与树干保持垂直。

应用树干直径测定仪器测定胸径时应注意：

①在我国森林调查工作中，胸高位置在平地是指距地面上 1.3 m 处。在坡地以坡上方 1.3 m 处为准。在树干解析或样木中，取在根颈以上 1.3 m 处；

②胸高处出现节疤，凹凸或其他不正常的情况时，可在胸高断面上下距离相等而干形较正常处，测直径取平均数作为胸径值；

③胸高以下分叉的树，可以当作分开的两株树分别测定每株树胸径；

④胸高断面不圆的树干，应测定相互垂直方向的胸径取其平均数。

(2)钩尺(检径尺)

钩尺是用来测定堆积原木小头直径的工具。使用时只要钩住木段断面积的边缘，使尺身通过断面的中心与另一端边缘即为该断面的直径。原木小头直径均以 2 cm 进位，因而钩尺上刻有 2 cm 整化的径阶刻度。

2.1.2.2　布鲁莱斯测高器

树干的根颈处至主干梢顶的长度称为树高，测量单位是米(m)，一般要求精确至0.1 m。树高通常用 H 或 h 表示。树高的测定仪器称为测高器。

布鲁莱斯(Blume-Leiss)测高器是目前我国最常用的测高器，其构造如图 2-2 所示，测高原理为三角函数原理，如图 2-3 所示。

由图 2-3 可得全树高 H 为：

$$H = AB \cdot \tan\alpha + AE \tag{2-4}$$

式中　AB——水平距；

$H=CB+BD$；

AE——眼高(仪器高)；

$BD=AE$；

α——仰角。

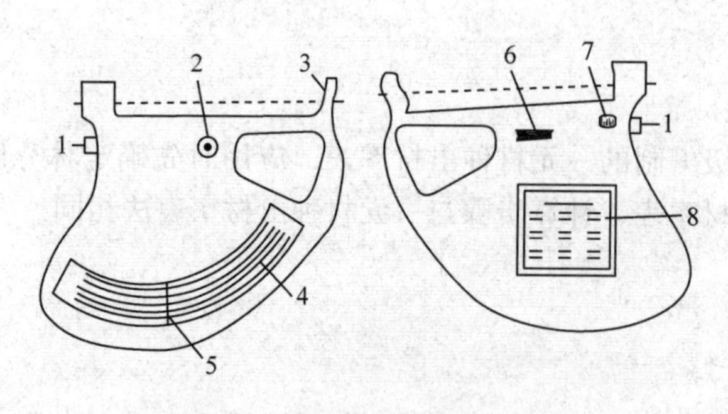

图 2-2　布鲁莱斯测高器构造

1. 制动按钮　2. 视距器　3. 瞄准器　4. 刻度盘
5. 摆针　6. 滤色镜　7. 起动钮　8. 修正表

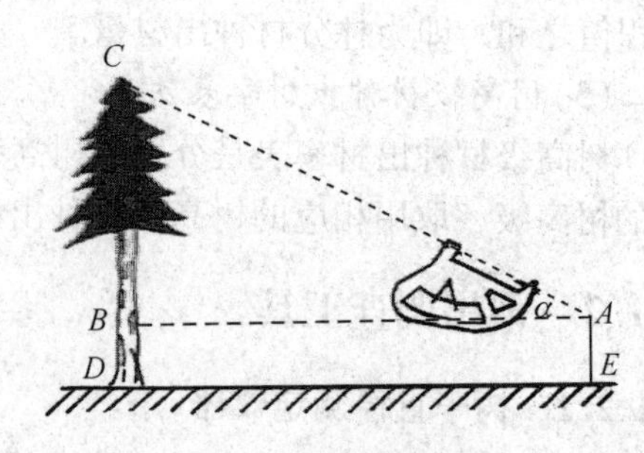

图 2-3　布鲁莱斯测高

在布鲁莱斯测高器的指针盘上，分别有几种不同水平距离的高度刻度。在平地使用时，先要测出测点至树木水平距离，且要等于整数10 m、15 m、20 m、30 m，测高时，按动仪器背面制动按钮，让指针自由摆动，用瞄准器对准树梢后，即按下制动钮，固定指针，在刻度盘上读出对应于所选水平距离的树高值，再加上测者眼高 AE 即为树木全高 H。

在坡地上，先观测树梢，求得 h_1；再观测树基，求得 h_2(图2-4)。若两次观测符号相反(仰视为正，俯视为负)，则树木全高 $H=h_1+h_2$；若两次观测值符号相同，则 $H=h_1-h_2$。

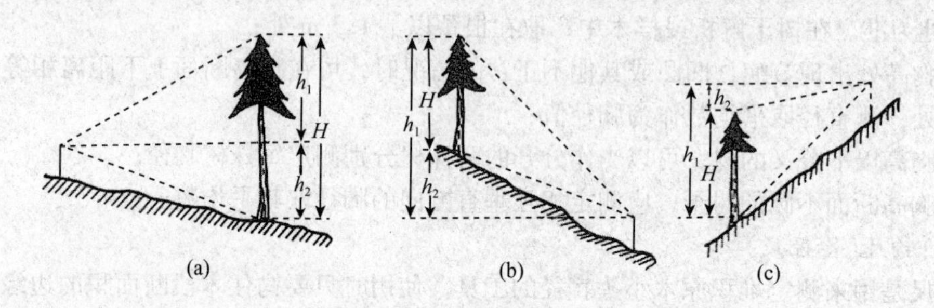

图 2-4　在坡地上测高

使用布鲁莱斯测高器，其测高精度可达±5%。为获得比较正确树高值，一般应注意：

①选择的水平距应尽量接近树高，在这种条件下测高误差比较小；

②当树高太小(小于5 m)时，不宜用布鲁莱斯测高，可采用长杆直接测高；

③对于阔叶树应注意确定主干梢头位置，以免测高值偏高或偏低。

2.1.2.3　激光测高测距仪

近年来，随着激光技术的发展与应用，通过激光准确地测定点(或激光发射点)与目标间的距离，并结合倾斜度传感器，便捷准确地测量出水平距离和垂直距离，并应用内置的程序能够马上计算出任何两点之间的高差，因此可被应用于树高测定，以图帕斯200(TruPulse200型)激光测高测距仪为示例予以说明(图2-5、图2-6、表2-3)。

2.1.2.4　多用测树仪

近二三十年，具有多用途的综合测树仪的研制取得了较大的进展。目前，国内外已设计和生产了各种型号的多用测树仪，其共同特点是一机多能，使用方便，能测定树高、立

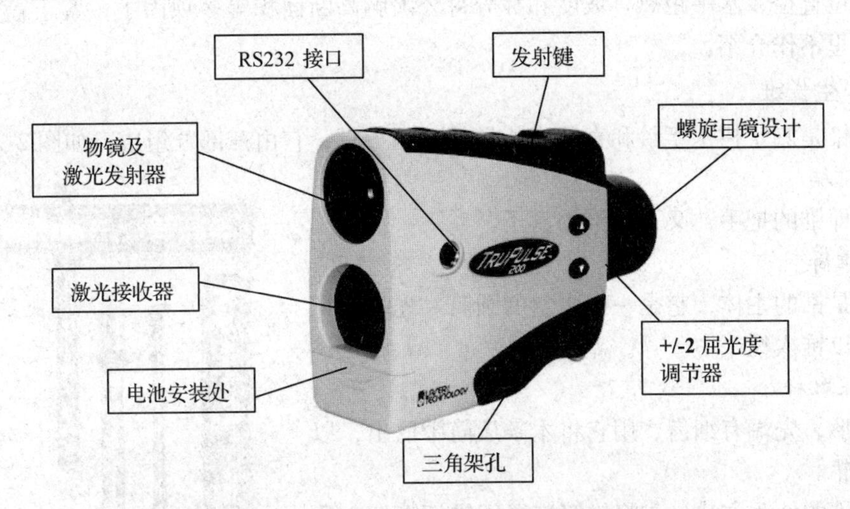

图 2-5　图帕斯 200(TruPulse200 型)激光测高测距仪构造

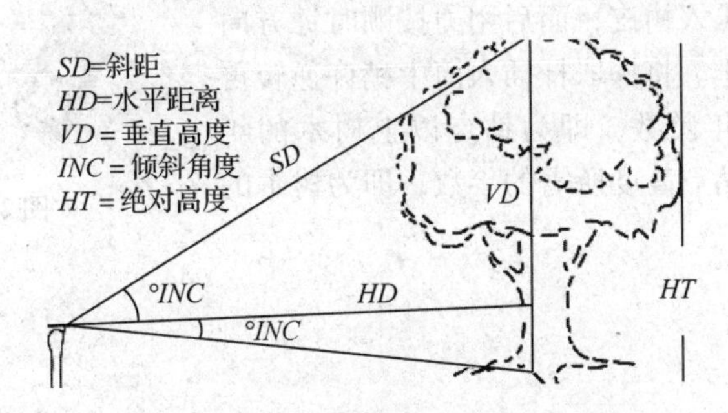

图 2-6　激光测高测距仪树高测定示意

表 2-3　激光测高测距仪测量方法

测量模式	说明	测量方法
SD 模式	点到点直线距离(斜距)	十字光丝直接瞄准被测物体，按 FIRE 键
VD 模式	垂直高度(相对高度)	单点定高，目镜内部十字光丝直接瞄准被测物体的最高点，适合测量悬空物体的相对高度 如：高架线缆
HD 模式	水平距离	十字光丝瞄准被测物体，仪器内置的倾斜补偿器会进行自动角度补偿，计算离被测物体的水平距离
HT 模式	绝对高度	三点定高，目镜内部十字光丝直接瞄准被测物测量顺序： ①瞄准被测物体的中部，先测 HD 水平距离 ②瞄准被测物体的顶部，按 FIRE 键 ③瞄准被测物体的底部，按 FIRE 键 适合测量建筑物实体的绝对高度，如：建筑物高度，树木高度，塔台高度
INC 模式	倾斜角度(俯仰角度)	十字光丝直接瞄准被测物体，按 FIRE 键

木任意部位直径、水平距离、坡度和林分每公顷胸高断面积等多项因子，鉴于篇幅与时间有限，这里不作介绍。

2.1.2.5　生长锥

生长锥是测定树木年龄和直径生长量的专用工具，它由三部分组成，如图2-7所示。

(1)锥柄

锥柄即锥的把手，又是放锥的盒子。

(2)锥筒

锥筒是锥的主体，它是一个中空的圆筒。先端有螺旋刀，用以锥入树干中。

(3)探取杆

披针形，先端有细齿，用它将木条从筒中取出，以备查数年轮。

生长锥的使用方法：先将锥筒装置于锥柄上的方孔内，用右手握柄的中间，用左手扶住锥筒以防摇晃。垂直于树干将锥筒先端压入树皮，而后用力按顺时针方向旋转，待钻过髓心为止。将探取杆插入筒中稍许逆转再取出木条，木条上的年龄数，即为钻点以上树木的年龄。加上由根颈长至钻点高度所需的年数，即为树木的年龄。

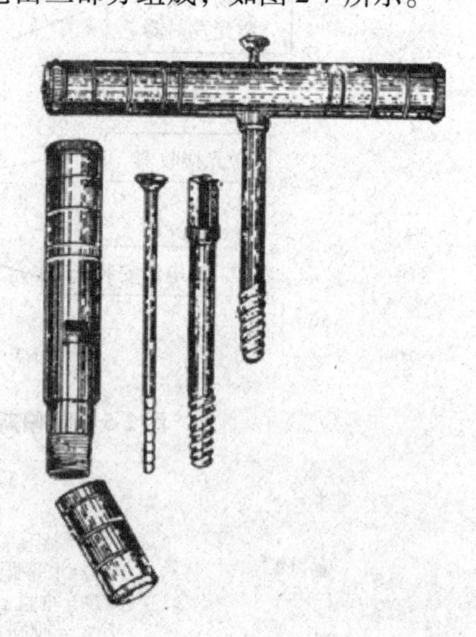

图2-7　生长锥

2.1.3　标准地调查

2.1.3.1　标准地概念

森林调查工作中，一般不可能也没有必要对全林分进行实测，而往往是在林分中，按照一定的方法和要求，进行小面积的局部实测调查，并根据调查结果推算整个林分。在林分内，按照随机抽样的原则，所设置的实测调查地块，称作抽样样地，简称样地。根据样地实测调查结果，推算林分总体，这种调查方法称作抽样调查法；而在林分内，按照平均状态的要求所确定的能够充分代表林分总体特征平均水平的地块，称作典型样地，简称标准地。根据标准地实测调查结果，推算全林分的调查方法称作标准地调查法。

当前在我国，为满足编制森林经营方案、总体设计和基地规划的需要，进行森林规划调查(简称二类调查)时一般采用抽样样地，在一类调查中也是采用抽样样地；而在森林经营活动中，仍以采用标准地实测调查法为主，可以为科学组织森林经营活动、制定营林技术措施以及研究分析林分各种因子间的关系，提供可靠的依据。

按照标准地设置目的和保留时间，标准地又可分为临时标准地和固定标准地。临时标准地一般用于林分调查或编制营林数表，只进行一次调查，取得调查资料后不需要保留。固定标准地适用于较长时间内进行科学研究试验，有系统地长期重复多次观测，获得定期连续性的资料，如研究林分生长过程，经营措施效果、编制收获表等。固定标准地测设技术要求严格，需要定期、定株、定位观测，以便取得连续性的数据。因此，测设固定标准地的工作成本高，且要求一定的样地设置保护措施。

2.1.3.2　标准地设置与测量

(1)选择标准地的基本要求

选择标准地的基本要求有:

①标准地必须对所预定的要求有充分的代表性;

②标准地必须设置在同一林分内，不能跨越该林分;

③标准地不能跨越小河、道路或伐开的调查线，且应离开林缘(至少应距林缘为1倍林分平均高的距离);

④标准地设在混交林中时，其树种、林木密度分布应均匀。

(2)标准地的形状

标准地的形状一般为正方形或矩形，有时因地形变化也可为多边形。

(3)标准地的面积

标准地的面积应根据调查目的、对象而定，一般面积不宜过小。在林分调查中，为了充分反映出林分结构规律和保证调查结果的准确度，标准地内必须要有足够数量的林木株数，并结合调查目的、林分密度等因素予以确定面积大小。在实际工作中，标准地面积一般不小于400 m^2，也常采用0.067 hm^2作为样地面积。

(4)标准地的境界测量

为了确保标准地的位置和面积，需要进行标准地的境界测量，通常用罗盘仪测角，皮尺或测绳量水平距(林地坡度大于5°时，可以测量斜距后改算为水平距离)。测量四边周界时，边界外缘的树木在面向标准地一面的树干下要标出明显标记(可用粉笔)，以保持周界清晰。规定测线周界的相对闭合差不得超过1/200。根据需要，标准地的四角应埋设临时简易或长期固定的标桩，便于辨认和寻找。

(5)标准地位置及略图

标准地设置好以后，应标记标准地的地点及在林分中的相对位置，并用全球定位仪(GPS)准确标定标准地的具体位置。此外，要将标准地设置的大小、形状在标准地调查表上按比例绘制略图，标准地每个边线注明方位角、边线长及坡度。

2.1.3.3　标准地的测定工作

(1)每木调查

在标准地内分别树种、起源、年龄(或龄级)、活立木、枯立木测定每株树木的胸径，并按整化径阶记录、统计，取得林木株数按直径分布序列的工作，称为每木调查或称每木检尺。对于复层异龄混交林，必须按林层、树种、年龄(或龄级)、起源等分别记录、统计各径阶林木株数。

(2)测树高

①林分条件平均高　为计算林分平均高或各径阶平均高，在标准地内，要随机测定一部分林木的树高和胸径，一般优势树种测定25~30株树木的树高，每个径阶内应量测3~5株林木，然后根据各径阶测高树木的平均直径和平均高绘制树高曲线，并分别径阶计算出平均胸径、平均高及株数。以横坐标表示胸径、纵坐标表示树高绘制树高曲线。最后，依据林分平均直径 D_g 由树高曲线上查出相应的树高，即为林分条件平均高 H_D。

对于混交林分中的次要树种，一般仅测定3~5株近于平均直径树木的胸径和树高，以算术平均值作为该树种的平均高　对于复层异龄混交林，分别林层，按照上述原则和方法确定各林层及林分平均高。

②林分优势木平均高　为了评定立地质量，在标准地内选测一些最粗大的优势木或亚优势木胸径和树高，以算术平均值作为优势木平均高。

(3)测定年龄

在标准地调查中，可以利用生长锥或伐倒木(或以往伐根)确定各树种的年龄。对于复层异龄混交林，一般仅测定各林层优势树种的年龄，并以主林层优势树种的年龄为该林分的年龄。通常，幼龄林以年为单位表示林分年龄，中龄林、成过熟林以龄级为单位表示林分年龄。

(4)其他各项林分调查因子的测定和计算

在标准地外业调查的基础上，计算出林分年龄、平均直径、平均高、优势木平均高、树种组成、地位级(或地位指数)、疏密度(或郁闭度)、株数密度、断面积、蓄积量、材种出材量及出材率等级等因子，其测定和计算方法见本章2.1节有关内容。对于复层异龄混交林，按照规定和要求，计算出各林层调查因子及全林分调查因子。

2.1.4　角规测树

角规是以一定视角构成的林分测定工具。应用时，按照既定视角在林分中有选择地计测为数不多的林木就可以高效率地测定出有关林分调查因子。国际上较为常用的名称有：角计数调查法、角计数样地法、无样地抽样、可变样地法、点抽样和线抽样等。

角规测树理论严谨，方法简便易行，只要严格按照技术要求操作，便能取得满意的调查结果。因此，角规测树是一种高效、准确的测定技术。

2.1.4.1　常用角规测器

(1)不带自动改正坡度功能的角规测器

以简易杆式角规为例，这是结构最简单的初始角规测器，在长度为 L 的直杆(可用细绳代替)的一端安装一个缺口宽度为 l 的金属片或硬纸(木、塑料)片，即可构成一个简易杆式角规测器，如图2-8所示。$\frac{l}{L}$的比值按所采用的断面积系数 F_g 而定，$\frac{l}{L}$称作角规比例。根据公式$F_g = 2\,500\left(\frac{l}{L}\right)^2$，计算断面积系数。

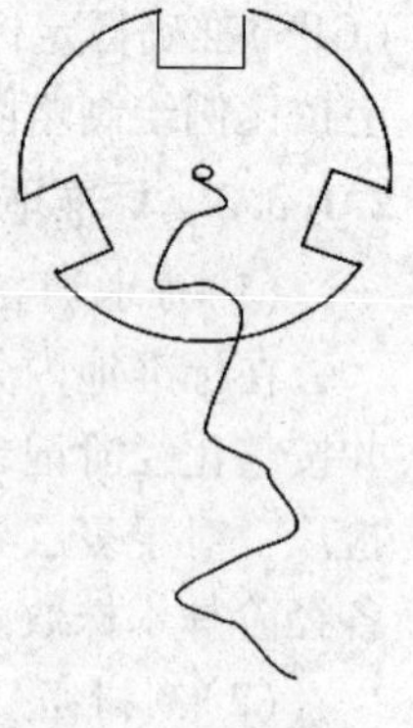

图2-8　角规测器

在坡地上使用不带自动改正坡度功能的角规测器时，如同在平地上一样，先不考虑角规点至每株观测树木之间的坡度，完全按照在平地上的观测方法进行测定。根据每株观测树干胸径与角规视角的相割(计1株)、相切(计半株)及相余(不计数)的关系，确定计数木的总株数 Z_θ，然后根据样点上下坡方向的平均坡度 θ 按式(2-5)求算改正后的计数木的总株数 Z：

$$Z = Z_\theta \cdot \sec\theta \tag{2-5}$$

将求得的 Z 乘以角规断面积系数 F_g，即可得出林地上每公顷断面积 G(m^2/hm^2)，即

$$G = F_g \cdot Z$$

(2)带有自动改正坡度功能的角规测器

以LZG—1型自平杆式角规为例，其具体形状如图2-9所示，在简易杆式角规的基础上作了两点重大改进：

①角规杆长改为可变，具有两种比例的不锈钢拉杆，不用时拉杆可套缩起来，便于携带。使用时，按照选定的断面积系数的要求，将拉杆拉到规定的长度，即可观测使用。

②具有自动改正坡度的功能，即将角规一端的金属片缺口改为可在上下垂直方向上自由转动的半圆形金属曲线缺口圈，圈的下端附有一个较重的平衡座，以保证金属缺口圈始终保持与地面成垂直状态。在角规拉杆成水平状态时，金属圈内与角规杆先端截口相切处的缺口宽度为1 cm，对应的拉杆长度为50 cm，即断面积系数 $F_g = 1$。当坡度为 θ 时，拉杆与坡面平行，其倾斜角也为 θ，金属圈也相应转动 θ，金属圈内的缺口宽度 l 相应变窄成为 $l \times \cos\theta$ 值。用此角规测器观测时，可依每株树干胸高与观测者立于样点处的眼高之间形成倾斜角 θ 逐株自动进行坡度改正，所计数的树木株数就是改正成水平状态后的计数值，再乘以断面积系数即得到林分每公顷胸高总断面积。本仪器观测的方便程度基本上等同于简易杆式角规测器，但却能自动改正坡度，颇为实用。

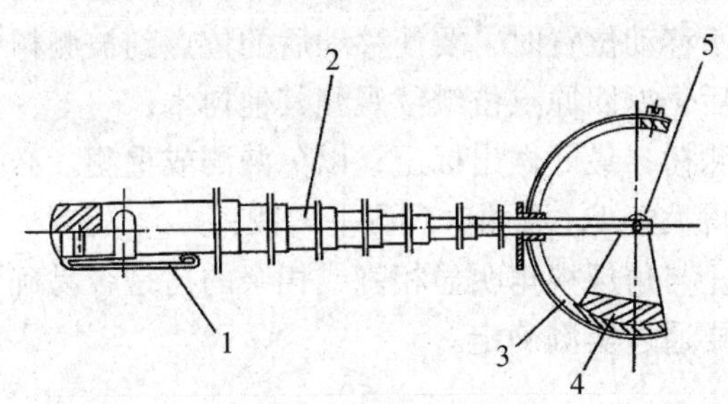

图2-9　自平杆式角规

1. 挂钩　2. 指标拉杆　3. 曲线缺口圈　4. 平衡座　5. 小轴

2.1.4.2　用角规测定林分单位面积胸高断面积和蓄积量

(1)断面积系数的选定

断面积系数越小，由于计数错误所引起的胸高断面积总和的误差越小，但是断面积系数越小，角规视角就越小，计数木株数就越多，观测最大距离较大，疑难的边界树和被遮挡树也会增多，影响工效并容易出错。如选用大的断面积系数，其优缺点恰好相反。因此，要根据林分平均直径大小、疏密度、通视条件及林木分布状况等因素选用适当大小的断面积系数。列波什斯曾建议按表2-4所列的林分特征与选用断面积系数 F_g。

表2-4　林分特征与选用断面积系数参照表

林分特征	断面积系数 F_g
平均胸径8~16 cm的中龄林，任意平均直径但疏密度为0.3~0.5的林分	0.5
平均胸径17~28 cm，疏密度为0.6~1.0的中、近熟林	1.0
平均胸径28 cm以上，疏密度为0.8以上的近、过熟林	2或4

(2)角规点数的确定

在森林资源规划设计调查中一般采用典型取样，观测调查点数视小班面积不同而定，根据森林资源规划设计调查(简称二类调查)技术规定中要求，一般要求小班面积 3 hm^2以下取 1~2 个点，4~7 hm^2取 2~3 个点，小班面积 8~12 hm^2的取 3~4 个点，13 hm^2以上取 5~6 个点，在森林资源资产评估调查与核查中，为提高调查的精度，一般点数的取值均为上限值，即 3 hm^2以下 2 个点，4~7 hm^2则取 3 个点，依此类推。对于成过熟林资产的核查，通常要求在原有点数要求基础上再增加 50% 为宜。每个角规点的位置要选定对林分有代表性的位置，避免在过疏或过密处设置角规点，并判断每个角规点所代表的面积权重。

(3)角规绕测技术

采用角规测器在角规点绕测 360°是最常用的方法，该方法最简单，但必须严格要求，认真操作，才能保证准确度。绕测时必须注意以下几点：

①测器接触眼睛的一端，必须使之位于角规点的垂直线上。在人体旋转 360°时，要注意不要发生位移；

②角规点的位置不能随意移动。如待测树干胸高部位被树枝或灌木遮挡时，可先观测树干胸高以上未被遮挡的部分，如相切即可计数 1 株，否则需将树枝或灌木砍除，如被大树遮挡不便砍除而不得不移动位置时，要使移动后的位点到被测树干中心的距离与移动前相等，测完被遮挡树干后仍返回原点位继续观测其他树木；

③要记住第一株绕测树，最好做出标记，以免漏测或重测。必要时可采取正反绕测两次，两次结果的差值不得大于 1，取两次观测平均数；

④仔细判断临界树。与角规视角明显相割或相余的树是容易确定的，而接近相切的临界树往往难以判断，需要通过实测确定。

$$R = \frac{50}{\sqrt{F_g}} \cdot d \tag{2-7}$$

式中 R——角规样圆半径；

d——被测木的胸径；

F_g——断面积系数。

设人到被测树干中心的距离为 S，当

$S<R$，计为 1 株

$S=R$，计为 0.5 株

$S>R$，不计数

(4)边界样点的处理

在典型取样调查时，角规点不要选在靠近林缘处，如靠近林缘，则绕测一周时，样圆的一部分会落到所调查的林分之外。角规点到林缘的最小距离要大于式(2-7)计算得到的 R，此时式中的 d 应是林分中最粗树木的直径。设某林分中最粗树木的直径是 40 cm，若取 $F_g=1$，则角规点到林缘的距离应大于 20 m。若取 $F_g=4$，则距离应大于 10 m。格罗森堡(1958)提出了一种较好处理办法，首先按上述方法，根据样点所在林分中最粗大木胸径和选用的断面积系数算出距边界的最小距离，以此距离作为宽度划出林缘带。当角规点落在林缘带内时，可只面向林内绕测半圆(即作半圆观测)，把计数株数乘以 2 作为该角规点的全圆绕测值。

(5)测定林分单位面积胸高断面积和蓄积量

角规绕测得到林分的每公顷胸高断面积总和值 $G=F_g \cdot Z_\theta \cdot \sec\theta$，根据林分的平均胸径和平均树高查角规测树速见表得每亩蓄积量系数 v，$G \cdot v$ 即为林分每亩蓄积量。角规测树速查表形式见表 2-5。

$$v=\frac{667}{\frac{\pi}{4} \cdot D^2} \cdot V \tag{2-8}$$

式中　V——按当地二元材积式计算，即 $V=0.000\,087\,2D^{1.785\,388\,607} \cdot H^{0.931\,392\,369\,7}$；

D——林分平均胸径(cm)。

树高为 0.5 m 的取表中树高的左右平均数为系数。

表 2-5　杉木角规测树速查表(节录)

D	H													
	3	4	5	6	7	8	9	10	11	12	13	14	15	16
5	.146	.191	.235	.278	.321	.363	.406	.447	.489	.530	.571	.612	.653	.693
6	.140	.183	.226	.267	.309	.350	.390	.430	.470	.510	.549	.589	.628	.667
7	.136	.177	.218	.259	.299	.338	.377	.416	.455	.493	.531	.569	.607	.645
8	.132	.172	.212	.251	.290	.329	.367	.404	.442	.479	.516	.553	.590	.627
9	.129	.168	.207	.245	.283	.320	.358	.394	.431	.467	.504	.540	.575	.611
10	.126	.164	.202	.240	.277	.313	.350	.386	.421	.457	.492	.527	.563	.597
11	.123	.161	.198	.235	.271	.307	.342	.378	.413	.448	.482	.517	.551	.585
12	.121	.158	.194	.230	.266	.301	.336	.371	.405	.439	.473	.507	.541	.574
13	.119	.155	.191	.226	.261	.296	.330	.364	.398	.432	.465	.499	.532	.565
14	.117	.153	.188	.223	.257	.291	.325	.359	.392	.425	.458	.491	.523	.556
15	.115	.151	.185	.220	.254	.287	.320	.353	.386	.419	.451	.484	.516	.548
16	.114	.148	.183	.217	.250	.283	.316	.349	.381	.413	.445	.477	.509	.540
17	.112	.147	.180	.214	.247	.280	.312	.344	.376	.408	.439	.471	.502	.533
18	.111	.145	.178	.211	.244	.276	.308	.340	.371	.403	.434	.465	.496	.527
19	.109	.143	.176	.209	.241	.273	.305	.336	.367	.398	.429	.460	.490	.520
20	.108	.142	.174	.206	.238	.270	.301	.332	.363	.394	.424	.455	.485	.515
21	.107	.140	.172	.204	.236	.267	.298	.329	.359	.390	.420	.450	.480	.509
22	.106	.139	.171	.202	.234	.264	.295	.326	.356	.386	.416	.445	.475	.504
23	.105	.137	.169	.200	.231	.262	.292	.322	.352	.382	.412	.441	.470	.500
24	.104	.136	.168	.199	.229	.260	.290	.320	.349	.379	.408	.437	.466	.495
25	.103	.135	.166	.197	.227	.257	.287	.317	.346	.375	.404	.433	.462	.491
26	.102	.134	.165	.195	.225	.255	.285	.314	.343	.372	.401	.430	.458	.487
27	.102	.133	.163	.194	.223	.253	.282	.312	.340	.369	.398	.426	.455	.483
28	.101	.132	.162	.192	.222	.251	.280	.309	.338	.366	.395	.423	.451	.479
29	.100	.131	.161	.191	.220	.249	.278	.307	.335	.364	.392	.420	.448	.475
30	.099	.130	.160	.189	.218	.247	.276	.305	.333	.361	.389	.417	.444	.472
31	.099	.129	.159	.188	.217	.246	.274	.302	.331	.358	.386	.414	.441	.469

注：表中数据可按式(2-8)计算。

如果没有角规测树速见表，也可利用二元材积表计算林分每公顷蓄积量 M：

$$M = V \cdot \frac{G}{\frac{\pi}{40\ 000} \cdot D^2} \tag{2-9}$$

式中 G——林分每公顷胸高断面积总和；

V，D 意义同式(2-8)。

将各个角规点计算的结果乘以各自的面积权重，累加即为林分单位面积的胸高断面积总和或单位面积蓄积量。

2.2 森林资源调查

当今世界上许多国家的森林资源调查分为三大类。我国基本上也是采用这种体系，按照调查目的的差异，把森林资源调查分为国家森林资源连续清查、森林资源规划设计调查和作业设计调查。为了规范森林资源调查，我国制定并颁布了国家标准《森林资源规划设计调查技术规程》(GB/T 26424—2010)，国家林业和草原局分别制定并颁发了《国家森林资源连续清查主要技术规定》和《森林资源规划设计调查主要技术规定》。

2.2.1 国家森林资源连续清查

国家森林资源连续清查简称“一类调查”，这种森林资源调查一般以省(自治区、直辖市)为单位进行，每五年复查一次。它是全国森林资源监测体系的重要组成部分。其调查目的是及时、准确查清宏观森林资源的数量、质量及其消长动态，进行综合评价。目前，我国已完成并公布了第九次全国森林资源连续清查(2014—2018 年)结果，它是制定和调整林业方针政策、规划、计划、监督检查领导干部实行森林资源消长任期目标责任制的重要依据。

(1)国家森林资源连续清查的主要内容

国家森林资源连续清查的主要内容是查清调查区内各类土地面积和森林资源的面积、蓄积量、生长量、枯损量、消耗量和更新状况。并根据前后期调查的结果，计算森林资源的消长动态，以此预测森林资源的变化趋势。

(2)国家森林资源连续清查的技术方法

全国各省(自治区、直辖市)的林业部门一般都按照系统抽样的技术方法，以全省(自治区、直辖市)的范围作为抽样调查总体，采用在 1∶50 000 比例尺的地形图的千米网交叉点上布设一定数量的固定样地，定期到现地进行实测的调查方法。调查总体的划分可以根据各省(自治区、直辖市)森林分布、地形及行政管理的特点进行。当省(自治区、直辖市)内的森林分布及地形条件差异比较小时，以全省(自治区、直辖市)为一个调查总体。当省(自治区、直辖市)内的森林分布及地形条件差异比较大时，可在一个省(自治区、直辖市)内划分调查副总体(要求副总体相对稳定)。调查样地的设置有固定样地和临时样地的区别。样地在调查总体内统一编号，每一个固定样地上都设有永久性标志，样地中的检测木在样地内统一编号，甚至挂上号牌。固定样地在每一次复查时都要进行测量。临时样地是在每一次复查时设置的，不做固定性标志。抽样总体总面积以国家统计局控制数据为准，总体内各土地类型和森林类型的面积以成数抽样的方法进行估计。总体内的森林蓄积量，以平均数抽样的方法进行计算。

2.2.2　森林资源规划设计调查

森林资源规划设计调查简称“二类调查”，也称“森林经理调查”。

森林资源规划设计调查是以国有林业局、林场、自然保护区、县(旗)为单位，为满足森林经营、编制森林经营方案、总体设计和县级林业区划、规划等需要进行的森林资源调查。其成果也是建立或更新森林资源档案，制定森林采伐限额，实行森林资源资产化管理，指导和规范林业基层单位科学经营的重要依据。

这种调查的显著特点是，调查数据落实到小班，也就是所谓“落实到山头地块”。

森林资源规划设计调查周期一般为10年。

森林资源规划设计调查工作结束后，调查地区上级林业主管单位要主持组织有关专家和技术人员，对调查成果进行审查，审查通过后，才可批准应用。

2.2.2.1　森林资源规划设计调查的内容

①收集、验证或编制(建立)有关森林调查、经营数表(模型)；

②依据有关文件，确定各级境界线，并在经营管理范围内进行经营区划和林地区划；

③查清各地类面积及其权属关系；

④查清各类森林蓄积量、疏林蓄积量和林网、四旁散生树木蓄积量；

⑤查清人工林的面积和蓄积量；

⑥调查林木生长量和枯损量；

⑦调查与森林资源有关的地形、地势、土壤、气象、水文等自然环境条件；

⑧按小班提出森林经营、利用和保护意见。

此外，下列内容由调查领导组织部门确定是否进行调查以及调查的详细程度：

①森林资源消耗量调查；

②土壤调查；

③森林更新调查；

④森林病虫调查；

⑤森林火灾调查；

⑥珍稀植物、野生经济植物资源调查；

⑦野生动物资源调查；

⑧森林多种效益计量、评价调查；

⑨林业经济调查；

⑩其他专业调查。

2.2.2.2　森林资源规划设计调查的技术方法

(1)森林区划

森林资源规划设计调查必须首先进行森林区划。当前，国有林业局的经营区划系统一般为：

林业局—林场—林班。

国有林场的经营区划系统一般为：总场(林场)—分场(营林区或作业区)—林班。

集体林区的经营区划系统一般为：县—乡—村—林班。也有以一个村作为一个林班。

林班区划一般以明显的山脊线、河流、道路等作为林班界，在地形平坦地区也可人为地把林地划分为面积大致相等的区域作为林班。

林班面积一般为100~200 hm^2。

(2)小班区划

小班是森林资源规划设计调查、统计和森林经营管理的基本单位。森林资源规划设计调查的调查数据落实到小班。

小班区划在林班范围内进行。

小班区划的条件一般是：权属、地类、林种、优势树种、林分起源、龄级、郁闭度、立地类型(或林型)、地位指数级(或地位级)、坡度级和森林经营类型等。

国有林区、有条件的重点集体林区应使用航空相片或卫星相片划分小班。所使用航片应是近期拍摄的，其比例尺应不小于1:25 000(或由1:50 000放大为1:25 000)；卫片应是经几何校正及影像增强的彩色片，其比例尺应放大到1:50 000~1:25 000(空间分辨率10m以内)。不具备上述条件的其他地区可利用1:10 000~1:25 000新版地形图进行小班划分和调绘。不论采用何种方法划分小班，均应到现地进行或现地核对。

小班平均面积一般为3~20 hm^2。生态公益林小班面积可适当增加至35 hm^2。集体林区小班面积过小的，不单独区划，但记入调查簿，并入相应地类统计。

(3)小班调查

小班调查的内容很多，一般有小班的空间位置及大小、权属、土地及森林类型、立地条件、测树因子、地利条件等方面的几十个调查项目。

用材林近、成、过熟林小班增加调查小班的可及度、各径级组株数和蓄积量百分比、各材质等级林木株数和蓄积量百分比，确定小班各材种出材量。

人工幼林、未成林造林地小班增加造林年度、造林密度、混交比、保存率、整地方法及造林措施的调查。

经济林小班要确定其生产阶段和生长状况。

竹林小班要调查其龄组百分比、直径和株数。

对于不划为小班的林网、四旁树，按树种调查记载林木的平均年龄、平均胸径、平均树高和株数。

小班的测树因子一般常用“实测”“目测”和“回归估测”3种方法来调查。

(4)总体蓄积量抽样控制

为确保调查区域的总体蓄积量调查精度，规划设计调查在调查区内，视情况划分一个或若干个抽样总体，在各总体内设置实测样地进行抽样调查，用抽样调查的结果作为总体的蓄积量估测值，并以此对目测法小班调查的小班蓄积量进行修正。

(5)森林资源规划调查的精度要求

森林资源规划调查中，除小班权属、地类、林种、起源调查不得有误外，主要测树调查因子允许误差分为A、B、C三个等级，见表2-6。

表 2-6　主要测树调查因子允许误差表

测树调查因子	允许误差/%		
	A	B	C
小班树种组成	5	10	20
小班平均树高	5	10	15
小班平均胸径	5	10	15
小班平均年龄	10	20	30
小班郁闭度	5	10	15
小班每公顷断面积	10	15	20
小班每公顷蓄积量	15	20	25
小班每公顷株数	5	10	15
调查总体活立木蓄积量	5	10	15

注：国有森林经营单位和经营强度高的县级行政单位，商品林小班允许误差采用等级“A”；一般县级行政单位的商品林小班、所有单位的一般生态公益林小班允许误差采用等级“B”；自然保护区、森林公园和其他特殊、重点生态公益林小班允许误差采用等级“C”。

2.2.3　作业设计调查

作业设计调查简称三类调查。

作业设计调查的对象是即将进行诸如主伐、抚育、造林、林分改造等作业的小班或作业范围。其调查目的是为作业设计提供翔实、可靠的依据。

作业设计调查的调查范围和调查内容，视作业设计的要求而定。调查范围一般以作业范围为单位。调查的内容主要有森林(包括林地)面积、立地条件、森林类型、林分的各种测树因子、林相特点、生产状况、径级结构、作业条件等。测树因子的调查方法通常分实测和抽样调查。如采用抽样调查，通常要求蓄积量抽样精度达到95%。

以三类调查中最常见的采伐伐区调查设计为例，伐区调查设计主要包括伐区区划、伐区调查、伐区生产工艺设计等。

(1)伐区区划

通常伐区区划采用伐区—采伐小班二级区划，伐区内原小班区划能满足采伐设计要求的，以原区划的小班界线为准；不能满足采伐设计要求的，要实地重新区划小班，以小班为单位进行调查设计。伐区周界应设标志，标志要求明显、具体。如果是皆伐伐区内分布有小溪流、湿地、湖泊、沼泽，或伐区临近自然保护区、人文保留地、自然风景区、野生动物栖息地、科研实验地、道路、水库等，应留出一定宽度的缓冲带，并严格管理。

(2)伐区调查

伐区调查主要包括面积调查、蓄积量调查等。

伐区面积调查测量精度通常要求达到95%以上，根据伐区大小、条件与实地状况等可以采用罗盘仪实测、地形图调绘、影像图区划、GPS测量及综合测量进行面积调查。

伐区蓄积量调查通常根据各地实际状况不同要求精度90%~95%以上，可以采用全林实测法、标准地(行、带)法、角规调查法等进行，考虑到伐区调查的重要性，一般情况下其标准地或角规点设置数量均要高于二类调查数量，例如，标准地数量要求1 hm^2以下设2块，以后每增加2 hm^2增设1块标准地；而角规点数量要求为采伐面积1 hm^2以下设3个，以后每增加1.0 hm^2增设1个角规点；在实际生产中对于林相整齐的人工林，在确保蓄积量、出材量调查精度的前提下，可酌情减少设置数量。

(3)伐区生产工艺设计

伐区生产工艺设计主要包括采伐方式确定，采伐强度设计，采伐工艺设计，集材方式确定，道路、楞场和集材道设计，以及伐后伐区恢复措施等内容。

完成伐区调查所需要的提交的伐区调查设计成果文件则常包括伐区调查设计说明书、各类伐区调查设计表以及伐区调查设计图等。除此之外，全国各地根据本地林业生产实际还分别对伐区拨交、监督管理、质量检查等进行了规定，实际应用中应参考各地具体规定，或参考《森林采伐作业规程》(LY/T 1646—2005)、各类林业调查技术规程及采伐更新管理办法等的相关规定。

2.3 森林资源调查的技术标准

2.3.1 地类划分

陆地划分为林地和非林地，林地再分为生态公益林地和商品林地。

2.3.1.1 林地

林地是指县级以上人民政府规划确定的用于发展林业的土地，包括郁闭度0.2以上的乔木林地以及竹林地、灌木林地、疏林地、采伐迹地、火烧迹地、未成林造林地、苗圃地等。

(1)有林地

生长乔木，郁闭度0.2(含0.2)以上的林地。或郁闭度未达到0.2，人工造林的4年生(含4年，短周期桉树除外)、飞播造林的6年生(含6年生)以上、保存株数大于等于合理造林株数80%，天然更新成林的树高50 cm以上的幼树每公顷1 200株以上，分布均匀，有成林希望的林地。或生长乔木，幅宽10 m或行数3行以上、年龄4年生(含4年)以上的林带占地。或生长竹类，具有利用价值的立竹株数或立竹盖度达到规定标准的林地。或生长经济树木，每公顷保存株数(含造林当年成活的)除已有规定标准的树种外，小冠幅或灌木型600株、大冠幅或乔木型的225株以上的林地。造林密度见表2-7。

(2)疏林地

生长乔木，郁闭度0.1~0.19的森林。经济林、竹林、未郁闭幼林不划疏林地，株数达不到有林地标准的为无立木林地。

(3)灌木林地

坡度45°以上或岩石裸露地上，灌木、小杂竹或矮化乔木覆盖度达30%以上，具有防护作用的灌木林地。

表 2-7　主要树种造林合理株数标准　株/hm^2

树　种	株　数	树　种	株　数
杉　木	1 800	檫　树	2 505
马尾松	2 250	桉　树	1 650
国外松	1 800	相思树	4 500
黑　松	2 385	木麻黄	2 505
建　柏	1 650	油　茶	1 650
柳　杉	1 995	油　桐	510
木　荷	810	板　栗	330
樟　树	1 800	柿　树	330
楠　木	1 110	黑　荆	2 505

(4)未成林造林地

人工造林后3年内(含3年)、飞机播种后5年内(含5年)，幼树保存株数大于等于造林合理株数50%，分布均匀，有成林希望的林地。

经济林、竹林和短轮伐期桉树、泡桐等不划未成林造林地。造林当年成活率达到规定标准的为有林地，达不到有林地标准的为无立木林地。

(5)苗圃地

苗圃地指固定苗圃用地，包括育苗轮休地。

(6)无立木林地

无立木(或立木郁闭度达不到0.1)但适宜树木生长的土地。包括宜林荒山荒地、采伐迹地、火烧迹地、宜林沙荒地、可封育成林荒山荒地、林中林缘空地和暂未利用荒山荒地。

2.3.1.2　非林地

(1)农地

用于种植农作物的土地。包括耕地、园地及其轮休地。

(2)牧地

固定放牧的土地。

(3)滩涂地

浅海大潮高潮位与低潮位之间潮浸地，河流、湖泊常水位至洪水位间的滩地，时令湖、河洪水位以下的滩地，水库、坑塘正常蓄水位与最大洪水位之间的土地。

(4)未利用地

悬崖、岩石裸露地及其他目前尚未利用和难以利用的土地。

(5)其他用地

城乡居民点、工矿、交通、国防及其他建筑用地。

2.3.2　林种划分

主要依据森林自然功能和经营目的的不同进行分类。其分类系统见表2-8。

表 2-8　林种分类系统表

林种类	林　种	亚林种
生态公益林	防护林	水源涵养林
		水土保持林
		防风固沙林
		农田防护林
		护岸林
		护路林
		其他防护林
	特用林	自然保护区林
		环境保护林
		风景林
		国防林
		实验林
		母树林
		名胜古迹和革命纪念林
商品林	用材林	短轮伐期工业原料用材林
		速生丰产用材林
		一般用材林
		天然用材林
	薪炭林	薪炭林
	经济林	果树林
		食用油料林
		饮料林
		调(香)料林
		药材林
		工业经济(原料)林
		其他经济林
	竹林	毛竹林
		杂竹林

2.3.3　树种组划分

外业调查组成树种时，应记载树种的种名；调查优势树种时，如树种很多分不清优势时，可将几个树种合并为树种组记载，合并树种组的规定各省不一，福建省的规定见表 2-9。

表 2-9　树种分类系统表

树种类	树种组	树　种
针叶树	珍稀针叶树	银杏、红豆杉、长苞铁杉、秃杉、建柏(天然)、柳杉(天然 $D\geq80$cm)
	杉木	杉木、柳杉、建柏、水杉等
	马尾松	马尾松、黑松、油杉、火炬松、湿地松、黄山松(台湾松)及其他松类
阔叶树	珍稀阔叶树	樟、楠、檫、楮类及其他珍贵阔叶树
	硬阔叶树	槠类、栲类、栎类、木荷、相思树及其他硬阔叶树
	软阔叶树	枫香、泡桐、拟赤杨及其他软阔叶树
	木麻黄	木麻黄
	桉树	柠檬桉、隆缘桉、巨桉、巨尾桉、尾叶桉及其他桉类

注：珍稀树种的起源应是天然林，树种包括国家级和省级重点保护的珍贵树种。

2.3.4　龄组划分

外业调查时，应确定每个林分的平均年龄，记录在调查簿；内业统计时，根据生产需要按龄级或龄组进行统计。龄组的划分见表2-10。

表2-10　龄组划分标准一览表

树种	地区	起源	各龄组所处的龄级范围					期限
			幼龄林	中龄林	近熟林	成熟林	过熟林	
红松、云杉、柏木、紫杉、铁杉	北部	天然	60以下	61~100	101~120	121~160	161以上	20
	北部	人工	40以下	41~60	61~80	81~120	121以上	20
	南部	天然	40以下	41~60	61~80	81~120	121以上	20
	南部	人工	20以下	21~40	41~60	61~80	81以上	20
落叶松、冷杉、樟子松、赤松、黑松	北部	天然	40以下	41~80	81~100	101~140	141以上	20
	北部	人工	20以下	21~30	31~40	41~60	61以上	10
	南部	天然	40以下	41~60	61~80	81~120	121以上	20
	南部	人工	20以下	21~30	31~40	41~60	61以上	10
油松、马尾松、云南松、思茅松、华山松、高山松	北部	天然	30以下	31~50	51~60	61~80	81以上	10
	北部	人工	20以下	21~30	31~40	41~60	61以上	10
	南部	天然	20以下	21~30	31~40	41~60	61以上	10
	南部	人工	10以下	11~20	21~30	31~50	51以上	10
杨、柳、桉、檫、楝、泡桐、木麻黄、枫杨、软阔	北部	人工	10以下	11~10	16~20	21~30	31以上	5
	南部	人工	5以下	6~10	11~15	16~25	26以上	5
桦、榆、枫香、木荷、珙桐	北部	天然	30以下	31~50	51~60	61~80	81以上	10
	北部	人工	20以下	21~30	31~40	41~60	61以上	10
	南部	天然	20以下	21~40	41~50	51~70	71以上	10
	南部	人工	10以下	11~20	21~30	31~50	51以上	10
蒙古栎、槠木、栲木、樟木、楠木、椴木、硬阔	南北	天然	40以下	41~60	61~80	81~120	121以上	20
	南北	人工	20以下	21~40	41~50	51~70	71以上	10
杉木、柳杉、水杉	南部	人工	10以下	11~20	21~25	25~30	31以上	5
毛竹	南部	人工	1~2	3~4	5~6	7~10	11以上	2

2.3.5　优势树种(组)的确定

在有林地和疏林地中，按蓄积量组成比确定优势树种(组)。树种组成相同的，按珍稀针叶树、珍稀阔叶树、硬阔叶树、软阔叶树、杉木、马尾松、桉树、木麻黄的顺序确定优势树种组。不同树种混交的幼林，按株数计算组成比。中幼龄林中混生的不同世代的大径级林木，不参加组成比计算，作散生木处理。

2.3.6　山林权划分

林权划分为国家、集体、个体和未定4种权属。

山权划分为国家、集体和未定3种权属。

2.3.7 其他标准

2.3.7.1 材质划分标准

(1)用材树

树干下部用材部分不少于 6.5 m；或树高不到 18 m，而用材部分不少于树高 1/3 的树木；若基部受害，但用材部分仍超过上述标准。

(2)半用材树

用材部分不少于 2 m，但未达到用材树标准的树木。在计算株数或蓄积量时，用其半数计入薪材树。

(3)薪材

树干用材小于 2 m 的树木。

2.3.7.2 造林保存率等级划分

造林保存率等级划分见表 2-11。

表 2-11 造林保存率等级标准

等 级	保存率/%	应采取措施
1	≥85	抚育管理
2	41～81	补植或补播
3	<40	重造

2.3.7.3 天然更新评定标准

天然更新评定标准见表 2-12。

表 2-12 天然更新评定标准

评定等级	密度/(株/hm^2)	应采取措施
良好	≥3 015	天然更新
中等	990～3 000	人工促进天然更新
不良	<975	人工更新

2.3.7.4 可及度划分

用材林近、成、过熟的林分按下列条件划分可及程度，见表 2-13。

表 2-13 可及度划分标准

可及程度	条 件
即可及林	具备采运条件
将可及林	近期可建成运输线路
不可及林	地势险峻，暂时无法建成木材运输线路

2.3.7.5 森林覆盖率计算

森林覆盖率指有林地和国家特别规定的灌木林地面积除以土地总面积的百分数。计算公式如下：

$$森林覆盖率(\%) = \frac{有林地面积}{土地总面积} \times 100 + \frac{国家特别规定灌木林地面积}{土地总面积} \times 100 \quad (2\text{-}10)$$

2.4　森林生长与收获预测

在森林的经营中，木材产品的收获必须在林分成熟时才能进行，这意味着森林的经营者要到森林成熟采伐后才能获得经济收益。由于森林的经营周期较长，大部分的林分都处于未成熟的阶段即幼龄、中龄和近熟龄阶段，在采用收益现值法进行森林资源资产评估时必须预测林分在未来的主伐状况，即主伐时的蓄积量、树高和胸径。因此，在采用收益现值法进行评估时，林分主伐时的状态预测成为评估是否准确、可靠的一个关键性问题。在森林资源资产评估中林分生长与收获的预测主要采用下列几种方法。

2.4.1　生长过程表(收获表)法

2.4.1.1　生长过程表(收获表)的编制

林分生长量是指林分在一定期间内变化的量。林分收获量则指林分在某一时刻采伐时，由林分可以得到的(木材)总量。林分收获量是林分生长量积累的结果，而生长量又是森林的生产速度，它体现了特定期间(连年或定期)的收获量的概念。两者之间存在着一定的关系，这一关系被称为林分生长量和收获量之间的相容性。

生长过程表(收获表)是利用大量的标准地材料，经过分析测算，并按树种分地位级、分森林经营类型编制的经营数表。生长过程表中模拟了林分不同龄阶主要因子，即胸径、树高、株数、蓄积量的生长过程，见表2-14。利用该表可以方便预测林分在主伐时的胸径、树高和蓄积量，测算其木材的产量。

表2-14　杉木林生长过程表(Ⅱ地位级)

林龄/a	树高/m	平均胸径/cm	株数/(株/hm^2)	蓄积量/(m^3/hm^2)	平均生长量/(m^3/hm^2)	连年生长量/(m^3/hm^2)	蓄积量生长率/%
5	4.0	5.0	2 400				
10	8.8	10	2 100	75	7.5	15	
15	12.4	14.0	2 100	165	11.0	18	15.0
20	14.5	18.0	1 500	240	12.0	15	7.41
25	16.0	21.0	1 500	300	12.0	12	4.4
30	17.0	23.0	1 500	351	11.7	10.2	3.13

2.4.1.2　收获表的应用

运用生长过程表法预测林分主伐时的蓄积量，计算简单，预测结果可靠。但该方法运用的必备条件是在林分所在地要有森林资源管理部门认可的同类型林分的生长过程表。

应用该表进行预测时应首先利用林分的调查资料，确定所要进行预测的林分是归属于哪个地位级或属哪一个森林经营类型并确定应用相应类型的生长过程表。之后将现实林分的树高、胸径、蓄积量与过程表中相应年龄的树高、胸径、蓄积量相对比，取得各因子的调整系数 K，即

$$K = \frac{\text{现实林分因子数值}}{\text{收获表上相应数值}} \tag{2-11}$$

最后将收获表上主伐年龄时林分的数值乘上调整系数 K，即得所要预测的数值。

【例 2-2】 某地 15 年生的杉木林经调查其平均树高为 12.0 m，平均胸径为 12 cm，蓄积量为150 m^3/hm^2，预测其 30 年生时的平均胸径、树高、蓄积量。

(1)根据该林分的平均高资料，该林分属于Ⅱ地位级，采用杉木Ⅱ地位级的生长过程表。

(2)查表得知Ⅱ地位级杉木林分 15 年生时平均树高为 12.4 m，平均胸径 14.0 cm，蓄积量 165 m^3/hm^2。

(3)求各测树因子的预测值：

$K_H = \frac{12}{12.4} = 0.97 \quad K_D = \frac{12}{14} = 0.86 \quad K_V = \frac{150}{165} = 0.91$

(4)查表得知 30 年生时，Ⅱ地位级杉木林分的平均树高为 17.0 m，平均胸径为 23.0 cm，蓄积量为 351 m^3/hm^2。

(5)计算各测树因子的预测值：

平均树高 = 17.0 m × 0.97 = 16.5 m 平均胸径 = 23.0 cm × 0.86 = 19.9 cm

每公顷蓄积量 = 351 m^3/hm^2 × 0.91 = 319.4 m^3/hm^2

2.4.2 龄级表法

在我国大部分地区许多森林经营类型没有其生长过程表，或者由科研人员编制了生长过程表，但没有得到森林资源管理部门的认可。在这些地区进行林分生长预测可以利用二类森林资源调查中的龄级资料进行预测。

龄级表是森林资源调查中根据小班调查资料按森林经营类型、分龄级(或龄段)的面积、蓄积量统计表，见表 2-15。在龄级表中可获得该森林经营类型不同龄级时的面积和蓄积量，进而得到不同龄级的单位面积平均蓄积量。根据各龄级的单位面积平均蓄积量可以模拟出该森林经营类型的蓄积量生长模型，用模型测算不同年龄时林分的蓄积量。

运用该方法预测林分主伐时的蓄积量必须具备以下条件：

①该地区森林经营的经营水平应前后一致。林分的生长不能出现异常。即统计表中不能出现龄级大，单位面积蓄积量反而小或前后两个龄级蓄积量相等等状况。

②龄级表的龄级序列应较完整，最好从幼龄到成熟龄各龄级都有，至少也应达到近熟龄。模型预测原则上不能超过资料年龄的一个龄级。

③在生长过程表中各测树因子是龄级高限的对应值，而在龄级表龄级单位面积平均蓄

表 2-15 某林场林分面积、蓄积量龄级表

项 目		合 计	Ⅰ龄级	Ⅱ龄级	Ⅲ龄级	Ⅳ龄级	Ⅴ龄级	Ⅵ龄级
一般杉木中径材	面积/hm^2	1 000	150	170	200	180	150	150
	蓄积量/m^3	151 000	0	8 500	24 000	36 000	37 500	45 000
	平均年龄/a		3	8	13	18	23	28
	平均蓄/(m^3/hm^2)	151		50	120	200	250	300

积量是龄级平均年龄时的平均蓄积量。

④应用龄级表法只能预测不同龄级的蓄积量，而无法预测其树高和胸径，要预测树高和胸径，可利用森林资源调查中小班一览表的数据库。以小班面积为权重，求算各龄级平均树高和平均胸径的面积加权平均值，并用蓄积量预测相同的方法预测各龄级的平均树高和平均胸径。

2.4.3　解析木法

通过树干解析可分析不同年龄时林木的树高、胸径、去皮材积的生长状况。再根据树皮厚度与年龄、胸径的关系，即可测算出带皮材积生长过程。将平均带皮材积乘上株数，即可得到蓄积量的生长过程。将树干截成若干段，在每个横断面上可以根据年轮的宽度确定各年龄(或龄阶)的直径生长量。在纵断面上，根据断面高度以及相邻两个断面上的年轮数之差可以确定各年龄的树高生长量，从而可进一步算出各龄阶的材积和形数等。这种分析树木生长过程的方法称为树干解析。作为分析对象的树木称为解析木，但该方法由于操作的专业技术性较强、工作量大，一般并不适用于森林资源资产评估，在此不再详述。

在林分的生长收获预测研究中还可采用固定标准地法、临时标准地法和林分解析法，这些方法所预测的林分生长过程都比解析木法和龄级表法准确，但这些方法所用的时间长，工作量大，在森林资源资产评估中评估机构难以采用。

2.4.4　林分解析法

林分解析法是采用在一个人工林内按径阶抽取少数树干解析样木，通过回归分析，研究现实林分的生长过程。可提供自然稀疏以外的林分各主要测树因子的生长过程，一般适用于初植密度和主伐密度变化不大的同龄纯林。它与传统的对林分进行长期重复测定及利用林分平均木树干解析法相比，具有工作量小、调查精度高等优点，是目前国内首创的研究林分生长过程的新方法。

林分解析法对研究林分成熟和确定主伐年龄具有切实可行的现实意义。在人工同龄纯林中，克服了固定标准地需时较长与一次调查法工作量大的弱点，可在调查总体内分别不同自然条件和培养目的类型的林分，随机抽取少数成、过熟林样地进行解析，并能准确明显反映树木生长过程。以杉木人工纯林林分的生长过程研究为例。介绍该方法在人工纯林生长过程研究应用的具体步骤：

在相同森林经营类型中选择年龄较大，最好是已达成熟龄的有代表性的林分，建立临时标准地。

在标准地里抽取各径阶解析木样木，其中最小和最大径阶必须抽取 1 株，林分平均直径所在径阶抽取样木，分龄级进行树干解析，见表 2-16。

各年龄林分蓄积量计算公式：

$$M_t = \sum_{j=1}^{m} V_{tj} N_{tj} \tag{2-12}$$

式中　M_t——第 t 年林分蓄积量；

m——林分的径级数；

V_{tj}——第 t 年第 j 个径级的单株材积；

N_{tj}——第 t 年第 j 个径级的林分株数。

①根据各径阶解析木资料对各测树因子的生长过程进行解析。如直径、树高、材积生长过程解析。

②根据解析结果分析立木分化规律，确定林分抚育间伐开始期以及林分工艺成熟期和主伐年龄。

应用林分解析法研究林分生长过程，比利用生长过程表更切合实际，比按不同年龄设置标准地的方法工作量少，并能够避免因林分类型确定的错误和由不同年龄林分构成的同一类型林分与同类型单一林分的生长过程之间的必然差异所带来的误差影响，它能克服利用林分平均木解析法不能全面提供和代表林分生长过程的缺点，但由于它只能对林分现存的主林木情况分析，使采用现有解析结果估测前期生长产生一定的偏差。

表 2-16　杉木人工纯林标准地各径阶树干解析表

胸高 d、直径 D /cm	树高 H /m	5年			10年			15年			20年			25年			28年		
		d /cm	D /cm	H /cm	d /cm	D /cm	H /cm	d /cm	D /cm	H /cm	d /cm	D /cm	H /cm	d /cm	D /cm	H /cm	d /cm	D /cm	H /cm
14.8	14.9	1.8	2.1	2.4	7.8	8.9	5.6	10.3	11.6	11.0	12.2	13.6	13.4	13.4	14.6	14.4	13.7	14.9	14.9
18.0	16.5	1.4	1.6	2.4	8.9	10.1	9.0	12.3	13.8	12.9	15.2	16.9	14.6	16.2	18.0	16.0	16.6	18.4	16.5
19.4	16.4	2.0	2.3	2.3	8.1	9.3	7.1	13.1	14.7	11.6	15.1	16.8	14.6	16.6	18.4	15.9	16.8	18.6	16.4
23.7	18.5	5.4	6.2	3.6	15.4	17.1	10.5	19.2	21.1	16.1	20.4	22.3	17.2	21.5	23.4	18.0	21.7	23.6	18.5
9.0	11.3	—	—	0.7	1.2	1.4	1.8	4.7	5.4	5.6	6.7	7.7	9.8	7.6	8.7	10.8	7.9	9.0	11.3
12.0	12.5	1.9	2.2	2.8	5.8	6.7	6.6	7.5	8.6	9.0	9.4	10.7	11.0	10.3	11.7	11.9	10.9	12.3	12.5
15.7	14.8	1.3	1.5	2.3	9.1	10.4	8.3	11.5	13.0	11.6	13.3	14.9	13.3	14.0	15.7	14.3	14.3	16.0	14.8

2.5 森林经营周期

在森林经营中，经营周期是指一次收获到另一次收获之间的间隔期。它在森林经营中起着重要作用，关系到生产计划、经营措施等一系列生产活动的安排。而森林成熟是森林经营利用中的一个重要的技术经济指标，是确定林分采伐利用时间——轮伐期和择伐周期的主要基础(轮伐期常用于同龄林，而择伐周期常用于异龄林)。

2.5.1 森林成熟

在森林经营中，森林成熟的概念与经营者的目的紧密相关，与农作物的成熟相似。森林成熟标志着所经营的森林生长发育到某一阶段，此刻收获最为有利，即最符合经营者的目的。因此，将森林生长发育的过程中达到最符合森林经营目的和任务的状态称为森林成熟，森林达到成熟时的年龄作为森林成熟龄。

森林成熟的种类很多，但就森林资源资产评估来说，它的对象是商品林，因此其最重要的成熟为数量成熟、工艺成熟和经济成熟。

2.5.1.1 数量成熟

一般情况下，森林的经营者希望在一定的时间内单位面积上能收获最多的木材，因此将数量成熟定义为林分或树木的材积平均生长量达最大值的状态，这时的年龄称为数量成熟龄。平均生长量的计算公式为：

$$Z_t = \frac{V_t}{t} \tag{2-13}$$

式中　V_t——林分或树木第 t 年的材积或蓄积量；

t——年龄；

Z_t——第 t 年的平均生长量。

2.5.1.2　工艺成熟

现实市场上对木材的需求是多种多样的，如造纸材、建筑材、薪炭材等，都有一定的规格和质量要求，即一定的长度，粗度和质量。因此，把林分生长发育过程中(通过皆伐)目的材种的平均生长量达到最大时称为工艺成熟，此时的年龄称为工艺成熟龄。

根据工艺成熟的概念可以看出工艺成熟与数量成熟有相似之处，但也有区别，可以把工艺成熟看作数量成熟的一种，它的数量指标是在一定质量前提下的数量，是强调了生产一定规格木材前提下的数量成熟。任何林分或林木都会在一定的年龄达到数量成熟，但工艺成熟则不一定，在贫瘠的立地条件下要培育大径材则可能永远达不到数量成熟。

2.5.1.3　经济成熟

以上的森林成熟是从木材生产的数量和质量出发，然而在森林的经营中生产的不仅有木材还有其他副产品，即使是木材生产在采伐时也将出产不同材种规格的木材，因此，作为衡量森林经营效果的指标应当是货币，而不是木材的数量和质量。这样就产生了经济成熟的概念，即在森林的生长发育过程中，货币收入达最多的状态称为森林的经济成熟，这时的年龄称为经济成熟龄，确定经济成熟龄的方法包括净现值法、内部收益率法、增值指数法、土地期望价法等多种方法，其方法在森林经理学教材中均有详述，本书第 8 章林地资源资产评估中也涉及林地期望价法计算，在此不再赘述。

2.5.2　轮伐期

轮伐期是一种生长经营周期，它表示林木造林后经过正常生长发育到达可以采伐利用为止所需要的时间。在林业生产中经常把若干经营目的相同、采取的经营措施相同的小班组成一个集合——经营类型(也称作业级)，以便统筹安排各项经营活动。轮伐期就是为了实现永续利用，伐尽整个经营单位全部成熟林分之后，可以再次采伐成熟林分所需的时间。计算公式为：

$$u = a \pm v \tag{2-14}$$

式中　u——轮伐期；

a——成熟龄或主伐年龄；

v—— 更新期。

更新期对轮伐期的影响主要体现在不同的更新方式上。其方式以更新与主伐的先后关系可分为 3 种：更新期为零、伐后更新和伐前更新。在式(2-14)中，如果更新期 v 为零时，轮伐期就等于成熟龄。在经营水平较高时，人工同龄林的 v 一般都为零。更新期 v 只在天然同龄林经营中有明显的作用。实质上，轮伐期就是林木从更新开始到成熟为止所需要的时间。与轮伐期，成熟龄概念相近似的还有主伐年龄(用材林经营中成熟林进行正常主伐时的最低年龄)，它是根据林木的生长过程而定的，其中主要根据是数量成熟龄。

轮伐期常作为龄组划分的依据，由于林木的生长发育周期较长，用年龄表示生长发育阶段不方便，因此产生了龄级。龄级是整化的年龄，根据轮伐期的长短、龄级在我国有 4 种：慢生树种多为 20 年，如红松；中生树种 10 年，如马尾松；速生树种 5 年，如杉木；速生短伐期树种 2 年，如杨树；特别速生短伐期树种如桉树则不用龄级。龄级的划分取决生长速度的快慢，但龄级不能直观划分林分的发育和可利用阶段，因此产生龄组。龄组是龄级的整化，一个龄组可含 1～3 个龄级。龄组一般分为幼龄、中龄、近熟龄、成熟龄、过成熟龄 5 个龄组，各龄组所含的龄级是以轮伐期为依据。通常称达到轮伐期的那个龄级和上一个龄级为成熟龄，更高的龄级为过熟龄，低于成熟龄一个龄级为近熟龄。近熟龄以下的龄级如为偶数，则幼龄和中龄各占一半；如为奇数，则幼龄比中龄多一个龄级。

2.5.3 择伐周期(回归年)

2.5.3.1 择伐周期的概念

在异龄林经营中采用的主伐作业方式是择伐，即在成熟的林分中采伐一部分达到成熟的林木，而让其余的保留木继续生长。因此，择伐周期定义为林分在择伐后，通过保留木生长至蓄积量恢复到伐前的水平，可以再次择伐利用的期限。择伐周期是异龄林经营的经营周期。

2.5.3.2 择伐周期的确定方法

确定择伐周期的常用方法主要有以下几种：

(1)径级择伐的择伐周期

所谓径级择伐是将某一径级以上的林木全部采掉的择伐。此种采伐方式计算择伐周期的方法比较简单，计算公式如下：

$$w = a \cdot n \tag{2-15}$$

式中 w ——择伐周期；

a ——生长一个径阶所需的年数；

n ——择伐的径阶个数。

例如，某异龄林分进行择伐作业，计划将采伐直径大于 26 cm 的林木。其林分中最大径阶的林木为 36 cm。采伐林木径阶分布于 5 个径阶，且在此林分中，26～36 cm 的林木每生长 1 个径阶(2 cm)平均用 4 年，因此，回归年(择伐周期)：

$$w = 4 \times 5 = 20(年)$$

(2)用生长率和采伐强度确定择伐周期

只要确定了林分蓄积量生长率和采伐强度，便可测算出择伐周期。计算公式如下：

$$w = \frac{-\lg(1-s)}{\lg(1+p)} \tag{2-16}$$

式中 w——择伐周期；

s—— 择伐强度；

p—— 林分蓄积量生长率。

因为根据择伐周期的定义，其关系式如下：

$$(m - m \cdot s)(1 + p)^{w} = m \text{（}m\text{ 为主伐的蓄积量）}$$

$$(1 - s)(1 + p)^{w} = 1$$

等号两边取对数后，可得：$w\lg(1+p) = \lg 1 - \lg(1-s)$

所以

$$w = \frac{-\lg(1-s)}{\lg(1+p)}$$

【例 2-3】 有一个天然阔叶林林分，蓄积量 200 m^3/hm^2，蓄积量生长率 $p = 5\%$，$s = 30\%$，求回归年。将数据代入式(2-15)，得：

$$w = -\lg(1 - 0.3)/\lg 1.05 = 7.31 \approx 7\text{(年)}$$

在择伐周期的确定中，关键因素主要在于择伐强度与生长率(与树种、经营水平、立地条件等有关)，由上式可见，当生长率一定时，择伐周期与择伐强度成正比关系(如择伐强度越大，则择伐周期越长，反之亦然)，而当择伐强度一定时，择伐周期则与生长率呈反比关系(如生长率越大，则择伐周期越短，反之亦然)，根据我国采伐作业规程要求，蓄积量最大的择伐强度不得超过 40%，择伐周期不得低于一个龄级期，这在森林资源资产评估应用择伐方式进行评估计算时应予以注意。

2.6　森林档案

森林档案是在森林资源调查的基础上建立的，是森林资源管理的重要手段。一般认为，森林资源连续清查加上森林资源变动情况记载的森林档案，相当于短期的森林资源连续复查，加上各项专业数据的处理，就基本上能够掌握森林资源的现状和变化情况，检查森林经营的效果，促进森林经营水平的提高。

20 世纪 80 年代以来，森林档案工作在我国得到林业各级主管部门的重视，不少的林区从上到下都建立了森林档案。森林档案的应用和管理成为森林资源管理部门掌握森林资源数据的重要手段，它所提供的数据也是森林资源资产评估与资产化管理的重要依据。

2.6.1　森林档案的意义与作用

森林档案是林业技术档案的一种，是各个时期森林资源及森林经营利用措施等情况的记录。森林档案可定义为：应用卡片、表、簿、图面材料、文字说明等方式，记录和反映林业单位各个时期的森林变化情况，森林经营利用活动和林业科学研究等方面的状况，具有保存价值，并按一定的制度归档保存的技术经济文件和材料。

2.6.1.1　森林档案类型

在我国大部分林业生产及管理部门都已建立了森林档案。从已建的森林档案看，大体上可分为两种：森林资源档案和森林经营档案。森林资源档案是林业主管部门建立的森林档案。林业主管部门职能主要是制订计划，下达任务，检查、监督基层单位的林业生产。这些部门建立的森林档案主要是为了了解下属单位的森林资源状况。它的档案主要是森林资源的状况，故称森林资源档案，这类档案是森林资源资产清单的重要来源之一。

森林经营档案是林业基层生产单位建立的森林档案。林业基层单位的主要任务是经营森林，它建立的档案与经营活动紧密联系，不仅需要了解森林资源方面的状况，还需了解森林经营及科学研究的材料，因此，这类森林档案称为森林经营档案，这类档案是森林资源资产评估的重要依据。

2.6.1.2 森林档案的作用

森林档案的作用很多，主要有：

①通过森林档案可及时、准确、系统地掌握森林资源的各类数据，掌握其消长变化情况，为制订林业计划、规划提供可靠依据；

②通过森林档案可及时、准确、系统地掌握森林经营活动的情况及其经营效果的各项数据，为制定合理的经营措施提供依据；

③通过森林档案可及时准确地提供有关森林资源及森林经营的真实凭据，为森林产权纠纷的处理、森林资源资产的评估提供依据；

④通过森林档案可准确、系统地为林业科学研究提供技术资料，并检查林业科学研究的执行和完成情况；

⑤通过森林档案可提供森林调查间隔期内的数据，延长森林调查的间隔期，节约调查的费用；

⑥通过森林档案可为各项技术经济管理提供依据。

总之，森林档案的应用可以更合理地组织林业生产，提高效率，降低成本，提高林业生产的经营水平。

2.6.1.3 森林经营档案的主要内容

①小班调查记录表和小班档案卡片；

②森林调查簿(或小班一览表)；

③各类森林资源统计表；

④图面材料：主要有林业基本图、森林分布图、各类林业规划图；

⑤各类森林资源变化资料：包括森林变化调查登记表、变化调查一览表、年度变化统计表、变化统计说明书、变更后基本图；

⑥各类森林资源调查报告及附件；

⑦森林经营方案其他规划设计文件；

⑧山林权证书、纠纷调处资料、各种有关合同书等；

⑨各种施工验收、生产检查资料；

⑩林业科研的有关资料；

⑪其他有关森林资源或经营文件资料。

2.6.2 森林档案的管理

森林档案是一类较为特殊的档案，它不仅要求记载森林资源和森林经营的历史状况，还要求能反映森林资源经营的现实状况。因此，森林档案的管理与其他档案相比，有着特殊的要求，即对森林档案的数据要及时更新，以便反映最新的森林资源现状。

森林档案的建立仅是森林档案工作的开始，要达到长期、充分有效地发挥森林档案的作用，必须重视对森林档案的管理工作，特别是要长期坚持，不能间断，否则将随着时间的推移，森林资源逐渐减低，甚至失去森林档案应有的价值。

(1)森林资源档案管理分级

根据原林业部颁发的《森林资源档案管理办法》规定，森林资源档案分四级建立和管理：

①省林业主管部门为第一级，一般建至县和国有林业局、国有林场；

②市、地、州林业主管部门和林业局为第二级，一般建至乡和林场；

③县(市、区)林业主管部门和国有林业局、县级林场为第三级，一般建至村和林班；

④乡、镇林业站，林场，经营所为第四级，一般建至村民小组和小班，或单株(主要指名木古树)。

(2)建立森林资源档案的基础单位

由于档案级别不同，档案内容的细致程度各有不同，即基础单位不同。各级建立森林资源档案的基础单位可根据经营管理水平和实际需要确定。

每年向上提报档案资料时，各级可不按本级基本建档单位提报，列至上一级所需要基本建档单位即可。一般提报时，市、地、州列至县(局)，县(局)列至乡(场或营林区)，乡(场、营林区)列至村(林班)。

森林档案管理，对上级机关要做到：统一归口，统一上报表格内容，定期上报。对基层单位要做到：森林资源变动要及时调查和记载，固定标准地要定期复查、整理和分析；森林资源及经营效果要定期统计、分析和总结；各种图面材料要定期调绘修改；各种技术性文件、材料、照片要及时整理归档保存。

(3)森林资源变动管理内容

在森林档案管理中，森林资源变动的管理是一个重要环节，建档后必须不间断地将森林资源的变动情况反映到档案中去。对下列森林资源变化情况，应及时准确地记入小班经营卡片中，并将变动情况标注在图上，年终进行统计汇总和绘制变化图。

①造林、更新引起的地类变化；

②采伐引起的土地类别及林木资源变化；

③火灾、病虫害、兽害以及乱砍滥伐引起的变化；

④调整场界引起的变化；

⑤抚育改造后林分及人工幼林成长引起的变化；

⑥林木自然生长引起的变化；

⑦开垦、筑路、基本建设引起的变化；

⑧其他原因引起的变化等。

(4)档案管理工作中的数据更新要求

森林档案管理工作随着森林经营水平的提高，将越做越细，尤其是电子计算机的发展将使森林档案工作向规格化、数字化和自动化方向发展。

各级有关森林资源现状和森林资源变化的统计表要按资源统计管理制度及时上报，以便及时汇总更新档案数据。档案数据更新要求：

①对于各种森林经营利用活动或非经营性活动所引起的土地类别、各类林分面积及林木蓄积量的变化，必须深入现场调查核实其位置和数量，随时修正档案数据和图面材料；

②各县、国有林业局、国有林场在可能条件下应分别林分类型，按不同龄组设置固定样地或标准地，定期观察测定林分生长率、枯损率，作为档案数据更新的依据；

③乡、镇、林场、经营所森林档案的更新，应根据地类面积变化和各林分类型、各龄组生长率、枯损率计算相应的生长量、枯损量以及资源变化等资料，对森林资源统计表的数据进行面积、蓄积量更新，每年更新一次；

④凡经营技术力量和经济条件好的县、国有林业局、国有林场应设置固定样地，建立森林资源连续清查体系、监测森林资源消长变化动态，验证资源档案数据，其复查间隔期视具体情况而定，可 3~5 年调查一次。

小　结

森林资源资产评估的实物量是以森林资源的数量与质量为基础，因此必须掌握与森林资源经营管理有关的林学基础知识，为此，森林资源资产评估人员应掌握与了解常见的林分调查因子[包括林分起源、林相、树种组成、林分年龄、林分密度、立地质量、林木的大小(直径和树高)、数量(蓄积量)和质量(出材量)]等因子调查方法及其常见调查工具的使用，应用标准地调查与角规法等进行森林资源调查，了解我国的森林资源调查体系构成，掌握森林调查技术标准，以此作为森林调查及后续资产核查的基础。

由于森林资源采伐利用的特殊性，在森林资源资产评估中常常会对未成熟林林分进行评估，就必然涉及其未来的生长与收获预测，在林业生产中常用生长过程表、龄级表、解析木或林分解析法等进行生长与收获预测，而其收获或经营周期则主要取决于森林成熟，森林成熟是确定森林经营周期的重要因素，由于林分因子及采伐利用方式的不同，森林经营周期主要分为轮伐期和择伐周期，其中轮伐期常用于同龄林，而择伐周期则用于异龄林。经营周期的长短影响着木材的收获量，进而影响资产评估结果。同时，受自然资源分布与经营条件的限制，生产经营中常常无法每年进行所有的森林资源调查，在此过程中，森林档案的管理就变得极为重要，森林档案是森林资源资产评估中资产清单与经济技术指标的重要基础来源之一，了解森林档案的主要内容与管理将有利于森林资源资产评估工作的开展。

思考题

1. 林分调查因子主要包括哪些？
2. 林层划分应满足哪些条件？
3. 林分平均胸径与林分算术平均胸径间的关系？
4. 我国现行常用的林分密度指标有哪几种？
5. 标准地的概念以及标准地设置的要求是什么？
6. 林分蓄积量的测定法中立木材积表法的主要内容是什么？
7. 林分材种出材量的测定主要有哪些方法？
8. 林分生长与收获的预测主要有哪些方法以及各自的特点是什么？
9. 简述森林资源调查体系构成及内容。
10. 用角规测定林分单位面积胸高断面积和蓄积量包括哪些内容？
11. 简述经营周期、轮伐期、择伐周期、森林档案的概念。

第3章　森林资源资产评估经济学基础

【本章提要】

本章主要介绍劳动价值论、效用价值论、供求均衡价值理论等三大价值理论，市场结构和有效市场等市场理论，以及森林资源资产评估中资金时间价值的概念、相应的计算方法、投资收益率的确定等。通过本章学习，掌握劳动价值论、效用价值论、供求理论、市场结构理论、有效市场理论等资产评估基础理论的内涵，以及对相关理论基本原理和主要知识点的应用能力；掌握资金时间价值的概念和计算方法、森林资源资产评估的投资收益率确定，对森林资源资产评估的实务操作具有重要指导意义。

森林资源资产评估是根据市场状况对森林资源资产实物量及其功能的市场价值进行的评定估算，所以森林资源资产评估必须以价值理论、市场理论等经济学相关原理为理论基础。同时，由于森林资源经营及其价值评估具有长周期性等典型特征，森林资源资产评估人员除需具备森林资源调查与经营管理的基本技能之外，还应掌握资金的时间价值、投资收益率等经济学相关基础知识。

3.1　资产价值理论基础

在市场经济中，生产商品的资产本身也是商品。因此，资产价值构成与商品价值构成在本质上是一样的，从而经济学有关商品价值的探讨同样适用于有关资产价值的探讨。关于什么是资产(商品)的价值，人们应从哪条路径来判断其价值的讨论自经济学创始之时就已开始，并且形成了不同的经济学流派。这些经济学流派的观点形成了不同的资产价值形成理论，从不同侧面探讨了价值形成的路径，对于如何评定资产的价值有着重要的影响。

3.1.1　劳动价值论

3.1.1.1　劳动价值论的发展过程

威廉·配第是劳动价值论的创始人，他第一次有意识地把商品价值的源泉归于劳动，并根据劳动决定价值的原理，得出了商品价值量的大小以劳动生产率为转移的结论，即劳动生产率的高低与商品价值量呈反比例关系。亚当·斯密继承和发展了威廉·配第等学者的劳动价值论，他首先区分了使用价值和交换价值，在此基础上提出劳动是衡量一切商品交换价值的真实尺度。大卫·李嘉图批判了亚当·斯密的购买劳动价值论和三种收入价值论，认为劳动决定价值，劳动既包括活劳动，也包括物化劳动，指出商品价值量和耗费劳动量呈正比，和劳动生产率呈反比，并把复杂劳动归结为倍加的简单劳动。由于没有劳动二重性学说，他没能说明价值的创造和价值的转移如何在同一劳动过程中得以实现。卡尔·马克思在大卫·李嘉图的基础上对劳动价值论进行了深入的阐述，确立了商品价值这一根本范畴。

3.1.1.2　劳动价值论的主要观点

马克思认为，商品的价值是由凝结在商品中的无差别人类劳动决定的。在此之前，古典政治经济学在任何地方也没有明确地或有意识地把体现为价值的劳动同体现为产品使用价值的劳动区分开。马克思把人类劳动分为具体劳动和抽象劳动，具体劳动构成了商品的使用价值，抽象劳动则形成了商品的价值。商品的价值是由直接导致该商品生产的工人的活劳动和间接凝结在商品中的物化劳动构成，它是用社会必要劳动时间来衡量的。随着社会的发展和技术的不断进步，生产某一产品所需的社会必要劳动时间会不断减少，其价值量会逐渐下降。马克思的劳动价值论科学地揭示了劳动与资本的根本对立，阐述了劳动是价值的唯一源泉，为其剩余价值论奠定了理论基础。

劳动价值论是阐明商品价值决定于人类无差别的一般劳动的理论。劳动价值论认为，价值实体是客观的，衡量价值的尺度也是客观的。因此，劳动价值论又被称为客观价值论。劳动价值论全面而系统地阐述了价值的基本构成，说明了商品、价值和劳动之间的关系，商品的价值量由社会必要劳动时间决定。商品是使用价值和价值的统一体，价值能够存在的前提条件是必须具有使用价值，没有使用价值的商品也就没有价值。价值是交换价值的基础和内容，交换价值是价值的表现形式。商品的价值要转化为价格就必须依靠市场。

依据劳动价值论，商品生产者要想获得生存与发展，必须使生产商品的个别劳动时间低于社会必要劳动时间，这就要求生产者努力去改进技术，逐渐缩短社会必要劳动时间，不断提高劳动生产率，在增加产品数量的同时提高产品质量。在经济生活中，劳动价值论要求我们认清价值的本质是无差别的人类劳动，不能简单以市场价格代替价值。要正确把握简单劳动、复杂劳动的关系，大力发展科学技术，通过提高劳动生产率，更快更好地创造更多的价值。

3.1.1.3　社会主义市场经济条件下的劳动价值论

劳动价值论是分析社会主义市场经济的理论基石和有效办法。实践中以公有制为主体的多种类产权结构，以按劳分配为主体的多形式分配结构，都可以运用发展的马克思主义劳动价值论来解析，从而从思想与操作层面促进公有主体型和劳动主体型的社会主义市场经济的良性发展。社会主义市场经济条件下劳动价值论呈现出新的特点：脑力劳动在社会生产中的地位和作用越来越重要；个别劳动平均化为社会必要劳动的外延进一步扩大；管理部门成为价值创造中的重要部分；科学技术在价值创造中的作用越来越大。

中国特色社会主义立足于中国的基本国情，发展进步的前提仍然是人的劳动，其特色来源于“人”与“生产资料”结合的特殊方式。逐步提高居民收入在国民收入分配中的比重，提高劳动报酬在初次分配中的比重，正是劳动价值论在中国特色社会主义社会中的生动再现。中国特色社会主义市场经济理论是以中国特色社会主义理论为背景，以马克思主义经济理论为指导，以社会主义经济发展实践为基础而发展的经济理论，是中国实行社会主义市场经济并逐步建立和完善社会主义市场经济体制具体实践的能动反映。

在经济社会发展过程中，要充分重视发挥市场机制的作用，努力建设有序的市场环境，对于企业的正常生产和运营以及商品经济的健康发展是至关重要的。一个有序的市场环境至少应当具备两个必要条件：一是在商品交换中充分体现价值规律，严格实行等价交换的原则；二是要拥有比较完善的商品市场和要素市场，并建立比较完备的市场体系。因此，在社会主义商品生产的实践中进一步完善社会主义市场经济体制是非常必要的。

3.1.1.4　劳动价值论视角下的森林资源价值

森林资源，特别是对森林生态系统健康具有关键性作用的天然林资源，在过去没有价值。而现在具有了价值，都可从马克思的劳动价值论得到正确且合理的解释，正好反映了马克思劳动价值论的历史价值。在过去，森林资源虽然和人类密切相关，是人类生存发展必不可少的物质基础之一，但是由于它丰富多样，好像取之不尽、用之不竭，不需要人类付出具体劳动就自然存在、自然更新，在这一特定的历史条件和认知水平下，森林资源无疑是没有价值的，这也是特定时期人类社会经济发展水平的反映。随着人类社会的发展，森林资源只凭其自然作用远远不能满足社会经济协调发展。为了保持经济社会的稳定发展，人类必须对森林资源的再生产投入劳动，使环境再生过程和社会再生产过程结合起来。因而当今的森林资源与环境的再生产过程是自然过程和社会过程的统一。在森林资源的再生过程中，包含着人类劳动的投入，于是不管过去是否投入劳动、是否是劳动产品，只要现在投入了劳动，表现为具有价值，其价值量的大小就是森林资源的再生产过程中人类所投入的社会必要劳动时间。由此可见，当今森林资源具有价值不但不违背马克思的劳动价值论，而且完全符合马克思劳动价值理论的一般原理。所以，用马克思劳动价值论审视森林资源价值在当今仍具有深远意义。

但是，按照劳动价值理论来判定和度量森林资源价值，也会存在矛盾和挑战。目前森林资源的生产和再生产过程中都伴随人类劳动的大量投入，那么依据劳动价值理论，森林资源的价值量就是在森林资源再生产过程中人们所投入的社会必要劳动时间。因此，马克思特别强调指出了决定商品价值量的劳动时间是社会必要劳动时间，是在一定社会的正常的条件下，在平均熟练程度和劳动强度下劳动所需要的时间。而事实上，森林资源的再生产有其自身独特的规律性，其价值量的大小仍然是不能完全由自然资源再生产过程中人们所投入的社会必要劳动时间来决定的。对于可再生资源，当人类对其利用速度超过其再生速度时，则需要付出人类劳动帮助资源恢复与更新。森林资源是可再生的，但是再生周期相当长。森林资源被砍伐后，可以通过人工栽培重新育林，育林过程基本包括育苗、营林、抚育、管护等工作。栽种若干年后，树苗基本上就可以自然生长，经过 30 年，也许 50 年或更长的时间，可能恢复到伐前水平。这期间人工投入的劳动可能只有 3~5 年，按这个劳动量来决定再生林的价值量显然是不完全的。

3.1.2 效用价值论

3.1.2.1 效用价值论的发展过程

效用价值论几乎与劳动价值论同时产生，因在产生时劳动价值论处于主导地位，所以没有引起广泛的关注。尼克拉斯·巴尔本在17世纪中叶提出：“商品的价值由效用决定，一切商品的价值来自商品的用途，没有用的东西是没有价值的。”意大利经济学家斐尔南多·加里安尼认为物品的价值取决于物品的效用和稀缺性。18世纪中叶英国经济学家威廉·福斯特·劳埃德、芒梯福特·朗菲尔德等人用边际效用解释价值，认为价值是某物品交换其他物品的能力。到了19世纪上半叶，让·巴蒂斯特·萨伊认为效用是价值的基础，人们所给予物品的价值，是由物品的用途而产生的，没有用的东西，谁也不会给予价值。在19世纪70年代之前，德国经济学家戈森系统阐述边际效用价值论并为边际效用价值论奠定了理论基础(表3-1)。1871年门格尔在其《国民经济学原理》中指出商品的价值取决于人们对它的效用评价。一切物品都有效用，但并非都具有价值。当物品只具有为人类利益服务的一般能力时，它只具有效用，没有价值。当物品不仅是满足人类需要的因素，而且是人类福利不可缺少的条件时，才有价值。换言之，物品要有价值，必须既有效用，又有稀缺性。

表3-1 效用价值论的代表性学者及观点

<table>
<tr><th>时 代</th><th>代表学者</th><th colspan="2">代表作及观点</th></tr>
<tr><td>17世纪中叶</td><td>巴尔本</td><td colspan="2">商品的价值由效用决定，一切商品的价值来自商品的用途，没有用的东西是没有价值的</td></tr>
<tr><td rowspan="3">18世纪</td><td>加里安尼</td><td>《货币论》
《商业与管理》</td><td>物品的价值取决于物品的效用和稀缺性</td></tr>
<tr><td>孔狄亚克</td><td>《商业与政府的相互关系》</td><td>物品的价值取决于需要的强度和物品的稀缺性</td></tr>
<tr><td>劳埃德、朗菲尔德等</td><td colspan="2">用边际效用解释价值，认为价值是某物品交换其他物品的能力</td></tr>
<tr><td rowspan="2">19世纪上半叶</td><td>萨伊</td><td>《政治经济学概论》</td><td>效用是价值的基础，人们所给予物品的价值，是由物品的用途而产生的，没有用的东西，谁也不会给予价值</td></tr>
<tr><td>戈森</td><td>戈森定理</td><td>主要内容：①欲望或效用递减定理：随着物品占有量的增加，人的欲望或物品的效用是递减的；②边际效用相等定理：在物品有限条件下，为使人的欲望得到最大限度满足，务必将这些物品在各种欲望之间作适当分配，使人的各种欲望被满足的程度相等；③在原有欲望已被满足的条件下，要取得更多享乐量，只有发现新享乐或扩充旧享乐</td></tr>
<tr><td rowspan="2">19世纪七八十年代以边际效用作为分析方法的价值理论体系</td><td>杰文斯</td><td>《政治经济学数学理论通论》</td><td>随着一个人所消费的任一商品数量的增加，各自所用的最后一部分商品的效用或福利在程度上是减少的，而价值是人们对物品最后效用程度的估价</td></tr>
<tr><td>门格尔</td><td>《国民经济学原理》</td><td>商品的价值取决于人们对它的效用评价。价值就是一种财货在人们意识中对它的支配，关系到对人们欲望满足时所具有的意义</td></tr>
</table>

（续）

时　代	代表学者	代表作及观点
19世纪七八十年代以边际效用作为分析方法的价值理论体系	瓦尔拉斯	价值的起源应归之于稀少性，即数量有限的物品对人们的有用性
	庞巴维克	价值的正式定义是一件财货或各种财货对物主福利所具有的重要性 价值来源于物品的效用，即来源于物品满足人们欲望的能力 一切物品都有效用，但并非都具有价值。当物品只具有为人类利益服务的一般能力时，它只具有效用，没有价值 当物品不仅是满足人类需要的因素，而且是人类福利不可缺少的条件时，才有价值。换言之，物品要有价值，必须既有效用，又有稀缺性

3.1.2.2　效用价值论的主要观点

效用价值论是一种用人们对物品的主观心理评价来解释价值形成过程的经济理论，以主观心理感受解释商品价值的本质、源泉及尺度，因此又被称为主观价值论。

该理论认为，价值并非商品内在的客观属性，而是人们对物品效用的主观心理评价。效用是指商品或劳务满足人的欲望的能力，或者是指消费者在消费商品后所感受到的满足程度。一种商品或劳务对消费者是否有效用取决于消费者是否有消费欲望、商品或劳务是否有满足欲望的能力。效用不具有客观性，不是商品或劳务固有的性质，而是只有在与人的需要发生关系时才会产生。同时，价值的形成还要以物品的稀缺性为前提，因为物品只有在对满足人们欲望而言是稀缺的时候，才构成人们的福利所不可缺少的条件，从而引起人们的评价，表现为价值。

物品的价值是由物品的“边际效用”来衡量的。边际效用是指在一定时间内消费者增加一个单位商品或者劳务的消费所得到的增加的效用量或增加的满足，也就是每增加一个单位商品或劳务的消费所得到的总效用增量。人们对物品的欲望随着物品的不断增加而递减，如果该物品供给无限，该欲望可以递减到零。但由于物品的稀缺性，人们总是把物品在一定种类的欲望之间进行适当分配，以尽可能满足各种欲望。此时，人的欲望没有完全得到满足，而是停止在达到零之前的某一点上，这一点上的欲望便是边际效用，即不断增加的物品中，最后一单位物品所具有的效用。边际效用论认为，只有边际效用才能显示出价值量因稀缺程度的变动而带来的变动，所以边际效用是价值的尺度。商品的价格决定于主观评价高于它的买主的人数与主观评价低于它的卖主的人数恰好相等之点，也就是在竞争条件下买卖双方对物品的主观评价彼此衡量的结果。

西方经济学家认为，人的生活目标是把自己的生活享受提到尽可能高的水平，即追求生活享受总量的最大化。所有的享受中都存在着如下两个共同特征：其一为“如果我们连续不断地满足同一种享受，那么同一种享受的量就会不断递减，直至最终得到饱和”。其二为“如果我们重复以前满足过的享受，享受量也会发生类似的递减；在重复满足享受的过程中，不仅会发生类似的递减，而且初始感到的享受量也会变得更小，重复享受时感到其为享受的时间更短，饱和感觉则出现得更早。享受重复进行得越快，初始感到的享受量则越少，感到享受的持续时间也就越短”。这种规律就是边际效用递减规律：每增加一个单位商品或劳务，消费者心理上会感到增加的满足或效用越来越小。即随着商品或劳务消费量的增加，总效用递减的速度不断增加。也就是说，在一定时间内，在其他商品的消费数量保持不变的条件下，随着消费者对某种商品消费量的增加，消费者从该商品连续增加的每一消费单位中所得到的效用增量即边际效用是递减的。

3.1.2.3 效用价值论视角下的森林资源价值

长期以来，森林资源为人类提供了各种社会、经济、环境产品和服务，是人类社会可持续发展的基本保证。从人对森林资源认识的角度来看，是人发现和评价其价值。在这前提下，森林资源价值是主观的，森林资源价值充满了主体性。效用价值论是一种主观价值论。在这个意义上说，离开了人，森林资源无所谓价值可言，即“没有评价者，价值就不存在”。无论是经济层次，还是在文化层次，森林资源对人类生存具有意义，能满足人类生存、享受和发展的需要，这是森林资源对人的价值。

但是，价值实践明确告诉我们这样一个道理——即森林资源的价值也不是绝对主观的。意即，效用价值论判断和衡量森林资源的价值同样是存在缺陷的。森林资源价值的载体是森林生态系统，它的价值是由其生态系统的性质结构和功能所决定的，森林资源的价值是在自然界物质生产过程中生产的。它们的存在以及它们的价值不依赖我们的观察，不受我们的感觉支配。它们具有不以人的意志为转移的客观性，它是客观的。例如，在原始森林中有非常丰富的物种，它的存在和运转是地球上生命维持系统的重要部分，它支持地球上人和其他生命的生存，以及生物物种多样性。这种客观性是由自然事物的性质决定的，不管人是否评价它，也不管人是否体验它，它不依赖于评价者认识、评价或经验判断。

因此，森林资源价值是客观性和主观性的统一。从人与森林资源关系的角度来看，人类以各种尺度认识和评价森林资源价值，并在评价基础上创造森林资源的文化价值，实现对森林资源与环境价值的开发利用。这是森林资源价值转变为文化价值的过程，或森林环境价值转变为人类福祉的过程。为了合理利用有限的森林资源，提高公众的森林意识，应当采用多种方法和手段评价森林资源的价值，便于森林功能与市场和公众决策过程相结合，使森林资源的经济效益和生态、社会效益受到同样重视。在森林资源资产评估中，要重视森林资源的文化、精神、历史和宗教等方面的独特价值评价，以充分挖掘和揭示森林资源的价值内涵，促使森林资源得到可持续利用。

3.1.3 供求均衡价值理论

供求理论是古典经济学在供求分析基础上发展起来的均衡价格理论。它把供求关系数量化，成为西方微观经济学的基础和核心理论。19世纪末、20世纪初，以马歇尔为代表的新古典主义学派成功地将古典经济学派的供给—成本观点与边际学派的需求—价格观点结合起来，认为市场力量趋向于形成供求平衡，供给与需求共同决定了价值，形成均衡价值论。马歇尔直接将交换价值视为价值，他认为商品的价值是由供给与需求双方的力量所形成的均衡价格决定的。

3.1.3.1 需求理论与供给理论

经济学上所说的需求，是指在一定时期内，在每一价格水平下，消费者愿意并且能够购买的某种商品的数量。一个消费者想购买某种商品，同时又有支付能力时，才能形成真实的需求。如果没有购买能力，仅仅有购买的欲望，不构成此处讨论的需求。经济学上讨论的需求是有支付能力的需求，或有效需求。影响商品需求数量的主要因素有：商品的价格；消费者的收入水平；替代品和互补品等相关商品的价格；消费者的选择偏好；对商品价格变动的预期等。商品的需求量与其价格成反比，是商品需求的一般规律。但经济学家在研究中，也发现了需求关系存在特殊的情形，如吉芬商品和凡勃伦效应。

经济学上所说的供给，是指生产者在一定时期内，在各种可能的价格水平下愿意并且能够生产销售的某种产品的数量。一个生产者希望出售某种产品，又有能力生产并提供到市场上，才能形成真实的供给。如果没有生产能力，仅仅有出售的欲望，不是现实的供给。经济学上讨论的供给是有实际生产能力的供给，或有效供给。影响商品供给数量的主要因素：商品的自身价格；生产成本；生产技术水平；与其相关的其他商品的价格；对商品价格变动的预期；生产商数量；其他如政府政策等。

3.1.3.2　供求均衡与均衡价格

在经济学中，"均衡"一般指经济体系的各种影响力量在相互制约中所达到的相对静止并保持不变的状态。市场均衡指的是影响市场供求的力量达成平衡的状态。在微观经济分析中，市场均衡分为局部均衡和一般均衡。局部均衡是指单个市场或部分市场的供求与价格之间的关系所处的相对静止状态，它不考虑市场之间的相互联系和影响。一般均衡是指经济社会中所有市场的供求与价格之间的关系所处的相对静止状态。一般均衡理论寻求在整体经济的框架内解释生产、消费和价格问题，假定各种商品的供求和价格都是相互影响的。只有所有市场都达到均衡，个别市场才能处于均衡。

商品的均衡价格是在市场供求两种力量博弈下形成的，是在供求双方竞争中通过市场机制自发形成的。均衡价格是商品的市场需求量与市场供给量相等时所对应的价格。市场价格高于均衡价格时，供大于求，市场出现商品过剩或超额供给。在市场自发调节下，超额供给会导致商品价格下降，供给方也会减少供应量，使价格回落到均衡价格水平。市场价格低于均衡价格时，供不应求，形成商品短缺，超额需求会引发商品价格上涨，供应方也会增加供应量，使价格提升至均衡价格水平。在市场机制的作用下，供求不相等的非均衡状态会逐步消失，商品的市场价格会趋近均衡价格水平。

在任何社会中，具有稀缺性的商品或劳务，其客观效用或满足欲望的程度，必须用一个共同的标准来衡量，以便人们对它们进行选择时能做出主观的但是合理的选择，这个共同标准就是价格。在均衡价格中有需求价格，它取决于消费者对商品效用的主观评价，因此需求价格是买方愿意支付的最高价格；在均衡价格中也有供给价格，它取决于生产费用，是生产者愿意接受的最低价格。因此，均衡价格是双方的意愿达成一致时的价格。在均衡价格中效用与生产费用是影响价格的两个均等因素。但是在不同的均衡价格中，需求与供给的作用又有所不同。供求决定价格说明在资产评估中，既需要考虑资产的构建成本，也需要考虑资产的效用，即资产为其占有者带来的收益，是从公开市场的角度评估资产价值的理论基础。

3.1.3.3　供求均衡价值论视角下的森林资源价值

很长一段时间以来，木材价值被视为是森林资源价值的核心。木材是国民经济各部门不可或缺的生产原料，更是人们日常生活必不可少的生活资料，其供需均衡与国家经济的发展和林业系统的稳定有重大关系。木材作为一种特殊的商品，在供给方面具有资源约束性、地域局限性以及价格对供给影响的迟缓性特征，这决定了短期内大幅度提高木材供给量具有相当大的难度。木材需求是一种派生的且缺乏弹性的需求，木材产品的替代品又相当少，因此在木材供给难以短期内迅速扩大、需求方面又难以寻求替代品的情况下，保持木材供需系统的均衡与稳定难上加难。

当前，森林生态资源已经作为一种重要的社会资源逐渐深入人心，森林生态资源价值逐渐取代木材价值在森林资源价值中的主体地位。森林生态资源主要是指森林在生长及存续期间所产生的景观服务、碳汇服务、生物多样性、涵养水源、保育水土和净化空气等服务功能。森林生态资源依托森林资源的存在而发生，森林经营主体即为实际上的森林生态资源生产者(或供给者)。由于各项森林生态服务具有的无形性特征，并受社会技术发展水平的限制，森林生态资源的消费一直以来被认为具备非竞争性和非排他性特征，除景观服务外的其他森林生态资源一直作为公共物品向全社会成员免费提供。

森林生态资源的这一传统分配方式直接引发了森林生态资源生产的正外部性和消费的负外部性问题。森林生态资源供给者(林业经营者)只能得到从事林木生产的效益，不能得到森林生态产出收益，致使其个人边际收益小于社会边际收益，按照生产和消费利益最大化的原则来确定产出，边际收益等于边际成本，个人边际收益决定的均衡产出小于社会均衡产出，表现为森林生态供给不足；社会成员无偿消费森林生态的个人边际成本小于社会边际成本，消费者决定的均衡产量小于社会均衡产出，表现为森林生态供给不足；社会成员无偿消费森林生态的个人边际成本小于社会边际成本，消费者决定的均衡产量大于社会均衡产量，表现为森林生态资源过度消费，生态环境恶化。

森林生态资源的公共物品属性引发了森林生态生产和消费过程中的正、负外部性，进而导致森林生态供需失衡。因此，通过构建产权交易机制可以消除由于外部性而引发的森林生态资源供需失衡问题。森林生态资源利益相关主体包括森林经营者、厂商和居民，将享受良好生态环境的权利赋予居民，由企业承担环境治理费用，将森林生态资源的收益权赋予森林经营者，采用污染者付费模式，借助产品市场所构建的森林生态资源交易模型，能够在交易成本最低的前提下实现森林生态资源供需均衡。森林生态产权交易成本包括创建成本和运行成本两部分，当森林生态资源产权交易的运行成本小于政府行政管理成本时，产权交易市场才被认为是有效的。对于任何一项森林生态资源来讲，在稀缺性、竞争性和排他性等三种经济属性上表现出相应的适应性，是建立该项森林生态资源产权交易市场的前提。现阶段只有森林景观和碳汇两类森林生态资源的经济属性符合私有化产权交易的基本条件。

3.2　市场理论基础

3.2.1　市场结构理论

市场是以交易为核心，帮助交易双方相互作用、决定交易价格及数量的组织形式或制度安排。市场可以是固定、有形的交易场所，也可顺应通信手段现代化采用互联网交易平台等虚拟形式。狭义的市场是指买卖双方商品交换的场所；广义的市场是指各种主体之间交换关系的总和。市场主体之间的关系主要包括：买卖双方关系以及由此引发的卖方之间、买方之间的关系。

3.2.1.1 市场类型的划分

市场结构是对某种行业竞争状态和价格机制产生重要影响的市场组织特征，综合反映了一个行业买方和卖方的数量、规模及分布，行业进出难易程度和产品差别程度等。从市场结构特征看，决定市场类型划分的主要因素有：厂商的数量、产品的差别程度、行业进出难易、厂商对市场价格的影响能力等。为同一市场提供商品或服务的所有厂商组成相应行业，行业类型与市场类型一致。

按市场结构特征划分，市场类型可划分为完全竞争市场和不完全竞争市场；不完全竞争市场包括垄断竞争市场、寡头垄断市场和完全垄断市场3类。不同市场类型具有差异性特征见表3-2所列。

表3-2 不同市场类型的特征

市场类型	厂商数量	产品差别程度	行业进出难易	厂商对价格的影响能力	代表(或近似)行业
完全竞争	很多	完全同质	容易	没有影响能力	农产品
垄断竞争	很多	同种但有差别	比较容易	影响能力小	轻工业产品、零售业、服务业
寡头垄断	少数	寡头行业有差别；纯粹寡头行业无差别	有明显进入障碍	有一定能力，但要考虑其他对手反应；厂商实力不对等时，领导型寡头厂商有率先定价优势	钢铁、汽车、石油
完全垄断	唯一	没有相近的替代产品	极为困难或不可能	可以控制和操纵市场价格(除非受到政府的价格管制)	自然垄断、特许专营行业

3.2.1.2 完全竞争市场

完全竞争市场(又称为纯粹竞争市场)，是指不受任何阻碍和干扰、充分竞争的市场结构。在完全竞争市场，市场以其内在的价格、供求和竞争机制自发地调节生产和消费，政府不作任何干预。因此，完全竞争市场需满足以下条件：

(1)有大量的买者和卖者

单一买者或单一卖者不能决定市场价格，买卖双方均是价格的接受者。

(2)每个厂商提供的都是完全同质的商品

消费者无特定产品偏好，厂商不能区别定价，商品之间具有完全替代性，厂商只会按照市场已经形成的价格维持属于他们自己的市场份额。

(3)各种资源能够自由流动

资源能够自由流动，不存在任何阻碍和干扰。

(4)信息畅通、完全

每个市场参与者都掌握与自身经济决策相关的全部信息，不会因信息不对称相互欺诈。

具备以上条件的市场，所有参与者既不具有市场地位差距，也不存在生产、消费和价格等差别，是没有交易者个性的非个性化市场。但是，现实经济社会真正符合完全竞争市场上述假设条件的"市场"并不存在。通常认为农产品市场的特点相对接近完全竞争市场。通过对完全竞争市场的研究，可以获得自由市场机制及其资源配置的基本原理，为分析和评价其他类型市场的竞争和效率提供借鉴。

3.2.1.3 垄断竞争市场

垄断竞争市场是介于完全竞争市场和完全垄断市场之间的市场结构。它既有垄断，也有竞争，而不像完全竞争市场或完全垄断市场那样偏于一端。在垄断竞争市场上，有许多厂商生产和销售有差别的同种产品。与基于理论假设、在现实中很难找到的完全竞争市场和完全垄断市场不同，垄断竞争市场普遍存在于现实生活中，是我们接触最多的市场类型。垄断竞争市场的竞争特质高于其垄断属性，比较接近完全竞争市场结构。在现实生活中，零售业和服务业比较符合垄断竞争市场组织的特点。垄断竞争市场需满足以下条件：

(1)行业中存在着大量的厂商，无法对市场形成控制

由于厂商数量多，每个厂商都可对市场价格施加一定影响，但单个厂商对市场的影响能力又很小。单个厂商的决策不足以引起竞争对手的注意，也不用考虑来自其他竞争对手的反应。

(2)厂商生产有差别的同种产品，产品之间既有差别，又可相互替代

产品的差别可能涉及质量、构造、外观、销售服务条件、商标、广告等。产品之间存在差别，使消费者可以形成选择偏好，厂商也能进行差别定价，市场由此出现垄断因素，产品差别越大，垄断程度通常越高。产品的替代意味着每一种产品都会遇到其他厂商提供的大量的相似产品，市场又同时存在竞争因素。这使得垄断竞争市场始终存在垄断和竞争因素的相互作用。

(3)厂商生产规模较小，不存在进入和退出障碍

厂商可以比较容易地进入和退出某行业或生产集团。比如，在具有垄断竞争特点的服装、饮料、食品等市场上，只要按照国家法律法规经营，任何企业都可以进入这些行业或退出这些行业，不存在限制进入和退出的壁垒。

垄断竞争市场类型下，各垄断竞争厂商的产品具有替代性，市场又存在竞争因素。垄断竞争厂商可以通过调整产品的销售量来影响其价格。由于垄断竞争厂商数量过多，且每个厂商的规模都过小，垄断竞争厂商在长期均衡时的产量会小于完全竞争厂商在长期均衡条件下的理想产量，单个垄断竞争厂商存在未被利用的多余生产能力。这种现象的存在是垄断竞争市场产品差异化所伴随的代价，也为要求缩减厂商数量、提高厂商生产规模和降低平均生产成本提供了理由。

3.2.1.4 寡头垄断市场

寡头垄断市场又称寡头市场，是包含了垄断和竞争因素、与完全垄断更接近的市场结构，是由少数卖方(寡头)起主导作用的市场状态。寡头垄断市场的主要特点是少数厂商垄断了某行业市场，控制了整个市场的产品生产和销售。寡头垄断市场在现代经济中比较常见，汽车、钢铁、石油、电信等具备寡头垄断的特点。在寡头垄断市场，各寡头厂商都拥有可以影响竞争对手决策的市场份额，每个寡头作出涉及产量、价格的决策前都需了解或判断其他竞争对手可能的反应。寡头垄断市场形成的原因与完全垄断市场相似。例如，追求规模经济效益，促使行业生产向大规模厂商集中；少数厂商控制了行业基本生产资源的

供给；法律或政策的推动等，是形成寡头垄断市场的主要原因。

寡头垄断市场存在明显的行业进入壁垒。竞争和规模经济要求降低了行业的平均成本，使大规模生产具有明显优势，小厂商逐步丧失生存空间，形成了占据绝大部分市场份额的少数厂商共享或角逐市场的行业态势。试图新进入的厂商，如果不具备与原有厂商相抗衡的生产规模和市场份额，就无法加入行业或通过竞争在行业立足。

寡头垄断市场按照产品特征分类，可分为纯粹寡头市场和差别寡头市场；纯粹寡头市场厂商的产品没有差别，厂商的相互依存程度高；差别寡头市场厂商的产品则是有差别的，厂商的相互依存度低。根据寡头厂商数量，寡头垄断市场分为双头垄断、三头垄断和多头垄断。依据厂商的行动方式，寡头垄断市场又分为有勾结(合作)寡头和独立(不合作)寡头。

3.2.1.5　完全垄断市场

完全垄断市场(又称为垄断市场)，是与完全竞争市场对立的市场类型，行业中只有唯一的供给者。完全垄断市场中，独家垄断厂商完全排除了竞争，控制了行业的生产、销售和价格，消费者没有其他选择。完全垄断市场需要具备以下主要条件：只有唯一的供给厂商和众多的需求者；厂商生产和销售的商品没有替代品；其他厂商无法进入该行业。

完全垄断市场形成的主要原因有：

①竞争和规模经济要求引起生产和资本的集中，使得单独厂商控制了行业生产所需的全部资源；

②专利保护使得拥有生产专利的厂商可在规定的保护期内独家垄断产品生产；

③国家基于财政、国家安全和社会管理需要，通过法律规定和行政措施授予厂商独家生产经营权，使其形成垄断；

④厂商利用现行进入行业的条件或凭借所拥有的自然、地理优势，控制了行业生产资源，阻碍其他厂商进入行业，形成了对行业生产经营的自然垄断。

与完全竞争市场一样，完全垄断市场也只是一种极端的理论现象，在现实经济生活中几乎并不存在。为维护社会和消费者利益，大多数垄断企业的经营实际上会受到法律的规范和政府的管控。完全垄断市场模型，作为完全竞争市场的对立物，为研究评价其他市场结构的经济效率提供了理论参照。研究完全垄断市场，还有助于分析垄断市场所形成的各种经济关系，把握政府、各市场参与主体的关系和行为。

在短期内，垄断厂商在生产规模不变情况下，通过调整产量和价格，使边际收益等于短期边际成本，达到利润最大化。垄断厂商按照上述原则调整产量与价格后的盈利情况，还需分析其平均成本状况。在长期内，垄断厂商可以通过调整生产规模，使边际收益等于长期边际成本，实现最大的利润。与完全竞争厂商不同，由于排除了其他厂商的加入，垄断厂商可以通过调整规模在长期内获得更大的利润，其长期均衡的利润总大于短期均衡的利润。

3.2.2　有效市场理论

1970年，美国芝加哥大学金融学教授尤金·法玛(Eugene Fama)系统地提出了有效市场假说(efficient markets hypothesis，EMH)。它一经提出就成为证券市场研究的热门课题，在现代金融市场理论框架占据重要地位，也是目前最具争议的投资理论之一。

3.2.2.1 有效市场理论的形成

英国经济学家乔治·吉布森(George Gibson)最早讨论了市场有效问题。他于1889年出版了《伦敦、巴黎和纽约的股票市场》,初步描述了类似有效市场的思想,在当时产生了一定影响。

法国经济学家路易斯·巴切利尔(Louis Bachelier)将统计分析用于收益分析,运用随机游走模型,研究了布朗运动及股票变动的随机性,认识到市场基于信息影响的有效性。1909年,他在博士论文《投机理论》中首次得出"市场收益是独立同分布的随机变量"的结论,发现股票收益率波动数学期望值总是为零,提出了股价遵循公平游戏模型。

英国统计学家莫里斯·乔治·肯德尔(Maurice George Kendall)在1953年发表的《经济时间序列分析》一文中,研究了19种英国股票价格指数和纽约、芝加哥商品交易所棉花、小麦即期价格的周变化规律,发现股票价格遵循随机游走规律。

保罗·萨缪尔森(Paul Samuelson)与伯努瓦·曼德尔布罗特(Benoit Mandelbrot)于1965年和1966年研究了公平游戏模型与随机游走理论的关系,论述了有效市场与公平游戏模型之间的关系。

有效市场理论的最终形成及完善得益于尤金·法玛的卓越贡献。1965年,尤金·法玛在《金融分析家》杂志上发表《股票市场价格行为》一文,首次提出"有效市场"的概念。他认为,在有效市场中存在着大量理性的、追求利益最大化的投资者。他们积极参与竞争,每一个人都试图预测单个股票未来的市场价格,每一个人都能轻易地获得当前的重要信息。在一个有效市场上,众多精明投资者之间的竞争导致这样一个状况:在任何时候,单个股票的市场价格都反映了已经发生的以及尚未发生但市场预期会发生的事情。1970年,尤金·法玛在其经典论文《有效资本市场:理论与实证研究回顾》中系统总结了过去对市场有效性的研究,提出了有效市场假说以及研究市场有效性的完整理论框架。以上理论汇总列于表3-3。

2013年10月14日,瑞典皇家科学院宣布授予美国经济学家尤金·法玛、拉尔斯·皮特·汉森(Lars Peter Hansen)以及罗伯特·J. 席勒(Robert J. Shiller)该年度诺贝尔经济学奖,以表彰他们在研究资产价格的实证分析方面取得的杰出成就。

表3-3 有效市场理论的形成与发展

研究者	代表作	主要贡献
乔治·吉布森(1889年)	《伦敦、巴黎和纽约的股票市场》	最早讨论市场有效问题;初步描述了类似有效市场的思想
路易斯·巴切利尔(1900年)	《投机理论》	将统计分析用于收益分析,运用随机游走模型,研究了布朗运动及股价变动的随机性,发现股票收益率波动的数学期望值总是为零,提出了股价遵循公平游戏模型
莫里斯·乔治·肯德尔(1953年)	《经济时间序列分析》	发现股票价格遵循随机游走规律
保罗·萨缪尔森与伯努瓦·曼德尔布罗特(1965年和1966年)		研究了公平游戏模型与随机游走理论的关系,论述了有效市场与公平游戏模型之间的关系

（续）

研究者	代表作	主要贡献
尤金·法玛 2013年诺贝尔经济学奖	《股票市场价格行为》(1965年)	首次提出“有效市场”的概念 在有效市场中，存在着大量理性的、追求利益最大化的投资者。他们积极参与竞争，每一个人都试图预测单个股票未来的市场价格，每一个人都能轻易获得当前的重要信息。在一个有效市场上，众多精明投资者之间的竞争导致这样一种状况：在任何时候，单个股票的市场价格都反映了已经发生的以及尚未发生、但市场预期会发生的事情
	《有效资本市场：理论与实证研究回顾》(1970年)	提出了有效市场假说以及研究市场有效性的完整理论框架

3.2.2.2　有效市场假说

有效市场假说认为，价格完全反映了全部所获得信息的证券市场是有效市场。一个特定信息在信息交流和竞争充分的市场能迅速被投资者知晓，股票市场的竞争将使股价及时、充分地反映该信息的影响，据此交易的投资者不可能获得高于市场平均水平的超额利润，只能赚取市场平均水平的报酬。信息有效、投资者理性和市场理性的统一造就了有效的市场。

(1)有效市场假说的前提条件

第一，市场上的投资者都是理性的经济人，都以追求利益最大化为行动目标，投资人都力图利用所获信息谋取最高的利润；

第二，与投资相关的信息都以随机方式进入市场，信息的发布各自独立；

第三，市场对信息的反应迅速而准确，股票价格因而反映了市场的全部信息；

第四，整个市场完全竞争，有大量投资者参与，大家都是价格的接受者。

(2)有效市场的形态

证券市场包含以下三个层级的信息：①反映了证券历史价格的信息，如已发生的股票交易数量、价格、回报率等；②已公开的所有信息，除上述反映证券历史价格的信息外，还包括上市公司公开披露的信息，已公开的行业信息和证券市场及公司分析信息，有关的经济、政治新闻等信息；③所有的可知信息，除上述已公开信息外，还包括未公开的内部及私人信息。

根据证券价格对市场信息的反映程度对有效市场进行分类，可划分为弱式有效市场(weak-form market efficiency)、半强式有效市场(semi-strong-form market efficiency)和强式有效市场(strong-form market efficiency)3种形态。

在弱式有效市场，股票的市场价格已充分反映了股票所对应的历史价格信息；历史资料无法影响股票的未来价格，也无法准确预测股票价格，投资者无法利用股票的历史交易信息获得超额收益。技术分析手段不再有效，基本分析还可能对投资者有所帮助。

在半强式有效市场，股票的市场价格已充分反映了全部已公开信息，投资者无法利用已公开信息获得超额收益，技术分析和基本分析都不再有效，但掌握内幕信息可能获得超额利润。

在强式有效市场，股票市场价格已充分反映了已知的全部信息，投资者无法利用任何已知的信息获得超额收益，不仅任何分析手段都失效，甚至连垄断、利用内幕信息也无法获取超出投资对象风险水平之上的收益。

(3)有效市场理论的局限

按照有效市场理论，有效市场不会出现股票收益的规律性现象。因为一旦出现，理性的投资人就会利用这种规律性赢得超额回报，最终会使收益率之间的不平衡，只能补偿与投资对象相应的正常风险，从而消除这种获得超额收益的投资机会。但是，对有效市场理论实证研究中所发现了一些"特例"现象。例如，小规模组公司的股票具有相对高的收益率，说明股票收益率与公司大小有关，即"小公司效应"；股票收益率与时间有关，比如1月现象、周末效应、季度波动等现象，即"时间效应"；账面市值比高的股票在次年的收益率高于账面市值比低的股票，即"账面市值比效应"。

究其原因，一方面有效市场基于理性经济人假设，要求投资者有明确的投资预期，都以追求个人经济利益最大化为目标；股票价格波动是投资人基于完全信息集的理性预期结果，投资人的智力水平、分析能力和对信息的解释不存在差异。但是，现实市场的投资者并非都具有各项理性预期。而且，具有不同预期的投资者使得市场价格在不断地随机波动中趋向均衡。另一方面，有效市场基于信息相关假设，要求市场参与者之间不存在信息占有不对称、信息加工不同步、信息解释差异；新信息完全随机出现，信息的获取、传输和运用是自由而高效的，信息在市场中充分且均匀分布。意即，信息的获取成本为零；然而，这却是与市场现实存在偏离的。譬如：信息搜集、整理和发布过程实际存在成本，获取和使用信息并非完全免费；信息传播的速度和范围会因客观条件限制不能及时、全面地被投资者接受，这些条件可能包括传播的程序、途径、载体和技术等；发布者出于利益考虑，会对信息公开的数量、规模和时间施加影响；投资者实施交易的时间及交易决策的有效性，可能受其所在交易地点、交易手段、交易条件和交易技术等因素的影响；受个人风险偏好、知识背景和信息掌控能力等差别影响，投资者对信息的判断存在个体差异。

3.2.2.3 有效市场理论的作用

(1)证券市场方面

有效市场理论揭示了股票价格形成机制及股票投资期望收益率的变动模式。有效市场假说提出之前，人们认为股票价格有规律可循，尝试通过分析过去的股票价格信息去预测其未来价格。有效市场理论的研究者认为，股票价格遵循随机游走规律，并无规律可循。有效市场理论以信息为纽带，通过股票市场信息披露水平、股票价格对相关信息的反应效率等，研究不同信息作用形态下股票市场的特点。利用有效市场假说的理论和实证研究成果，研究分析不同证券市场之间在信息披露、交易规则、投资理念等方面的差异，可以为我国资本市场的规范和发展提供理论支持。

如果市场是无效的，即未达到弱式有效，那么当前的价格就不能完全反映历史价格信息，因此未来的价格变化就会对过去的价格信息作出反应。在市场无效的情况下，人们可以利用技术分析从过去的价格信息中分析出未来价格的某种变化倾向，从而在交易中获利。

如果市场是弱式有效的，那么过去的历史价格信息就已完全反映在当前的价格中，未来的价格变化将与当前及历史价格无关，这时使用技术分析当前及历史价格对未来作出预测将是徒劳的，技术分析将失效。在弱式有效市场中，组织管理者则是积极进取的，会在选择资产和买卖时机上下功夫，努力寻找价格偏离价值的资产。

如果市场没有达到半强式有效，公开信息未被当前价格完全反映，分析公开资料寻找被错误定价的证券将能增加收益。但是如果市场半强式有效，那么仅仅以公开资料为基础的分析将不能提供任何帮助。因为针对当前已公开的资料信息，目前的价格是合适的，未来的价格变化与当前已知的公开信息毫无关系，其变化纯粹依赖于明天新的公开信息。在这样的一个市场中，已公布的基本信息无助于分析家挑选价格被高估或低估的证券，基于公开资料的基础分析毫无用处。

如果市场是强式有效的，任何新信息(包括公开的和内部的)将迅速在市场中得到反映。在这种市场中，任何企图寻找内部资料信息来打击市场的做法都是不明智的，任何专业投资者的边际市场价值为零。对于证券组合理论来说，其组合构建的条件之一即假设证券市场是充分有效的，所有市场参与者都能同等地得到充分的投资信息，如各种证券收益和风险的变动及其影响因素，同时不考虑交易费用。但对于证券组合的管理来说，如果市场是强式有效的，组合管理者会选择消极保守型的态度，只求获得市场平均的收益率水平，因为无法以现阶段已知的任何特征来区别将来某段时期的有利或无利的投资，进而进行组合调整。因此，在这样一个市场中，管理者一般模拟某一种主要的市场指数进行投资(表 3-4)。

表 3-4　有效市场理论与证券投资分析的关系

有效市场形态	技术分析	基本分析	内幕消息	组合管理
无效市场	有效	有效	有效	积极进取
弱式有效	无效	有效	有效	积极进取
半强式有效	无效	无效	有效	积极进取
强式有效	无效	无效	无效	消极保守

(2)金融理论方面

法玛将经济学的竞争均衡理论引入对资本市场研究，指明了收益和风险的均衡关系。有效市场假说与资本结构理论(MM)、资本资产定价模型(CAPM)相互紧密依赖，通过市场效率和均衡模型相互作用、彼此促进，推动了金融理论的发展。有效市场假说及其实证研究，为资本结构理论、资本资产定价模型和期权定价理论被普遍、迅速接受提供了有力支持。

3.2.3　我国林业产业及市场发展现况

“十三五”期间，全国林草系统积极主动作为，在生态系统保护修复、国家公园及自然保护地体系建设、野生动植物保护、森林草原防灭火、发展生态富民产业、决胜全面小康和脱贫攻坚、推进重点领域改革等方面不断取得新进展，在满足人民群众对优美生态环境、优良生态产品、优质生态服务的需求上不断取得新成效。

近年来，林业产业始终保持良好发展态势，形成了经济林、木竹材加工、生态旅游等 3 个年产值超过万亿元的支柱产业，林下经济作物面积近 6 亿亩。2020 年，全国林业产业总产值达 7.55 万亿元，林产品进出口贸易额达 1 600 亿美元，带动 3 400 多万人就业，绿水青山不断转化为金山银山。同时，生态扶贫目标任务全面完成，助力2 000多万贫困人口脱贫增收，生态富民成效显著。近年来，我国林业产业结构逐步优化，第一产业和第二产业稳中有进，以森林生态旅游和森林康养为代表的第三产业加速成长。森林食品、森林康养、森林碳汇、特色经济林、竹藤产业、苗木花卉、野生动植物繁育与利用、林业物联网等林业新兴产业快速发展，林业生物质能源、生物质材料、生物制药等林业战略性新兴产业蓬勃兴起。逐步形成了五大产业集群，中东部、两广地区成为人造板生产中心，东北地区成为森林食品和森林药材主产区，东南沿海成为花卉产业和家具制造业主要基地，西北地区成为经济林产品生产基地，西南地区成为森林旅游密集区。

虽然我国主要林产品产量和贸易量位居国际前列，但与发达国家相比，仍存在较大差距。目前，我国林业产业还存在大而不强、资源基础不牢、产业基础支撑能力较弱等问题。主要体现在：产业聚集度低，企业总体规模偏小，人均劳动生产率不到发达国家的六分之一；创新能力不强，全国林业科技成果供给不足，与林业发达国家相比，仍处于“总体跟进、局部并行、少数领先”的发展阶段；劳动力成本不断上升，附加值不高，综合竞争力较弱，国际贸易环境严峻等问题也较为突出。作为最大规模的绿色产业，林业亟须加速转型发展，增强林业产业的竞争力，以适应经济社会生活的现实需求。

为在推动生态文明和美丽中国建设上不断取得新进步，向党和人民交出一份不负青山不负时代的新答卷，国家林业和草原局印发《关于促进林草产业高质量发展的指导意见》，明确指出，到2025年力争全国林业总产值在现有基础上提高50%以上，主要经济林产品产量达2.5×10^4 t，林产品进出口贸易额达2 400亿美元；产业结构不断优化，新产业新业态大量涌现，森林和草原服务业加速发展；资源开发利用监督管理进一步加强，资源利用效率和生产技术水平进一步提升；有效增进国家生态安全、木材安全、粮油安全和能源安全，有力助推乡村振兴、脱贫攻坚和经济社会发展，服务国家战略能力全面增强。到2035年，我国迈入林草产业强国行列。

3.3 资金的时间价值

在商品社会所有的经济活动中，资金是具有时间价值的。由于森林资源资产的经营周期长，致使资金时间价值对森林资源资产的评估结果影响很大，因此要掌握森林资源资产评估应当熟悉资金时间价值的相关概念与计算。

3.3.1 资金时间价值的概念

资金时间价值是西方经济学中的重要概念，它的一般解释是指资金(货币)在不同时点上的不同价值。换言之，即使在没有风险和通货膨胀的情况下，今日的1元钱的价值也不等于一年后1元钱的价值。如果现在将100元存入银行，银行的存款利率是3%，一年后可得到103元，一年后多出的3元是推迟使用这100元的报酬。这种放弃现在使用资金的机会，而换取按放弃资金使用时间长短测算的报酬，叫作货币的时间价值，它一般用利率或利息来表示。西方许多著作试图对时间价值下定义，尽管各家说法不一，但大致可以综述为：投资者进行投资(开办企业、购买股票或债券、存入或借出款项等)就必须推迟消费，对投资者推迟消费的耐心，应当给予报酬，这种报酬的量应该与时间长短成正比，因此单位时间(一般为一年)的这种报酬对投资的百分率称为时间价值。但这种解释并未完全说明时间价值的实质。如果将 100 元放在保险箱里，在不考虑通货膨胀的情况下，一年以后仍旧是 100 元，虽然同样推迟了消费，但却没有得到任何回报。因此这里必须明确两点：第一，货币本身不会增值，它只有作为生产资金后，由于劳动力和生产资料的结合，创造了剩余劳动，才有增值的来源。银行存款也只有转化为生产性贷款后，银行才能从生产者那里获得支付利息的资金来源。第二，资金必须在不断地运动中才能增值。在资本运动过程中，货币必须经过流通领域购买生产资料和劳动力，使劳动力和生产资料相结合，进入生产领域生产，这是价值形成和增值阶段，最后进入流通领域，将产品销售出去，从而实现价值和剩余价值。企业的资金只有依次经过供、产、销 3 个阶段的反复循环，形成“货币—商品—生产—商品—货币”的资金周转形式，资金才能不断获得增值。所谓的资金的时间价值实际上是投入生产领域的资金或资本的增值，它来源于劳动者创造的剩余价值。

在商品经济条件下，资金也是一种商品，具有价值和使用价值。将一定数量的资金存入银行之所以能够带来利息，从货币所有者和银行所有者的关系来说，货币所有者将钱存入银行实际上是让渡了资金的使用权，因而有权得到报酬；银行家将货币资本贷给企业家，让渡了资本的使用权，因而有权以利息的形式分得企业家所占有的一部分剩余价值。在商品经济社会中利息实质上是反映平均利润在企业家和金融家之间的分配。利息水平由利率决定，一般不可能超过平均利润率，并随着市场资金的供求关系，在零到平均利润率之间上下波动。利息率的变动依赖于平均利润率的变动，平均利润率越高，利息率相应增高；反之，利息率相应降低。同时，利息率又取决于生产资金的供求关系，生产资金供过于求时，利息率下降；反之，利息率提高。因此，利息仅仅是一部分利润的别称，它同利润、地租和税收一样是剩余价值的转化形式。

3.3.2　资金时间价值的计算方法

资金的时间价值按支付时间因素的不同，分别有现值、终值和年金 3 种形式。现值是资金的现在瞬间的价值，或者是指未来某一特定资金的现在价值。在森林资源资产评估中经常是指轮伐期末的收益折算为现在的价值，或者是将整个轮伐期内的收支折为轮伐期初的价值，因此也称为前价。按照一定的收益率将经过一定时间的收入或支出的资金换算为现在时刻的价值称为贴现。终值是指资金按一定的收益率增值，一直计算到某个未来时间的价值。在森林资源资产评估中经常是指轮伐期内各种收支折算为一个轮伐期末或数个轮伐期末时的价值，因此也称未来值或后价。年金是指从现在到未来某一时间内每年获得(或支付)的等额资金。

资金时间价值的计算，按计息的形式不同，又分单利法和复利法两种。

单利法是从简单再生产的角度出发来计算经济效果的，它假定每年所创造的新财富(纯收入)不再投入到生产中去。通俗地说，即投资报酬不再加入本金计酬，因此，一笔资金投入生产后，每年将为社会提供等额的经济效果。但这与不断扩大再生产的经济发展规律是不相符的，因为随着时间的增长，生产资金不断增长，经济效果也将不断提高。故单利法不能反映时间因素对经济效果的全部影响。

复利法是在单利的基础上发展起来的，它是指一定资金投入生产后所取得的报酬加入本金，并在以后各期内再计报酬的方法。不仅本金要计息，利息也要计息，即所谓“利滚利”，这与社会再生产是在不断扩大的基础上进行的经济发展规律相符合。因此，在长期投资效果分析和森林资源资产评估中经常应用。

3.3.2.1 单利计算

(1)单利终值

在单利形式下，一定的本金(或现值)P，按年利率 i 计息，经历计息期数为 n 时，期末的本利和 F(即终值)为：

$$F = P + P \cdot n \cdot i = P(1 + i \cdot n) \tag{3-1}$$

(2)单利现值

计算现值的意义恰好与计算终值相反。计算终值是已知“现在”投资金额、利率及时期，从而测算投资的终值。计算现值则是从已知终值(即“将来”价值)F、利率 i 及时期 n，来测算现在需投资的金额 P，现值与期内利率的高低有密切关系，利率越高，折现值越小，这个过程称为折现，其利率即为折现率。

$$P = \frac{F}{1 + i \cdot n} \tag{3-2}$$

3.3.2.2 复利计算

(1)复利终值

复利终值，也称本利和或到期值，是本金在约定的期限内，按一定的利率计算出每期的利息，将其利息加入本金再计息，逐渐滚算到约定期末的本金与利息总值。

$$F = P(1 + i)^n \tag{3-3}$$

(2)复利现值

复利现值也称现值、初值，从已知终值(即“将来”价值)F、利率 i 及时期 n，来测算现在需投资的金额 P。

$$P = \frac{F}{(1 + i)^n} \tag{3-4}$$

(3)普通年金的终值

普通年金的终值，就是每期期末连续等额支付，到期时一次收回的资金额。由于每次付款的终值与一次付款的终值的计算方法相同，因此计算连续等额付款的终值，实际上是对终值求和。

在森林资源资产评估中如计算轮伐期内的地租在期末的总和或在主伐时应扣除的管护费用总和时均要用到普通年金的终值计算。

设年管护费用为 A，并在年末支付，投资收益率为 i，轮伐期为 n 年，则：

第一年管护费用为 $A(1+i)^{n-1}$

第二年管护费用为 $A(1+i)^{n-2}$

…

第 $n-1$ 年管护费用为 $A(1+i)^1$

第 n 年管护费用为 $A(1+i)^0$

每年的管护费用原价比前一年少 $\frac{1}{1+i}$ 是一个等比数列，根据等比数列 n 项求和公式。

$$F=\frac{\text{首项}(1-\text{公比的}\ n\ \text{次幂})}{1-\text{公比}}$$

其首项为 A，公比为 $\frac{1}{1+i}$

如果管护费用为年末支付，其计算公式为：

$$F=\frac{A[(1+i)^n-1]}{i} \tag{3-5}$$

如果管护费用为年初支付，则公式为：

$$F=\frac{A[(1+i)^n-1](1+i)}{i} \tag{3-6}$$

【例 3-1】　杉木用材林的轮伐期为 26 年，每年投入的管护费用为 90 元/hm²，投资收益率为 6%，主伐时应在主伐收入中分摊管护费用多少钱？

解：据题意 $A=90$ 元，$i=6\%$；$n=26$

如果管护费用为年初支付，则计算结果为：

$$F=\frac{90\times[(1+0.06)^{26}-1]\times(1+0.06)}{0.06}\approx 5\ 643(\text{元/hm}^2)$$

如果管护费用为年末支付，则计算结果为：

$$F=\frac{90\times[(1+0.06)^{26}-1]}{0.06}\approx 5\ 324(\text{元/hm}^2)$$

(4)普通年金现值计算

普通年金现值是指今后一定时期内、每年都有一笔固定数额的收入(或支出)的现在值。也就是说，在今后一定年限内，每年都得到一份固定的收入，现在应投入的资金。

年金的现值概念在实际经济活动中应用广泛，如在森林资源资产评估中一个轮伐期内的地租现在一次性支付的评估值，以及整个轮伐期内的森林管护费用现值为多少等。

年金现值的公式推算与年金终值一样采用等比数列的 n 项求和公式。先求出终值，再将终值按复利现值公式折为现值：

$$P=\frac{A[(1+i)^n-1]}{(1+i)^n\cdot i} \tag{3-7}$$

【例 3-2】　某林场向某村租赁林地 100 hm²，租赁期为 30 年，每公顷的年地租为 225 元，对方要求一次性付清 30 年的地租，在投资收益率为 6% 的条件下，应支付多少钱？

解：据题意 $A=100\ \text{hm}^2\times 225\ \text{元/hm}^2=22\ 500$ 元；$i=6\%$；$n=30$

按式(3-7)

$$P=\frac{A[(1+i)^n-1]}{(1+i)^n\cdot i}=\frac{22\ 500\times[(1+0.06)^{30}-1]}{(1+0.06)^{30}\times 0.06}=309\ 708.7(\text{元})$$

(5)永续年金现值

绝大多数年金是在特定的期间内付款的，但有些年金是无限期付款，比如股票投资，只要发行股票的企业不倒闭，则股东的红利是无限期支付的，假设每年所支付的红利是等额的，这就是一种永续年金。它构成数学意义上的无穷数列，假定每年的折现率不变，则是无穷递缩等比数列，因此，永续年金的取值可按递缩等比数列无穷项求和公式计算。

$$P=\frac{\text{首项}}{1-\text{递缩比}}=\frac{\frac{A}{1+i}}{1-\frac{1}{1+i}}=\frac{A}{i} \tag{3-8}$$

【例3-3】 某林场拟向某村购买100 hm^2林地的永久经营权。林地的地租每年每公顷225元，投资收益率为6%，试求该片林地的使用权评估值

解：据题意 $A=100\ hm^2\times 225$ 元$/hm^2=22\ 500$ 元；$i=6\%$

$$P=\frac{A}{i}=\frac{22\ 500\text{元}}{0.06}=375\ 000(\text{元})$$

(6)偿债基金

偿债基金是指为了偿还一笔规定在若干年后归还的债务，每期(一般为一年)必须拨作投资(按固定的投资收益率取得收入)的金额。这实际上等于已知年金终值求年金。其计算公式可由普通年金终值推导出。

$$F=\frac{A[(1+i)^n-1]}{i}$$

$$A=\frac{F\cdot i}{(1+i)^n-1} \tag{3-9}$$

【例3-4】 某村将1 000 hm^2的采伐迹地租给某公司经营药材林，租期20年。期满后由该村继续营造用材林，这时需投入6 000 000元。问林场每年应从地租中留下多少钱才能满足迹地更新的需要，投资收益率为6%。

解：据题意 $F=6\ 000\ 000$ 元，$n=20$，$i=6\%$

$$A=\frac{6\ 000\ 000\times 6\%}{(1+6\%)^{20}-1}=163\ 107(\text{元})$$

(7)资本年回收值

资本年回收值是一定年限内清偿一笔投资收益率固定、分若干期归还的债务，每期(一般为一年)必须偿还固定金额，其中部分偿还本金，部分偿还利息，而本金和利息的比例是逐期变化的。这实际上是已知年金现值，求年金。因此，从年金现值公式可推导出资本年回收价值。

$$P=\frac{A[(1+i)^n-1]}{i\cdot(1+i)^n}$$

$$A=\frac{P\cdot i(1+i)^n}{(1+i)^n-1} \tag{3-10}$$

式中，$\frac{i\cdot(1+i)^n}{(1+i)^n-1}$也称资本回收系数。

【例3-5】 某林场获得银行贷款20万元进行造林，按协议规定投资收益率为6%，第8年开始还款，第20年还清。每年应还贷款多少元?

解：据题意 $i=6\%$；$n=20-7=13$

$$P=200\ 000\times 1.06^7$$

$$A=\frac{P\cdot i(1+i)^n}{(1+i)^n-1}=\frac{200\,000\times 1.06^7\times 0.06\times(1+0.06)^{13}}{(1+0.06)^{13}-1}=33\,970(\text{元})$$

(8)永续定期年金的现值

永续年金的现值前面已有介绍，在实际经济活动中有的收益不是每年都可获得的，而是要在规定时间内获得一次。例如，林地的地租，许多地方约定为主伐时木材有了收入才交纳整个轮伐期的地租。在森林经营中木材生产一般是一个轮伐期才有一次收益。因此，根据定期收益的变化和定期的变化分为4种情况：

①定期和年金都不变　即从现在起每隔 u 年有永久收益 A，这实际上就是假设经营条件和收益都不变的条件下，从裸露地造林开始，无穷多个轮伐期永续经营收益的现值。根据复利现值公式求得：

$$P=\frac{A}{(1+i)^u}+\frac{A}{(1+i)^{2u}}+\cdots+\frac{A}{(1+i)^{n\cdot u}}+\cdots$$

按无穷递缩等比数列无穷项求和公式，可得：

$$P=\frac{A}{(1+i)^u-1} \tag{3-11}$$

②年金不变但定期发生变化　即从现在起到 m 年有收益 A，m 年以后每隔 u 年有永久收益 A，在林业生产中可以认为是第一个轮伐期为 m 年，轮伐期末的收益为 A，而第二个以后的轮伐期由于树种的改变轮伐期缩短为 u，但轮伐期末的收益值不变。根据复利现值公式可得：

$$P=\frac{A}{(1+i)^m}+\frac{A}{(1+i)^{m+u}}+\cdots+\frac{A}{(1+i)^{m+2u}}+\cdots+\frac{A}{(1+i)^{m+n\cdot u}}+\cdots$$

该式除第一项外是一个无穷递缩等比数列，按其求和公式可得：

$$P=\frac{A}{(1+i)^m}+\frac{A}{[(1+i)^u-1](1+i)^m}=\frac{A(1+i)^u}{(1+i)^m[(1+i)^u-1]}=\frac{A(1+i)^{u-m}}{[(1+i)^u-1]} \tag{3-12}$$

③定期不变但年金发生变化　即从现在起到 u 年有收益 K，以后每隔 u 年有永久性收益 A。在林业生产实际中可认为第二个轮伐期后由于种子遗传品质的改良或造林技术的进步，使同样的轮伐期内收益发生了变化。这样可得到：

$$P=\frac{K}{(1+i)^u}+\frac{A}{(1+i)^{2u}}+\frac{A}{(1+i)^{3u}}+\cdots$$

该式除第一项外，仍是一个无穷递缩等比数列，根据其求和公式可得：

$$P=\frac{K}{(1+i)^u}+\frac{A}{(1+i)^u[(1+i)^u-1]}=\frac{K[(1+i)^u-1]+A}{(1+i)^u[(1+i)^u-1]} \tag{3-13}$$

④定期与年金均发生变化　即从现在起到 m 年后有收益 K，m 年以后每隔 u 年有收益 A。在林业生产中，可认为经营一个轮伐期后，改变了树种，轮伐期缩短了，收益增加了。保持这种经营模式，永续经营下去。按这种模式可得：

$$P=\frac{K}{(1+i)^m}+\frac{A}{(1+i)^m[(1+i)^u-1]}=\frac{K[(1+i)^u-1]+A}{(1+i)^m[(1+i)^u-1]} \tag{3-14}$$

以上4种不同情况的计算公式可依评估中具体情况运用。

3.4 森林资源资产评估中投资收益率的确定

由于森林资源资产经营周期的长期性，在经营中需要长期占用大量的投资。这些投资一旦投入生产，就不能随时兑换成现金用于其他方面，通常要很长的时间后才能得到这些投资的回报。以杉木经营为例，每公顷投资6 000元，20年后以每公顷30 000元出售成熟的林木。这样用一公顷的林地和6 000元的资金经过20年才产生预期30 000元的收获。如果以投资收益率8%计算复利，则计息成本为27 966元，利息占生产成本的大多数。作为货币租用价的利息便成为森林经营成本中最重要的组成部分。在森林资源资产评估中合理的投资收益率确定极为重要，但是在现实的经济活动中投资收益率的变化是很大的。以我国的森林经营为例，不同树种、不同经营水平的投资收益率在5%~15%，有的甚至更高或更低。在过去的森林资源资产评估以及有关森林资源价值的评价中，投资收益率的应用十分混乱，严重影响了森林资源资产评估和森林资源经济评价的进行。因此，必须从年投资收益率的概念及构成出发，分析其各个组成部分的性质，并根据林业生产的特点来确定森林资源资产评估中的投资收益率。

3.4.1 投资收益率的概念及构成

森林的经营也与现代工业生产一样需要大量资本，大量资本的聚集促进了它的生产。在这些资本中，货币形式的资本是最有用的资本，它可用于购物，也可用于创立生产性企业或商业性企业并获取额外的利润。对于使用者来说，货币资本使用一段时间就会相应有一些收益，这些收益就是其经营的利润。投资收益率的概念就是从这个基本现象中产生的，它是资本的利润，是资本使用期间的报酬，也称为资本(货币)的时间价值。

投资收益率被定义为某一规定时间的利润与投资的百分比，这一规定时间可以是月或年，但在林业的经营中一般规定为年。投资收益率是经济生活中衡量投资效果的重要尺度。企业或个人在投资某一经济项目时都有一个明确的目标收益率或最低期望收益率，在技术经济学中也称基准折现率，在森林资源资产评估中我们也将其称为投资收益率。投资收益率是由商业利率和投资者对收益的最低期望值两部分构成。

3.4.1.1 商业利率

商业利率通常由三大部分构成，即纯利率、风险利率和通货膨胀率。在实际工作中这些部分并不作明确的区分，但了解其内涵以及确定的方法，对合理确定投资收益率有着重大的意义，尤其是在森林资源资产评估中。

(1)纯利率

纯利率也称经济利率，它是指在特定的社会中，在长期稳定的基础上货币资本投资的平均收益，它反映了资本总的供求关系。货币资本的积累增加，纯利率下降，货币资本的积累减少，纯利率上升。在资本可以完全自由流动的条件下，世界各地的经济利率是相同的，纯利率一般多年保持稳定，逐年的变化很小，但随着社会的进步，资本积累的增加，纯利率保持了缓慢的下降趋势，在过去的200年时间里纯利率下跌了2%~3%。衡量纯利率的最好尺度是一个稳定的政府为其公债所支付的利率(风险因子几乎为零的利率)减去其统计的通货膨胀率，在国际上常用纯利率为2.0%~4.0%。

(2)风险利率

在经济活动中，随着市场的变化，除了稳定的政府的短期公债外，其他所有的投资都有风险。对于投资企业来讲，投资者必须承担损失一部分或全部投资的风险，或承担得不到应得的一部分或全部利息的风险。一些行业的投资风险较大，一些行业的投资风险较小。在投资风险高的行业，要求有较高的投资利率；否则，投资者将拒绝投资。由于企业的投资风险是不能保险的，投资者必须通过判断确定一个估计值，并通过提高一定的利率来补偿所假设的风险，这一增加的利率即为风险利率。

在森林经营的投资中充满着风险。这些风险主要有以下几个方面：

①造林失败　新造的幼林在成林前由于自然灾害和人为失管以及其他各种原因造成的造林失败，使前期的造林投资全部或部分损失；

②火灾损失　火灾是对森林资源资产威胁最大也最为明显的灾害。在长达数十年甚至上百年的森林经营过程中，由于自然或人为引发的火灾能使多年精心经营培育成的森林资源资产部分甚至全部化为乌有；

③人为灾害　在林木成林后，由于人为的原因，如盗伐或因社会动荡、战争等造成的森林资源资产的损失；

④病虫害及其他自然灾害　严重的病虫害会造成森林生长量锐减，甚至使成片的林木死亡，造成森林资源资产的大量损失。病虫害是当前森林经营中森林资源资产损失的重要原因之一，而且有越来越严重的趋势。其他自然灾害主要有风灾、雪灾和旱灾。强大的台风和龙卷风能使成片的林木倾倒，甚至折断，造成森林资源资产的严重损失。严重的雪灾会使成片的林木发生断梢，严重危害林木的生长，造成森林资源资产的严重损失。在干旱地区，旱灾是林木生存的重大威胁，在这些地区，一场严重的旱灾，可能使林木成片死亡，给森林资源资产带来严重的损失。

由于以上原因，在森林资源资产上进行投资时投资者必须考虑所投资行业的风险率多少，必须承担多少利率才能保持该项资本不受损失，并获得原有的平均净收益率。通常按保险统计法进行统计，其风险利率为：

$$R' = \frac{R(100 + i)}{100 - R} \tag{3-15}$$

式中　R'——风险利率；

R——风险率；

i——纯利率。

(3)通货膨胀率

通货膨胀率最通俗的概念是物价公开或隐蔽地持续上涨。通货膨胀是世界性的问题，从较长的时间观察，任何国家都存在通货膨胀，仅是在不同时间、不同地区膨胀的程度有所不同，也就是说在现代社会中，通货膨胀是不可避免的，尤其是在经济增长快，吸引投资多的地区。通货膨胀使货币贬值，投资者的真实报酬下降。投资者在把资金交给借款人时，会在纯利率的水平上再加上通货膨胀率，以弥补通货膨胀造成的购买力损失。因此，在借贷的商业利率中必须包括预期的通货膨胀率。

不同性质的单位和个人对通货膨胀的预期期望值不同。国家对未来货币的信心较大,通货膨胀的期望值会定得较低;个人与企业对未来货币的信心相对较小,所预期的通货膨胀率期望值会较高。通货膨胀值的确定一般以过去数年的国家统计数据公布的通货膨胀资料作为依据。

3. 4. 1. 2 投资者期望

投资者期望是投资者根据对所投资项目的分析评价基础上提出的在商业利率以外的回报。它通常是以该投资项目的社会平均投资收益率为基础,将社会平均投资收益率扣除商业利率的剩余部分,它是投资者所能得到的纯收益。

3. 4. 2 投资收益率对森林资源资产评估值的影响

森林资源资产由于其经营的周期很长,即投资要到很长的时间后,才能得到回报,取得收获。在这样长的时间内,投资收益率对生产的计息成本将产生巨大的影响。以我国南方的速生丰产杉木林为例,其主伐年龄为Ⅳ~Ⅵ龄级,每龄级为 5 年,平均采伐时间为 20 年,造林初期的造林投资约为每公顷 6 000 元,投资收益率为 6%,则主伐时造林计息成本为每公顷 19 243 元,为原投资的 3. 2 倍;若投资收益率增加为 8%,则造林的计息成本达每公顷 27 966 元,是原投资的 4. 7 倍;若投资收益率为 4%,则计息成本为每公顷 13 147元,仅是原造林投资的 2. 2 倍。若按 6% 的投资收益率计算,北方慢生树种 80 年的轮伐期的计息造林成本为原投资的 106 倍。如轮伐期更长,其计息成本则会变成令人吃惊的天文数字。

在森林资源资产评估中涉及利息计算的主要有重置成本法和收益现值法。在采用重置成本法时如所用的投资收益率偏高则评估测算的评估值偏高,森林资源资产的购买者无法承受;如所用的投资收益率偏低,则森林资源资产评估值偏低,资产的所有者将蒙受损失。在采用收益现值法时则正好相反,用偏高的投资收益率,则评估出的价值偏低,甚至出现负值,资产的所有者无法接受,如采用的投资收益率偏低,则评估出的价值偏高,资产的购买者无法接受。

根据上述例子可以看出,在森林资源资产的评估中,投资收益率的变化将对重置成本法、收益现值法等涉及较长时间计算的评估结果会产生巨大影响。合理投资收益率的确定将是森林资源资产评估结果是否合理的关键。

3. 4. 3 森林资源资产评估中合理投资收益率的确定

投资收益率高低对森林资源资产的评估结果有着重大影响。因此,合理确定森林资源资产评估中采用的投资收益率,是森林资源资产评估中十分重要的且极为敏感的环节之一。为此,必须根据有关统计资料分析确定通货膨胀利率、纯利率、风险利率和投资者期望,最后得到合理年投资收益率。

3. 4. 3. 1 通货膨胀率的确定

通货膨胀率在不同的国家、不同时期的差异是很大的。确定通货膨胀率是通过预测估计近期的平均通货膨胀率。确定的主要依据是过去历年的国家统计资料,其主要尺度是全国社会商品零售指数。从我国的情况看,改革开放后随着经济的高速发展,通货膨胀率也随之增高，1984—1988年平均通货膨胀率为10%，其中1988年高达18.5%，但1989年后明显下降，而1992年以后又逐年上涨，1993年国家公布为13%，1994年高达21.2%，1995年为14.9%，1996年为6%，1997年为1%，1998年为-2.6%，1999年为-2.9%，2000年为-1%，2001年为0.7%，2002年为0.8%，2003年为1.2%，2004年为3.9%，2005年为1.8%，2006年为3.2%，2007年为4.8%，2008年为5.9%，2009年为-0.7%，2010年为3.3%，2011年为5.4%，2012年为2.6%，2013年为2.6%。国家期望将其控制在10%以内(最好在5%以内)，长期高达两位数的通货膨胀率是任何国家均无法承受的；而通货紧缩(通货膨胀率为负值)可使币值上升，人们持币待购，消费萎缩，也不利于经济的发展。根据我国近期(1993—2008年)的情况，通货膨胀率的平均值为4.5%，但各年度的差异极大，高的年份为平均值的近5倍，低的为负值。因此，根据我国的统计资料确定通货膨胀率很困难，而且极不准确，采用时应慎重。

3.4.3.2　森林资源资产评估中纯利率的确定

确定纯利率的最好方法是将稳定的政府为其公债支付的利率(无风险的利率)减去政府在发行公债当年预期的通货膨胀率。我国政府1994年发行国库券3年期的利率为13%(高于所有存款利率)，折算为年复利率为11.6%，而国家预期1994年通货膨胀率为10%，因此，可以认定1994年我国政府制订的指导性纯利率仅为1.6%，大幅低于国际上的平均水平(实际上1994年的通货膨胀率为21.2%，1994年的实际纯利率为-9.6%)。

从以上情况分析，用稳定政府为其公债支付的利率减去当年的通货膨胀率的方法仅适用于经济形势稳定的情况，在经济形势变化较大的条件下，所得的结果不宜使用。因此在经济形势变化比较大的情况下，纯利率宜以国际上平均纯利率的低限作为森林资源资产评估中的纯利率，即如果国际上的纯利率在2.0%~4.0%，则可以将3.0%作为森林资源资产评估中的纯利率。

3.4.3.3　森林资源资产评估中风险投资收益率的确定

森林资源资产的经营过程主要存在着造林失败、火灾、人为破坏、病虫害以及其他自然灾害等风险，其风险率必须依据以往有关的调查资料，再对其分析基础上再加以确定。

(1)造林失败风险率的确定

造林失败的风险率与经营水平、气候条件有关。经营水平高，造林整地的质量高，幼林抚育及时，造林的成活率高，保存率高，失败的概率低；气候条件优越，苗木的生长发育正常，成活率和保存率就高，造林失败的概率就低。恶劣的气候条件，如干旱、高温、低温、严寒都可能导致幼苗的死亡，使造林成活率、保存率降低，使造林的风险率提高。

根据福建省1993年森林资源连续清查结果，1988—1993年间，未成林造林地转为有林地的概率为87%，再加上火烧转迹地的概率3.25%(归火灾损失)，实际造林失败为9.75%，按计价的轮伐期30年计算，年均损失为0.325%。但由于其损失集中在前1~2年，后期的投资及利息没有受损失，而且商品林的造林损失也较低，因此实际的风险率应大幅低于0.325%。建议将福建林区的造林失败风险率定为0.25%。

(2)火灾风险率的估计

火灾在林木整个培育过程中的任何阶段都可能发生，但火灾损失率在不同的地区随气候条件等多种因素而发生变化。根据福建省南平地区调查资料，1975—1984年间，火灾的损失率平均为 0.134%，随后急剧下降，全区未来的估计值为 0.045%。为了安全起见，在南平地区火灾的风险率可取 0.15%，但随着近年来全球气候变迁日益剧烈，火灾发生的概率亦有所提高。鉴于此，建议火灾风险率可取 0.15%~0.30%。

(3)人为破坏风险率的估计

人为破坏在目前阶段主要表现是盗伐，特别是在南方林区，林地插花现象普遍，盗伐情况严重，其造成的损失在部分地区远高于森林火灾的损失。但盗伐的具体损失状况调查起来也较困难，目前尚未见到这些调查的报道，无法准确地确定其损失率。为了估算森林经营的人为破坏风险率，可暂时取火灾风险率的 3 倍，定为 0.45%。

(4)病虫害及其他自然灾害损失率的估计

病虫害和其他自然灾害的损失也缺乏全面的长期的统计资料，因此很难准确进行估计。在森林资源资产的评估中可利用火灾的损失率来代替，综合其他自然灾害因素考量，建议其损失率定为 0.15%~0.40%。

根据以上 4 个方面的损失率估计，经营森林资源资产的风险率为：

$$0.25\% + 0.15\% + 0.45\% + 0.15\% = 1\%$$

其投资的风险投资收益率为：

$$R' = \frac{R(100 + P)}{(100 - R)} = 1.05\%$$

上述损失率的分析中包含有生态公益林的损失率，以及一部分难以作为资产经营的低效益的用材林的损失率。由于这两类林分的损失率相对要高，在确定作为资产经营的商品林的损失率时不应包含它们。因此，在森林资源资产评估中，再综合考虑社会与市场风险等因素，商品林资产评估中风险率可取 1%~2%。

3.4.3.4　森林资源资产评估中利率的确定

根据以上分析，在商业利率的各组成部分中，纯利率和风险利率是可以利用过去的统计资料进行分析确定，而通货膨胀利率的确定则较为困难。但在森林资源资产评估中与投资收益率有关的方法为重置成本法和收益现值法，这两种方法都要求将生产的成本与收益折算为现值进行测算。在这两类计算方法中，投资与收益的货币已折算为同一时点上的货币，它们的价值是相同的，它们之间不存在通货膨胀。因此，在采用这两类方法进行测算时，它们的利率中应扣除难以确定的通货膨胀部分，而仅用纯利率加上风险利率，一般应取 4.0%~5% 为宜。

3.4.3.5　投资者期望值确定

投资者期望值确定是森林资源资产评估中极为重要，又是十分困难的问题。长期以来森林的经营被认为是低利甚至是微利行业，加上其经营年限很长，投资者对其经营的期望值很低，在评估利率的基础上加上 1%~2% 即可，太高的期望值是不现实的，它超过了行业的平均投资收益率。因此，在过去的森林资源资产评估中采用的投资收益率大多为 5%~6%，市场也基本认可。但近年来，随着科学的进步，市场的繁荣以及林产品税费的减免，一批高投入、高产出、短周期、高效益的商品林不断地出现，如超短周期(5~6 年采伐)的桉树工业原料林、短周期(8~10 年采伐)的杨树工业原料林、名优产品的茶树林(茶山)和果树林(果园)、优质的竹林等，这些商品林的投资收益很高，投资收益率远远超过了

5%~6%，甚至超过了 15%，打破了森林经营收益的原有格局。原《森林资源资产评估技术规范(试行)》建议的低投资收益率不适用于这一类商品林，必须加以调整。

对于这类高回报商品林的投资者期望值的确定，必须根据该项目的经济分析，按该项目的社会平均投资及生产成本、社会平均收益水平，先确定该项目的社会平均投资收益率，再倒算出投资者期望值。

【例 3-6】 某桉树经营类型 6 年主伐，主伐时每公顷产值 48 600 元，扣去木材生产经营成本，净收益为 31 785 元，造林成本每公顷 6 075 元，第一、二年施肥成本各 1 950 元，每年每公顷的管护成本 375 元，林地地租每年每公顷 1 200 元。

经测算其投资收益率为 10%，扣除不含通货膨胀率的利率 6%，则投资者经营桉树的正常期望值为 4%。

3.4.3.6 投资收益率的确定

森林资源资产评估中的投资收益率是极为关键的技术经济指标，对收益法和成本法评估的结果有重大影响。森林资源资产评估中投资收益率的确定必须根据该森林资源资产的实际经营状况和收益状况，依据持续经营假设，测算其社会平均投资及生产成本、社会平均收益水平，进行动态经济分析，来确定其投资收益率。对于长周期经营类型的森林资源资产，其经营的收益相对较低，投资者对其投资回报的期望较低，投资者期望值一般为 1%~2%，按投资收益率是由利率和投资者对收益的正常期望两部分构成，因此投资收益率一般为 5%~6%；对于短周期高效益的森林资源资产，其投资回报较高，投资者对其投资回报的期望较高，投资收益率可能超过社会的平均收益率，必须根据该经营类型的实际情况分析确定。如例 3-6 中投资者经营桉树的正常期望值为 4%，加上不含通货膨胀率的利率 6%，则桉树短伐期的投资收益率为 10%。

小　结

由于森林资源经营周期长的特性，因此在森林资源资产评估中，资金的时间价值成为必须考虑的问题。资金的时间价值计算主要有单利法与复利法两种。森林资源资产评估中所涉及计算以复利法为主要方法，且以现值、终值和年金 3 种形式之间的转换为主，由此构成了森林资源资产评估计算的方法基础。除了经营周期外，投资收益率对森林资源资产评估结果有着巨大的影响。森林资源资产评估中的合理投资收益率的确定主要取决于通货膨胀利率、纯利率、风险利率以及投资者期望值等因素，掌握这些基本经济学基础知识是森林资源资产评估实务操作的重要基础。

思考题

1. 如何认识劳动价值论、效用价值论、供求均衡价值理论？
2. 商品的价值规律包含哪些内容？
3. 市场结构类型可划分为哪几类，各类型有何形成条件及特征？
4. 有效市场假说的前提条件包括哪些？
5. 有效市场的形态分为哪几类？
6. 什么是资金的时间价值？资金的时间价值如何计算？
7. 什么是投资收益率，它包含哪些内容？
8. 投资收益率对森林资源资产评估结果的影响主要体现在哪些方面？

9. 如何合理确定森林资源资产评估中的投资收益率?

10. 某林场向乡村租赁林地 10 hm^2，租赁期为 50 年，每公顷的年地租为 150 元，对方要求一次性付清 50 年的林地使用费，在利率为 5% 的条件下，该林场应向村集体一次性支付多少钱?

11. 某国有林场拟受让某村 100 hm^2林地的长期(即永久性)经营权，但要求国有林场需一次性向村集体支付所有的林地使用费，而当地林地的年平均林地使用费为每年每公顷 450 元，投资收益率为 6%，请问该国有林场需向村集体支付的林地使用费总额是多少?

12. 某村将 100 hm^2的采伐迹地租给某公司经营药材林，租期 20 年。期满后将由该村收回林地进行更新造林以经营用材林，预计其未来造林该林地所需成本为 750 万元。假设投资收益率为 6%，问林场每年应从药材公司所支付的地租中留下多少钱才能满足迹地更新的需要?

13. 某林场获得世界银行贷款 100 万元进行造林，按协议利率为 4%，20 年后(即第 21 年)当林木开始有收益后开始等额还本付息，并须在 10 年内还清全部贷款。则该林场每年应还贷款多少钱?

第4章　森林资源资产评估程序

【本章提要】

本章主要介绍了森林资源资产评估程序及其基本要求，除在其他章节中将详细阐述的程序步骤外，对资产评估程序中的明确评估业务基本事项、业务约定书签订、工作计划编制、资产核查、资料收集与分析等步骤进行详细说明。通过本章学习，了解执行森林资源资产评估业务的全过程，进行资产评估业务工作准备，掌握森林资源资产核查过程与技术方法，开展森林资源资产评估所需资料的收集与分析，为森林资源资产评定估算等后续工作的开展奠定基础。

为了提高森林资源资产评估工作的规范化与专业化水平，保障森林资源资产评估质量，防范、规避与降低森林资源评估风险，我国资产评估准则明确提出了资产评估工作应当履行合理有效的评估程序，森林资源资产评估也不例外，森林资源资产评估程序已成为森林资源资产评估专业人员执行业务时必须履行的系统性工作步骤，且不得随意删减。

4.1　森林资源资产评估程序及基本要求

4.1.1　森林资源资产评估程序

森林资源资产评估程序是指资产评估专业人员执行森林资源资产评估业务所履行的系统性工作步骤。森林资源资产评估程序涵盖评估业务全过程，只有履行了合理有效的评估程序，才能出具评估报告。根据《资产评估准则——基本准则》第十三条规定：任何一项完整的业务，无论资产规模或金额的大小，无论是单项资产或企业整体资产评估都要履行八项基本评估程序，而不得随意删减。因此，根据《资产评估准则——评估程序》的要求，森林资源资产评估也包括以下基本程序：

①明确森林资源资产评估业务基本事项；

②签订森林资源资产评估业务约定书；

③编制森林资源资产评估计划；

④现场调查；

⑤收集森林资源资产评估资料；

⑥评定估算；

⑦编制和提交森林资源资产评估报告；

⑧森林资源资产评估档案归集。

4.1.2　执行森林资源资产评估程序的基本要求

鉴于森林资源资产评估程序的重要性，评估专业人员在执行森林资源资产评估程序环节中应当符合以下要求：

第一，评估专业人员应当在林业及资产评估行业规定的范围内，建立与健全森林资源资产评估程序制度。由于不同评估专业人员的专业胜任能力、经验各自不同，所承接的主要业务范围和执业风险也各有不同，各森林资源资产评估机构应当结合本机构实际情况，在森林资源资产评估基本程序的基础上进行细化等必要调整，形成本机构森林资源资产评估程序制度，并在森林资源资产评估执业过程中切实履行，不断完善。

第二，评估专业人员执行森林资源资产评估业务，应当根据具体森林资源资产评估项目情况和森林资源资产评估程序制度，确定并履行适当的森林资源资产评估程序，不得随意简化或删减森林资源资产评估程序。评估专业人员应当在执行必要森林资源资产评估程序后，形成和出具森林资源资产评估报告。

第三，森林资源资产评估机构应当建立相关工作制度，指导和监督森林资源资产评估项目经办人员实施森林资源资产评估程序。

第四，如果由于森林资源资产评估项目的特殊性，评估专业人员无法或没有履行森林资源资产评估程序中的某个基本环节(如在森林火灾损失赔偿评估业务中评估对象已经毁失，无法进行必要的现场勘查)，或受到限制无法实施完整的森林资源资产评估程序，评估专业人员应当考虑这种状况是否会影响到森林资源资产评估结论的合理性，并在森林资源资产评估报告中明确披露这种状况及其对森林资源资产评估结论可能造成的影响，必要时应当拒绝接受委托或终止森林资源资产评估工作。

第五，评估专业人员应当将森林资源资产评估程序的组织实施情况记录于工作底稿，并将主要森林资源资产评估程序执行情况在森林资源资产评估报告中予以披露。

4.2　森林资源资产评估的前期工作

4.2.1　明确森林资源资产评估业务基本事项

明确森林资源资产评估业务基本事项是森林资源资产评估程序的第一个环节，包括在签订森林资源资产评估业务约定书之前所进行的一系列基础性工作，这一程序对森林资源资产评估项目风险评价、项目承接与否以及森林资源资产评估目的的顺利实施具有重要意义。由于森林资源资产评估专业服务的特殊性，森林资源资产评估程序甚至在森林资源资产评估机构接受业务委托前就已开始。森林资源资产评估机构和评估专业人员在接受森林资源资产评估业务委托之前，应当采取与委托人等相关当事人讨论、阅读基础资料、进行必要的初步调查等方式，与委托人等相关当事人共同明确以下森林资源资产评估业务基本事项：

(1)委托方与相关当事方基本状况

评估专业人员应当了解委托方基本状况、产权持有者等相关当事方的基本状况。在不同的森林资源资产评估项目中，相关当事方有所不同，主要包括产权持有者、森林资源资产评估报告使用方、其他利益相关方等。委托人与相关当事方之间的关系也应当作为重要基础资料予以充分了解，这对于全面理解评估目的、相关经济行为以及防范恶意委托等十分重要。在可能的情况下，评估专业人员还应要求委托人明确森林资源资产评估报告的使用人与使用人范围，以及森林资源资产评估报告的使用方式。明确森林资源资产评估报告的使用人范围不但有利于森林资源资产评估机构和评估专业人员更好地根据使用人的需求提供良好服务，同时也有利于降低评估风险。

(2)森林资源资产评估目的

评估专业人员应当与委托方就森林资源资产评估目的达成明确、清晰的共识，并尽可能细化森林资源资产评估目的，说明森林资源资产评估业务的具体目的和用途，避免仅仅笼统地列出通用森林资源资产评估目的的简单做法。

(3)评估对象基本状况

评估专业人员应当了解评估对象及其权益基本状况，包括法律、经济和物理状况；企业名称、住所、注册资本、所属行业、在行业中的地位和影响、经营范围、财务和经营状况等。评估专业人员应当特别了解有关评估对象的权利受限状况。

(4)价值类型及定义

评估专业人员应当在明确森林资源资产评估目的的基础上，恰当确定价值类型，确信所选择的价值类型适用于森林资源资产评估目的，并就所选择价值类型的定义与委托方进行沟通，避免出现歧义、误导。

(5)森林资源资产评估基准日

评估专业人员应当通过与委托方的沟通，了解并明确森林资源资产评估基准日。森林资源资产评估基准日的选择应当有利于森林资源资产评估结论有效地服务于森林资源资产评估目的，减少和避免不必要的森林资源资产评估基准日期后事项。评估专业人员应当根据专业知识和经验，建议委托方根据评估目的、资产和市场的变化情况等因素合理选择评估基准日。

(6)森林资源资产评估限制条件和重要假设

森林资源资产评估机构和评估专业人员应当在承接评估业务前，充分了解所有对森林资源资产评估业务可能构成影响的限制条件和重要假设，以便进行必要的风险评价，并更好地为客户服务。

(7)其他需要明确的重要事项

根据具体评估业务的不同，评估专业人员应当在了解上述基本事项的基础上，了解其他对评估业务的执行可能具有影响的相关事项。

评估专业人员在明确上述资产评估业务基本事项的基础上，应当分析下列因素，确定是否承接森林资源资产评估项目：

①评估项目风险　评估专业人员应当根据初步掌握的有关评估业务的基础情况，具体分析森林资源资产评估项目的执业风险，以判断该项目的风险是否超出合理的范围。

②专业胜任能力　评估专业人员应当根据所了解的评估业务的基本情况和复杂性，分析森林资源资产评估机构和评估专业人员是否具有与项目相适应的专业胜任能力及相关经验。

③独立性分析　评估专业人员应当根据职业道德要求和国家相关法规的规定，结合评估业务的具体情况分析评估专业人员的独立性，确认与委托人或相关当事方是否存在现实或潜在利害关系。

4.2.2　签订森林资源资产评估业务约定书

森林资源资产评估业务约定书是森林资源资产评估机构与委托人共同签订的，确认森林资源资产评估业务的委托与受托关系，明确委托评估目的、被评估森林资源资产范围及双方权利义务等相关重要事项的合同。

根据我国资产评估行业的现行规定，评估专业人员承办资产评估业务，应当由其所在的资产评估机构统一受理，并由评估机构与委托人签订资产评估书面业务约定书，评估专业人员不得以个人名义签订资产评估业务约定书。资产评估业务约定书应当由资产评估机构和委托方的法定代表人或其授权代表签订。资产评估业务约定书应当内容全面、具体，含义清晰准确，符合国家法律、法规和资产评估行业的管理规定，具体包括以下基本内容：

(1)资产评估机构和委托方名称、住所

载明评估机构和委托方的名称及所在地址。

(2)资产评估目的

载明的评估目的应当唯一，表述应当明确、清晰。

(3)资产评估对象和评估范围

应当与委托方进行沟通，根据评估业务的要求和特点，在业务约定书中以适当方式表述评估对象和评估范围。

(4)资产评估基准日

载明的评估基准日应当唯一，以年、月、日表示。

(5)出具资产评估报告的时间要求

约定完成评估业务并提交评估报告书的期限和方式。

(6)资产评估报告的使用范围

评估报告一般仅供委托方和业务约定书约定的其他评估报告使用者使用，法律、法规另有规定的除外，资产评估机构和评估专业人员对委托方和其他评估报告使用者不当使用评估报告所造成的后果不承担责任。未经委托方书面许可，资产评估机构和评估专业人员不得将评估报告的内容向第三方提供或者公开，法律、法规另有规定的除外。未征得评估机构同意，评估报告的内容不得被摘抄、引用或者披露于公开媒体，法律、法规规定以及相关当事方另有约定的除外。

(7)资产评估收费

应当明确评估服务费总额、计价货币种类、支付时间和方式，并明确评估服务费总额未包括的其他费用及其承担方式，业务约定书可以约定当业务约定书解除后评估服务费收取或者退回的比例或金额。

(8)双方的权利、义务及违约责任

业务约定书可以约定，当评估程序所受限制对与评估目的相对应的评估结论构成重大影响时，评估机构可以终止履行业务约定书；相关限制无法排除时，评估机构可以解除业务约定书；业务约定书应当约定业务约定书解除后评估服务费收取或者退回的比例或金额；遵守相关法律、法规和资产评估准则，对评估对象在评估基准日特定目的下的价值进行分析、估算并发表专业意见，是评估专业人员的责任；提供必要的资料并保证所提供资料的真实性、合法性、完整性，恰当使用评估报告是委托方和相关当事方的责任；业务约定书应当约定签约各方的违约责任，签约各方因不可抗力无法履行业务约定书的，根据不可抗力的影响，部分或者全部免除责任，法律另有规定的除外。

(9)履约争议解决的方式和地点

业务约定书应当约定业务约定书履行过程中产生争议时争议解决的方式和地点。

(10)签约时间

双方签订业务约定书的具体日期。

(11)双方认为应当约定的其他重要事项

签约各方发现相关事项约定不明确，或者履行评估程序受到限制需要增加、调整约定事项的，可以通过协商对业务约定书相关条款进行变更，并签订补充协议或者重新签订业务约定书。业务约定书签订后，评估目的、评估对象、评估基准日发生变化，或者评估范围发生重大变化，评估机构应当与委托方签订补充协议或者重新签订业务约定书。

4.2.3　编制森林资源资产评估计划

为有计划地高效完成资产评估业务，评估专业人员应当编制资产评估计划，对资产评估过程中的各工作步骤以及时间和人力进行规划和安排。森林资源资产评估计划是评估专业人员为执行森林资源资产评估业务拟订的森林资源资产评估工作思路和实施方案，对合理安排工作量、工作进度、专业人员调配以及按时完成森林资源资产评估业务具有重要意义。由于森林资源资产评估项目千差万别，森林资源资产评估计划也不尽相同，其详略程度取决于森林资源资产评估业务的规模和复杂程度。评估专业人员应当根据所承接的具体森林资源资产评估项目情况，编制合理的森林资源资产评估计划，并根据执行森林资源资产评估业务过程中的具体情况，及时修改、补充森林资源资产评估计划。

森林资源资产评估计划应当涵盖森林资源资产评估工作的全过程，评估专业人员在森林资源资产评估计划编制过程中应当同委托人及相关当事方等就相关问题进行洽谈，以便于森林资源资产评估计划的实施，并报经森林资源资产评估机构相关负责人审核批准。编制森林资源资产评估工作计划应当重点考虑以下因素：

①森林资源资产评估目的、森林资源资产评估对象情况；

②森林资源资产评估业务风险、森林资源资产评估项目的规模和复杂程度；

③森林资源资产评估对象的性质、行业特点及发展趋势；

④森林资源资产评估项目所涉及资产的结构、类别、数量及分布状况；

⑤相关资料收集状况；

⑥委托人或资产占有方过去委托森林资源资产评估的经历、诚信状况及提供资料的可靠性、完整性和相关性；

⑦评估专业人员的专业胜任能力、经验及专业、助理人员配备情况。

4.3 森林资源资产的核查

森林资源资产的实物量是价值量评估的基础，《森林资源资产评估技术规范》规定，"评估机构受理委托后，应对评估委托方提交的森林资源资产清单进行现场核查，核查符合要求方可进行评估"。

森林资源资产核查是森林资源资产评估的一项极为重要的工作内容。由于森林资源资产分布辽阔、类型复杂和功能多样，使得森林资源资产的核查工作较一般资产的核查更加复杂和困难，投入的人力、物力也更多。

4.3.1 森林资源资产清单

森林资源资产清单是森林资源资产评估时，由评估委托方(自然人、法人或其他组织)提交的需要评估的全部森林资源资产的权属、数量、质量和空间分布情况的详细材料。

4.3.1.1 森林资源资产清单编制依据

森林资源是可再生的生物资源。它的数量、质量和空间位置是随时间的变化不断改变的。事实上，森林资源资产清单，只是整个森林资源生长发育过程在评估基准日这个时点的状况。因此，森林资源清单的编制更加复杂和困难。一份合格有效的森林资源资产清单编制依据常见的有以下3种：

①具有相应级别调查设计资质的森林资源调查规划设计单位当年调查，并经上级林业主管部门批准使用的森林资源规划设计调查(二类调查)、作业设计调查(三类调查)成果；

②按林业资源管理部门的技术要求建立，并逐年更新至当年，且经补充调查修正的森林资源档案；

③为了编制森林资源资产清单，委托具有相应调查设计资质的森林资源调查规划设计单位进行专项调查，并经上级林业主管部门批准或委托方及相关当事方认可的森林资源调查成果。

评估有效期内将被采伐的林木资源资产清单应依据采伐作业设计调查成果编制，因条件所限，未能取得依据采伐作业设计调查成果编制的森林资源资产清单，应说明原因及对评估结果所产生的影响。

古树名木、零星分布的高价值珍贵树木、森林景观、林下动植物资源等森林资源资产应根据专业调查资料编制资产清单。

4.3.1.2 森林资源资产清单的主要内容

为了准确反映森林资源资产的实际情况，为资产评估提供全面、准确的数据，委托方提供的以小班为单位编制的森林资源资产明细表，应当包含(但不局限于)小班权属、面积、位置、立地条件、林分因子状况等数据(表4-1)，并根据评估需要可增加生产作业条件，如可及度、集运材条件等因子。而当被评估对象是森林景观资产时，还需要包含景观

表 4-1　森林资源资产明细表

林班号	小班号	小班面积/hm²	小班有林地面积/hm²	权属	立地条件	树种	优势树种	树种组成	起源	林分年龄/a	平均胸径/cm	平均树高/m	公顷株数/株	公顷蓄积量/m³	小班蓄积量/m³

方面的指标，古树名木或珍贵树木则还要增加人文历史、特殊经济用途和价值方面的内容。

4.3.2　核查步骤

森林资源资产核查通常按以下步骤进行：

①组织有经验的专业技术人员，对委托方所提供的森林资源资产清单的编制依据、资料的完整性、时效性进行验核。

②阅读、验证由委托方提供的林权证书、有关边界、资产所有权、使用权、经营权的协议、合同等文件，确认它们的合法性，剔除不符合法律要求的协议和合同。

③对委托方提供的待评估森林资源资产清单上所列小班的权属、林业基本图上的位置，以林权证、山林权图和有关所有权、使用权的协议、合同为准，逐个小班进行核对。对于无权属证和权属不清的小班，要求委托单位补充提供有效的权属文件。对无法提供县级以上人民政府颁发的权属证书或证件的，不能作为资产评估对象。

④组织具有森林资源调查工作经验的中、高级技术职称的林业专业人员，对已确认权属的各项森林资源资产，用科学、合理的方法，到现地进行核查，填写核查记录。

⑤对核查通过的森林资源资产清单进行统计，编制各种森林资源资产统计表。

⑥现地核查结束，按规定计算合格率，确定委托方提供的森林资源资产清单是否合格。如不合格，则应通知委托方，并商量采取相应的措施。

⑦编写森林资源资产核查报告。

4.3.3　核查内容

森林资源资产核查的项目，一般包括权属、数量、质量和空间位置等内容，在实际工作中，可根据评估目的和评估对象的具体情况确定。

4.3.3.1　林地资源资产

林地资源资产核查的项目主要包括但不局限于以下内容：

(1)林地类型

不同的林地类型，其价值差异极大。要求按照林地类型划分的标准，填写土地利用现状。

(2)位置

指林地的空间位置。要求现地的位置与图件(林业基本图、林相图等)所示一致。

(3)面积

要求资产清单上所载的面积与现地面积、图件上量算的面积、注记的面积一致。

(4) 立地等级

林地资源资产的质量，也就是林地的生产潜力。通常用地位级、地位指数、立地条件类型或数量化立地指数来表示，可在实地调查这些指标的辅助因子后，在相应的调查数表中查得。

(5) 地利等级

地利等级反映了林地的外部生产条件，有时也用“可及度”来表示。林地所处的空间位置是否交通便利，是否便于经营，直接影响着经营这块林地投入成本的高低。因此，地利等级的高低将给林地的价值带来极大的影响。地利等级通常是以林地与已建成的公路运输线路间的距离来确定的。

(6) 林地使用期限与使用方式

根据《中华人民共和国民法典》规定，土地使用权最长年限不超过 70 年，在我国集体林区中，存在着逐年支付、一次性支付及主伐时支付等不同的林地使用费支付方式，因此在林地资源资产核查中应明确林地使用期限与使用方式。

(7) 林地经营用途

林地的经营用途具有易变性特征，林地资产价值会因为林种、树种的改变而改变，如用材林地变为生态林地、松木林地改种杉木林等，除此之外常常会因为社会经济发展与国民基础设施建设的需要而被征用作为非林地使用，当林地转变用途后，其价值将发生巨大改变，因此在林地资产核查时应核查其森林类别、林种、林下资源等用途，尤其要关注是否存在林地向非林地的转化的情况。

4.3.3.2　林木资源资产

林木是森林资源资产的主体部分，如林种不同，林木的作用就不同。例如，防护林的功能主要是由林木、下木、灌木乃至地被物形成的环境和释放出来的物质而形成的，林木本身材积的多少并不是主要的价值所在。而用材林则不然，其经济价值主要集中于林木本身材积的多少、材质的好坏、材种及材种出材量的多少，特别是有无特殊经济价值的树种、材种等情况。所以在林木资源资产核查时，应当视具体情况来确定核查的内容。不同林木资源资产核查的重点项目主要包括但不局限于以下内容：

(1) 用材林

①幼龄林　权属、树种组成、起源、林龄、平均树高、单位面积株数、造林成活率(保存率)平均直径、平均树高、蓄积量、林木生长状况、立地等级、地利条件等。

②近熟林、中龄林　权属、树种组成、起源、林龄、平均胸径、平均树高、蓄积量、林木生长状况、立地等级、地利条件等。

③成、过熟林　权属、树种组成、起源、林龄、平均胸径、平均树高、蓄积量、材种出材率、林木生长状况、立地等级、地利条件等。

(2) 经济林

权属、种类及品种、年龄、产期(或生长阶段)、树高、冠幅、单位面积株数、单位面积产量、生长状况等。

(3) 薪炭林

权属、林龄、树种组成、单位面积蓄积量(或重量)、林木生长状况、立地等级、地利条件等。

(4) 竹林

权属、竹种(品种)、平均直径、平均竹高、立竹度、均匀度、整齐度、年龄结构、竹材产量、产笋量、立地等级、地利条件等。

(5) 防护林

除核查与用材林相应的项目外，还要增加与生态服务相关的资料，主要包括：涵养水源、保持水土、防风固沙、固碳释氧、净化大气环境和保护生物多样性等方面的内容，并核查与评估目的有关的项目。

(6) 特种用途林

除核查与其他林种相应的项目外，还要增加具有的特殊用途、经营条件和人工措施、曾经取得的效果、收益或评价等，具有科学研究性质的特种用途林，还应了解开展科学研究的时间、项目、目的、已经取得的研究数据、成果以及尚未完成的科研内容等。此外，还需核查与评估目的有关的项目。

(7) 未成林造林地

参照幼龄林核查项目。

4.3.3.3　其他森林资源资产

(1) 生态服务功能

森林的生态服务功能类型多样，应分别根据不同的生态服务功能价值类型结合拟采用的评估方法的主要影响因子进行调查，例如水源涵养功能需要测定土壤种类、孔隙度等，而对于其空气净化功能则可能需要调查各树种吸附空气中有害物质或尘粒的状况等。

(2) 森林景观

森林景观是一个以森林为主体的，多种形态物质组成的综合体。因此，在森林景观资产核查时，其重点是这个综合体在旅游、观赏、休憩、保健、娱乐等的服务和特色，以及交通条件、周边环境旅游开发程度及建设条件等内容。

(3) 野生动植物

野生动植物资产的核查，主要是其种类、数量及分布。

(4) 非木质林产品

非木质林产品主要是核查其品种和数量，此外还应调查了解在当地和周边地区的开发利用程度、规模及市场情况。

4.3.4　核查方法

森林资源分布辽阔，通常森林资源资产的经营者拥有数万乃至数十万公顷的面积。再者，森林资源资产的主体是具有生命的生物体，无时无刻不在发生着变化。在经济活动发生时，这些资产正处于它们的不同生长发育或利用阶段。这些特点使得森林资源资产的核查工作极为复杂。因此，森林资源资产的核查方法与一般资产并不完全相同，在核查时需考虑森林资源经营管理的特点与其生物学特性，通常可分为抽样调查法、小班抽查法和全面核查法，评估机构可按照评估目的、评估种类、具体评估对象的特点和委托方的要求选择使用。

4.3.4.1 抽样调查法

抽样调查法主要适用于对尚未进入主伐利用的大面积森林资源资产进行总体评估时采用，并以对林木资产的总蓄积量和各种森林类型的蓄积量调查核实为主。

该方法是建立在概率论基础上的抽样调查方法。一般做法是，以评估对象为抽样总体，以随机、机械、分层等抽样调查方式，布设一定数量的样地作为样本，进行实地测定后估测核查对象的森林资源资产总量，要求总体的蓄积量抽样精度达到 90% 以上(可靠性 95%)。

对林地的核查，首先依据具有法定效力的资料，核对其境界线是否正确，然后在地形图、林业基本图或林相图上量算土地面积，精度要求达到 95% 以上。

常用的抽样调查方法有：简单随机抽样调查、系统(机械)抽样调查、分层抽样调查等。

(1)简单随机抽样调查法

从抽样总体中，随机等概地抽取若干个单元组成样本，用样本的测定值来估计总体的调查方法。其工作步骤：

1)确定抽样总体

抽样调查的工作量主要与样本单元数有关。从抽样的精度看，样本单元数与总体的大小无关，在变动系数相同时，总体越大，抽样效率越高。抽样总体是抽样调查中有精度保证的单位。因此，在实践中，总体范围的确定与核查目的有关。当核查只是要了解整个评估对象的森林资源资产总量，则可将整个评估对象作为一个抽样总体。如果要了解其中的一部分或某种类型的资产量，就需要以这一部分区域或类型作为总体。

2)确定样地的大小和形状

凡严格按照随机等概的原则抽取样本，不论样地的形状和大小怎样，都能获得总体的无偏估计值。但在达到同等精度的条件下，样地的形状和大小会影响工作效率。适当大小和形状的样地，可以在一定程度上提高精度和效率。

圆形样地适用于地形平坦，通视良好，样地面积不大的情况。

方形样地在我国森林资源调查中普遍应用，它具有边界明确、灵活性大等优点。

样地的大小关系到总体单元间的差异，面积越大各单元间的变动越小。根据实验，变动系数随单元面积的增大而减小，当单元增大到一定程度时，变动系数将趋于稳定。样地面积大小的确定，要考虑调查方法、林分年龄、变动情况、交通条件、工作效率等因素。据我国多年森林资源调查的经验，在一般情况下，样地面积采用 0.067 hm^2 为宜，而在林分变化较大时采用 0.1 hm^2，幼龄林采用 0.01 hm^2。

3)确定样本单元数

在样地的形状和大小确定之后，一般都用样本单元数来控制抽样精度。在森林抽样调查中，一般以下式计算所需样本单元数：

$$n_0 = \frac{t^2 \cdot c^2}{E^2} \quad 或 \quad n_0 = \frac{t^2 \cdot s^2}{E^2 \cdot \bar{X}^2} \tag{4-1}$$

式中 n_0——估测总体森林蓄积量现状所需样地数；

t——可靠性指标($t = 1.96$)；

c——蓄积量变动系数；

E——蓄积量抽样允许误差限（$E = \pm 10\%$）；

$\bar{X}$——单位面积蓄积量平均数。

为确保调查精度，实际工作中常在计算的样本单元数上增加 10%~20% 的安全系数，即样本总数 $n_1 = n_0(1 + 20\%)$。

4）样地布点

用一张较密的网点板覆盖在平面图或林业基本图上，用随机数字表抽取样本单元的纵横坐标，然后落实到图面上，这些点即为样地位置。

5）样地的现地设置与调查

在图面上量算距样地最近的明显地物点与样地的方位角和距离，然后引点定位。在现地设置样地，进行样地调查。

6）特征数计算

①总体平均数估计值

$$\bar{y} = \frac{1}{n}\sum_{j=1}^{n} y_j \tag{4-2}$$

②总体方差估计值

$$S^2 = \frac{1}{n-1}\sum_{j=1}^{n}(y_j - \bar{y})^2 = \frac{1}{n-1}\left[\sum_{i=1}^{n} y_i^{\ 2} - \frac{1}{n}\left(\sum_{i=1}^{n} y_i\right)^2\right] \tag{4-3}$$

③总体标准差估计值

$$S = \sqrt{\frac{\sum_{j=1}^{n}(y_j - \bar{y})^2}{n-1}} \tag{4-4}$$

④总体平均数估计值的方差（即样本平均数方差）

$$S_{\bar{y}}^2 = \frac{S^2}{n} \tag{4-5}$$

⑤标准误

$$S_{\bar{y}} = \sqrt{S_{\bar{y}}^{\ 2}} = \frac{S}{\sqrt{n}} \tag{4-6}$$

⑥估计误差

$$\Delta\bar{y} = t \cdot S_{\bar{y}} \tag{4-7}$$

⑦估计区间

$$\bar{y} \pm \Delta_{\bar{y}} \tag{4-8}$$

⑧相对误差

$$E(\%) = \frac{\Delta\bar{y}}{\bar{y}} \times 100 \tag{4-9}$$

⑨估计精度

$$P_c(\%) = 1 - E \tag{4-10}$$

（2）系统（机械）抽样调查法

除样本抽取的方式外，系统抽样与简单随机抽样的做法相同，系统抽样样地的抽取方法是在随机起点之后，从含有 N 个单元的总体中，按照一定的间隔抽取 n 个样本单元组成样本。在系统抽样中，采用下式计算系统配置的样地间距：

$$d = \sqrt{\frac{A}{n}} \tag{4-11}$$

式中 d——样地间距(m)；

A——总体面积(hm^2)；

n——样本单元个数。

(3)分层抽样法

将总体按照一个既定的分层方案分成若干层，在层内随机或系统抽取样本单元组成样本，这种按由层到总体的顺序估计总体的提样方法称为分层抽样，在森林资源资产核查中，常常采用树种、林龄作为分层因子进行抽样调查。

分层抽样的总体平均数估计值的方差 $\delta_{\bar{y}}^{\ 2}$ 计算公式为：

$$\delta_{\bar{y}}^{\ 2} = \sum_{h=1}^{L} W_h^{\ 2} \delta_{\bar{y}}^{\ 2} \tag{4-12}$$

式中 L——层数；

W_h——第 h 层的面积权重等于 A_h/A(即属于第 h 层的全部小班面积之和除以核查总体的总面积)；

$\delta_{\bar{y}}^{\ 2}$——第 h 层平均数估计值的方差。

在日常工作中为简便操作，各层样本单元数可以采用以下近似公式计算，

$$n = \frac{t^2 \sum_{h=1}^{L} W_h C_h^{\ 2}}{E^2} \tag{4-13}$$

式中 t——可靠性指标($t = 1.96$)；

E——蓄积量抽样允许误差限($E = \pm 10\%$)；

C_h——层变动系数，实践中，常按面积比例分配各层的样地数量。

有关分层抽样其他特征数的计算可参看《抽样调查技术》课程的相关内容，在此不予赘述。

4.3.4.2 小班抽查法

小班抽查法，是在待评估森林资源资产中，抽取一定数量的小班，进行现地核查的方法。由于委托方在提供森林资源资产清单时，将同时提供林相图或林业基本图，所以专业人员很容易持图在现地找到抽中的小班。

(1)核查对象的确定

1)核查小班数量

关于核查数量，原国家国有资产管理局转发的中国资产评估协会编写的《资产评估操作规范意见(试行)》要求，抽查核实存货，抽查数量要占总量的40%以上；在森林资源调查中，原林业部颁布的《森林资源规划设计调查主要技术规定》要求，专职质量检查的工作量不应低于调查工作量的3%。评估专业人员应当根据评估的目的、方法和重点，结合当地森林资源资产的特点，确定核查小班数量。

2)核查小班的抽取

确定核查小班，可利用森林资源资产清单进行，常见的抽取方法有：

①随机抽取法 按森林资源资产清单的顺序，将小班面积逐个相加，并逐个小班记下累计面积数，直至最后。然后利用随机数表或计算机随机数发生器获得随机数，凡数值小于等于小班总面积数的数便落实到小班中，该小班即认为被抽中，直至达到预定抽取的小班个数为止。

②机械抽取法 用机械抽取法抽取小班与随机抽取法不同的是，将小班面积总累计值除以预定要抽取的小班个数，得一间隔值，利用随机数表获得一个小于此间隔值的数作为起始点，每增加一个间隔值的数，即为抽中数，将其落实到小班中，从而确定抽中的小班。

用上两种方法确定核查小班的好处是，在抽中小班中，各土地、森林类型及林龄等的比例，与总体中各类面积比例相等。但这种做法在面积比例小、地位重要的类型的小班中被抽取数量太少。为改善这种情况，可以采取类似于分层抽样的做法先进行分类，然后在各个类型内采用随机或机械方法抽取。

③典型选取法 典型选取法的做法是根据情况先将被评估对象按林种、土地类型、森林类型和龄组等因子分类，然后在各类中选取有代表性的一定数量小班，选取小班时除考虑林分因子外，还要考虑交通条件、居民点、人口分布等社会经济条件。选取时可用林相图或林业基本图作辅助。

(2)现地核查

持林业基本图或林相图在现地确定被抽中小班，并对小班进行实地核实调查。核实调查的内容按规定进行。各调查因子核查的允许误差范围见表4-2。小班核查一般采用角规调查法、样地实测法和标准地(带)法3种方法来进行。

①角规调查法 在多数情况下，都采用角规调查法来进行测树因子的调查。要严格按照角规测树技术认真操作。

表4-2 各调查因子允许范围表

核查项目	允许误差/%	核查项目	允许误差/%
地 类	0	小班每公顷蓄积量	15
权 属	0	小班每公顷株数	5
林 种	0	调查总体活立木蓄积量	5
起 源	0	立地等级	0
小班面积	0	地利等级	0
小班树种组成	5	单位面积株数	5
小班平均树高	5	材种出材率	5
小班平均胸径	5	经济林单位面积产量	5
小班平均年龄	10	产笋量	5
小班郁闭度	5	造林成活率	5
小班每公顷断面积	10	造林保存率	5

注：合格项目在80%以上的小班为合格小班。

②样地实测法　在小班范围内，通过随机、机械或其他抽样方法，布设圆形、方形、带状样地，在样地内实测各项调查因子，用以估测小班的因子。布设的样地应符合等概原则，样地数量要满足预定的精度要求。

③标准地(带)法　当林分比较单纯、规律性较强，可在小班有代表性的地段设置标准地(带)，标准地内实测各调查因子，用标准地数据推算小班各调查数据。

(3)全面核查法

全面核查法就是对资产清单上的全部小班逐个进行调查核实的方法。对即将采伐的小班还要设置一定数量的样地进行实测，必要时进行全林每木检尺。核查方法和核查小班内各核查项目的允许误差同小班抽查法。

4.3.5 森林资源资产核查报告

森林资源资产评估专业人员对委托方提出的森林资源资产清单按规定进行核查之后，需撰写核查报告。核查报告一般由报告书、附表、附图及附件4个部分组成，它是资产评估的重要文件之一。

4.3.5.1 森林资源资产核查报告书

森林资源资产核查报告书主要内容包括：

(1)概况

简述核查对象概况，包括地理位置、自然条件、社会经济情况、林业生产经营状况；核查依据、目的、要求、组织、工作起止时间、基准日；委托方提交的资产清单简况；核查机构的资质、核查人员的组成状况等。

(2)核查依据

叙述核查依据，采用的标准及各种数表。

(3)核查方法

叙述核查采用的技术方法、核查对象抽取方法及核查数量。

(4)核查结果

叙述对委托方提交的森林资源资产清单进行核查的结果、合格率、核查精度和误差等。

(5)结论

叙述通过核查和分析确定委托方提供的森林资源资产清单可信程度，提出该清单要作何修正和该资产清单是否可以接受作为评估的基础数据。

4.3.5.2 附表

附表主要包括：

①核查记录表；

②已进行补充调查的森林资源资产小班一览表；

③各种森林资源资产实物量统计表。

4.3.5.3 附图

核查附图是在委托单位提供的地形图、林业基本图、山林权图等林相图上进行核查修改形成的。它标明了被评估对象的空间位置、类型、面积等内容。

4.3.5.4　附件

主要包括产权证书(或权属证明文件)、核查机构及人员资质证书等。

4.4　森林资源资产评估资料的收集与分析

森林资源资产评估资料的收集与分析是指森林资源资产评估专业人员在执行森林资源资产评估业务过程中，根据评估业务具体情况收集除前述程序所需资料外评定估算需要的各项技术经济指标等评估相关资料，并对资料的合理性与可靠性进行分析。

4.4.1　森林资源资产评估资料的收集

评估资料包括查询记录、询价结果、检查记录、行业资讯、分析资料、鉴定报告、专业报告及政府文件等形式。除上述现场调查所收集的有关森林资源资产的相关资料之外，资产评估专业人员还需进一步了解获取与判断评估对象价值相关的其他资料，从而作为评估作价的依据，这一过程将贯穿于现场调查、收集评估资料与评定估算的全过程。

4.4.1.1　森林资源资产基本信息资料

森林资源资产基本信息主要指与森林资源资产的数量、质量与产权等有关的信息，该信息通常在明确基本评估事项与现场调查阶段即需获取，常包括但不局限于以下几个方面：

①产权主体及委托方的基本概况及相关经营基础资料；

②森林资源资产清单(以小班一览表为主)；

③地形图及林业基本图，可能的条件下最好能获取地理信息系统属性数据库；

④林权证书(或不动产权证书)或山林权证清册及相应的权属附图；

⑤山林权权属图；

⑥有关合同、协议。

4.4.1.2　森林资源资产经营与财务信息资料

森林资源资产评估的经营与财务信息资料主要指森林资源经营过程中的营林生产、采伐作业、运输销售、仓储销售以及经营过程中的各种成本费用，这些资料将直接影响评估结果与质量。财务信息资料是评估过程中最为重要的信息资料之一，主要包括但不局限于以下几个方面：

①营林生产技术标准及有关成本费用资料；

②木材生产、销售等有关成本费用资料；

③当地森林培育、森林采伐和基本建设等方面的技术经济指标；

④森林培育的账面历史成本资料；

⑤评估基准日各种规格的木材、林副产品市场价格，及其销售过程中的税、费征收标准；

⑥当地及周边地区的林地使用权出让、转让和出租的价格资料；

⑦当地及周边地区的林业生产投资收益率；

⑧树种的生长过程表、生长模型、收获预测等资料；

⑨使用中的立木材积表、原木材积表、材种出材率表、立地指数表等测树经营数表资料。

4.4.1.3 与森林资源资产评估有关的行业及其他信息资料

在森林资源资产评估中，除了上述资料外，还需要收集部分或全部涉及评估的数据资料，这些资料可能是行业或外部经营环境信息，包括但不局限于以下方面：

①有关资产评估及森林资源管理的法律法规；

②森林资源调查与作业技术规程(如速生丰产林技术规程、采伐作业规程、造林规程等)、相关数表(如立木材积表、各树种材种出材率表、森林经营类型设计表等)；

③政府及林业主管部门有关林业发展的政策；

④行业协会或管理机构对于资产评估及森林资源资产的有关资料，如评估准则、统计资料等；

⑤其他相关的资料。

4.4.2 森林资源资产评估资料的分析

评估资料的分析是指森林资源资产评估专业人员应当对所收集的有关评估的信息资料进行合理性与可靠性的识别。一般情况下应进行以下分析：

①信息资料本身的可靠性，可通过参考其他来源验证，必要时也可以进行适当的现地调查验证。

②对评估资料来源的可靠性进行查验，不涉及资料真伪的鉴证，但应该考虑用做评估信息的可靠性。

③考察信息源的可靠性，包括该渠道过去提供信息的质量、该渠道提供信息的动因、该渠道是否通畅被认为该种信息的合理提供者、该渠道的可信度。

④对评估资料进行必要的分析、归纳和整理(如通过核实原件、分析资料的逻辑关系、不同渠道获取的资料进行比对等)必须要求以下3点：

a. 有充足的理由确信评估资料与评估对象在行业、性质、特点、生产、用途、价值构成等方面具有直接的相关关系；

b. 在时效上能够保证对森林资源资产评估专业人员的专业判断不构成实质性影响；

c. 所取得的资料全面地反映了评估对象的特征，没有重大遗漏，能够支持公允的、可信的评估结论。

小　结

森林资源资产评估程序是规范森林资源资产评估业务行为的系统性程序步骤，始终贯穿于评估全过程，不得随意删减。森林资源资产评估专业人员应在明确评估业务基本事项的基础上，综合考虑自身的执业能力与风险来承接评估业务，签订业务约定书，编制评估工作计划，合理地进行森林资源资产核查。而资产核查是整个森林资源资产评估工作的核心基础，由于森林资源资产的特殊性，使森林资源资产核查工作艰巨，评估专业人员应根据评估目的、对象与范围以及分布特点等选择抽样调查法或小班抽查或全面核查的方法对森林资源资产进行数量与质量的核实，其核查过程中所采取的森林资源调查方法应符合林业行业与森林调查的相关技术标准与要求，同时强调无论采用哪种核查方法，森林资源资产核查都应进行实地的验证调查，才能保证森林资源资产核查与评估的质量。

从明确评估基本业务事项开始直至评定估算，森林资源资产评估的资料收集工作就始终贯穿于全过程中，除核查之外，评估资料的合理性、完整性与可靠性也是决定评估工作质量至关重要的环节，评估专业人员在收集有关森林资源资产评估的基础信息、经营信息、财务信息等资料时，应对其资料的合理性与可靠性进行识别，以满足评估的需要。由于评定估算、评估报告编制、评估档案归集等程序将在后续章节中详述，故在本章节中则不予赘述。

思考题

1. 简述森林资源资产评估程序的概念及基本要求。
2. 接受评估业务委托前应明确的森林资源资产评估业务基本事项有哪些？
3. 简述资产评估业务约定书的格式及内容。
4. 什么是森林资源资产清单，哪些资料可以作为森林资源资产清单？
5. 简述森林资源资产核查的主要方法。
6. 简述森林资源资产核查各种方法的要点。
7. 如何撰写森林资源资产核查报告，主要包括哪些内容？
8. 森林资源资产评估应收集的主要资料有哪些？

第5章　森林资源资产评估基本方法

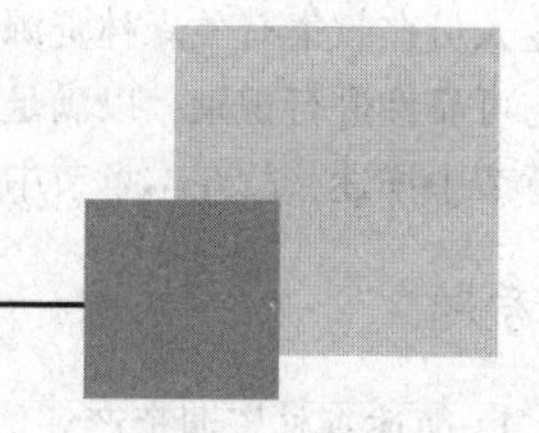

【本章提要】

本章主要介绍了森林资源资产评估中常用的市场法、成本法以及收益法的主要概念及测算公式，并对森林资源资产评估应用应注意的问题进行阐述，分析资产评估方法的选择与运用技术思路。通过本章学习，掌握森林资源资产评估方法及测算原理，选择恰当的评估方法应用于森林资源资产评估计算，对森林资源资产评估价值做出合理的评定估算。

资产评估方法是实现评定估算资产价值的途径和手段，森林资源资产评估方法在常用的资产评估方法基础上，结合森林资源自身的特点衍生出自成特色的方法体系。该方法体系由多种具体资产评估方法构成，各具体评估方法中针对不同的森林资源资产又可分出若干具体测算的方法及相应的测算公式。

5.1　市场法

市场法也称比较法、市场比较法，是指通过将评估对象与可比参照物进行比较，以可比参照物的市场价格为基础确定评估对象价值的评估方法的总称。实际应用中根据市场上与被评估对象相同或类似的近期交易资产参照物的价格，通过直接比较或类比分析被评估资产与交易资产参照物的差异调整后以确定估测资产价值的一种方法。

市场法是根据替代原则，采用比较和类比的思路及其方法判断资产价值。因为任何一个正常的投资者在购置某项资产时，所愿意支付的价格不会高于市场上同类资产替代品的现行市价，运用市场法是以被市场检验的结论来评估被评估对象，其结果容易被资产评估业务相关当事方所接受，因此市场法是资产评估中最为直接与最具说服力的评估方法之一，在应用市场法评估时需满足一定的基本条件。

(1)需要有一个公开市场与活跃交易

公开市场是一个充分发育的市场，市场上的买卖双方自愿公平地交易，排除了个别交易的偶然性，市场成交价格基本上可以反映市场行情，按市场行情估测被评估对象，其结果更贴近市场也易于为资产相关当事方所接受。在充分发育与活跃的资产公开市场上，其资产交易越频繁，与被评估资产相类似资产的价格越容易获得。

(2)公开市场上应有足够数量的可比交易参照物和其交易活动存在，交易的必要信息是可获取的

选择在近期公开市场上交易的且与被评估资产相同或类似的可比资产及其交易信息是市场法的应用基础，通过比较评估对象与可比参照物的差异，对资产价值影响因素和交易条件存在的差异进行合理修正进而得到被评估资产的价值。

5.1.1　市场法的基本步骤及可比因素

市场法的基本步骤如下：

(1)选择参照物

不论评估对象是单项资产还是整体资产，运用市场法评估时都需选择参照物。选择参照物的关键是评估对象与参照物间的可比性问题，包括功能、市场条件及成交时间等。另外，与被评估资产相同或相类似的参照越多，越能够充分和全面地反映资产价值，评估结果会更贴近市场，因此评估中对参照物的数量要求是不可避免的。在森林资源资产评估实践中，运用市场法通常应寻找不低于3个以上的森林资源资产评估参照案例，参照案例的选择应注意：

①参照物的相似程度　参照物与被评估资产的相似程度越高则比较的结果越可靠，森林资源由于地域的辽阔性与自然性，使森林资源资产无论是自身还是外部环境(包括市场)条件各异，寻找相似的参照物是应用市场法进行森林资源资产评估的重点与难点；

②参照物的交易时间与评估基准日的接近程度　参照物的成交时间与评估基准日间隔时间不能过长，应有适度的时间范围，根据我国木材市场交易情况，建议其时间最好在一年以内，最长不宜超过三年；

③参照物的交易目的及条件的可比程度　参照物应具有与待评估资产具有相同的评估目的，且功能应具有可比性，例如，同为商品用材林、同一树种等；面临的市场条件具有可比性，例如，木材生产条件、当地木材供需状况等；

④参照物信息资料的充分程度　用以作为参照物的交易信息。例如，林分因子、采伐运输条件、木材价格及成本等信息应当是可获取并能满足比较分析的需要。

(2)在评估对象与参照物之间选择可比因素

资产评估中，需要对搜集到的信息资料进行筛选，确定具有可比性的交易实例作为与评估对象对比分析、评估量化的比较参照物。从理论上讲，影响资产价值的基本因素大致相同，如资产性质、功能、规模、市场条件等。但具体到每一种资产时，影响资产价值的因素又各有侧重。例如，影响林木资源资产的主要因素是树种、年龄及林分生长状况等，而在林地资产评估中，立地质量与地利等级等因素对于林地价值的影响较大。因此，运用市场法时应根据不同种类资产价值形成的特点和影响价值的主要因素，选择对资产价值形成影响较大的因素作为可比因素，对参照物与评估对象进行多方面对比，以恰当确定资产评估价值，在市场法应用中常见的可比因素主要有：

①资产的功能　资产的功能是资产使用价值的主体，是影响资产价值的重要因素之一。例如，森林资源从功能上分可分为防护林、特种用途林、用材林、经济林和能源林五大林种，各林种所满足的社会需要与效用不同，因此不同功能的森林资源资产价值是不

同的。

②资产的实体特征和质量　森林资源资产的实体特征主要是指森林资源的数量与质量等，而森林资源资产的质量取决于树种、年龄、林分结构等反映其质量好坏的林分因子状态。

③市场条件　其主要是应考虑参照物成交时与评估时的市场条件及供求关系的变化情形。市场条件包含宏观的经济政策、金融政策、行业经济状况、产品竞争情况等。供求关系是市场特征之一。在一般情形下，市场供不应求时，价格偏高；供过于求时，价格偏低。市场条件方面的差异对资产价值的影响应引起评估人员足够的关注。

④交易条件　交易条件主要包括交易批量、交易动机、交易时间等。交易批量不同，交易对象的价格就可能不同。交易动机也对资产交易价格有影响。在不同时间交易，资产的交易价格也会有差别。

(3)指标对比和量化差异

根据前面所选定的对比指标体系，评估专业人员在参照物及评估对象之间进行参数指标的比较，并将两者的差异进行量化。对比主要体现在交易价格的真实性、正常交易情形、参照物与评估对象可替代性的差异等。例如，在用材林资源资产评估中通常要求参照物与评估对象应处于同一木材供给市场区域内、处于相同区域或近邻地区等，但其交易情形、交易时间、林分特征等方面存在差异；而在经济林资源资产评估中则要求经济林树木品种、生长发育期等相同或相似，但在生产能力、产品质量以及培育成本投入等方面都可能有不同程度的差异。运用市场法的一个重要环节就是将参照物与评估对象对比指标之间的上述差异数量化和货币化。

(4)分析确定已经量化的对比指标之间的差异

市场法以参照物的成交价格作为评定、估算评估对象价值的基础，对所选定的对比参数体系中的差异因素进行分析比较，通过多形式的量化途径，形成对价值的调整结果。在实际操作中，评估人员将已经量化的参照物与评估对象之间的对比指标差异进行调增或调减，就得到以每个参照物价格为基础的评估对象的初步评估结果。

(5)综合分析确定评估结果

运用市场法进行评估时，如果选择多个参照物，对参照物进行指标对比和差异量化后，对应各参照物，会形成多个初步评估结果。但是，对于一项资产，通常应以一个结果来进行表示，最终的评估结果为一个确定数值，这就需要评估人员对若干评估初步结果进行综合分析，以确定最终的评估值。确定最终的评估值，主要取决于评估人员对参照物的把握和对评估对象的认识。如果参照物与评估对象可比性都很好，评估过程中没有明显的遗漏或疏忽，评估人员可以采用算术平均法或加权平均法等方法将初步结果转换成最终评估结果。

5.1.2　市场法常用的具体评估方法

在森林资源资产评估中根据林木资产的经营特点，在森林资源资产评估中市场法具体应用方法主要有两种：一是木材市场价倒算法；二是市场成交价比较法。

5.1.2.1　木材市场价倒算法

木材市场价倒算法又称剩余价值法，它是将被评估森林资源资产皆伐后所得木材的市场销售总收入，扣除木材经营所消耗的成本（含税、费等）及应得的合理采伐生产利润后，剩余的部分作为林木资产评估价值的一种方法。其计算公式为：

$$E = W - C - F \tag{5-1}$$

式中　E——评估值；

W——木材销售总收入；

C——木材生产经营成本；

F——木材采伐生产利润。

市场价倒算法是成、过熟龄林木资源资产评估的常用方法。该法所需的技术经济资料在市场上较易获得，各工序的生产成本可依据现行的生产定额标准进行测算，木材价格、利润、税费等标准都较易收集。立木的蓄积量、胸径和树高等林分因子在资产核查中已确定，无须进行生长预测，财务的分析也不涉及收益率和折现率等问题。该方法计算简单，测算结果最贴近市场，最易为林木资源资产的所有者、购买者所接受。该法测算时应注意的关键问题有：

(1)合理确定木材的平均价格

在木材市场上，木材的交易价格是按尾径、材长确定的，是规格化的产品价格。而在林木资源资产评估中，这种规格化的产品价格必须转化成某种材种或某类材种的平均价格。由于不同的林分所产出的同一材种的规格不同，其同一材种的平均售价将发生很大变化。在单片的成熟龄林分的评估中，必须根据待评估林分的胸径、树高、形数、材质等以单独确定材种的平均价格，而不能直接采用当地的材种平均价格。在大面积的评估中应根据近年来的交易价格和未来森林资源总体状况确定其材种的平均价格。

(2)合理确定待评估林分各材种的出材率

构成立木资产的林木蓄积量不是规格化的产品，不同林分的立木由于胸径、树高、形数和材质的不同，其不同材种的出材率有很大的差别。材种出材率的差异直接影响了木材的总售价、税费的测算，使评估结果发生较大变化。

(3)合理计算税费

在木材的交易中，虽然税费的标准有明确的规定，但各地的计税基价规定可能不同。税费收取的项目、幅度都可能不一样，有些企业可能还有政策性优惠。因此，其税费的数量必须按照当地调查的实际资料确定，而不能参照其他地区的标准进行。

(4)合理确定木材采伐生产成本

木材生产经营成本主要包括作业准备成本（伐区设计费、道路维修费等）、采伐成本（场地清理、采伐、打枝、造材、铲皮等费用）、集运成本（集材、短途运输费用）、销售费用（检尺、仓储）、管理费用、不可预见费、林业税费等。这些成本的项目多，涉及的范围广，不同的作业区成本不同，在单块小班的评估中必须根据小班的具体情况确定其成本，在大面积的评估中要以待评估资产的整体平均水平确定其成本。

(5)合理确定木材采伐生产利润

它包括采运段利润和销售段利润两部分。实际操作中主要考虑经营者的生产经营管理水平、社会的平均利润率等，通过认真细致的调查研究和资料的收集，综合确定每立方米林木的合理木材生产经营利润。

市场价倒算法主要用于成、过熟林的林木资源资产评估，但在一般的收益现值法、土地期望价法中，其林分主伐的预期收获的计算均是采用该方法进行测算，它是森林资源资产评估中最基础的方法。

5.1.2.2 现行市价法

现行市价法也称市场成交价比较法。它是将相同或类似的森林资源资产的现行市场成交价格作为被评估森林资源资产评估价值的一种评估方法。其计算公式为：

$$E = K \cdot K_b \cdot G \tag{5-2}$$

式中 K——林分质量差异调整系数；

K_b——物价调整系数，可以用评估基准日工价与参照物价交易时工价之比或者用评估基准日的价格和交易时的价格之比；

G——参照物的市场交易价格。

现行市价法是一般资产评估中使用最为广泛的方法。理论上它可以用于任何年龄阶段、任何形式的森林资源资产。该方法的评估结果可信度高、说服力强、计算容易，但主要取决于收集到的参照案例的成交价的可靠程度。采用该法的必备条件是要求存在一个发育充分的、公开的森林资源资产市场，在这个市场中可以找到各种类型的森林资源资产评估的参照案例。使用现行市价法时应注意的关键问题有：

(1)合理选择评估的参照案例

现行市价法评估时，其评估的结果主要取决于所收集的参照案例评估价格的合理程度，因此，选定几个合适的评估案例是使用该方法的关键所在。案例的林分状况应尽量与待评估林分相近，其交易时间应尽可能接近评估基准日。

(2)合理确定林分质量差异调整系数与物价指数调整系数

由于森林资源资产不是规格产品，故其林分的质量差异极大，各参照案例的林分不可能与待评估林分完全一致，必须根据树种组成、林分的蓄积量、平均直径、地利等级等因子进行调整。此外，由于森林资源资产的市场发育不充分，要找多个近期的评估案例十分困难，而利用过去不同时期的评估案例必须根据当时的物价指数以及评估基准日的物价指数进行调整。

(3)合理综合确定评估值

使用现行市价法时通常应选择3个以上的评估参照案例。应用不同评估案例测算的结果可能存在着一定的偏差。因此，必须根据待评估林分的实际情况，以及它与各个参照案例的林分的差异综合确定一个合理的评估值。

5.1.3 市场法适用范围与局限

(1)市场法的适用范围

市场法通常被用于评估具有活跃公开市场且具有可比成交案例的资产。从理论上说，市场法适用于任何类型的森林资源资产评估，但在实践中由于森林资源资产类型的多样性与复杂性，使得评估过程中难以寻找合适的案例与缺乏可比性，使市场法的应用受到很大的限制，目前在森林资源资产评估实践中市场法常用于木材销售价格的估计、成过熟林林木资产评估、林地资产评估、苗木评估等。

(2)市场法的局限

市场法作为目前资产评估的重要方法之一，有其重要的意义和优势。由于其评估结果通常来自市场上已成交的交易案例，其评估结果相对来说具有客观性，较容易被交易双方所理解和接受。因而，如果不存在资产的成本和效用以及市场对其价值的认知严重偏离的情形下，市场法通常是资产评估三种方法中较为有效、可理解、客观的方法。在经济较为发达、市场认知较为稳定的国家，市场法是运用较为广泛的方法。然而，目前我国森林资源资产评估市场并不完善，而森林资源的质量对于评估结果的影响很大，森林资源质量很大程度上取决于森林资源结构，森林资源结构的多样性与复杂性极大弱化了森林资源资产的可比性，从而使市场法在森林资源资产评估中的应用受到了很大的限制。

5.2　成本法

成本法是通过估算被评估资产的重置成本和资产实体性贬值、功能性贬值、经济性贬值，将重置成本扣减各种贬值作为资产评估价值的一种方法。

根据替代性原则，在进行资产交易时，购买者所愿意支付的价格不会超过按市场标准重新购置或构建该项资产所付出的成本。如果被评估对象是一台新的机器，则被评估对象的价值为它的重置成本。如果被评估资产已经使用过，则应该从重置成本中扣减在使用过程中因自然磨损、技术进步或外部经济环境导致的各种贬值。

应用重置成本法，一般要有3个前提条件：

①购买者对拟进行交易的评估对象不改变原来用途；

②评估对象的实体特征、内部结构及其功能效用必须与假设重置的全新资产具有可比性；

③评估对象必须是可以再生的、复制的，不能再生、复制的评估对象不能采用重置成本法。

根据重置成本法的特点，最适用的范围是没有收益或未来收益难以预测，而在市场上又很难找到相同或类似的可比交易参照案例的评估对象。

在森林资源资产评估中，成本法可适用于林木资产与林地资产评估。

5.2.1　成本法的基本步骤与主要参数

5.2.1.1　成本法的基本步骤

资产评估专业人员运用成本法对被评估资产进行评估时，应当遵循以下步骤：

①确定被评估资产，并估算重置成本；

②确定被评估资产的使用年限；

③测算被评估资产的各项损耗或贬值额；

④测算被评估资产的价值。

5.2.1.2 成本法的主要参数

成本法的运用主要有四个基本要素，即资产的重置成本、资产的实体性贬值、资产的功能性贬值和资产的经济性贬值。在具体运用成本法进行资产评估时，并不是三种贬值一定会全部存在，这需要根据评估项目的具体情形来定。

(1)森林资源资产的重置成本

在森林资源资产评估中，重置成本就是指重新营造一块与被评估资产相类似的森林资源资产所需要的各种成本费用，它包含了重新营造森林资源所耗费的合理必要费用及合理必要的资金成本和利润。通常重置成本又分为复原重置成本和更新重置成本。

①复原重置成本　是指采用与评估对象相同的材料、建筑或制造标准、设计、规格及技术等，以现时价格水平重新构建与评估对象相同的全新资产所发生的费用，由于森林培育技术的更新进步，营造林可能存在着新旧标准的差异，在森林资源资产评估中，如果采用的是过时(旧)的造林技术规程，例如采用旧标准中的整地挖穴、种植密度等要求重新营造一片森林就属于复原重置成本。

②更新重置成本　是指采用与评估对象并不完全相同的材料、现代建筑或制造标准、设计、规格和技术等，以现行价格水平购建与评估对象具有同等功能的全新资产所需的费用。如前所述，在森林资源资产评估过程中，如果采用新的造林技术规程，以新的整地挖穴、种植密度等标准要求来重新营造一片森林就属于更新重置成本。

(2)资产的实体性贬值

资产的实体性贬值，亦称有形损耗，是指资产由于使用及自然力的作用导致的资产的物理性能的损耗或下降而引起的资产的价值损失。资产的实体性贬值通常采用相对数计量，即实体性贬值率，用公式表示为：

$$资产实体性贬值率(\%)=\frac{资产实体性贬值}{资产重置成本}\times 100 \tag{5-3}$$

森林资源属于可再生性的自然资源，除经济林之外的大多数森林在正常经营条件下，只要森林未达到自然成熟期时，森林始终保持着持续增长的状态，随着时间的推移，作为衡量森林资源价值高低的重要林分因子如胸径、蓄积量等是不会降低的，即林分质量并不会下降，因此此类森林通常不存在实体性贬值，然而经济林又有所不同，经济林类似于机器生产设备，由于经济林多存在着经济寿命期，随着时间的推移，经济林的产量将会类似于机器设备一样因老化而失去生产能力。因此在经济林资产评估中会存在着实体性贬值。

(3)资产的功能性贬值

资产的功能性贬值是指由于技术进步引起的资产功能相对落后而造成的资产价值损失。它包括由于新工艺、新材料和新技术的采用，而使原有资产的建造成本超过现行建造成本的超支额以及原有资产超过体现技术进步的同类资产的运营成本的超支额。在森林经营过程中存在着技术的进步，例如森林培育技术的更新进步而产生了新旧造林标准的差异，因此而产生了相对的技术落后。以福建省造林标准为例，过去，福建省各地造林均按旧的造林标准执行(挖大穴，密植)，随着造林技术研究的深入，新的造林标准在挖穴规格、造林密度上均比原来小。这种培育制度的改变会降低营林成本，但不影响最终的产量。这种由于新技术的产生而导致旧造林标准的额外造林成本就会产生功能性贬值。

(4)资产的经济性贬值

资产的经济性贬值是指由于外部条件的变化引起资产闲置、收益下降等而造成的资产价值损失。就表现形式而言，资产的经济性贬值有两种，一是资产利用率下降，甚至闲置等；二是资产的运营收益减少。一般而言，在森林资源资产评估，由于经济性贬值是源自于例如社会经济状况、经济政策、市场环境等外部条件变化而产生，并不是森林经营者所能控制的，同时由于森林资源资产生产特殊性与供给的时滞性，通常在森林资源资产评估中并不考虑经济性贬值，值得注意的是近年来随着社会经济水平的不断发展而导致了人力物力成本的不断提高，但木材价格则趋稳甚至有所下降，从而使森林经营效益呈现下降趋势，就有可能产生经济性贬值。

5.2.2　成本法常用的具体评估方法

5.2.2.1　用材林资产评估重置成本法

该方法是按现时的工价及生产水平，重新营造一块与被评估森林资源资产相类似的资产，所需的成本费用作为被评估资源资产的评估值的方法。在森林资源管理中，对于幼龄林尤其是10年以下的林分常常不关注或不调查记录其蓄积量，这就使其未来的收获预测变得困难，收益法将难以采取，而作为营造不久的幼龄林，其各项营造林成本较清晰，测算重置成本较为容易。在市场上很难找到交易参照物时，重置成本法是最适用幼龄林林木资源资产的评估方法。

根据用材林的经营特点，其重置成本法的计算公式为：

$$E_n = K\sum_{j=1}^{n} C_j\,(1+i)^{n-j+1} \tag{5-4}$$

式中　E_n——林木资产评估值；

K——林分质量调整系数；

C_j——第j年以现时工价及生产水平为标准计算的生产成本，主要包括各年投入的劳动力工资、物质消耗、地租、管理费用等；

n——林分年龄；

i——收益率。

用材林资源培育过程从林地准备开始，对于经营者而言，基本上只有投入，除间伐可能带来的少量收入外，基本上没有什么其他收入，主要收入是在主伐一次性采伐利用时将资本收回。

这种特殊的资本运作模式决定了在用材林资产评估重置成本法与一般资产的重置成本法有三大区别。

(1)用材林资源资产评估的重置成本法必须按收益率计算复利

在用材林经营中其资产的建造期长达数十年，在这期间经营基本上没有收益(或仅有少量收益)，只有不断地支出。资金占用的时间很长，资金的占用必然要求支付资金的占用费——利息。在市场经济环境下长期的资金占用必须计算复利。

(2)用材林资源资产的重置成本法不存在成新率的问题

用材林的经营过程中，投资的使用仅形成资本的累积，使用过程中没有收益或很少收益，不存在实体性损耗，通常在自然成熟前，资产的实物量价值一直增加，直至主伐时才一次性将林木采伐出售，资本全部收回。因此，在用材林的重置成本法中一般不存在着用材林资产的折旧问题，也就不存在成新率。

(3)用材林资产重置成本法中必须根据林分质量调整评估值

用材林的林分的质量差异较大，其重置成本一般是指社会平均劳动的平均重置值。其林分的质量是以当地平均的生产水平为标准。但各块林分由于经营管理水平的不同，与平均水平的林分存在差异，因此，各块林分的价值必须用林分质量调整系数进行调整。

用材林资产评估选用重置成本法时还必须注意：

(1)所用的成本必须是评估基准日的更新重置成本

在我国的森林经营管理发展过程中，森林培育技术不断更新，为避免因造林更新标准而产生的功能性贬值问题而给评估带来的不必要麻烦，在应用重置成本法时，所选用的成本通常是根据新的造林更新标准，按照现行工价以确定其营造林成本(即更新重置成本)为宜。

(2)分别不同森林经营类型确定合理的收益率

由于在森林资源资产评估中采用的成本通常是更新重置成本，其成本的价格是按现在评估基准日的价格标准，因此其收益率是不含通货膨胀率的收益率，由于投资经营期限长，因此其数值通常低于行业的平均收益率。

由于森林资源资产的复杂性，各不同地区森林经营类型的收益水平是不同的，经营者对不同的森林经营类型的收益期望值相差极大，在森林资源资产评估中针对不同地区不同的森林经营类型应采用不同的收益率。同时需要注意收益率所对应计算口径及核算内容与评估计算所采取的口径及核算内容的一致性。

(3)林分质量的调整系数所选用的标准林分的质量应与投入的成本相对应

除林地本身质量外，林分质量的好坏因经营方式、方法的不同而不同，例如整地方式、林分种植密度、苗木种源等会造成林分质量的不同，与这相对应的是，这些林分森林培育投入成本会产生较大的差异，此时就应当选择当地在同等营林标准与投入水平下营造的具有当地平均水平的林分作为其标准参照林分，再进行林分质量调整。

5.2.2.2 经济林资产评估重置成本法

根据经济林经营的特点，其公式为：

$$E_n = K_C \cdot K \sum_{j=1}^{m} (C_j - A_j)(1+i)^{m-j+1} \tag{5-5}$$

式中 K_C——成新率；

m——营造期，即始产期间收益大于投入的前一年；

C_j——第 j 年的年投入成本；

A_j——第 j 年的年收益；

i——投资收益率；

u——经济寿命期。

当 n 为产前期和始产期时，$K_C=1$；

当 n 为盛产期时，$K_C=1-\dfrac{n-m}{u-m}$。

经济林资源培育过程与用材林不同。经济林的资本运作模式与工厂的生产线相近。经济林的生长阶段分为产前期、始产期、盛产期、衰产期4个阶段。产前期的买地、整地、造林、幼林抚育相应工业企业的买地、盖厂房、买机器设备、安装机器设备等，这所有的成本都是投资成本。始产期相应于工业企业生产线的试产期，开始生产部分产品，产量逐年增加。这一阶段的生产成本主要用于除草、修枝、施肥、病虫害防治、产品的采摘、销售等，产品的采摘和销售成本是明确的经营成本，而这一阶段的除草、修枝、施肥、病虫害防治措施有两个作用：一是使树冠更为高大完好，为将来高产提供保证；二是为当年的开花结实提供保证。前者的成本应是投资成本，而后者是经营成本，两者的投入形式相同，其数量在总成本中的比例难以确定。在重置成本法中算的是投资成本，不能用总成本，因此，在经济林的评估中将总成本扣去当年的产值(将当年的产值认定为当年的经营成本)，剩下的部分作为投资成本。试产期结束进入正常生产阶段，这一阶段的成本主要是能源、原料、工人工资、管理费用等，这些都是经营成本，原投资成本用提取折旧的方法逐年收回。在经济林经营中盛产期类似工业企业的正常生产阶段，这一阶段的成本都是经营成本，投资成本用提取折旧的方法逐年收回。盛产期结束即达到经济林的经济寿命期，这时经济林的林木应进行更新换代，如不更新将达不到理想的收益，甚至亏损，这一阶段称为衰产期。工业企业也一样，当设备陈旧，工艺落后时就必须更新换代。

经济林资本运作的特殊性和长期性决定了在经济林资产评估中其重置成本法的计算与用材林资产评估不同，也和一般的资产评估不同，其主要差别有：

①由于营造的期限相对较长，经济林资源资产评估的重置成本法必须按收益率计算复利；

②由于投资成本与经营成本难以区分，经济林资源资产评估的重置成本法必须确定营造期限，即计算投资成本到哪一年(一般为始产期间收益大于投入的前一年，按公式计算重置成本最高的一年)；

③由于经济林存在经济寿命期，经济林资源资产评估的重置成本法必须计算成新率，即要计算重置全价还剩多少。

5.2.2.3 适用于林地资产评估的林地费用价法

林地费用价法是以重新购置林地所需的购置成本，加上将之改良至与待评估林地状态一致时所需的改良成本以及在此期间本金的利息之和来估算林地评估值的方法，该方法适用于林业用地存在着林地改良时的评估以及苗圃地的评估。

5.2.3 重置成本法的林分质量调整系数

使用成本法评估时通常要求以现时的工价和生产水平重新营造成一块与被评估资产相类似的森林(含未成林造林地幼树)所需要的成本费用作为被评估资产的重置成本，所采用的重置成本使用的是当地的社会平均生产成本，就要求达到当地平均水平的林分质量，以幼林抚育成林的当地生产水平要求(林分的平均高、株数成活率或保存率)作为参照确定重置成本的调整系数，进而确定被评估资产的评估值。

林分生长状态指标主要由林分的平均树高、平均胸径、单位面积株数和单位面积蓄积量等生长指标构成。在不同的年龄阶段各指标的重要性不同。我国的《森林资源规划设计调查主要技术规定》规定的起测胸径为5cm，对于未成林造林地和幼龄前期的林木经常出现未能达到起测胸径的情况，因此其蓄积量等常不被重点关注。而根据我国现行的造林验收标准，通常造林当年保存株数超过85%的达到造林验收标准。在41%~84%的要求进行补植，低于40%的要求重造，所以树高与株数就常成为评定生长好坏的主要指标。

基于我国对于森林培育的营造林标准要求，在实际操作中，林分生长状态的质量调整系数通常由株数调整系数、平均树高调整系数综合构成。在幼龄林中一般用株数调整系数和平均树高调整系数综合确定，在中龄以上年龄的林分用平均胸径调整系数和蓄积量调整系数综合确定。

①株数调整系数 K_1　株数保存率(或成活率)是衡量林分造林质量的重要指标。

$$株数保存率\ r = \frac{林地实有保存株数}{造林设计株数} \tag{5-6}$$

在幼龄林(未成林造林地幼树)的评估中，当 $r \geqslant 85\%$ 时，$K_1 = 1$；当 $r < 85\%$ 时，$K_1 = r$。

根据生产的实际情况，在未成林造林地中，如果保留株数少于40%时，一般认为造林失败，必须重造，而且重造的成本并不比初次造林成本低，因此，在未成林造林地中当 $r \leqslant 40\%$ 时，$K_1 = 0$。然而在幼龄林阶段中后期，林分一般已郁闭，如果株数少于40%，但林木的分布均匀，有成林希望，这时 K_1 不能等于零，可以等于 r，也可以根据最终的保留株数和现实株数的比值综合确定。

②树高调整系数 K_2

$$树高系数\ h_r = \frac{现实幼龄林林分平均树高}{同年度参照林分标准平均树高} \tag{5-7}$$

确定树高调整系数的关键在于寻找合适的参照林分的平均树高。通用的做法是选择适合评估地区的各树种幼龄树高平均生长过程表，拟合树高平均生长方程，测算评估年度的平均树高作为参照林分的标准平均树高。若无法得到合适的生长过程，可采用各地进行造林验收时使用的各年龄参照林分的标准平均树高，也可采用评估资产地区或近邻地区的速生丰产林各年龄平均树高的测定值拟合的方程来预测评估年度的平均树高(但重置成本应以速生丰产林的投资标准)。评估实际操作中，由于林分质量参差不齐，且人工抚育措施的不同，例如，以壮苗或挖大穴施肥等导致在幼龄时的树高大于标准平均树高，这时应用平均造林成本进行重置成本计算时，其成本就要大于重置造林成本，则其调整系数可能大于1，但这种幼林因经营措施造成的超高状况，并不会对将来的蓄积量收获产生等比例的促进作用。因而，不能简单地将 h_r 作为 K_2 的取值，为此应进行必要的调整；当树高低于标准平均树高时，则 $K_2 = h_r$；而当树高高于标准平均树高时，K_2 值必须根据成本的实际投入情况进行适当调整。

③蓄积量调整系数 K_3　对于已郁闭成林的幼龄林，尤其是对年龄较大或处于幼龄末期的幼龄林林分，其调查中已有一定的蓄积量，对于将来而言，其影响因素已由考虑其是否郁闭成林逐渐向具有多少的蓄积量转变。同时由于林分质量、木材市场价格及市场物价指数等因素的影响，还要考虑幼龄林评估价值与中龄林的评估价值平稳过渡。故对于处于幼龄林末期的林分引进蓄积量调整系数予以调整，其调整系数为：

$$K_3 = \frac{\text{现实林分的单位面积平均蓄积量}}{\text{同年度参照林分单位面积标准平均蓄积量}} \tag{5-8}$$

应当注意的是造成中幼林评估值过渡差异的一个重要原因是林分质量，当排除林分质量不正常因素后，其中幼龄林的评估值仍可能存在的差异部分应归因于评估方法上的差异，中龄林评估立足于收益角度采用收获现值法，并以蓄积量调整与胸径调整为主。而幼龄林评估则立足于成本角度，为了便于中幼林评估值之间的可比性，这时使用蓄积量调整系数而不再采用株数及树高调整系数，即 $K = K_3$；反之，$K = K_1 \times K_2$。

④胸径调整系数 K_4　林分的平均胸径主要受造林措施和林分密度的影响，成本对其影响有限，但林分的平均胸径对林分质量有较大的影响，它影响了林木的价格，林分的平均胸径越大，木材的价格越高。在实际评估中胸径调整系数 K_4 不是简单地等于 d_r，它们之间的关系有待进一步研究。

$$\text{胸径系数 } d_r = \frac{\text{现实林分平均胸径}}{\text{同年度参照林分标准平均胸径}} \tag{5-9}$$

由于森林资源的类型多样，在使用成本法时对于不同的森林类型、不同树种可能要求的生长状态指标并不相同，可依具体的情况进行相应的系数调整，其调整也可按式(5-10)计算：

$$K = \frac{\text{现实林分因子状态值}}{\text{同年度参照林分因子标准状态值}} \tag{5-10}$$

5.2.4　成本法适用范围与局限

(1)成本法的适用范围

资产的成本反映了资产在购建过程中的必要花费，也体现了取得该项资产所需要付出的价格。单项资产的价值不仅可以由成本部分反映，在使用过程中的消耗、磨损以及由于市场情形的变化而产生的价值减损都会影响单项资产的价值。因而，评估人员在使用成本法评估单项资产时，既要考虑重置成本，也要将由使用等其他因素所造成的实体性损耗、由技术落后带来的功能性损耗以及由市场状况、政治因素等外部因素造成的经济性损耗考虑在内。

由于成本法无法反映被评估资产所能带来的潜在收益，它通常可以被用在评估某些没有获利能力的无形资产，或者正处于使用初期的这类资产，在森林资源资产评估中，由于森林的经营周期较长，对于未成林造林地或幼龄林，由于其林分质量尚未稳定，且距采伐收获期仍有较长时期的间隔，对其未来收益的预估可能存在较大偏差，且该类林分通常其营造林成本相对是明确而较易获取的，因此适合采用成本法予以评估。

(2)成本法的局限

成本法是资产评估中最为基础的评估方法。它充分考虑了资产的损耗，使得评估结果更能反映市场对于获得某单项资产平均愿意付出的资金，有利于评估单项资产和具有特定用途的资产；另外，在无法预测资产未来收益和市场交易活动不频繁的情形下，成本法给出了比较客观和可行的测算思路和方法。

但是，由于成本法的理论基础是成本价值论，因而使用该方法所测算出的企业价值无法从未来收益的角度反映企业真实能为其投资者或所有者带来的收益，未来收益与成本之间并没有直接和必然的联系，因此该方法所评估的企业价值很难直接为投资者提供价值参考。例如对于一些高价值的速生丰产林(如早期的桉树林经营)或者经济林新品种的培育，如果使用成本法进行评估，则通常很难体现出林分的实际生产收益价值或者严重偏离市场价值，因此其成本法评估值与使用收益法或市场法得出的结果可能差异极大，除此之外，成本法也难以应用于林地使用权这类的无形资产的评估中。

5.3 收益法

收益法是通过预测估算被评估资产对象在未来经营期间的预期收益，对未来资产带来的净收益，选择使用一定的折现率，将未来收益折现为评估基准日时的现值，将未来各期收益现值累加之和作为评估对象评估价值的一种方法。

其适用条件要求是：评估对象使用时间较长且具有连续性，能在未来相当年份内取得一定收益；评估对象的未来收益和评估对象的所有者所承担的风险能用货币来衡量。显然资产评估的收益法涉及预期收益额、未来收益期、折现率3个主要参数，这也是收益法应用需解决的核心问题。

5.3.1 收益法的基本步骤与主要参数

5.3.1.1 收益法的基本步骤

采用收益法进行评估，其基本步骤如下：

①搜集或验证与评估对象未来预期收益有关的数据资料，包括资产配置、生产能力、资金条件、经营前景、产品结构、销售状况、历史和未来的财务状况、市场形势与产品竞争、行业水平、所在地区收益状况以及经营风险等；

②分析测算被评估资产的未来预期收益；

③分析测算折现率或资本化率；

④分析测算被评估资产预期收益持续的时间；

⑤用折现率或资本化率将评估对象的未来预期收益折算成现值；

⑥分析确定评估结果。

5.3.1.2 收益法的主要参数

运用收益法进行评估涉及许多经济参数，其中最主要的参数有三个：收益额、折现率和收益期限。

(1)收益额

收益额是运用收益法评估资产价值的基本参数之一。在资产评估中，资产的收益额是指根据投资回报的原理，资产在正常情形下所能得到的归其产权主体的所得额。资产评估中的收益额有两个比较明确的特点：①收益额是资产未来预期收益额，而不是资产的历史收益额或现实收益额；②用于资产评估的收益额通常是资产的客观收益，而不一定是资产的实际收益。一般来说，资产预期收益有三种可以选择的类型：净利润、净现金流量和利润总额。

净利润与净现金流量都属于税后净收益，都是资产持有者的收益，在收益法中被普遍采用。两者的差异在于确定的原则不同，净利润是按权责发生制确定的，净现金流量是按收付实现制确定的。两者之间的关系可以简单表述为：

净现金流量 = 净利润 + 折旧 − 追加投资(包含资本性支出和营运资金追加投资)(5-11)

预测资产未来收益的方法很多，但主要有两种：时间序列法和因素分析法。

时间序列法是建立资产以往收益的时间序列方程，然后假定该时间序列将会持续。时间序列方程是根据历史数据，用回归分析的统计方法获得的。如果在评估基准日之前，资产的收益随着时间的推移，呈现出平稳增长趋势，同时预计在评估基准日之后这一增长趋势仍将保持，则适合采用时间序列方法来预测资产的未来收益。

因素分析法是一种间接预测收益的方法。它首先确定影响一项资产收入和支出的具体因素；然后建立收益与这些因素之间的数量关系，例如销售收入增长1%对收益水平的影响等，同时对这些因素未来可能的变动趋势进行预测；最后估算出基于这些因素的未来收益水平。这种间接预测收益的方法比较难操作，因为它要求对收入和支出背后的原因作深入分析，但它的适用面比较广，预测结果也具有一定的客观性，因而在收益预测中被广泛采用。

(2)折现率

从本质上讲，折现率是一种期望投资报酬率，是投资者在投资风险一定的情形下，对投资所期望的回报率。折现率就其构成而言，由无风险报酬率和风险报酬率组成。无风险报酬率，亦称安全利率，是指没有投资限制和障碍，任何投资者都可以投资并能够获得的投资报酬率。在具体实践中，无风险报酬率可以参照同期政府债券收益率。风险报酬率是对风险投资的一种补偿，在数量上是指超过无风险报酬率之上的那部分投资回报率。在森林资源资产评估中，因森林资源资产的种类、市场条件等的不同，其折现率亦不相同。

(3)收益期限

收益期限是指资产具有获利能力并产生资产净收益的持续时间。通常以年为时间单位。它由评估人员根据被评估资产自身效能、资产未来的获利能力、资产损耗情形及相关条件以及有关法律、法规、契约、合同等加以确定。收益期分为有限期和无限期(永续)。

如无特殊情形，资产使用比较正常且没有对资产的使用年限进行限定，或者这种限定是可以解除的，并可以通过延续方式永续使用，则可假定收益期为无限期，例如竹林资源资产、天然异龄林资源资产等；如果资产的收益期限受到法律、合同等规定的限制，则应以法律或合同规定的年限作为收益期。例如经济林资源资产具有经济寿命期、人工用材林同龄林资源资产具有轮伐期等，则经济寿命期或轮伐期就成为其收益期限。

5.3.2　收益法常用的具体评估方法

5.3.2.1　收益净现值法

收益净现值法是收益法的一种，它通过估算被评估的林木资产在未来经营期内各年的预期净收益按一定的折现率折算为现值，并累计求和得出被评估森林资源资产评估值的一种评估方法。其计算公式为：

$$E_n = \sum_{j=n}^{U} \frac{A_j - C_j}{(1+i)^{j-n}} \tag{5-12}$$

式中 E_n——n年生林木资源资产评估值;

A_j——第j年的年收益;

C_j——第j年的年成本支出;

U——经济寿命期;

i——折现率;

n——林分的年龄。

收益净现值法通常用于有经常性收益同时具有经济寿命的林木资产评估,如经济林林木资产。这些资产每年都有一定的收益,每年也要支出相应的成本,同时具有一定的经济寿命期。收益净现值法的测算需要预测经营期内未来各年度的经济收入和成本支出,其预测复杂且困难,在无法使用其他方法进行评估时才采用的方法。选用该方法时的注意事项主要有:

(1)各年度的收益和支出预测

各年度收益和支出的预测是年净收益现值法的基础,它们决定了应用收益法评估的成败。因此,必须尽可能选用科学、可行的预测方法来进行预测,以满足评估的要求。预测的收益和成本都应按基准日的价格水平进行测算。

(2)折现率的确定

收益现值法中折现率的大小对评估的结果将产生巨大的影响。一般来说,折现率中不应含通货膨胀因素,一是因为通货膨胀率变化不定,确定困难;二是在未来收益的预测中直接用评估基准日的价格较为方便,预测未来的价格比预测实物量更为困难。所以在收益现值法中采用的收益和成本都按评估基准日的价格水平进行测算,它们之间不存在通货膨胀率。但如果在未来各年的收益和成本的预测中已包括通货膨胀因素,则其折现率也应包括通货膨胀率,在确定折现率时要注意与预期收益的口径保持一致。

5.3.2.2 年金资本化法

年金资本化法是将被评估的森林资源资产每年的稳定收益作为资本投资的收益,再按适当的投资收益率评定估算资产的价值。其计算公式为:

$$E = \frac{A}{i} \tag{5-13}$$

式中 E——评估值;

A——年平均纯收益额;

i——投资收益率。

该方法公式简单,要测定的因素少,计算方便,但它的使用有2个严格的前提条件:

①待评估资产的年收入必须十分稳定;

②待评估资产的经营期是无限的,它可以无限地永续经营下去。

年金资本化法主要用于评估年纯收益稳定的森林资源资产,如花年毛竹林资源资产、龄级结构均匀的整体森林资源资产。该测算公式稍作改变也可以用来测算大小年明显的毛竹林资源资产价值和异龄林资源资产价值。

该方法的合理应用必须注意两个问题:一是年平均纯收益测算的准确性,要认真测算各项收益、成本及成本的利润,将收益总额减去成本和生产成本的正常利润,剩余部分才是其纯收益；二是投资收益率必须是不含通货膨胀率的当地该类资产的平均投资收益率。

5.3.2.3　收获现值法

收获现值法是根据同龄林生长特点提出的专门用于中龄林和近熟林林木资产的评估测算方法。该方法是利用收获表预测的被评估森林资源资产在主伐时纯收益的折现值，扣除评估后到主伐期间所支出的营林生产成本(评估后第二年开始支出的成本)折现值的差额，作为被评估森林资源资产评估值的一种方法。其计算公式为：

$$E_n = K \cdot \frac{A_u + D_a(1+i)^{u-a} + D_b(1+i)^{u-b} + \cdots}{(1+i)^{u-n}} - \sum_{j=n+1}^{u} \frac{C_t}{(1+i)^{u-n}} \tag{5-14}$$

式中　E_n——n 年生林木资源资产评估值；

A_u——参照林分 u 年主伐时的纯收入(指木材销售收入扣除采运成本、销售费用、管理费用、财务费用及有关税费和木材经营的合理利润后的部分)，即主伐时的林木资产价值；

D_a，D_b——参照林分第 a、b 年的间伐纯收入($n>a$、b 时，D_a、$D_b=0$)；

i——投资收益率；

u——主伐年龄；

C_t——评估后到主伐期间的营林生产成本(主要是森林的管护成本)；

K——林分质量调整系数。

收获现值法是评估中龄林和近熟林资产经常选用的方法。收获现值法的公式较复杂，需要预测和确定的项目多，计算也较为麻烦。但该方法是针对中龄林和近熟林造林年代已久，用重置成本易产生偏差，而离主伐又尚早，不能直接采用市场价倒算法的特点而提出的。该方法的提出解决了中龄林和近熟林资产评估的难点，将重置成本法评估的幼龄林资产与用市场价倒算法评估的成熟林资产的价格连了起来，形成了一个完整、系统的立木价格体系。该法的使用必须注意：

(1)标准林分 u 年主伐时的纯收入预测

主伐时纯收入的预测值是收获现值法的关键数据，其测算通常先按收获表、生长模型或其他方法预测其主伐时的立木蓄积量，然后按木材市场价倒算法计算出主伐时的纯收入(立木价值)，其采用的木材价格、生产定额、工价等技术经济指标均按评估基准日时的标准。

(2)投资收益率的确定

由于收益和成本测算中均按评估基准日时的价格标准测算，因此，其投资收益率必须是扣除通货膨胀因子的该森林经营类型当地平均收益水平的投资收益率。

(3)评估后到主伐期间的营林生产成本

评估后到主伐期间的营林生产成本包括直接成本和间接成本。在一般的生产实践中间伐的成本在间伐纯收入计算时已扣除了，因此这一阶段的营林成本主要是按面积分摊的年森林管护成本(V)，这一成本相对比较稳定。这样可用有限期年金的现值进行测算：

$$\sum_{j=n+1}^{u} \frac{C_t}{(1+i)^{u-n}} = \frac{V[(1+i)^{u-n} - 1]}{i(1+i)^{u-n}} \tag{5-15}$$

为便于计算可将式(5-14)简化为：

$$E_n = K \cdot \frac{A_u + D_a(1+i)^{u-a} + D_b(1+i)^{u-b} + \cdots}{(1+i)^{u-n}} - \frac{V[(1+i)^{u-n} - 1]}{i(1+i)^{u-n}} \quad (5\text{-}16)$$

(4)主伐时间 u 的确定

主伐时间 u 通常取该林分所属森林经营类型的主伐年龄的龄级下限。例如，主伐年龄为 v 级，龄级年限为 5 年时，$u=21$ 年。

(5)间伐时间及间伐纯收入的确定

林分的间伐时间通常按该林分所属经营类型或经营类型措施设计表所规定的间伐时间设定，其间伐的数量按当地该类型 a 年或 b 年生林分间伐的平均水平，根据木材市场价倒算法计算。但必须注意：①同一规格的间伐材的价格要低于主伐材；②间伐的单位生产成本要高于主伐时的单位生产成本。

(6)调整系数 K 的确定

在收获现值法中，调整系数 K 主要是对主间伐的收益值进行调整，依据待评估林分的现实的蓄积量和平均胸径与参照林分在同一年龄时的蓄积量和平均胸径(通常是收获表、生长过程表或生长模型上的值)的差异来综合确定。与前文重置成本法的林分质量调整系数确定类似，其林分质量调整系数 K 通常也可由 K_1 与 K_2 构成，即 $K=K_1 \times K_2$

$$K_1 = \frac{\text{现实林分单位面积平均蓄积量}}{\text{同年度参照林分单位面积平均蓄积量}} \quad (5\text{-}17)$$

$$K_2 = \frac{\text{现实林分平均胸径}}{\text{同年度参照林分平均胸径}} \quad (5\text{-}18)$$

5.3.2.4 林地期望价法

在同龄林林地资产评估中，根据轮伐期经营和收获的特点，收益法主要采用林地期望价法。林地期望价法是以实行永续皆伐为前提，将无穷多个轮伐期的纯收入全部折为现值的累加求和值作为林地价值的方法。其计算公式为：

$$B_u = \frac{A_u + D_a(1+i)^{u-a} + D_b(1+i)^{u-b} + \cdots - \sum_{j=1}^{n} C_j(1+i)^{u-j+1}}{(1+i)^u - 1} - \frac{V}{i} \quad (5\text{-}19)$$

式中 B_u——林地期望价；

A_u——现实林分 u 年主伐时的纯收入(指木材销售收入扣除采运成本、销售费用、管理费用、财务费用、有关税费以及木材经营的合理利润后的部分)；

D_a，D_b——分别为第 a 年、第 b 年间伐的纯收入；

C_j——造林、幼林抚育第 j 年度营林直接投资；

V——平均营林生产间接费用(包括护林防火、病虫害防治及管理费用)；

i——收益率；

u——轮伐期的年数；

n——幼林抚育的年数，一般南方 3~4 年，北方 4~6 年。

(1)主伐纯收入的预测

主伐纯收入是用材林资产收益的主要来源，在式(5-17)中主伐纯收入是指木材销售收入扣除采运成本、销售费用、管理费用、财务费用、有关税费、木材经营的合理利润后的剩余部分，也就是林木资产评估中用木材市场价倒算法测算出的林木的立木价值。在本法应用时关键问题是预测主伐时林分的立木蓄积量。林分主伐时的立木蓄积量一般按当地的平均水平确定。

(2)间伐纯收入

林分的间伐纯收入也是森林资产收入的重要来源。在培育大径材、保留株数较少、经营周期长的森林经营类型中更是如此。间伐材的纯收入计算方式与主伐纯收入相同，但其产量少、规格小、价格低，在进行第一次间伐时常常出现负收入(即成本、税费和投资应有的合理利润部分超过了木材销售收入)；间伐的时间、次数和间伐强度一般按森林经营类型表的设计确定，间伐时的林分蓄积量按当地同一年龄林分的平均水平确定。

(3)营林成本测算

营林生产成本包括清杂整地、苗木购置、挖穴造林、幼林抚育、施肥等直接生产成本和护林防火、病虫防治等按面积分摊的间接成本(注意在本公式的使用时不需要考虑地租成本)及管理费用分摊。直接生产成本根据森林经营类型设计表设计的措施和技术标准，按照基准日的工价、物价水平确定它们的重置值；按面积分摊的间接成本必须根据近年来营林生产中实际发生的分摊数，并按物价变动指数进行调整确定。

(4)收益率确定

收益率对林地期望价测算的结果影响很大，收益率越高林地的地价越低。在本公式的测算中，由于采用的是更新重置成本，其收益率中不应包含通货膨胀率，即采用不含通货膨胀的收益率。

5.3.3　收益法适用范围与局限

(1)收益法的适用范围

在森林资源资产评估中，收益法通常被用于以下类型资产的评估：①类似于无形资产的林地使用权评估；②具有收益性的商品林资源资产，包括竹林、用材林、经济林等。

(2)收益法的局限

收益法是从资产的获利能力角度来确定资产的价值，较适宜于那些形成资产的成本费用与其获利能力不对称，成本费用无法或难以准确计算，存在无形资源性资产以及具有收益能力的资产，例如中龄(近熟)林林木资源资产评估，中龄(近熟)林在近期内不能进行采伐，因而不能采用木材市场价倒算法，中龄林距造林的年代较长，一般都达一二十年，在这样长的时间用重置成本法测算，长时间的复利计算易产生偏差，亦不理想，但中龄(近熟)林的林分一般已达稳定，用其进行预测未来采伐收益一般较为可靠，因而，中龄林资源资产评估中经常采用收益法。收益法从本质上体现了企业作为经营主体的存在目的，较为真实和准确地体现了企业的资本化价值，能够为所有者或者潜在投资者提供较为合理的预期，有助于投资决策的正确性，因而，容易被买卖双方接受。

但是收益法也具有一定的局限性。首先，收益法的应用需具备一定的前提条件，对于没有收益或收益无法用货币计量以及风险报酬率无法计算的资产，该方法将无法适用。其次，收益法的收益通常是基于一定的假设条件下进行预测，其操作含有较大成分的主观性，例如对未来收益的预测，对风险报酬率的确定等，从而使评估结果较难把握。同样，在市场机制不健全的市场上，对未来收益的预测由于不确定因素会较多，收益法的运用也会比较困难。

5.4 森林资源资产评估方法的选择与运用技术思路

5.4.1 评估方法的选择

评估专业人员开展评估业务时，应当根据评估对象、价值类型、评估资料收集情况等相关条件，分析市场法、收益法和成本法等评估方法的适用性，恰当选择评估方法，根据《资产评估法》第二十六条："评估专业人员应当恰当选择评估方法，除依据评估执业准则只能选择一种评估方法的外，应当选择两种以上评估方法，经综合分析，形成评估结论，编制评估报告。"为了保证评估结论的准确性，通过两种以上方法的相互验证，从而更好地保证形成更加科学、合理、准确的评估结论，同时考虑到评估对象的情况可能比较复杂，有些情况下，根据评估准则只能采用一种评估方法，例如根据评估准则的规定，在企业破产清算中，只能采用清算价格唯一一种方法，它是企业清算资产可变现的价值，评定重估确定资产价值的方法。评估专业人员应当根据所采用的评估方法，选取相应的公式各参数进行分析、计算和判断、形成初步评估结论，对形成的初步评估结论进行综合分析，形成最终评估结论。评估专业人员对同一评估对象需要同时采用多种评估方法的，应当对采用各种方法形成的初步评估结论进行分析比较，确定最终评估结论。因此为更好地选择评估方法，评估专业人员应当了解资产评估方法间的联系与区别，进而恰当地选择资产评估方法。

5.4.1.1 资产评估方法之间的联系

评估途径和方法是实现评估目的的手段。对于特定经济行为，在相同的市场条件下，对处在相同状态下的同一资产进行评估，其评估值应该是客观的，这个客观的评估值不会因评估人员所选用的评估途径和方法的不同而出现截然不同的结果，这是由于评估基本目的决定了评估途径和方法间的内在联系，而这种内在联系为评估人员运用多种评估途径和方法评估同一条件下的同一资产，并为相互验证提供了理论根据。运用不同的评估途径和方法评估同一资产，必须保证评估目的、评估前提、被评估对象状态的一致，以及运用不同评估途径和方法所选择的经济技术参数合理。

由于资产评估工作基本目标的一致性，在同一资产的评估中可以采用多种途径和方法，如果使用这些途径和方法的前提条件同时具备，而且评估专业人员也具备相应的专业判断能力，多种途径和方法得出的结果应该趋同。如果采用多种评估途径和方法得出的结果出现较大差异，可能的原因有：①某些评估途径或方法的应用前提不具备；②分析过程有缺陷；③结构分析有问题；④某些支撑评估结果的信息依据出现失真；⑤评估专业人员的职业判断有误等。因此，评估专业人员应当为不同评估途径和方法建立逻辑分析框图，通过对比分析，有利于问题的发现。评估专业人员在发现问题的基础上，除了对评估途径或方法做出取舍外，还应该分析问题产生的原因，并据此研究解决问题的对策，以便最后确定评估价值。

5.4.1.2　资产评估方法之间的区别

各种评估途径和方法都是从不同的角度去表现资产的价值。不论是通过与市场参照物比较获得评估对象的价值，还是根据评估对象预期收益折现获得其评估价值，或是按照资产的再取得途径寻求评估对象的价值，都是对评估对象在一定条件下的价值的描述，它们之间是有内在联系并可相互替代的。但是，每一种评估方法都有其自成一体的运用过程，都要求具备相应的信息基础，评估结论也都是从某一角度反映资产的价值。因此，各种评估途径和方法又是有区别的。

由于评估的特定目的的不同，评估时市场条件上的差别，以及评估时对评估对象使用状态设定的差异，需要评估的资产价值类型也是有区别的。评估途径或方法由于自身的特点在评估不同类型的资产价值时，就有了效率上和直接程度上的差别，评估人员应具备选择最直接且最有效率的评估方法完成评估任务的能力。

5.4.1.3　资产评估方法的选择

评估方法选择，实际上包含了不同层面的资产评估方法的选择过程，即3个层面的选择：①评估的技术思路的层面，即分析3种评估方法所依据的评估技术的思路的适用性；②在各种评估思路已经确定的基础上，选择实现评估技术的具体技术方法；③在确定技术方法的前提下，对运用各种技术评估方法所设计的技术参数的选择。

资产评估途径和方法的多样性，为评估人员选择适当的评估途径和方法，有效地完成评估任务提供了现实可能。为高效、简捷、相对合理地估测资产的价值，在评估途径和方法的选择过程中应注意以下因素：①评估方法的选择要与评估目的，评估时的市场条件，被评估对象在评估过程中所处的状态，以及由此所决定的资产评估价值类型相适应；②评估方法的选择受评估对象和类型、理化状态等因素制约；③评估方法的选择受各种评估方法运用所需的数据资料及主要经济参数能否收集的制约。

每种评估途径和方法的运用都需要有充分的数据资料作依据。在一个相对较短的时间内，收集某种评估途径和方法所需的数据资料可能会很困难，在这种情况下，评估人员应考虑采用替代的评估途径和方法进行评估。

总之，在评估方法的选择过程中，评估专业人员既要关注到评估方法间的可替代性，又要关注到各种评估方法的适用前提，在评估过程中应因地制宜和因事制宜恰当选择评估方法，而不是机械地按某种模式或某种顺序进行选择。应当注意的是，不论选择哪种评估途径和方法进行评估，都应保证评估目的、评估时所依据的各种假设和条件、评估所使用的各种参数数据及其评估结果在性质和逻辑上的一致。尤其是在运用多种评估途径和方法评估同一评估对象时，更要保证每种评估途径和方法运用中所依据的各种假设、前提条件、数据参数的可比性，以便能够确保运用不同评估途径方法所得到的评估结果的可比性和相互可验证性。

5.4.2　森林资源资产评估方法运用技术思路

森林资源资产评估专业人员执行某项特定的森林资源资产评估业务时，3种评估方法都应该考虑。但不是同一资产任何时候对3种方法都适用于同一森林资源资产。例如，成熟林林木价值评估一般就不采用成本法和收益法，因为使用成本法评估成熟龄林由于成本收集困难，并且用复利计算的计息时间过长而可能产生较大的偏差；成熟林林木可以马上采伐，可获得即时收益而无须去预估其未来收益，自然也就不再考虑使用收益法予以评估，因此通常选用市场法是最为恰当的；而对于新造的幼龄林，一般不采用收益法，因为幼龄林生长尚不稳定，其未来主伐时的收益难以预测或者说可能产生较大的偏差；对于市场交易不够活跃的森林资源资源资产，一般不宜采用市场法。因此，森林资源资产评估专业人员应考虑3种基本评估方法的适用性，然后恰当地选择适用一种或几种评估方法。

5.4.2.1 市场法运用技术思路

(1)应当明确活跃的公开市场

运用市场法评估森林资源资产时，应当明确活跃的公开市场是运用市场法评估森林资源资产的前提条件，评估人员应当考虑市场是否能够提供足够数量的可比参照物的销售数据，以及获取数据的可能性及可靠性。在当前的条件下，森林资源资产市场不太活跃，尤其是中幼林林木资产和整体森林资源资产(将森林资源资产作为一个具有独立经营获利能力的经济实体的全部资产)的市场交易，而且近年来林业的政策变化较大，前期的交易数据的可靠性下降，评估时必须谨慎对待。

(2)森林资源所在地域的差异性对森林资源资产交易价格的影响

运用市场法评估森林资源资产时，必须考虑森林资源所在地域的差异性对森林资源资产交易价格的影响。森林资源的地域差异性较大，不同地域的森林资源由于土壤、气候和经营管理水平等影响，其树种、品种、品质、生长发育过程都不相同，加上地域交通条件、社会经济条件的不同，对森林资源资产交易价格的影响极大。在市场价法评估中参照案例应尽可能是本地域的，如有外地域的必须充分考虑其地域差异的影响。

(3)不同林分质量、地利等级、交易情况等因素对森林资源资产价值的影响

运用市场法评估森林资源资产时应考虑不同林分质量、地利等级、交易情况等因素对森林资源资产价值的影响，森林资源资产的林分质量在用材林的幼龄林中主要是受林分的树种组成、单位面积株数、平均树高影响。在用材林的中龄林，近、成熟林中主要是受林分的树种组成、单位面积蓄积量、平均胸径等影响。在采用市场价法评估中，必须分析这些林分质量因素对森林资源资产价值的影响。地利等级是林地经济质量的主要指标，通常以林地的集材和运材条件作为主要依据来划分。集材是指采伐倒的木材从山场运到公路边的生产环节，运材是指木材从公路边运到木材货场或木材加工厂的生产环节。在木材生产中各小班的单位立方米木材集运材成本相差极大，它们对林地和林木资产价值的影响很大，在评估中必须分析集材和运材条件对森林资源资产价值的影响。

5.4.2.2 成本法运用技术思路

(1)明确森林资源资产的重置成本

运用成本法评估森林资源资产时，应当明确森林资源资产的重置成本包括营造各类森林资源资产发生的必要的、合理的直接成本、间接成本和因资金占用所发生的资金成本、合理利润等。评估人员应当合理确定重置成本的构成要素，由于森林资源的特殊性使其培育过程比其他资产更为复杂，首先是森林培育过程的非标准化，虽然多数森林培育都经历林地准备、整地植苗、幼林抚育、护林防火、病虫害管理等程序过程，但这一过程程序呈现多样性的特点，例如，不同树种对于林地立地条件的要求不同，造林过程可能存在密度

不一、施肥与否、幼林抚育措施(如全面锄草与劈草)的不同、抚育间伐的时间与强度视林分具体生长情况而定，可能产生不一致现象，从而导致各类森林实际营造成本的差异。因此，在采用成本法时要针对评估对象经营目的和所在区域的社会平均生产成本来确定各个环节的经营措施、生产定额、工资标准、物质消耗、物价等，最后确定相应的营造成本。当无法确定当地平均效率的生产成本而采用某一单位或某类单位的生产成本时，要同时收集与该标准相对应的林分质量标准。

(2)考虑资金的时间价值

由于森林资源资产不同于一般性资产，经营周期长，少则数年，多则数十年至上百年，因此，在森林培育过程中将不得不考虑因森林培育的长周期而带来的营造林资金成本的时间价值，所以在评估中必须考虑资金的时间价值，在市场经济的条件下，复利是资金长期贷款或投资计息最合理、最简便的方法。在森林资源资产评估的重置成本法中经营的长期性对评估价值的影响极大，必须计息，且应用复利公式计算是最合理与简便的。

(3)强调森林资源质量对价值的影响

由于幼林抚育成林与一般的工厂的生产产成品不同，其成林标准通常是以其成活率或保存率为基准，而以其平均的生长量指标(如树高、胸径)是否达到当地的平均水平或营造林技术规程要求为产成品标准。因此，在使用成本法评估时通常要求以现时的工价和生产水平重新营造成一块与被评估资产相类似的森林(含未成林造林地幼树)所需要的成本费用作为被评估资产的重置成本，所采用的重置成本使用的是当地的社会平均生产成本，就要求达到当地平均水平的林分质量，以幼林抚育成林的当地生产水平要求(林分的平均高、株数成活率或保存率)作为参照确定重置成本的调整系数，进而确定被评估资产的评估值。

(4)注意可能由于森林资源培育技术、林地利用方式等造成的贬值因素

随着科学技术的进步，森林资源培育技术、林地利用方式等也在发展变化，这些技术的进步将使若干年前营造成林的森林资源资产发生功能性贬值。例如，目前在森林资源培育中由于采用了良种技术，仅增加少量的费用购买良种，其他措施费用不变，但杉木的生长速度大幅提高，培育平均胸径 16 cm 的中径材的时间从 26 年降至 21 年，成本下降了 20%，这就造成前期森林资源培育的功能性贬值。因此，在重置成本法中一般采用更新重置成本法来规避功能性贬值。

5.4.2.3　收益法运用技术思路

(1)分析森林资源结构、功能、质量、自然生长力等对收益的影响

森林资源结构按林种分为防护林、特殊用途林、用材林、经济林和能源林 5 类；不同的林种其功能不同，收益的状况、方式都不一样，必须分别对待。

(2)了解森林资源管理相关法律、法规、政策对收益的影响

相关法律、法规、政策对收益的影响主要体现在对森林采伐量、采伐方式、采伐强度、造林更新方式、利用方式等方面的限制和对造林更新、抚育、林分改造、护林防火、病虫害防治等方面的扶持，尤其是对生态公益林经营的扶持。对森林采伐量、采伐方式、采伐强度、造林更新方式、利用方式等方面的限制都将降低收益或加大成本，造成纯收入的下降，使资产的估值下降；而对造林更新、抚育、林分改造、护林防火、病虫害防治等方面的扶持将降低森林的经营成本，提高森林经营的纯收入，提高森林资源资产的估值。

(3)分析森林资源的预测收获量与现实生产中实际收获量的关系

森林资源收获量的预测是否准确是运用收益法的关键。森林资源收获量的预测通常是建立在现实森林经营的基础上，但由于森林的经营期较长，现在的经营水平、技术条件、经营环境等与前期相比均可能发生较大的变化，这些变化将对收获量产生较大的影响。当预测的收获量与现实明显不符时，应当分析产生差异的原因，并根据情况进行调整。

(4)根据森林资源资产经营过程中的风险因素及货币时间价值等因素合理估算折现率

森林的经营周期较长，货币时间价值在评估中极为重要，资产折现率的高低严重影响评估结论。同时由于森林资源资产评估中采用的是更新重置成本，其折现率应当区别于其他资产折现率，是不含通货膨胀率的折现率。具体的必须根据森林资源资产经营类型、周期、水平及收益情况谨慎确定。

小　结

森林资源资产评估作为生物性资产评估的重要组成部分，其评估方法从原理上与一般资产评估方法并无不同，常用的基本方法也包含了市场法、成本法与收益法三大基本方法，但由于森林资源资产又不同于一般性资产，故在其实际应用又衍生出其自有的计算方法。其中市场法主要有市场价倒算法、现行市价法，成本法则主要有重置成本法及适用于林地评估的林地费用价法，而收益法则包括了收益净现值法、年金资本化法、收获现值法和林地期望价法。不同的方法具有一定的适用性和局限性，因此，在森林资源资产评估中，既要关注各评估方法间的联系，又要了解各方法间的区别，根据森林资源资产的特点，分析其适用条件与可行的运用技术思路，重点关注森林资源资产评估方法应用的关键问题，从而选择恰当的评估方法进行评定估算，以得到相对客观合理的评估结果。

思考题

1. 资产评估的基本方法有哪几类?
2. 市场价倒算法测算中应注意哪些方面?
3. 使用现行市价法时应注意哪些关键问题?
4. 使用重置成本法时应注意哪些问题?
5. 用材林重置成本法与一般资产的重置成本法有哪三大区别?
6. 年金资本化法使用时应具备什么前提条件?
7. 收获现值法的概念及使用时应注意的问题?
8. 简述林地期望价法概念及计算公式。
9. 如何理解资产评估方法间的区别与联系?
10. 如何选择合适的森林资源资产评估方法?

第6章　用材林林木资源资产评估

【本章提要】

本章主要针对用材林林木资源资产评估进行论述，而经济林及竹林林木资源资产则将在后续章节中予以论述，在了解用材林中的同龄林和异龄林主要特点基础上，对用材林林木资源资产评估价值的主要因素进行分析，并分别就两大类林木资源资产评估实务操作过程的评估方法应用与测算进行论述。通过本章学习，掌握用材林林木资源资产评估的常用方法、评估参数的选定与价值估算等实务操作技巧。

林木资源资产是森林资源资产的最基本组成部分，在商品林经营中，林木也是其主要产品及经济价值构成主体，因此林木资源资产是目前森林资源资产流转的主体，是森林资源资产产权交易最活跃的部分。根据商品林经营特点，常见的林木资源资产又可分为用材林林木资源资产、经济林林木资源资产及竹林林木资源资产等。

6.1　林木资源资产评估概述

林木是森林资源的重要的组成部分，是其生物资源的主体，因此，林木资源资产评估成为森林资源资产评估最主要的内容。林木资源资产也称为立木资源资产。一般来讲它是指站立在林地上尚未被伐倒的树木，即活立木和枯立木的总称。但在实际的评估中通常也将风倒木或新近砍倒尚未加工成原木或其他林产品的林木包括在内。在森林的经营中立木交易是森林资源资产交易最频繁的交易。随着集体林权制度改革与社会分工的不断发展，经营者通常不再自己采伐木材，而将立木直接进行招标或拍卖转让给采伐承包商或者是经销者，由其自行组织生产后再流向市场，在南方林区俗称“青山买卖”，为避免由于信息不对称而使“青山买卖”给林木所有者尤其是小林农户带来损失，也避免集体林区中乡村集体森林资源资产的流失，自集体林权制度改革以来，在南方集体林区县中要求进行林权流转必须进行评估或备案现象已相当普遍，林木资产评估已成为最为常见的森林资源资产评估，尤其是用材林资产评估已成为最为常见的森林资源资产评估行为。用材林由于年龄结构、起源与经营方式的不同，在森林资源经营管理中常将其分为同龄林与异龄林经营。由于同龄林与异龄林无论是其林分结构特征还是经营方式都有较大差异，因此在评估时评估方法与评估参数的选定各有其特点。

6.1.1 同龄林与异龄林结构特点与经营

同龄林是指林分中林木的年龄相对一致的森林。同龄林的结构相对比较简单，生长比较单一，经营技术较为简单，经营措施易于实施。而异龄林是指林分中林木年龄相差一个龄级以上的森林。相比于同龄林而言，异龄林的林分结构复杂，多为多树种混交的复层异龄林。异龄林的经营技术复杂，木材生产的成本较高，但林分抗逆性较强，生长稳定，生态效益极佳。同龄林和异龄林在森林结构存在差异，其特点见表6-1所列。

表6-1 同龄林和异龄林结构特点

序号	同龄林	异龄林
1	有明显的起点和终点	无明显的起点和终点
2	一个林分内的株数按径级的分布，典型情况下，呈正态分布	典型情况下，林分林木株数按径级分布呈反J字曲线分布
3	常形成单层林(皆伐)	常形成复层林(择伐)
4	采伐迹地常通过人工造林更新	通常天然更新，也可以人工促进天然更新
5	林分按面积分配的意义大，要多个林分才能实现永续利用	一个林分也可以实现永续利用，现实中常多个林分在一起安排生产作业
6	不利于水土保持等特点	有利于水土保持等特点
7	可引进外来树种，特别是速生丰产林	一般不能利用引进外来树种

在商品林经营中，同龄林大多数以人工林为主，多表现为单层林且树种相对单一，而异龄林则绝大多数以天然林为主，以复层林和多树种混交最为常见。因此，同龄林与异龄林的生长过程、经营方式、经营措施和收获方式等都有所不同，见表6-2所列。

表6-2 人工同龄林与天然异龄林经营比较

序号	项目内容	异龄林	同龄林
1	经营措施设计单位	经营小班或经营类型	经营类型(作业级)
2	计算采伐量的方法	按小班连年生长量	按龄级平均生长量
3	采伐方式	集约择伐	伐区式皆伐
4	木材产品种类	以大径材为主	大、中径材
5	经营措施成本	两者相等	两者相等
6	每立方米立木成本	较低	较高
7	每立方米采伐成本	稍高	稍低
8	每立方米调查成本	稍高	稍低
9	管理费	相同	相同
10	土地利用程度	完全	不完全
11	森林多种效益	较高	较低
12	环境成本	较低	较高

6.1.2　林木资源资产的特点

与一般性资产(如机器、厂房等)相比，林木资源资产作为生物性资源资产具有其特殊性。

(1)生产周期的长期性

林木资源资产作为生物性资源资产，相比于一般性资产，生长周期长是其基本特点之一，林木从培育到采伐收获，少则几年，多则数十年至上百年。其生长与收获的长周期性给林木产品供求关系的调整带来困难，当林木市场价格较高可产生较高收益时，由于林木成熟期长以及森林采伐利用制度的限制使林木产品的供应缺乏弹性，无法大幅度调节供给以满足有效需求，同时由于经营周期的长期性，也大大增加了经营者的投资资金时间占用成本。由于难以短期内获得相应投资回报，资金占用成本(利息)将对林木资源资产经营造成巨大影响。

(2)经营的永续性

林木资源资产作为生物性资源资产，可再生性也是其基本特征之一。林木在采伐后通常可以通过人工造林或者天然更新得以恢复，例如，桉树、杨树、杉木等，在采伐收获后，通过适当的森林经营抚育措施，即使不进行全面的更新造林，其林木也将在林地上重新恢复成林，尤其是异龄林(如南方天然阔叶林)，往往通过自然更新，只要经营得法，无须人为干预或仅需少量的人为干预下即可实现持续经营，这种经营的永续性也是林木资源资产评估必须考虑的重要因素。

(3)效益的多样性

森林不仅具有提供木材和非木质林产品而产生的经济效益，同时还能发挥如释放氧气、防风固沙、保持水土等，改善人类的生存环境等生态服务功能。因此，在林木资源资产评估中，除了对木材、非木质林产品的经济效益进行评估外，有时还需要考虑到生态服务功能价值的评估。另外，也由于森林的这种多效益性有时会对其经营予以限制，例如，部分省份规定重点生态区位的用材林皆伐面积不得超过5hm^2，这就直接影响了对其评估时的方法与参数的选择。

(4)结构的复杂性

不同于一般的标准化工业生产，林木资源分布于野外自然生长，因此林木资源资产结构异常复杂，常见如树种、年龄、起源、株数、径级、树高、蓄积量等基本林分结构都不相同，进而使林木收获生产的林产品也表现出非标准化的特点，例如，在南方的一片天然林林木资源资产中，可能存在着几十个生长特性与价值各异的树种，这种结构的复杂性不仅对评估方法的选择造成困扰，也使其在具体测算过程，对于方法所涉及的参数的收集与测算均带来了很大的困难，这也是为什么森林资源资产评估被视为比一般性资产评估难度大的重要原因之一。

(5)地域的差异性

我国森林资源分布地域辽阔，这种地理分布带来的是自然条件的差异，这种自然条件的差异直接影响到林木的生长，即使同一县市，也可能因为地域差异而带来立地条件与地利条件的差异，从而使同一树种、同一年龄甚至是采取相同经营措施的林地上的林木生长也会产生差异，如果跨越行政区域，这种差异将直接延伸到市场条件的差异等，其差异就更明显了，这种地域的差异性也是造成在森林资源资产评估中选择与应用市场法较为困难的重要原因。

(6)成熟的多样性

由于人们对于森林经营目的与利用方式的不同，使林木在经营周期内达到最符合经营目的的时间也不同，即森林成熟的不同，而森林成熟是判断林木采伐收获的重要依据，不同树种、不同经营目的、不同的经营管理水平等均造成了林木采伐利用周期的不同，这种由于成熟的多样性而产生了经营周期的不统一性也给林木资源资产评估带来了一定的困难。

6.1.3 影响林木资源资产评估价值的主要因素

林木资源资产具有结构复杂性、产品非标准性、地域差异性等特殊性使得在现实森林经营中找不到完全相等的林分，因此在研究林木资源资产的评估方法与实践前，必须考虑其特殊性产生的影响评估价值的一些基本因素。

(1)评估目的

评估目的决定了评估的价值类型，不同价值类型的评估思路、评估依据、作价标准均不相同，其评估的结果完全不同。林木资产评估的目的可以是林木资产的拍卖、转让、联营或股份经营，也可以是以林木资产作为抵押、担保或者是企业清算。对购买者来说，购买的林木资产也有多种计划，可以是立即采伐，出售原木，收回资金，也可以继续经营，待林木生长得更大时再行采伐利用。不同的评估目的，其评估的价值类型不同，选用的评估方法、精度要求和评估结果是不相同的。

例如，出售、转让成熟龄的林木资源资产中，由于成过熟林即时可进行采伐利用并得以市场变现，这类评估的精度要求高，通常以市场价值类型为主，则适宜选用市场价倒算法予以评估。而对于应用林木资源资产进行抵押、担保一类评估时，抵押资产的接受者(如银行)主要考虑该林木资产的价值是否能对抵所放贷出去的资金，在快速变现时能否将其收回，要求较高的保险系数，因此这类评估类似于清算价格类型，理论上评估值较正常评估值偏低；对于大型林业企业的出让与转让林木资源资产时，往往涉及的是股权的转让，此时投资者考虑的是其投资价值，其评估的价值类型则可能是投资价值类型，评估时主要考虑企业资产的实际收益，其评估的结果往往比用加和法进行整体森林资源资产评估的价值低。

(2)销售条件

对于成熟的林木资源资产而言，一旦签订了木材采伐销售合同，即将进行采伐生产活动。而采伐生产实际上是一种破坏性作业活动，不可避免将对土地、植被及周围的环境产生负面影响。为减轻这种负面影响，国家与林业主管部门均对采伐作业进行了相应的限制与约束，通常表现为对采伐地点、采伐林木、采伐时间、采伐方式、集运材方式及伐区清理方式等进行限制或提出相关要求，以保护林地、林木，防止侵蚀，便于森林的更新，使遭受的损失降到最低限度。

例如，在异龄林的采伐中，伐倒的成熟的大径林木要压坏许多附近的中、小径木，集材的过程也对周围的植被有很大的破坏，甚至可能造成地表的侵蚀。因而，在林木采伐收获时，通常要求采用择伐方式，并对采伐木与保留木做出了限制要求，这将增加采伐成本；而在常见的同龄林皆伐作业中，为避免水土流失与保护环境需要，将对迹地清理、缓冲区设置等提出了生产作业要求，而对于迹地更新则要求采用不炼山造林、耙带造林等造林方式，都将在一定程度上增加了生产作业成本，进而影响林木资源资产价值。

(3)产品售价估计

立木价(这里特指成熟林林木价格)是根据林木采伐加工后制成的产品价值与生产产品的过程成本、一定的利润及相应税费的差额后倒算出来的。因此，市场上木材产品的售价是估算立木价的起点。而木材产品售价是随着各材种的口径和长度不同而不同，对于一片林分而言，其采伐加工生产出的木材产品类型是多种多样的，各种口径与长度的木材都可能存在，即同一林分生产出的将是一堆非标准化的产品，这就存在着如何测算立木转化为木材的出材率问题。在实际生产中用出材率表测算林分出产木材产品数量是可行的，但要测算各个口径的木材的数量则很困难。因此，必须根据历史资料确定该地区不同材种的平均规格，进而确定其综合价格，并以综合的价格作为评定估算的基础。

(4)林木出材率确定

林木出材率是估算立木价格的一个重要的技术经济指标。出材率主要由林木的直径、树高、干形和缺陷所决定。在我国，立木出材率表的编制和应用一直未能规范化、系统化和标准化。出材率的误差是一直严重影响我国伐区作业设计中出材量精度的因素。通常由数表直接查出的出材率要比实际的偏高，因为编表的材料一般较为规范，病、腐、结疤、分叉等缺陷较少，而实际生产时，病、腐、结疤、分叉这类木材的缺陷严重影响了木材的出材率。例如，根兜附近长1 m的心腐，就使原木少了最粗最好的1 m长的一段，原木的出材率要下降10%左右。因此，在确定出材率时，通常先按林分的平均胸径和树高以出材率表查出相应的林分出材率，然后再根据林分生长的状况、病腐情况等，确定一定比例的折扣。

由于木材不是标准化的产品，它有原木、非规格材[由于南北方林业生产及不同树材种差异，不同地区对于材种的区分略有不同，为方便阅读，本书统一以2 cm为径阶，将14 cm(含14 cm)以上规格材统称为原木，而将12 cm(含12 cm)以下小径材与短小径统称为非规格材]之分，在原木和非规格材中还有大小、长短之分，各种规格的木材价格不同。因此，在测算出材率时，还必须分别种类及大小确定其出材率。实际上，要准确地确定各径级各长度的出材率来计算其出材量是不可能的，但必须把它们按价格的水平分为几类，最简单的是把其分为原木和非规格材两大类，或更细一点在原木中分大、中、小3类。计算出各类的出材量，再根据过去采伐类似林分的资料，计算各类材种的平均比例，作为确定平均综合价格费用的基础。

(5)木材生产成本确定

生产成本的确定是立木价值确定过程中的一项重要的工作。生产成本是指与木材生产直接相关及木材生产中必不可少的一切成本都应进行估算，主要包括伐区设计成本、采伐作业成本、集材成本、运输成本、检尺、立木销售成本、财务费用、管理费及木材生产中的不可预见费等费用，精确计算生产成本是困难的。在现实森林中，不同地块的林分，林木的大小、林分的质量、采运的难易程度、地利等级等因素都可能导致生产成本存在很大差异。另外，木材生产者所用的机械设备的不同，人员素质、管理水平的高低也会使生产时的成本发生很大的差异。在测算木材加工成本时也会遇到类似的问题。成本的测定是以特定的生产者为标准，还是以最高效率的生产者为标准或者是以平均效率的生产者为标准，测算出的结果是不相同的。在林木资源资产评估中，一般应以当地平均效率的生产者为标准进行评估。这样有利于生产者通过更新设备、提高人员素质和管理水平来提高效率得到合理的回报。在林木资源资产评估中，评估人员应进行较为详细的咨询调查，通常可利用当地林业生产的定额指标(各生产工序的平均生产用工量)，结合评估日的基本工价，再根据山场的具体条件进行修正、测算。

(6)营林生产成本估算

在采用收益现值法和成本法进行林木资产评估时，需要对营林生产成本进行测算。营林生产成本包括清杂整地、挖穴造林、幼林抚育、除草劈杂、施肥、地租等直接营林生产成本以及护林防火、病虫害防治、管理费用等按面积分摊的间接成本。营林成本的估算必须根据营林等生产的原有经营水平和技术标准，按资产评估基准日的物价和工资标准进行估算。

在林木资源资产评估中通常是按照当地平均生产水平计算平均营林生产成本，然后再根据各林分的林木生长状态进行调整。

(7)投资收益率确定

在采用成本法和收益法进行林木资源资产评估时，森林经营投资收益率将对林木资源资产的评估值产生极大的影响。森林经营投资收益率是投资的货币资金的经济利率加上投资的风险率及通货膨胀率。在林木资源资产评估中，通常多采用更新重置成本，由于其投资与收益是同一时点的价格，两者间不存在通货膨胀。因此，在林木资源资产评估中的投资收益率仅含经济利率、风险率和经营者的期望值，在正常情况下它要低于一般的投资收益率。投资者的利润实际上是与风险值联系在一起的，高风险意味着高收益，高风险而低收益的行业是无人愿意投资的。在不同的森林经营类型中投资者对经营的预期回报是不同的，通常用材林中的短伐期工业原料林(如桉树、杨树)、经济林中的名优新品种，经营的风险相对较高，投资者也希望有较高的回报，其投资收益率则要定得高一些。

(8)树种的价值差异

在许多情况下，待销售的立木是由若干不同树种组成的，不同的树种价值相差极大。在一般的市场条件下，杉木价格较马尾松价格高，而马尾松价格又较一般阔叶树价格高，而一些珍贵树种如楠木、红豆杉等价格则又较杉木价格高。一般的阔叶树与珍贵树种价值可相差若干倍。如何处理多树种价值差异是经常出现的问题。不同的树种加工成不同的产品，有些作为纸浆材，有些作为锯材原木，当这些产品分别加工处理时，其采伐成本可以分开。但实际上并非如此，它们的采伐运输是同时进行的，采运成本是归在一起的，尽管树种间价值存在很大差异。按树种分别计算成本是困难的，但售价却很容易分开。

(9)资源调查精度问题

林木资源资产由于其固有的性质，其各种指标均不易测定，尤其在山区，山高路陡，交通困难，采用高精度的调查方法是不可能的(成本无法承受)。森林资源的二类调查总体精度为90%，小班精度仅为80%~85%，调查精度最高的三类调查，小班精度也仅能达

90%。三类调查的调查成本是二类调查的数十倍。森林资源调查的质量将对评估的结果产生巨大的影响。因此，在评估中只能在成本可以接受的条件下追求合理的精度。

(10)时间影响

对林木进行估价时，林木还没有被采伐，因此，立木价格的评定基本是一种预测。如果条件不变，且出售到采伐的时间较短或商业条件稳定，现实的成本和价格都是较为适合，其测算的结果较为合理。但如果是长期的销售，所买的立木要在数年后采伐，而且预测价格要有一个较大的变化。这种情况下，一个有价值的正确预测对买卖双方都非常重要。

评估机构收集销售的价格和成本数据用于评估。平均售价经常以物价指数的形式来表示，并通常以一个公历年为单位编制。评估对象必须把其价格和成本调整到评估的基准日水平，以作为该期评估的依据。如果长期销售合同要维持数年，就有必要为立木价的重新测定做好准备。基本评估实际上是根据平均的现时成本和销售价进行的，估计的价格在现时是真实的，但随着时间的推移，它可能产生偏差，所以必须根据市场行情的变化，对基本估价进行调整，以获取更为合理与理性的价值判断。

6.2　用材林林木资源资产评估实务

用材林是森林资源中以生产木材为主的重要组成部分，也是森林资源中面积最大，蓄积量最多的部分。如前文所述，用材林通常可分为同龄林和异龄林两大类，由于其结构与经营特点的不同，使这两大类用材林林木资源资产的评估方法有所不同，本节将分别就同龄林林木资源资产评估与异龄林林木资源资产评估进行论述。

6.2.1　同龄林林木资源资产评估

6.2.1.1　成、过熟林林木资源资产评估

成、过熟林林木是可立即采伐或在近期内可采伐的林木，一般采用市场价倒算法或现行市价法。在林木资源资产交易市场发育不充分、买卖交易不活跃及资金交易价格透明度低的地区，市场价倒算法是成、过熟林林木资源资产评估的首选方法。

【例6-1】　某个体拟转让5 hm^2杉木林分，该林分经营类型为一般杉木中径材类型(主伐年龄为26~30年)，年龄为28年，林分平均胸径为16 cm，平均树高为15 m，蓄积量为150 m^3/hm^2，请评估该小班价值。(结果取舍至百位)

据调查相关技术经济指标为：

(1)木材价格

①木材销价：以该县林产品交易市场、林场的木材销价及造纸材收购价为基础，结合待评估林木资源资产成、过熟林的平均胸径综合确定木材的平均销价(表6-3)。

表6-3　杉木木材价格表

材　种	短小材	小径材/cm					原木/cm				
		4	6	8	10	12	14	16	18	20	22
单价/(元/m^3)	750	900	950	1 000	1 040	1 080	1 150	1 200	1 240	1 280	1 300

已知该地杉木中径材成熟林林分平均胸径为16 cm，其平均树高为15 m，根据当地林业调查规划队的采伐设计与生产积累成果资料分析表明当地类似林分的原木出材率为25%，非规格材出材率为45%，其中原木出材中14 cm原木占60%，16 cm原木占25%，18 cm原木占10%，20 cm以上占5%，则其原木平均销价应为：

$1\,150 \times 0.6 + 1\,200 \times 0.25 + 1\,240 \times 0.1 + 1\,280 \times 0.05 = 1\,178 \approx 1\,180$(元)

非规格材是指短小材和小径材的综合平均价，其价格相对较稳定，由于短小材和4 cm的材积比例很小，其价格平均在8~10 cm，可定为1 020元/m^3。

由此确定本次评估所采用的木材价格为：杉木原木1 180元/m^3，杉木非规格材1 020元/m^3。

②税费起征价：根据当地《关于调整木材生产经营税费计征指导价的通知》林政〔2018〕8号文，调整后林业税费起征价标准：杉原木1 000元/m^3，杉木非规格材(含短小材)800元/m^3。

(2)木材经营成本

①伐区设计费：按单位蓄积量费用，7元/m^3。

②检尺费：8元/m^3。

③直接采伐成本主伐：杉木150元/m^3。

④短途集材成本：50元/m^3。

⑤销售费用：销售价的1%。

⑥管理费：销售价的3%。

⑦不可预见费：销售价的2%。

(3)税费

①森林植物检疫费：按税费起征价的0.2%征收。

②增值税：按不含税木材销价的6%征收。

③城建税：按增值税额的5%征收。

④教育附加税：按增值税额的3%征收。

⑤所得税：按税费起征价的2%征收。

(4)出材率

根据待评估山场成熟林林木的平均胸径以及当地生产的实际情况确定杉木出材率为70%(其中原木25%；非规格材45%)。

(5)林地使用费

按新林价(杉原木160元)的30%计，非规格材为原木林价的70%。

(6)平均主伐年龄

一般杉木中径材经营类型平均主伐年龄为26年。

解：根据上述指标计算

每立方米杉原木纯收入＝木材销售价格－木材经营成本－税费－林地使用费

计算如下：

木材销售价格＝1 180元

木材经营成本$= 120 + 7 \div 0.7 + 8 + 15 + 30 + 1\,180 \times (1\% + 3\% + 2\%) = 253.8$(元)

税费$= 1\,000 \times (10\% + 0.2\%) + 1\,180 \div 1.06 \times 0.06 \times (1 + 0.03 + 0.05) + 1\,000 \times 2\% =$

194.1(元)

林地使用费 = 160 × 30% = 48(元)

则每立方米杉原木纯收入 = 1 180 − 253.8 − 194.1 − 48 = 684.1(元)

同理可计算：

每立方米杉非规格材纯收入 = 1 020 − [120 + 7 ÷ 0.7 + 8 + 15 + 30 + 1 020 × (1% + 3% + 2%)] − [800 × (10% + 0.2%) + 1 020 ÷ 1.06 × 0.06 × (1 + 0.03 + 0.05) + 800 × 2%] − 160 × 30% × 70% = 582.2(元)

据此可计算：

该林分评估值 = 5 × 150 × (25% × 684.1 + 45% × 582.2) = 324 761(元)

该林分评估值 = 324 800(元)(取舍至百位)

木材经营成本 = 150 + 7 ÷ 0.7 + 8 + 50 + 1 180 × (1% + 3% + 2%) = 288.8(元)

税费 = 1 000 × 0.2% + 1 180 ÷ 1.06 × 0.06 × (1 + 0.03 + 0.05) + 1 000 × 2% = 94.1(元)

林地使用费 = 160 × 30% = 48(元)

则每立方米杉木原木纯收入 = 1 180 − 288.8 − 94.1 − 48 = 749.1(元)

同理可计算每立方米杉木非规格材纯收入为：

1 020 − [150 + 7 ÷ 0.7 + 8 + 50 + 1 020 × (1% + 3% + 2%)] − [800 × 0.2% + 1 020 ÷ 1.06 × 0.06 × (1 + 0.03 + 0.05) + 800 × 2%] − 160 × 30% × 70% = 677.7(元)

据此可计算该林分评估值为：

5 × 150 × (25% × 749.1 + 45% × 677.7) = 369 180(元)

该林分评估值为 369 180 元。

6.2.1.2　幼龄林(含未成林造林地)林木资源资产评估

森林经营成本中最大量培育成本投入是在造林和幼龄林阶段，这阶段的培育成本投入比较清楚，而幼龄林林木(含未成林造林地幼树)距可采伐年龄还有很长的时间。因此，幼龄林林木(含未成林林地幼树)资源资产评估一般不采用市场价倒算法，重置成本测算较为容易。为此，在幼龄林林木资源资产评估中多采用现行市价法、重置成本法、序列需工数法。

(1)现行市价法

现行市价法是在森林资源资产市场发育比较充分，能找到 3 个或 3 个以上交易案例的地区使用。在幼龄林(含未成林造林地幼树)阶段进行评估中选择的参照案例必须尽可能选择与待评估森林资源资产的年龄相同，单位面积株数、平均树高、地利等级及评估基准日相近的评估案例，并进行评估值修正。

(2)重置成本法

重置成本法是幼龄林林木(含未成林造林地幼树)资产评估中最常用的方法，其重置成本使用的是当地的社会平均生产成本，并要求达到当地平均水平的林分质量，并以平均水平林分的平均高和平均株数作为参照确定重置成本的调整系数，从而确定被评估资产的评估值。在大部分地区用材林经营的地租不是每年交纳的，而是在主伐时根据林地所生产的木材数量，按规定的林价比例交纳轮伐期内林地使用费，这时林木资源资产的重置成本通常不需考虑地租，即该资产评估值为不完全的重置成本。

【例6-2】 某小班林地面积为10 hm^2，林分年龄为4年，平均高2.7 m，株数2 700株/hm^2，要求用重置成本法评估其价值。

据调查，该地区评估基准日时社会平均造林成本为：第一年造林投资(含林地清理、挖穴植苗)为12 000元/hm^2；而后进行为期三年的幼林抚育，第一年投资为4 500元/hm^2；第二年投资为4 500元/hm^2，第三年投资为3 000元/hm^2，每年的年地租为150元/hm^2，管护费120元/hm^2，年投资收益率为6%，当地4年生林分平均高为3.0 m，合理造林株数为3 000株/hm^2，成活率要求为85%。

解： 第一年造林(含抚育)成本为：$C_1=12\,000+4\,500+150+120=16\,770$(元/$hm^2$)

第二年抚育成本为：$C_2=4\,500+150+120=4\,770$(元/$hm^2$)

第三年抚育成本为：$C_3=3\,000+150+120=3\,270$(元/$hm^2$)

第四年之后抚育管理成本为：$C_4=150+120=270$(元/hm^2)

株数保存率＝林地实有保存株数/造林设计株数＝ 2 700/3 000＝0.9＞0.85(当地成活率要求)

因此，$K_1=1$

$$树高系数=\frac{现实幼龄林分平均树高}{同年度参照林分标准平均树高}=2.7/3.0=0.9，则\ K_2=0.9$$

$$\begin{aligned}E_n &= K\sum_{j=1}^{n} C_j\ (1+i)^{n-j+1}\\ &= 1\times 0.9\times[6\,450\times 1.06^4+2\,550\times 1.06^3+1\,650\times 1.06^2+450\times 1.06]\\ &= 12\,160(元)\end{aligned}$$

小班林地面积为10hm^2，因此，该小班评估值＝31 548×10＝315 480元。

6.2.1.3 中龄林和近熟林林木资源资产评估

中龄林林木资源资产评估是用材林林木资源资产评估中最难评估的部分。中龄林在近期内不能进行采伐，因而不能采用木材市场价倒算法，中龄林距造林的年代较长，一般都达10~20年，在这样长的时间用重置成本法测算，长时间的复利计算易产生偏差，也不理想，但中龄林的林分一般已达稳定，用其进行预测成熟时的林木产量一般较为可靠，因而，中龄林资源资产评估中经常采用收获现值法。在森林资源资产市场发育较为充分的地方也可采用现行市价法。近熟林是主伐龄级的前一个龄级，林木生长速度开始减缓，一切营林生产活动停止，等待一个龄级即可采伐，但此时还不能采伐。为此，与中龄林林木资源资产相同，通常采用收获现值法和现行市价法评估。

(1)现行市价法

现行市价法是在森林资源资产市场发育比较充分的地区，对各个年龄阶段森林资源资产评估的首选方法，在中龄林和近熟林阶段进行评估中选择的参照案例必须尽可能选择与待评估森林资源资产的年龄相同，单位面积蓄积量、平均胸径、地利等级及评估基准日相近的评估案例。但实际上，在评估时很难找到与被评估资产相同的案例，因此，评估时必须对各个案例进行评估值修正。

(2)收获现值法

收获现值法是预测林分生长到主伐时可生产的木材的数量，并利用木材市场价倒算法测算出其立木的价值并将其用折现率折成现值，然后扣除评估基准日到主伐前预计要进行各项经营措施成本的折现值，将其剩余部分作为被评估林木资源资产的评估值。收获现值法理论上可以用于任何年龄阶段的林木资源资产的评估，但实际上该法一般仅用于中龄林和近熟林的林木资源资产。

收获现值法应用于中龄林和近熟林林木资源资产评估的操作实务中，除林分质量调整系数(参见第 5 章)外，林分主伐时的蓄积量调整也是影响林木资源资产价值的不容忽视因素，现说明如下：

林分主伐蓄积量的预测的关键是主伐年龄和林分生长模型的确定。主伐年龄在评估实务中一般已有明确规定。可根据评估目的的需要采用其中值、上限或下限。生长模型一般采用适合评估地区的生长过程表或收获表的模型，也可利用森林资源调查数据运用数学方法构建林分生长过程模型。

例如：某地位级某一树种的生长过程见表 6-4。

表 6-4　某地位级某一树种的生长过程表

林龄/a	树高/m	平均胸径/cm	断面积/(m^2/hm^2)	蓄积量/(m^3/hm^2)	平均生长量/(m^3/hm^2)	连年生长量	
						/m^3	/%
10	3.5	2.9	8.4				
20	8.1	6.5	21.5	96	4.8		
30	11.4	9.9	30	174	5.8	7.8	5.83
40	14.8	12.9	33	238	6	6.4	3.1
50	17.7	15.9	34.8	294	5.9	5.6	2.11
60	20.4	18.9	36	345	5.8	5.1	1.59
70	22.6	21.7	37.2	388	5.5	4.3	1.18
80	24.4	24.3	38	421	4.9	3.3	0.81
90	25.7	26.9	38.4	445	4.6	2.4	0.56

【例 6-3】　某树种的生长过程表见表 6-4，现有某块 30 年生的该树种林地经调查其平均树高为 12.0 m，平均胸径为 10 cm，蓄积量为 180 m^3/hm^2，预测其 50 年主伐时的平均胸径、树高、蓄积量。

①查表可得知该地位级该树种林分 30 年生时的平均树高为 11.4 m，平均胸径 9.9 cm，蓄积量 174 m^3/hm^2。

②求各测树因子的修正系数。

树高调整系数：$K_H = \dfrac{12.0}{11.4} = 1.0526$

胸径调整系数：$K_D = \dfrac{10}{9.9} = 1.0101$

蓄积量调整系数：$K_V = \dfrac{180}{174} = 1.0345$

③查表 6-4 得知 50 年主伐时，该地位级该树种林分的平均树高为 17.7 m，平均胸径为 15.9 cm，蓄积量为 294 m^3/hm^2。

④计算各测树因子的预测值

平均树高 = 17.7 × 1.052 6 = 18.6(m)

平均胸径 = 15.9 × 1.010 1 = 16.1(cm)

每公顷蓄积量 = 294 × 1.034 5 = 304(m^3/hm^2)

【例 6-4】 现某国有林场拟转让一块面积为 10 hm^2 的杉木中龄林，林分年龄为 14 年，每公顷蓄积量为 150 m^3/hm^2，经营类型为一般指数中径材(其主伐年龄为 26 年)，假设每年的营林管护成本为 75 元/hm^2，由该地区一般指数杉木中径材的标准参照林分的蓄积量生长方程 $y=f(x)$ {此处方程可根据当地实际情况自行拟合如理查德方程} 预测其主伐时(26 年)平均亩蓄积量为 270 m^3/hm^2，现实林龄(即 14 年生)标准参照林分的平均单位面积蓄积量为 135 m^3/hm^2，该林分已经过间伐不再要求间伐，请计算该林分的林木资源资产评估值(结果取舍至百位)。

(1)有关技术经济指标(均为虚构假设指标)

①木材销售价格(参照前述市场价倒算法例而得)：杉原木 1 180 元/m^3；杉非规格材1 020 元/m^3。

②税费统一计征价：杉原木 1 000 元/m^3；杉非规格材 800 元/m^3；增值税起征价：杉原木 1 100 元/m^3；杉非规格材 920 元/m^3。

③木材生产经营成本(含短运、设计、检尺等)：170 元/m^3。

④相关费用

木材检疫费：按税费统一计征价的 0.2% 计。

销售费用：10 元/m^3。

管理费用：按销售收入的 5% 计。

不可预见费：按销售收入的 2% 计。

增值税：以税费统一计征价的 6% 计。

城建税、教育附加税：合计以增值税的 8% 计。

⑤林地使用费：按新林价(杉原木 160 元/m^3)的 30% 的杉原木林地使用费为 48 元/m^3；杉非规格材为杉原木的 70% 即为 33.6 元/m^3。

⑥林业投资收益率：6%。

⑦出材率：林分出材率为 70%，分别为杉原木出材率为 25%；杉非规格材出材率为 45%。

(2)测算过程

预测主伐时每公顷蓄积量：$M = M_u \cdot m_n / M_n = 270 \times 150 \div 135 = 300$($m^3$)

杉原木纯收入：$A_1 = W - C - F - D = 1\,180 - 170 - 1\,000 \times 0.2\% - 10 - 1\,180 \times 5\% - 1\,180 \times 2\% - 1\,100 \times 6\% \times (1 + 0.08) - 48 = 796.12$(元/$m^3$)

杉非规格材纯收入：$A_2 = W - C - F - D = 1\,020 - 170 - 800 \times 0.2\% - 10 - 1\,020 \times 5\% - 1\,020 \times 2\% - 920 \times 6\% \times (1 + 0.08) - 33.6 = 693.78$(元/$m^3$)

现在(14 年生)至主伐期(26 年)间的营林管护成本合计：$T = 75 \times (1.06^{26-14} - 1) / (1.06^{26-14} \times 0.06) = 628.79$(元)

由此可计算其总评估值：$E = S \cdot M(f_1 \cdot A_1 + f_2 \cdot A_2) / 1.06^{26-14} - S \cdot T = 10 \times 300 \times (0.25 \times 796.12 + 0.45 \times 673.78) / 1.06^{26-14} - 628.79 \times 10 = 742\,480 \approx 742\,500$(元)(取舍至

百位）

故该杉木中龄林林分的资产评估值为 742 500 元。

6.2.2　异龄林林木资源资产评估

6.2.2.1　异龄林林木资源资产评估方法

根据异龄林资源资产特点，异龄林林木资源资产评估测算只能用收益现值法和现行市价法，不能用各类成本法和市场价倒算法，因为现有异龄林多数为天然异龄林，其投资成本难以确定，就是人工营造的异龄林，因其营造年限很长，在营造过程中，营林成本、木材生产成本难以分清，更增加了其成本测算的难度，使得重置成本法难以应用。在异龄林中可以采伐的仅部分林木，而保留下的大部分是充满生机的中、小径的中龄、幼龄林木，这部分林木是不能应用市场价倒算法进行测算的。

(1)收益现值法

异龄林资源资产的特点，决定了林地和林木的价值无法单独测算。异龄林资源资产中包含有 2 种永久性的生产资本：一个是林地，就是生长着异龄林的土地及其环境，它是林木生长的基础；另一个是林地上保留的立木蓄积量。异龄林林木根据择伐周期的长短定期产生收获和收入。由于收入是定期取得的，因此，异龄林可按一连续系列的择伐周期的择伐收入计算其资产价值，即一系列择伐收入的净现值。

①择伐后异龄林林木资源资产评估　对刚择伐后的异龄林林木资源资产的收益现值，计算公式为：

$$E = \frac{A_w}{(1+i)^w - 1} - \frac{V}{i} \tag{6-1}$$

式中　E——异龄林资源资产评估值（含林地资源资产价值）；

A_w——择伐周期末择伐的纯收入；

w——择伐周期；

i——投资收益率；

V——年管护费用。

在求得异龄林资源资产评估值后，按照当地的习惯、经验和林地的状况确定林木和林地各占份额度来确定比例系数。将评估值乘上林木的比例系数，就得到异龄林林木资源资产评估值 E_w。计算公式为：

$$E_w = K \cdot E = \frac{K \cdot A_w}{(1+i)^w - 1} - \frac{K \cdot V}{i} \tag{6-2}$$

式中　E_w——异龄林林木资源资产评估值；

K——林木资源资产所占的份额系数；

其他字母意义同前。

【例 6-5】　某一异龄林小班刚择伐过，其面积为 10 hm^2，现有保留基准蓄积量 240 m^3/hm^2，要求评估其林木资产的评估值。

据调查该小班择伐周期为 20 年，择伐强度为 30%，出材率为 70%，出材的 50% 是大径原木，30% 为中径原木，20% 为非规格材，由于口径较大，平均可获纯收入 350 元/m^3。

每年分摊的管护费为45元/hm²，投资收益率为5%。根据当地的经营林价中山价(地租)所占的份额，小班林地的立地条件和地利等级，确定其林木在总价值中所占的份额为75%，即$K=0.75$，则：

解：依题意，刚择伐过保留蓄积为210 m³/hm²，择伐强度为30%，则择伐前林分蓄积为$210\div0.7=300$ m³/hm²，因此择伐蓄积为$300\times0.3=90$ m³/hm²。

$$E_u=\frac{K\cdot A_u}{(1+p)^u-1}-\frac{K\cdot V}{p}=\frac{0.75\times350\times300\times30\%\times70\%}{(1+5\%)^{20}-1}-\frac{0.75\times45}{5\%}=9\ 328$$

该小班的林木资产评估值为：$9\ 328\times10=93\ 280$元。

②择伐n年后异龄林林木资源资产评估　在异龄林中，择伐后随着林分逐渐接近下一次择伐，林分的蓄积量在增长，林分的价值在增加，假设异龄林林木资源资产每个择伐期末的择伐纯收入相同，此时择伐n年后异龄林林木资源资产评估值可用下次择伐时的林木资源资产评估值的折现值加上择伐时的纯收入折现值扣除评估时到下次择伐前间隔期内所付出的成本前价来确定。其计算公式为：

$$E_n=K\left\{\frac{E}{(1+i)^{w-n}}+\frac{A_w-V[(1+i)^{w-n}-1]/i}{(1+i)^{w-n}}\right\}=K\left[\frac{A_w(1+i)^n}{(1+i)^w-1}-\frac{V}{i}\right]\qquad(6\text{-}3)$$

式中　E_n——择伐n年后的异龄林林分的林木评估值。

其他字母意义同前。

【例6-6】　仍按上例提供的基础数据，如果该小班已择伐6年，现要求评估其林木资源资产的现值。

$$E_n=K\left\{\frac{A_w(1+i)^n}{[(1+i)^u-1]}-\frac{V}{i}\right\}$$

$$=0.75\times\left\{\frac{350\times300\times30\%\times70\%\times(1+5\%)^6}{(1+5\%)^{20}-1}-\frac{45}{5\%}\right\}=12\ 730(\text{元})$$

该小班的林木资源资产评估值为$12\ 730\times10=127\ 300$元。

③未成熟异龄林林木资源资产评估　受森林资源管理政策影响，无论是同龄林或异龄林其主伐年龄均有最低采伐年龄限制，该采伐年龄常取决于优势树种成熟林成熟龄，因此对于未成熟龄异龄林评估时需要预测至林分成熟再进行择伐，而后才能按择伐周期进行同期性收益折现以测算林木价值。其计算公式为：

$$E_n=K\left\{K_n\cdot\frac{A_u(1+i)^n}{(1+i)^{u-n}\cdot[(1+i)^w-1]}-\frac{V}{i}\right\}\qquad(6\text{-}4)$$

式中　K_n——林分质量调整系数，即为参照林分成熟龄时预测林分蓄积量除以参照林分现实林龄时预测林分蓄积量；

A_u——异龄林达到成熟龄时的主伐择伐纯收益；

u——异龄林达到成熟龄时的主伐年龄；

n——林分年龄。

【例6-7】　某天然阔叶用材林面积为10 hm²，其年龄为35年，现有蓄积140 m³/hm²，要求评估其林木资源资产的评估值。

据调查该小班择伐周期为15年，主伐年龄为51年，择伐强度为25%，出材率为55%

（其中原木占40%，非规格材占60%），基准林分35年平均蓄积为180 m^3/hm^2，51年基准林分主伐蓄积量可达360 m^3/hm^2，成熟林采伐纯收入为原木每立方纯收入为200元/m^3，非规格材每立方米纯收入为150元，每年分摊的管护费为45元/hm^2，利率为5%。

解： 该林分35年，而主伐年龄为51年，即该林分目前不能进行主伐，需51－35年后方可进行第一次择伐。

预测51年进林分蓄积量＝140/180×360＝280（m^3）

即该林分可立即进行主（择）伐时蓄积量为280 m^3

51年立即择伐纯收益：

$$A=\frac{M_u\cdot m_n}{M_n}\cdot\frac{A_u\,(1+i)^u}{(1+i)^u-1}=\frac{280\times25\%\times55\%\times(200\times40\%+150\times60\%)}{(1+5\%)^{15}-1}=6\ 066$$

折现至35年收益现值为：

$$P=\frac{A}{(1+i)^{主伐龄-林分龄}}=\frac{6\ 066}{1.05^{51-35}}=2\ 779$$

而管护为每年支付，年金资本化法：

$V_{总}=v/i=45/0.05=900$

评估值＝10×（2 779－900）＝18 790（元）

（2）现行市价法

在异龄林中使用现行市价法的关键是选择参照的交易案例，由于异龄林林相较同龄林复杂得多，其案例的收集也困难得多。在选择案例时首先应考虑树种组成，因为在复层混交的异龄林中，树种结构的差异对林木价值的影响极大；其次是径级结构，林分中大径木的数量直接影响了林木的平均价格和总价值；最后是立木的蓄积量。因此，在评估中其林分的质量调整系数的确定必须考虑树种结构、径级结构、蓄积量和地利等级，而树种结构和径级结构对林木价值的影响通常是无法用一个数学公式来计算量化的，必须根据评估人员的经验，进行认真的分析，做出客观的判断。

6.2.2.2　异龄林林木资源资产评估中必须注意的问题

在异龄林林木资源资产评估中，由于异龄林结构与经营特殊性，必须注意下列若干问题：

（1）择伐周期的确定

在异龄林经营中，采伐符合一定尺寸的林木后，林分通过其保留木的继续生长，其蓄积量恢复到择伐前的水平可再次择伐利用的经营周期称为择伐周期。择伐周期不同于轮伐期，它的时间一般较短，多在10~20年，少的只有6~7年。它的长短主要与择伐强度和择伐后林木的平均生长率有关。确定林分的蓄积量平均生长率较为困难，因为择伐后林分各年的蓄积量平均生长率是不同的，择伐后1~2年最大，而后逐年下降。其平均生长率仅能利用调查的材料，求出一个大致的平均数，用来求算择伐周期。

（2）择伐强度的确定

择伐强度是异龄林经营中重要的技术经济指标，它直接影响了择伐周期的长短和每次择伐的木材产量、质量及生产成本，直接影响了其评估值，择伐强度是有法规限定其最高值的。在我国择伐的强度不允许超过40%，一般以20%~30%为佳。在经营集约的地方，一般择伐强度较小，择伐周期短，生产成本稍高，择伐出的大径木比例大。在经营粗放的地方择伐强度大，择伐周期长，木材生产成本稍低，择伐出的中小径木比例大。

(3)采伐量及出材量的确定

择伐的采伐量等于择伐时林分的蓄积量乘上择伐强度。因此，在确定了强度之后，择伐蓄积量的预测关键是预测其林分在主伐时的蓄积量。在异龄林经营中目前尚无异龄林的生长过程表、收获表编制的报道。其预测相对比较困难，通常可根据当地进行择伐的异龄林的平均水平，再参照林分现实的生长状况，综合进行确定。

(4)择伐木纯收益的确定

异龄林的择伐中由于所择伐的林木年龄、径级一般较大，而且年轮均匀，木材的质地较好，因而木材价格较高，在评估时必须引起重视。

小　结

用材林林木资源资产是森林资源资产评估的重要组成部分，是森林资源资产交易最活跃的环节。在用材林林木资源资产评估中，其资产评估价值主要受评估目的、销售条件、产品售价估计、林木出材率、木材生产成本、营林生产成本、投资收益率、树种价值差异、资源调查精度以及时间差异等因素的影响。由于用材林中同龄林与异龄林经营特点的不同，其评估方法的应用也有所不同，同龄林一般采用皆伐经营方式，在评估时常选用的方法包括市场价倒算法、现行市价法、收获现值法、重置成本法，通常分不同森林经营类型与不同龄组选用不同的评估方法进行测算。而异龄林多以天然异龄林为主，其投资成本难以确定，且多采用择伐方式进行经营，故其评估中主要选择的评估方法为收益现值法和现行市价法，通常并不适用各类成本法和市场价倒算法，应当注意的是，由于评估方法间具有相互替代性，但又具有各自的适用条件，在满足各评估方法适用条件时，并未严格限制评估方法的应用，但评估人员应注意不同评估方法应用尤其是不同龄组间森林资源资产评估价值的合理衔接。

思考题

1. 影响林木资源资产评估价值的主要因素有哪些?

2. 同龄林林木资源资产的特点是什么?

3. 某集体林场拟转让5 hm^2成熟松木林，该林分主伐年龄为26~30年，现林分年龄为28年，林分平均胸径为26 cm，平均树高为16 m，蓄积量为320 m^3/hm^2，有关技术经济指标(均为虚拟指标)如下所示：

①木材销售价格：原木950元/m^3；非规格材780元/m^3。

②木材税费统一计征价：原木800元/m^3；非规格材650元/m^3。

③木材直接生产成本(含集材运输)：220元/m^3。

④税金费

木材检疫费：按统一计征价的0.5%计。

销售费用：按销售价格的1%计。

管理费用：按销售收入的3%计。

不可预见费：按销售收入的2%计。

⑤地租：主伐时统一支付，原木27元/m^3；非规格材19元/m^3。

⑥林业投资收益率：5%。

⑦出材率：原木出材率为35%；非规格材出材率为40%。

请评估该小班林木资源资产的价值。

4. 某小班林地面积为100 hm^2，林分年龄为5年，平均高4.2 m，株数2 200株/hm^2，据调查，该地区评估基准日时社会平均造林成本为：第一年造林投资(含林地清理、挖穴造林、幼林抚育)为12 000元/hm^2；第二年投资为3 900元/hm^2；第三年投资为3 900元/hm^2，每年的地租为300元/hm^2，管护费每年为120元/hm^2，年投资收益率为6%，当地5年生林分平均高为4.5 m，合理造林株数为3 000株/hm^2，造林保存率要求为80%。要求用重置成本法评估该林木资源资产的价值。

5. 现某国有林场拟转让一块面积为15hm^2的杉木中龄林，年龄为17年，每亩蓄积量为150 m^3/hm^2，经营类型为一般指数大径材(其主伐年龄为31年)，假设每年的营林管护成本为80元/hm^2，该地区一般指数杉木中径材的标准参照林分主伐时平均亩蓄积量为300m^3/hm^2，现实林龄(即17年生)标准参照林分的平均亩蓄积量为180 m^3/hm^2，该林分在15年时经过间伐出材20m^3/hm^2，纯收入为200元/m^3；有关技术经济指标(均为虚构假设指标)如下所列。

①营林生产成本：每年的管护费用为80元/hm^2。

②木材销售价格：杉原木1 200元/m^3；杉非规格材1 000元/m^3。

③木材税费统一计征价：杉原木1 000元/m^3；杉非规格材800元/m^3。

④木材直接生产成本(含集材运输)：180元/m^3。

⑤税金费

木材检疫费：按统一计征价的0.5%计。

销售费用：20元/m^3。

管理费用：按销售收入的5%计。

不可预见费：按销售收入的1.5%计。

⑥地租：根据协议逐年支付，每年为300元/hm^2。

⑦林业投资收益率：6%。

⑧出材率：杉原木出材率为20%；杉非规格材出材率为45%。

请评估该林分的林木资源资产评估值，要求写出计算过程及公式，评估结果保留至百位即可。

6. 异龄林林木资源资产的特点是什么?

7. 某天然阔叶用材林面积为10 hm^2，其林分年龄为30年，现有蓄积量150 m^3/hm^2，据调查该小班择伐周期为20年，主伐年龄为51年，择伐强度为30%，出材率为50%(分别为原木出材率25%，非规格材出材率25%)，基准林分30年平均蓄积量为180 m^3/hm^2，51年基准林分主伐蓄积量可达400 m^3/hm^2，成熟林采伐纯收入为原木纯收入250元/m^3，非规格材纯收入180元/m^3，每年分摊的管护费为60元/hm^2，投资收益率为5%。要求评估其林木资源资产的评估值。

第 7 章　其他林木资源资产评估

【本章提要】

本章选择经济林资源和竹林资源作为其他林木资源资产评估的典型，对其经营特点、基本属性进行分析，在此基础上，阐述了经济林和竹林资源资产的评估方法，通过了解经济林和竹林资源资产经营特点，掌握经济林和竹林资源资产评估所需收集的技术经济指标和产量预测以及价值评估方法。

森林资源资产中除了用材林林木资源资产外，还有防护林、特种用途林、经济林、竹林、能源林等林木资源资产，不同林种林木资源资产特点不同，其价值估算所涉及的因素也不同，因此，必须从不同资源资产的特点和属性出发，选择合适的资产评估方法，分析评估的结果以确定合理的评估结论。

7.1　经济林资源资产评估

经济林是以生产油料、干鲜果品、工业原料、药材及其他副特产品为主要经营目的的森林、林木和灌木林。它是森林资源的重要组成部分，也是社会经济建设和人民生活中重要的物质来源之一。根据国家林业局《森林资源规划设计调查主要技术规定》，经济林林种还可分为 5 个二级林种：

①果品林　以生产各种干、鲜果品为主要目的；

②食用原料林　以生产食用油料、饮料、调料、香料等为主要目的；

③林产化工业原料林　以生产树脂、橡胶、木栓、单宁等非木质林产化工原料为主要目的；

④药用林　以生产药材、药用原料为主要目的；

⑤其他经济林　以生产其他林副、特产品为主要目的的森林、林木和灌木林。

经济林经营的经济效益见效快、受益时间长、经济效果好，是山区农民脱贫致富的重要途径。经济林资源资产是农村村民和乡村集体经济组织的重要资产。这些资产应如何界定？如何进行评估？这也是当前森林资源资产化管理的一个重要问题。这些问题的解决，必须从经济林经营的特点出发，分析其资产的性质，从而进行经济林资源资产的界定，确定资产评估的方法。

7.1.1　经济林资源资产的经营特点

(1)种类繁多且资源丰富

我国有经济价值的经济林树种约 1 000 余种，仅木本油料作物就有 200 多种，木本粮食树种近百种，木本糅料植物 200 余种，木本药材树种近百种，果树近百种，资源非常丰富，一些种类已形成较大的生产规模。各个种类的树种特性、经营要求、栽培技术、加工利用技术均不相同。

(2)栽培的历史悠久且生产经验丰富

经济林的栽培历史是和农业发展历史同时开始的，如茶叶、枣、梨、油茶、核桃等都有数千年的栽培历史。在长期栽培经济林的生产实践中，劳动人民创造积累了丰富的栽培管理经验，积累了一系列林农间作、以农养林、以耕代抚、筑埂修台、开沟引水等栽培措施，培育出许多有栽培经济价值的优良品种。

(3)产品利用的形式多样且培育技术复杂

经济林产品包括花、果、叶、皮、枝、根以及树脂、树液等。提高经济林产品的数量和质量是经济林栽培的主要目的。针对不同的经济林产品，就有不同的技术措施，针对多种多样的经济林产品就产生了复杂的培育技术。

(4)经济林经营见效快且收益时间长

相对用材林而言，经济林树种大多数培育 3~5 年就可获得收益，而且获得收益的时间很长，少则十年八年，多则几十年上百年。在这样长的时间内，每年都可以相对稳定地收获经济林的产品，经济效益十分可观。

(5)经济林的经营需要较高的投入

经济林的经营是属于高投入高产出的作业方式。许多果树造林时开带挖穴、施肥喷药、每公顷的投资都在万元以上，产果以后每年的施肥、修剪、疏果、防病、治虫每公顷的成本也要数千元，甚至上万元。但其经济效益可观，每年每公顷的收益都在万元以上，高的可达数万元。如果降低经济投入，其产量将明显下降，甚至出现负效益。如我国南方，相当部分的油茶林管理粗放，每年仅除一次草，其产油量仅 30~40 kg/hm^2，收益仅够支付采集和加工的费用。

(6)经济林的成熟期不明显且差异大

经济林的生长阶段通常分为 4 个阶段，即产前期、始产期、盛产期和衰产期。林木至衰产期就已达成熟，必须进行更新换代。经济林的衰产期差异很大，不同树种衰产期不同，相同树种，不同品种间差异也很大，就是品种相同但经营措施不同，其变化都很大。如龙眼树一般衰产期为 60~80 年，但经营得好，一些上百年的古树还是硕果累累，不见衰败。又如，油茶衰产期为 60~70 年，但不少百年油茶林，仍高产稳产。

7.1.2　经济林资源资产的界定

经济林多为人工林，其产出较高，且年年有产出，因而它的投入也高，年年都要投入。我国改革开放以后，经济林绝大多数为分户经营，或联户经营，或承包经营。其产权关系是所有林种中最为明确的，实施控制也是十分有效的，根据森林资源资产的概念，可以用货币进行度量，可作为商品进行交换。绝大多数的经济林资源都可作为经济林资源资产，仅有少量失管无效益的经济林(实际上这些林分已不再作为经济林进行经营，但因其林地上有一定数量的经济林树种，它在森林调查中可能列入经济林资源)暂不能列入资产。

经济林资源资产是以经济林资源为内涵的财产，它包括所有以经济林要求进行经营的经济林资源。经济林资源资产主要由三部分构成：

(1)经济林的林地资源资产

经济林林地资源资产是指承载着经济林林木的土地。这类土地的地利等级一般较高，多属于低山、矮山、近山，交通条件较方便，其地租一般要高于其他林种。地租的测算一般以林地上的经济林种类、经营方式、收益和成本为基础。

(2)经济林的林木资源资产

经济林的林木资源资产就是经济林的林木。它们具有生产经济林产品的能力，它们的价格与其生产培育技术有关，尤其是乔木类经济林如割脂松林、樟树林等，除提取松脂、樟树油之外的乔木价值亦相当可观。

(3)经济林的产品资源资产

经济林产品即经济林林木上生长着的经济林产品。通常包括除乔木以外的各类木本粮油、药材、香料、工业原料、果品等。与一般用材林林木产品不同的是，经济林产品通常是周期循环生产，即当年(季)采收后则当年的经济林产品归零，而次年(季)又将恢复生长，因此在国际会计准则将其归为生产性生物资产。

7.1.3 经济林资源资产清查和评估资料收集

在现有的森林资源调查技术体系中，调查的重点主要是林木的蓄积量和林地的面积，对于经济林资源的调查则十分粗放。在森林资源的调查中通常对经济林仅提供树种、面积、年龄、株数、树高，有时甚至只提供树种和面积。在大多数的森林资源档案中也只能提供与森林调查同样的资料，这些资料对于评估经济林资源资产是远远不够的。因此，在进行经济林资源资产评估时通常必须重新组织一次较为详细的经济林资源资产的清查。

7.1.3.1 经济林资源资产清查的主要项目和内容

为了使资产清查成果能满足经济林资源资产评估的需要，在经济林资源资产清查时通常需查清下列项目：

(1)经济林的树种和品种

经济林树种的调查是相对容易的，但在经济林资源资产的评估中仅有树种是不够的，相同树种不同品种间经济价值可能存在极大的差异。相同经营水平、相同年龄阶段的经济林，好的品种的价值可能是差的品种的数倍。因为好的品种不仅产品的产量高，而且质量好，市场的售价很高。因此，在清查中必须查清待评估经济林属于哪一个树种及品种。

(2)经济林树种的年龄和生长阶段

调查经济林树种年龄的主要目的是要确定经济林树种所处的生长发育阶段。经济林树种的生长发育阶段分为产前期、始产期、盛产期和衰产期。

①产前期　指果树从栽植或嫁接开始到开花结果的时期，这时期主要是树木的营养生长阶段。

②始产期　对于果树也称为始果期，是指果树开始进入开花结果的时期。这一时期刚开始时树木的年龄较小，树冠也小，产量极低，树木仍以营养生长为主，而到这一阶段后期，树冠基本形成，树木从营养生长逐渐过渡到生殖生长，其产品的产量逐渐增加。

③盛产期　这是经济林林木大量生产经济林产品的时期。维持时间较长，一般可长达10~50年。对于以果实为产品的经济林林木来讲，该阶段大量的养分供给生殖生长，产量大且相对比较稳定。

④衰产期　这一时期的林木开始老化，产量下降，继续经营已失去意义，必须考虑进行更新。

由于经济林的生长发育阶段因树种、品种和经营水平而异。在林木的年龄调查确定后，应对其林木生长的状况、产品的产量等进行分析，确定林木所在的生长发育阶段。

(3)单位面积产量

单位面积产量是经济林评估的重要基础资料。单位面积产量在现地进行调查是较为困难的，通常是向经营者咨询、查阅财务或经营档案以获得上一年的经济林产品的产量。

(4)待评估资产的面积

经济林林地资源资产的面积也是评估的主要基础资料。必须调查清楚各个品种、各个年龄的面积，并分别进行统计与绘制待评估资产的基本图。

(5)密度

经济林资产评估中密度多以单位面积株数来表示，可以通过株行距法、样地(带)法、样圆法等进行调查。

(6)直径与树高

直径和树高反映了林木的大小。对于以果实为目的的经济林树种，其产量与直径和树高关系不密切，但也能反映林木的生长状况，而以树皮、树脂、树液为产品的经济林，其产量与直径和树高紧密相关。

(7)立木蓄积量

对于灌木类的经济林树种通常无需调查其蓄积量，但对于一些高大乔木类的经济林树种，立木蓄积量就有调查的必要。因为木材生产也可作为它的一个产品，特别是在接近衰产期的乔木类经济林。

(8)立地质量

立地质量直接决定了林地的生产潜力，并影响着林地的价格。好的立地，投工投资少而产量高；差的立地，要获得同样的产量则要额外增加许多投资。经济林的立地质量一般以环境因子法进行评定，标准和用材林不完全相同。用材林一般在地形隐蔽的阴坡、半阴坡生长较好，而许多经济林则在地势开阔的阳坡、半阳坡产量高。

(9)地利等级

地利等级对用材林来讲，主要影响产品的采运成本，而对经济林来讲不仅和产品的采运成本有关，还和肥料的运输、上山劳力的工资等生产成本有关，其影响比用材林更为显著，经济林的地利等级主要以坡度和离销售点的远近距离为评定的主要依据。

(10)权属

经济林资源资产的权属一般较清楚，尤其是林权。因此，调查时主要是搞清土地的权属，林权(或不动产权)都必须以县级以上人民政府颁发的权属证书为依据。

7.1.3.2 经济林资源资产核查方法

经济林资源资产核查的方法很多，根据《森林资源资产评估技术规范》的规定：森林资源资产的核查方法主要有抽样控制法、小班抽查法和全面核查法。评估专业人员可根据不同的评估目的、评估种类、具体评估对象的特点和委托方的要求选择使用。

(1)抽样控制法

以评估对象为抽样总体，以95%的可靠性，布设一定数量的样地进行实地调查，要求总体蓄积量抽样精度达到90%以上。在经济林资源资产中可采用随机抽样或机械抽样的方法进行调查。在资产评估面积大，又有一定的档案材料时，也可采用分层抽样的方法，用这种方法调查要有一定的精度保证。

(2)小班抽查法

采用随机抽样或典型选样的方法分别对不同的经济林品种、林龄等因子，抽出若干比例小班进行核查。核查的小班个数依据评估目的、林分结构等因素来确定。对于产量高、经营状态良好的、处于盛产期的经济林资源资产小班应重点进行核实。对抽中的小班进行实地调查，以每个小班中80%的核查项目误差不超出允许值，视为合格。

核查小班合格率低于90%，则该资产清单不能用作资产评估，应通知委托方另行提供。

(3)全面核查法

对资产清单上的全部小班逐个进行核查，即对待评估的资产进行全面调查。这种方法费时费工，但能全面掌握经济林各小班的经营状况及生长发育阶段，在缺乏资源调查材料和档案资料时经常采用。

核查小班内各核查项目的允许误差按小班抽查法的规定执行、对经核查超过允许误差的小班，通知委托方另行提交资产清单或直接采用核查值。

核查时一般应由资产所有者提供经济林资产的簿册(资产清单)和图面材料，根据所提供的资料确定核查的方法，由资产所有者和评估专业人员共同组成核查小组，进行核查。

7.1.3.3 评估有关资料的收集

在经济林资源资产评估中除了需要收集有关经济林资源资产状况外，还需要收集有关经济林资源资产的一些基础资料。这些资料主要有：

(1)经济林品种的经济寿命

经济林品种的经济寿命就是经济林的经济成熟期，即在经济林经营中经济林产品的年平均收益开始下降的时间。在这个时间后产量明显下降，继续经营下去的经济收益将明显下降，土地资源不能充分利用，通常应进行更新。经济林的经济寿命是测算经济林资源资产价值的重要时间指标，它决定了经济林的培育周期。每一个品种都有大致相同的经济寿命时间表，但在每个地方，各种经营水平下有较大变动。因此，必须收集待评估经济林资源资产所在地区或附近地区有关该品种栽培的资料，通过分析论证，确定其经济寿命期。

(2)经济林品种的生长发育阶段划分

经济林的生长发育阶段对经济林的评估方法选用、产品产量的测算都有着密切的关系。要正确确定待评估经济林所处的发育阶段，就必须掌握该地区该品种各个发育阶段的大致时间。该资料要在本地区范围内收集，如本地区没有则可将收集的范围扩大。根据我国经济林经营的情况，一些主要经济林树种生长发育阶段的划分见表7-1。

(3)经济林品种的产量资料

经济林的产量是经济林资源资产价格测算的主要依据。经济林的产量不仅需要预测当年的产量，而且要求预测各个生长发育阶段的平均产量。这些资料在资源调查的材料中无法得到，它必须通过各个产区统计部门的统计资料或查阅单位财务部门档案或进行经营者

表7-1　中国主要经济林树种生长发育阶段时间一览表　a

树　种	产前期	始产期	盛产期	衰产期	经济寿命
油茶	1~3	4~8	15~60	70~80	70
核桃	1~6	7~15	20~60	80~100	80
油橄榄	1~3	4~9	10~30	40~60	40
香榧	1~7	8~20	20~100	100~200	100
文冠果	1~3	3~9	10~30	40~50	40
毛栗	1~3	4~9	10~50	60~70	60
油桐	1~3	4~5	6~25	25~30	25
乌桕	1~3	4~10	10~50	50~60	50
板栗	1~3	4~10	15~60	70~90	70
枣	1~3	4~8	10~40	60~80	60
柿子	1~3	4~10	10~80	80~100	80
茶叶	1	2~3	4~30	40~60	40
苹果	1~3	4~10	15~40	40~60	40
梨	1~3	4~15	16~90	100~150	100
柑橘	1~3	4~14	15~35	40~60	40
葡萄	1	2~3	4~30	30~50	30
桃	1~2	3~6	7~15	16~17	16
枇杷	1~3	4~10	10~30	40~50	40
杨梅	1~3	5~14	15~50	60~70	60
龙眼	1~5	6~18	20~50	60~80	60
荔枝	1~4	5~18	20~80	100~150	100
石榴	1~2	3~10	12~60	70~80	70
李	1~2	3~8	8~20	30~40	30
樱桃	1~2	3~10	12~40	50~60	50
山楂	1~2	3~10	12~50	60~70	60
扁桃	1~2	3~10	12~30	40~50	40
无花果	1~2	3~7	8~40	50~70	50
山苍子	1	2~4	5~9	10~15	10
大木漆树	1~4	5~20	25~45	50~60	50
棕榈	1~5	6~10	12~30	40~50	40
栓皮栎	1~13	14~30	35~70	80~100	80
糖槭	1~7	8~18	20~50	60~80	60

咨询调查统计获取，求出其平均产量，再根据本地区的经营水平进行适当修正以作为评估的基本资料。

(4)经济林的经营成本

经济林的经营成本也是经济林资源资产评估的重要基础资料。经济林的经营成本随着其经济水平而变化。通常将经营水平分为一般和集约两个层次。分层次确定其基本的经营措施投资、投工量。这些资料还需要查阅产区的财务档案或通过社会及生产调查获取，再进行分析整理后使用。

(5)经济林产品的销售价格

经济林产品季节性强，大多是一年一次出售的，即一年中仅在某一个季节有产品出售，而其他季节就没有这种产品。因此，经济林资源资产评估中经常得不到评估基准日的产品销售价格，评估所用的价格大多利用最近时期的产品销售价格。在市场经济条件下，产品的价格变化较频繁。因此，在评估中是根据该产品的价格变化趋势，预测评估基准日时的产品销售价格，以这一销售价格为基础进行经济林资源资产的评估。

(6)社会平均利润率

社会平均利润率是确定经济林经营利润率的重要参考数据。社会平均利润率必须通过大量的社会经济调查资料分析而得到。

7.1.4 经济林资源资产评估实务

常用的经济林资源资产的评估方法主要是现行市价法、重置成本法和收益现值法。但由于经济林经营的特点，各种方法的计算又有其特点和使用范围。处于不同生长发育阶段的经济林资源资产的经济效益和经营特点均不相同，选择的评估方法也不一样。以下分别就不同生长发育阶段的经济林资产评估进行阐述。

7.1.4.1 产前期的经济林资源资产评估

产前期即经济林从造林到刚开始有产品产出之前的时期，也是经济林的幼龄阶段，这一阶段林木的生长以营养生长为主。从经营上看，这一阶段是投资投工最多的时期，需要进行劈山除杂、开带挖穴、定植、施肥、防虫、防病、修剪等大量的工作，却没有产品产出，通常这一阶段投资成本是清楚的。因此，多采用重置成本法进行测算，条件满足时也可使用现行市价法。

(1)重置成本法

新造经济林的生产工序主要有劈山清杂、开带挖穴、施肥定植、防病治虫、修枝定形、除草、管理费用分摊、林地地租等。第一年的投入最多，以后各年较为一致。其计算公式为：

$$E_n = K\sum_{j=1}^{n} C_j(1+i)^{n-j+1} \tag{7-1}$$

式中 E_n——第 n 年的经济林资源资产评估值；

K——经济林林分质量调整系数；

C_j——第 j 年以现时工价及生产经营水平为标准计算的生产成本，主要包括各年度投入的工资、物质消耗和地租等；

n——经济林年龄；

i——投资收益率。

应用重置成本法时应考虑投入成本所要达到的预期效果，即一定的成活率、单位面积株数、高生长和树冠生长等。有些经济林已投入足额的成本，但由于经营管理不善如除草、防病、治虫不力等人为原因，或由于极端自然灾害如干旱、冻寒等客观原因都可能造成其经济林林分未能达到预定的效果，这些损失必须由经济林资源资产的原占有者承担，因此在测算的投资收益率中已包含了风险利率。此外，重置成本多以社会平均成本为基础测算的，而对于某块地，由于增加了一些成本，或者由于管理水平高，气候条件好，它的实际效果要优于平均水平，这样资产的价格就应比同年的经济林资源资产价格高。因此，经济林资源资产评估就必须根据它的实际效果对原计算的结果进行修正。

(2)现行市价法

现行市价法的使用与用材林林木资源资产评估相同，要求有发育充分、制度健全的交易市场，且具有可选案例 3 个或 3 个以上方能实施。产前期经济林林木主要是营养生长，因此，交易案例的调整系数除考虑待评估经济林资源资产与交易案例的时间差异外，主要考虑待评估经济林资源资产与交易案例中经济林资源资产在林分质量上的差异以及林木年龄的差异。在评估实践中，以物价调整系数修正待评估经济林资源资产与交易案例的时间差，以现实林分株数和冠幅与参照林分的株数和冠幅的比值的乘积为林分质量调整系数，从而实现对经济林资源资产案例的修正。最后综合平均，确定待评估经济林资源资产评估值。

$$E_n = \frac{S}{m}\sum_{j=1}^{m} G_j K_{j_1} K_{j_2} \tag{7-2}$$

式中　E_n——第 n 年的经济林资源资产评估值；

G_j——第 j 个案例经济林资源资产单位面积交易价格；

K_{j_1}——物价调整系数；

K_{j_2}——林分质量调整系数；

m——案例个数；

S——待评估经济林资源资产面积。

7.1.4.2　始产期的经济林资源资产评估

始产期是经济林开始有一定数量产品产出到产品产量稳定的盛产期之间的发育阶段。在这一阶段中营养生长和生殖生长两者并重，树冠在逐渐增大，经济林产品的产量从小到大迅速增加。在经营上看，这一时期生产成本基本稳定，开始有了一定的纯收益，这个收益也在迅速增加。这一阶段的经济林资源资产评估可用重置成本法或收益现值法或现行市价法进行评估。

(1)重置成本法

在始产期之前经济林林分只有投入，没有收益，它类似于工厂的建设期。始产期经济林林分每年都有一定的收入，而且收益迅速增加，与工厂的投产期十分类似。根据一般财务核算办法的规定，投资仅计算到试投产期，其后的投入作为经营的成本。因此，经济林资源资产评估中其重置成本的全价要计算到经济林资源资产年收益值大于年经营投资的前一年，这时重置成本值达到最大值。始产期阶段，经济林林分的产品产量和创利能力迅速发展以至达到稳定，进入盛产期，其资产价值达到最高，因此，在这阶段可以不考虑折损，仅通过经济林林分质量调整系数来修正重置成本值以确定经济林资源资产评估值。其计算公式为：

$$E_n = K\sum_{j=1}^{n}(C_j - A_j)(1+i)^{n-j+1} \tag{7-3}$$

式中 E_n——经济林资源资产评估值；

K——经济林林分质量调整系数；

C_j——第 j 年生产成本；

A_j——第 j 年经济林产品收入；

i——投资收益率；

n——经济林资源资产年收益值大于年经营投资的前一年。

此时的经济林林分质量调整系数，除考虑经济林林分冠幅修正以外，还要考虑经济林产品的产量的修正。

【例 7-1】 绿林果场拟以锥栗林进行抵押贷款(2020 年)，该锥栗林为 2017 年春天营造的幼林，面积为 10 hm^2。目前锥栗林生长良好并已全部经过嫁接，平均每公顷 420 株，平均树高 3.3 m，冠幅 3.0 m，试对其价值进行评估。

据调查有关经济技术指标如下：

(1)锥栗林营林生产成本

①劈草、炼山、修路：4 500 元/hm^2。

②挖穴整地：6 000 元/hm^2。

③施基肥：3 000 元/hm^2。

④锥栗苗费：600 元/hm^2。

⑤栽植：750 元/hm^2。

⑥第一年培育(2 次)、施肥：2 500 元/hm^2。

⑦第二年培育、施肥：2 500 元/hm^2。

⑧第三年培育、施肥：2 500 元/hm^2。

⑨前三年每年病虫害防治费：1 200 元/hm^2。

⑩嫁接、修剪(第三年)：1 500 元/hm^2。

(2)投资收益率

投资收益率 8%。

(3)林地地租

年地租 600 元/hm^2。

(4)参照林分平均生长指标

当地同年龄锥栗林平均树高 2.9m，平均冠幅 3.1m。

解：锥栗林为新造 3 年生幼林，选用重置成本法评估其资产价值。

$$E_n = K\sum_{j=1}^{3}C_j(1+i)^{n-j+1}$$

林分质量调整系数：

$$K=\frac{\text{现实林分平均树高}}{\text{当地参照林分平均树高}}\times\frac{\text{现实林分平均冠幅}}{\text{当地参照林分平均冠幅}}=\frac{2.7}{2.9}\times\frac{3.0}{3.1}=0.90$$

每公顷锥栗林评估值为 $=0.90\times[(4\ 500+6\ 000+3\ 000+600+750+2\ 500+1\ 200+600)\times1.08^3+(2\ 500+1\ 200+600)\times1.08^2+(2\ 500+1\ 200+1\ 500+600)\times1.08]=$ 31 862.7(元/hm^2)

则 10 hm^2 的锥栗林评估值 $=31\ 862.7\times10=318\ 627$(元)

(2)收益现值法

在这一阶段采用收益现值法必须知道该品种的经济寿命，待评估经济林林分盛产期之前的平均产量，并分段计算。

$$E_n=K\left[\sum_{j=n}^{m}\frac{B_j}{(1+i)^{j-n}}+E_m\cdot\frac{(1+i)^{u-m}-1}{i\times(1+i)^{u-n}}\right]\tag{7-4}$$

式中　E_n——经济林资源资产评估值；

B_j——评估基准日至盛产期前第 j 年的纯收益；

E_m——盛产期的平均年纯收益；

$u-m$——盛产期年数；

n——待评估林分的年龄；

m——盛产期的开始年；

i——投资收益率；

K——经济林林分质量调整系数，可用现实林分的年产量与预测年产量的比值进行修正。

(3)现行市价法

现行市价法的计算与产前期的一样，仅林分质量调整系数是以产量为标准进行调整而不是以冠幅大小为标准来调整。

7.1.4.3　盛产期的经济林资源资产评估

盛产期是经济林资源资产的产品产量最高、收益多而稳定的时期。这个时期持续时间很长，其持续年数因树木的品种和经营管理水平而差异较大。持续时间长的可达 70~80 年，一般占其经济寿命的 2/3 以上，经济林的经济收益绝大多数在这一时期产生。在这时期的经济林资源资产评估可用收益现值法、重置成本法和现行市价法。

(1)收益现值法

盛产期是经济林资源资产获取收益的阶段，在这一阶段林木生长主要是生殖生长，经济林产品产量相对较为稳定，因而其资产的评估值可用下式表示：

$$E_n=A_u\cdot\frac{(1+i)^{u-n}-1}{i(1+i)^{u-n}}\tag{7-5}$$

式中　E_n——经济林资源资产评估值；

A_u——盛产期内每年的纯收益值；

i——投资收益率；

u——经济寿命期；

n——经济林林木年龄。

【例7-2】 某林农拟转让茶园，该茶园以铁观音为主，拟转让期限为15年，该茶园面积为10 hm^2，刚经过台刈改造4年，目前已进入盛产期，拟评估该茶园的转让价。

据调查，铁观音经过台刈4年，根据当地的生产经验，通常台刈4~5年的茶园可正常进入盛产期，正常经营状态下，其盛产期维持10~15年，该茶园拟转让15年均处于合理的盛产期中，因此可采用收益现值法进行评估。

经在该县茶都及茶农、茶商咨询访谈，并参考市场毛茶价格，确定其茶园的主要评估参数如下：

①茶青产量预测：3 300 kg/hm^2。为提高茶叶成茶产品的质量，目前该茶园铁观音的茶青基本上仅采摘春茶与秋茶，而夏暑茶(基本无效益)基本不生产，因此本次评估的产量估算以春秋茶为主。咨询周边和当地茶农、茶企的产量情况，根据评估茶园年龄及生长状况，预测其产量为3 300 kg/hm^2。

②茶青价格：经在该县茶都及茶农、茶商咨询访谈，并参考市场毛茶价格，确定该茶园茶青价格为18元/kg。

③经营成本：该茶园已进入盛产期，因此每年的投入相对稳定。

培育与管护成本包括全年修枝整形、施肥、除草及管理成本，约为27 000元/hm^2；

手工采茶成本约4元/kg，即单位面积成本为3 300×4=13 200元/hm^2。

④经营利润：经营成本的10%

⑤投资收益率：10%

根据上述经济指标计算每年每公顷的净收益：

$A_u = 18 \times 3\,300 - (27\,000 + 13\,200) \times (1 + 10\%) = 15\,180$(元/$hm^2$)

该茶园的评估值：

$E_n = 10hm^2 \times 15\,180$ 元/$hm^2 \times [(1+10\%)^{15} - 1]/[10\% \times (1+10\%)^{15}] = 1\,154\,603$(元)

(2)*重置成本法*

在经济林林分盛产时期，林木年龄日趋逼近经济寿命，其经济价值渐渐开始下降，这就像正常生产中使用的机器设备，随着使用时间的增加，磨损逐渐加大，最后无法使用而申请报废一样。对其资产进行评估必须考虑其折耗系数和成新率。在经济林资源资产评估中，其重置全价计算到经济林资源资产年收益值大于年经营投资的前一年。因此，根据进入盛产期的年数计算其资产的折耗系数，从而确定其成新率，用成新率乘以重置全价得到经济林资源资产的重置成本。其计算公式为：

$$E_n = K \cdot K_\alpha \sum_{j=1}^{n} (C_j - A_j)(1+i)^{n-j+1} \tag{7-6}$$

式中 E_n——经济林资源资产评估值；

K_α——经济林资源资产成新率；

K，C_j，A_j，n 与始产期重置成本法中的字母含义相同。

其中，成新率的计算式：

$$K_\alpha = 1 - \frac{n-m}{u-m} = \frac{u-n}{u-m} \tag{7-7}$$

式中 n——林分年龄；

m——林分盛产期的开始年；

u——林分的经济寿命。

林分质量调整系数的计算式：

$$K = \frac{\text{待评估经济林林分年平均单位面积产量}}{\text{参照经济林林分年平均单位面积产量}} \tag{7-8}$$

应注意的是，正常经营或市场稳定的经济林收益相对其经营成本而言存在数倍或更高的增益，此时如果采用重置成本法估算的经济林资源资产价值可能出现低估背离市场的情况，经营者或评估委托方将难以接受评估结果，因此进入盛产期的经济林正常情况下多采用收益现值法进行评估，但当市场不景气、经济林产能过剩或经济林资源资产未来收益难以准确预测时，基于保守与谨慎估值时则会选用重置成本法对盛产期的经济林资源资产进行评估。

(3)现行市价法

该阶段采用的现行市价法与始产期的相同。

7.1.4.4　衰产期的经济林资源资产评估

衰产期经济林的产量明显下降，一年不如一年，继续经营将是高成本低收益，甚至出现亏损，因此，必须及时采伐更新。在这个阶段的经济林资源资产可用剩余价值法进行评估。特别是乔木类经济林中，其剩余价值主要是木材的价值，其价值评估可采用用材林评估中的成过熟林木资产评估方法。

7.1.4.5　经济林资源资产评估中必须注意的几个问题

(1)经济林产量的预测

经济林产量预测是经济林资源资产评估中极为重要的数据，也是用收益现值法评估经济林资源资产的难点。因为经济林的年产量随经营水平、气候条件、品种等的不同而发生较大的变化，而且产量调查均有季节性，给调查和资料的统计分析带来了困难，所以，至今尚未见到一个较为完整的经济林收获表。但经济林资源资产评估又必须要用该表进行各年度产品的产量预测。没有经济林收获表给经济林的评估带来了极大的困难。因此，在经济林的评估工作中，应当多方面咨询收集当地农户、企业及专家意见，查阅当地统计年鉴、技术规程及相应文献等，并尽量收集近2~3年来的产量资料以更准确地预测经济林各树种各品种的产量。

(2)经济林有关资料的收集

经济林有关资料的收集也是评估中的一个关键问题。多数国有林业经营单位的传统经营都是以用材林为主，对经济林不重视，因此经济林的档案管理极为粗放，许多基础数据均未填入档案，造成许多资料收集很困难。另外，评估所需的有关技术经济指标收集工作量大，涉及面广，而且对评估的结果影响极大，因此经济林有关资料的收集如同之前的产量预测一样，应多方面咨询与查阅资料进行收集。

(3)经济林资源资产的调查

在森林资源调查中，经济林资源的调查多处在从属地位，不受重视。经济林资源的家底多数不清，调查的方法不完善，项目不齐全，这也给经济林资源资产的评估带来了许多困难。因此，通常在经济林资源资产评估前，应组织进行经济林资源资产的专业调查。

7.2　竹林资源资产评估

竹类属单子叶植物纲，禾本目，竹亚科的植物，它是世界上生长最快的植物，其笋可食用，秆可做用材或编织，其产量高，用途广，经济效益十分显著，而且竹林的采伐对生态破坏小。竹子的经营利用已引起世界各国的广泛重视，竹子根据其有无竹鞭，可分为散生竹、丛生竹和混生竹3类。我国竹子中以散生竹的分布最广，数量最多。散生竹中仅毛竹一种就占了全国竹林面积的70%，其分布在黄河流域以南，东起台湾，西至云南，南起海南，北至河南南部和安徽北部，海拔200~1 500 m。竹林经营是我国农村居民重要的收入来源之一，因此长期以来均受到农村居民的普遍重视，也是农村脱贫致富的重要生产资料。

竹林的产出多，相对的投入也高，集体林权制度改革之后，我国96%以上的竹林经营为个体或集体经营，其中86%的竹林为个体所有，这些竹林经营产权关系明确，并多处于有效经营与管理状态中，因此我国多数竹林均具有资产的属性，可列为竹林资源资产。在我国的竹林资源资产中又以毛竹林资源资产为主，据2018年第九次全国森林资源清查统计，毛竹林面积约占竹林面积的72.96%，并在我国13个省(自治区、直辖市)均有分布，其中福建、江西、湖南与浙江的毛竹林资源就占全国毛竹林资源的79.23%。毛竹林资源资产已成为集体林区中许多农户最重要也是最大宗的资产。在竹乡，竹林资源资产的流转、抵押、租赁等现象屡见不鲜，竹林资源资产的市场正在逐步形成，为保护广大竹农的合法权益与规范竹林资源资产市场，作为森林资源资产评估专业人员，必须掌握竹林资源资产的评估技术。

7.2.1　竹林资源资产的特性及经营特点

根据《森林法》，竹林是属于非乔木类的特殊森林，由于竹林调查和计量的特殊性，在《森林资源规划设计调查技术规定》中，它独立为一个林种。竹林资源资产不仅调查方法与用材林不同，而且在经营上，资产本身的性质上也有其特殊的地方。它主要的特点有：

(1)竹子生长快，周期短

竹子生长极为迅速，其竹笋从出土到长成时间很短，如毛竹这样的大径竹种最长也仅需50~60 d，一些小径竹种仅需15~30 d，生长快时一昼夜可长1 m左右，这以后竹子的高径就基本上不发生变化，仅是内部竹材质地发生变化。竹林的成熟期短，成熟期较长的毛竹也仅需6~8年，而其他小径竹多为3~4年，是森林类别中经营周期最短的一类。

(2)竹林的产量高且相对稳定

正常经营的竹林通常都具有较高的单位面积产量，竹林的产品收益主要来自于竹笋与竹材，以毛竹为例，经营好的毛竹林每公顷可年产竹材12~18 t，笋15~20 t，并且只要合理地经营，竹林的年产量通常是稳定的，即使是大小年竹林也能保证其周期性产量的相对稳定。近年来随着林产品消费市场对于竹加工制品的消费偏好，笋竹制品的综合利用加工将有利于竹林经营效益的提高。

(3)竹林的采伐对生态破坏小

竹林一般都采用单株择伐，要求砍老留幼，砍密留稀，砍小留大，砍弱留强。它分为连年择伐或隔年择伐。以毛竹为例，连年择伐一般采伐强度不超过 16%，隔年择伐一般不超过 30%，都属于中、弱度的择伐。而且竹子的口径相对较小，小径竹的胸径常见不过 2~3 cm，大径竹最大的也一般不超过 20 cm，树冠小加上其竹秆及枝条柔韧，采伐时不易压坏相邻竹和地被物，择伐后林相仍很完整，地被物无显著变化，对生态环境破坏小。有些竹种不仅根系发达，护土能力强，而且耐水淹，耐冲击，是护岸林的最好树种。

(4)竹林的更新能力强，垦覆容易

竹子的根系具有很强的分生繁殖能力。散生竹林如毛竹有在土壤中横向生长的穿透能力很强的竹鞭，竹鞭既是养分贮存和输导的主要器官，又是有很强分生能力的器官。采伐后，无需人工更新，只要护笋养竹，就有足够的新竹形成。在有竹种的地方，仅需稍加垦覆，就可迅速成林。对于丛生竹来讲，它没有横向发展的竹鞭，但它的杆基、杆柄具有很强的分生繁殖能力，采伐后也不需要人工更新，但丛生竹林扩张能力差，它只能缓慢地向四周扩张。一般散生竹造林较难但垦覆易，多通过垦覆来扩张面积，而丛生竹造林较容易，故可采用造林扩大面积。

(5)部分竹林有大小年的特点

在竹林中一些竹种的大小年现象十分明显，如竹子中面积最大的毛竹，一年大量发笋长竹，一年换叶生鞭，交错进行，每两年为一个周期，发笋养竹的那一年称大年，换叶生鞭的那一年称小年。在经营粗放的毛竹林中大小年明显，大年挖笋，小年砍竹，笋和竹材的产量波动较大。经营集约的毛竹林，林中的大小年竹的数量相当，林分的大小年不明显，竹林的产量较稳定，俗称花年毛竹林。其他竹种的竹林大多数没有明显的大小年。

(6)竹林的调查技术和计量单位都较特殊

竹林调查方法和计量单位与一般的用材林不同，竹林调查大多采用样圆法进行，不仅要调查胸径、树高、株数，还要调查均匀度、整齐度等特殊项目。其数量按百株统计，而出售经常以质量(t)计，笋产量也是以质量(t)计。

(7)竹林具有异龄林的性质

竹林是典型的异龄林，它具有异龄林的一些基本性质，如林地资源资产的价值与其上生长着的竹子资产不可分割，无法用土地期望价来计算其土地价格。林地和采伐后留下的竹子共同构成一个具有巨大生产力的固定资产。笋和竹材的产量是以年为单位连续而不间断的，其择伐周期为 1~2 年，1 年的称为连年择伐，择伐周期为 2 年的称隔年择伐。

(8)竹林的经营要求高投入

竹林的产量高，每年从竹林土地上取走的干重多达每公顷数吨(鲜重数十吨)，如此大的地力消耗须补充，在集约经营的竹林中，每年都需要大量地施肥，其成本投资十分高昂，当然也有粗放经营的，低投入，低产出的竹林。

竹林由于有上述种种特点，因此，其调查和评估方法都有异于其他林种。

7.2.2　竹林资源资产的清查和评估有关资料收集

竹林资源资产的清查是竹林资源资产评估的第一个环节。由于竹子生长快，生长的周期短，竹林中结构的动态变化较快。因此，竹林资源资产清查一般不能通过竹林档案材料的核查来代替，在评估前要求进行较为全面的竹林资源资产调查。

7.2.2.1 竹林资源资产清查的项目

竹林资源资产清查除了正常森林资源资产清查中需要调查的平均胸径、平均树高、株数以及各竹林小班的面积、立地质量、郁闭度、地利等级、权属外，还应增加如下项目：

(1)年龄结构调查

竹林的年龄结构(即各龄级的株数分布)的合理与否直接影响竹林的发笋能力。因此，它是评估竹林资源资产价值的一项重要指标。竹林的年龄无法通过其直径大小来反映，但不同年龄的竹子竹秆的颜色、竹节有一定的变化，竹叶换叶也有一些痕迹，据此可判断竹子的年龄。在大径竹，如毛竹集约经营时，还在每年新竹上标上记号，标上年份来识别年龄。

在竹林年龄结构的调查中，要求判断样圆内每株竹的年龄，通过若干个样圆的调查，求出各年龄立竹的株数比例，进而推算全林各年龄的立竹株数。在毛竹林的调查中，年龄经常按度计算，毛竹换叶的次数为度数，毛竹新竹当年换叶，其后，每两年换一次叶。因此，毛竹的一度竹仅一年，以后每度为两年。

(2)整齐度调查

整齐度是指立竹直径(在实际生产中立竹通常测量自基部起1.5m高处的直径，俗称“眉径”)大小的整齐程度。丰产的毛竹林不仅要求直径要大，而且要求直径大小整齐，即整齐度要高。

整齐度定义为林分立竹的平均直径与林分立竹直径标准差的比值，该比值越大，立竹胸径的差异越小。据南京林业大学的研究结果，整齐度大于等于7的竹林为整齐竹林，整齐度在5~7之间的为一般整齐竹林，整齐度小于5的为不整齐竹林。丰产林的竹林要求整齐度大于等于7。在其他条件基本相同的情况下，整齐度越高，竹材的产量和出笋量也越高。

整齐度的测算必须测定样圆内所有样竹的直径，将一个林分内调查的若干个样圆的资料汇总，计算其平均直径及其标准差。

(3)均匀度调查

均匀度是指林分中立竹分布的均匀程度。丰产的竹林不仅要求立竹的大小整齐而且要求分布均匀，均匀度高的竹林，竹株受光均匀，营养空间利用合理，光能利用率高，产量也高。

均匀度通常定义为样地株数的平均数和标准差的比值。均匀度大于等于5的为均匀竹林，均匀度3~5的为一般均匀竹林，小于3的为不均匀竹林。丰产竹林要求均匀度达到5或大于5的水平。在其他条件基本相同的条件下，随着均匀度的提高，出笋量也增加。

均匀度的调查要求每个小班要有一定数量的样圆(至少10个)，每个样圆计算其株数，按所有样圆计算株数的平均株数及其标准差。

(4)出笋量调查

当年的出笋量是测算笋价值的重要基础数据。出笋量的调查只能在笋期刚结束时进行，既要调查已成幼竹的数量，也要调查已被挖走的笋的数量。对于已挖走的笋的数量和退笋的数量的调查要特别细致，因为笋挖走后笋头有的已被土掩盖了。

过去的出笋量必须根据历史档案材料查找，或询问当地的经营者。

(5)生长级调查

生长级是反映竹类立地条件和经营水平的一个综合性指标。生长级以立竹的平均胸径来划分，立地条件好，经营水平高，立竹的平均胸径大，生长等级就高。以毛竹为例，我国将毛竹林分为5个生长级，胸径12 cm以上为Ⅰ级，10~12 cm为Ⅱ级，8~10 cm为Ⅲ级，6~8 cm为Ⅳ级，6 cm以下为Ⅴ级。

(6)经营级调查

经营级主要体现竹林的经营水平，不同经营水平的竹林的产笋量和产竹材量相差很大。经营级根据经营措施的配套情况和持续时间划分为3个等级。

Ⅰ经营级：有除草、松土并适当施肥等整套改善土壤理化性质的措施，有一套合理留笋养竹、合理采伐的制度，能及时防治病虫害，并连续实行6年以上。

Ⅱ经营级：每年劈山一次，注意留笋育竹和合理采伐，但不能形成一套科学的留笋养竹和采伐制度，一般能注意防治病虫害，连续这样经营6年以上。

Ⅲ经营级：两年劈山一次，不能做到合理留笋养竹和科学采伐，没有进行病虫害防治，并这样连续6年以上。

经营级的调查要求收集近年的竹林经营档案和财务档案。在未建立档案的地方应向原经营者了解，并根据该地立竹株数、年龄分布、生长等级情况进行核对。

对于已达到Ⅰ或Ⅱ经营级措施，但实施时间达不到6年的，原则上要降等，但必须在备注中做详细注明。

(7)采伐情况调查

着重调查最近几年竹林的采伐情况，每年的采伐量，采伐的用工量等。

(8)丛数调查

在丛生竹中除了调查株数外，还必须调查丛数和每丛的株数，丛均匀度。在丛生竹的调查中样圆的半径应加大(一般样圆为3.26 m的半径，丛生竹调查应扩至5 m以上)。

(9)立木蓄积量调查

竹林中尤其是在散生竹如毛竹林中经常混生有一定数量的乔木，在竹林资源资产中，这些立木的资产也必须计算在内，应调查其树种树高、胸径、株数及蓄积量。其蓄积量作散生木蓄积量处理。

7.2.2.2　竹林资源资产调查的方法

竹林资源资产的价值较高，而且林中的动态变化较快。因此，竹林资源资产的清查通常要求进行全面清查。当竹林资源资产数量很大时，也可考虑采用抽样调查法。

(1)全面清查

竹林资源资产的种类较少，同一块竹林中一般竹种单一，而且立竹的胸径、树高的变化也较小，林下亦较干净。因此，在竹林资源资产清查中一般采用典型样圆串法调查其胸径、株数和年龄，并测算其整齐度、均匀度。样圆的半径一般为3.26 m($33.3\ m^2$)，一个调查点其样圆数至少在3个以上，每个资产小班必须有3个调查点以上，测算整齐度、均匀度和立竹年龄的测算样圆必须在10个以上，调查的总面积必须在3%以上。一般样圆仅需要调查立竹株数和平均直径。

全面清查的竹林资源资产面积原则上应用罗盘仪导线法进行实测。在有万分之一地形图且调查员技术熟练时也可采用对坡勾绘的方法，进行勾绘。有条件的也可采用高分辨卫星影像图进行判读勾绘。

全面清查是竹林资源资产调查中最常采用的方法。

(2)抽样调查

在竹林资源资产面积较大又集中连片而且只要求对总资产进行评估时(不细分各小班资产价值)，为节省工作量可采用抽样调查的方法。

抽样调查时，样地一般采用机械布点，每隔一定间距布设一块样地，样地可采用方形样地，样圆串或样圆群等方式设置。样地内进行每竹检尺，并判断每竹的年龄。

(3)小班抽查法

在竹林资源资产面积大，且有若干种不同的生长级、经营级时，可按原经营者提供的竹林资料，将其按生长级和经营级分为若干种类型，每个类型抽取部分小班进行全面调查，用抽查小班的清查结果来掌握各类型竹林的平均资产状况。

7.2.2.3 其他有关评估资料收集

竹林资源资产的清查仅提供了资产的资源状态方面的材料，要进行评估还需要收集和调查有关资产经营和经济方面的资料。

(1)价格资料的收集及分析

竹林的价格资料主要是指竹材的价格和笋的价格。竹材的采伐和竹笋的挖掘是有季节性的，错过采集季节便没有这个产品也就没有该产品的现价。因此，竹林产品的价格大多是以最近一次采集季节的平均价格，作为现价的基础。由于市场的价格经常在变化，用上一季(通常是上一年)的价格作为现价是不合适的，因此，在确定产品价格时必须根据近年来市场价格的变化趋势和物价指数对上一季的平均价格进行修正，以修正后的价格作为现价。

(2)竹林产量资料的收集

竹林的产量是竹林资源资产评估的最基础的资料。竹林的产量有竹材产量和竹笋产量两大部分。对于毛竹林来讲，竹笋产量中还分为冬笋产量和春笋产量两大部分。

产量调查的目的是预测未来的产量，竹材产量的调查及预测相对较容易，而笋的产量调查及预测都较为困难，现地调查至多仅能调查到当年的产笋量，有时连当年的笋量都无法调查清楚，如毛竹春季春笋期后进行调查，最多仅能调查到其春笋的数量，而冬笋则无法调查。因此，笋产量主要通过社会调查、农户咨询及科学研究的资料分析获取。

(3)经营成本资料的收集

竹林的经营成本调查通常较为简单。在结构合理的竹林中，主要是每年除草、翻土、施肥以及挖笋和砍竹的投工、投资。它们每年的数额大致是相同的，在新造竹林中有劈杂炼山、挖穴整地、种竹、抚育施肥以及母竹的购买和运输费用。每年的费用均不相同，在刚垦覆和结构合理的竹林，每年的抚育改造费用也较相近，但挖笋采伐的成本大不一样，随产量增加而增大。

(4)税费资料的收集

目前竹类产品多属于免税产品，但各地也可能存在些许差异，一般通过咨询经营者、笋竹加工者或林业主管部门即可获得。

7.2.3　竹林资源资产评估实务

竹林资源资产的评估方法和一般资产评估一样，可以用重置成本法、收益现值法和现行市价法。不同测算方法适合于不同的竹林。竹林全是异龄林，但它的择伐周期短，多为 1~2 年，主伐年龄也较短，大径的毛竹一般为 6~8 年，小径竹一般 3~4 年。因此，竹林资源资产主要可分为 3 种类型：一种是新造的未投产的竹林；另一种是已经成林投产，但由于前期失管或管理不善，年龄结构不合理的未调整好的竹林；最后一种是已调整好的年龄结构合理的竹林。三种类型的竹林资源资产评估方法有所不同。

7.2.3.1　新造未投产的竹林资源资产评估

新造竹林造林以来已投入了大量的人力和资金，但尚未取得回报。这类资产投资的成本比较明确，因此，多采用重置成本法进行，也可用现行市价法，但一般不用收益现值法。

(1) 重置成本法

新造竹林第一年的生产成本主要用于母竹的购买、运输及劈山清杂、挖穴整地、施肥定植、除草松土、地租、管护费用分摊等费用支出；第二年以后主要是除草松土、施肥、地租、管护费用分摊等，其成本相对较稳定。则立竹资产评估价值为：

$$E_n = \sum_{j=1}^{n} C_j (1+i)^{n-j+1} \tag{7-9}$$

式中　E_n——竹林资源资产评估值；

C_j——第 j 年成本费用；

i——投资收益率；

n——造林后的年数；

重置成本法中成本的计算通常以社会的平均成本计算，并且要求达到一定质量标准。因此，必须对现在林分立竹的成活和生长情况、分植情况进行比较，以确定一个调整系数 K，并用这个系数对原测算结果进行调整。

(2) 现行市价法

现行市价法是资产评估中应用最为广泛的方法。该法应用的关键是能否找到与待评估资产类似的 3 个或 3 个以上已被评估或转让的资产交易的案例，用该案例作为参照价来确定待评估资产的价值。由于竹林种类的多样性，环境的复杂性，在市场上无法找到与被评估资产一模一样的资产。另外由于交易时间的不同，市场的价格也发生了变化。以上 2 个原因都要求对交易案例的价格进行调整。因此，在采用现行市价法时，通常有两个调整系数，一个是根据待评估资产与案例中交易资产之间的差异而确定的调整系数，即林分综合调整系数 K_1；另一个是因时间变化而引起价格变化的调整系数，即物价调整系数 K_2，经过两次调整后，基本上可满足要求，其公式为：

$$E_n = \frac{S}{m} \sum_{j=1}^{m} E_j K_{j1} K_{j2} \tag{7-10}$$

式中　E_n——竹林资源资产评估值；

E_j——第 j 个评估案例的单位面积交易价格；

K_{j_1}——第 j 个评估案例的林分综合调整系数；

K_{j_2}——第 j 个评估案例的物价调整系数；

m——案例个数；

S——竹林资源资产面积。

在实际评估中，由于我国森林市场发育不健全，积累的案例较少，寻找合适的交易案例较困难，故使该方法的运用受到限制。

7.2.3.2 年龄结构不理想的竹林资源资产评估

年龄结构不理想的竹林大多是由于缺乏合理的采伐制度和留笋养竹制度造成的，这类竹林一般经营粗放，年度间的竹材和笋产量变化较大，因此，要在一个调整期内，将其调整为年龄结构合理、产量相对稳定的竹林，才能用收益现值法对资产进行测算。这类竹林的经营年限一般较久，原造林的投资多已回收，而且年代长久，投入成本无法计算。因此，无法采用重置成本法进行估算，只能用收益现值法和现行市价法进行估算。一些竹林如毛竹林大小年明显，大小年的经济收入不同，其计算公式也不一样。

(1)花年竹林收益现值分段法计算

花年竹林即大小年不明显的竹林。收益现值的分段法即将调整期内的收益值和调整期后的收益值分为两段进行计算。调整期一般最长不超过6~8年，具体的年数要根据竹林的现有年龄结构确定。如果幼龄竹数量太少，则调整的年限较长，幼壮年竹数量足够，而成龄竹较少，则调整期较短。花年竹林的收益分段法计算公式如下：

$$E_n = \sum_{j=1}^{n} \frac{S_j}{(1+i)^j} + \frac{S}{i(1+i)^n} \tag{7-11}$$

式中 E_n——竹林资源资产评估值；

n——调整期的年数；

S_j——调整期内各年的预测纯收入；

S——调整期后进入稳产期时预测的年纯收入；

i——投资收益率。

(2)大小年竹林的收益现值分段法计算

经营大小年明显的竹林，在进入稳定阶段后，大年和小年的竹材和笋的收益均不相同。因此，可将其看成2个以两年为周期进行永续作业的总体，并将其收益现值相加，再加上调整期内的收益现值，其计算公式为：

$$\begin{aligned} E_n &= \sum_{j=1}^{n} \frac{S_j}{(1+i)^j} + \frac{S_1(1+i)}{[(1+i)^2-1](1+i)^n} + \frac{S_2}{[(1+i)^2-1](1+i)^n} \\ &= \sum_{j=1}^{n} \frac{S_j}{(1+i)^j} + \frac{S_1(1+i)+S_2}{[(1+i)^2-1](1+i)^n} \end{aligned} \tag{7-12}$$

式中 E_n——竹林资源资产评估值；

S_1——进入稳产期后大年的年纯收入；

S_2——进入稳产期后小年的年纯收入；

其他字母含义同式(7-11)。

(3)现行市价法

年龄结构不合理的竹林的现行市价法和新造竹林的现行市价法的计算公式是一致的，但其综合调整系数要根据立地质量和竹林的年龄结构等实际情况进行确定。

7.2.3.3　合理结构的竹林资源资产评估

合理结构的竹林是指经过调整，立竹的年龄结构已合理的竹林。这类竹林的经营等级为Ⅰ级或Ⅱ级，竹林的产笋量和产竹材量都较稳定，其资产的评估主要采用收益现值法中的年金法(或称资本化法)，也可采用现行市价法进行。由于花年竹林和大小年竹林的不同收益情况，又可分为两种计算公式。

(1)花年竹林的年金法

花年竹林的竹、笋产量稳定，投入也稳定，其资产可直接用年金法测算，其计算公式：

$$E_n = \frac{S}{i} \tag{7-13}$$

式中　E_n——竹林资源资产评估值；

S——年纯收入；

i——投资收益率。

(2)大小年竹林的年金法

大小年竹林的收入已达稳定，但大小年的收入差异明显，因此，可看作两年为周期的2个总体的年金相加。

$$E_n = \frac{S_1(1+i)}{(1+i)^2-1} + \frac{S_2}{(1+i)^2-1} = \frac{S_1(1+i)+S_2}{(1+i)^2-1} \tag{7-14}$$

式中　E_n——竹林资源资产评估值；

S_1——竹林大年的年纯收入；

S_2——竹林小年的年纯收入；

i——投资收益率。

(3)现行市价法

结构合理的竹林的现行市价法其综合调整系数是以其产量或纯收入为依据进行确定的。

7.2.4　毛竹林资源资产评估必须注意的几个问题

第一，竹林资源资产评估的方法和公式有多种，必须根据待评估竹林资源资产的年龄结构和经营方式来确定适用的评估方法和公式。在新造的竹林即年龄序列虽完整，但结构不合理的竹林，一般采用分段式收益现值法，在年龄结构合理的竹林多采用年金法。现行市价法适用于各种状态的竹林，但其综合调整系数确定所依据的林分生长指标是不同的。

第二，竹林资源资产评估的关键问题是竹林产量的预测和年纯收入的计算。竹林的产量，尤其是竹笋产量的调查和预测都是较困难的。预测竹笋产量的模型虽已进行了一些研究，但仅是在局部的区域内进行的，其适用范围有限。因此，为了更好地进行竹林资源资产的评估，必须对竹笋的产量预测模型进行系统的研究，以建立系统的适应性强的竹笋产量预测模型。

第三，竹林的调查从项目、内容到调查方法都有一定的特殊性，这些特殊的指标对竹林的产量有较大的影响，必须认真组织调查。

第四，竹林是异龄林，林地和立竹资产无法准确地分开，要单独研究测算其地价和地租是困难的。必须先将林地和竹林资源资产合并为综合性的资产进行评估，然后再按一定的比例将其地价和立竹价分开。这个比例目前尚无准确规定，必须根据其他林种的研究结果来确定。

【例7-3】 某村集体拟转让新垦覆尚未进入稳产阶段的毛竹林面积5 hm^2，已进入稳产的成年毛竹林面积10 hm^2。该地毛竹林为花年毛竹不存在大小年现象，请根据下述有关经济指标评估：(1)长期(无限期)转让价值；(2)40年转让期限价值。

解：评估专业人员经咨询调查收集相应的评估资料如下：

(1)培育成本(每年)

①施肥：新垦覆期间每年平均2 100元/hm^2，进入稳产期后每年1 350元/hm^2(二年施肥一次，每次施肥的肥料款1 200元/hm^2、施肥工资1 500元/hm^2，合计为2 700元/hm^2)。

②深翻抚育：新垦覆期间每年平均1 800元/hm^2，稳产期后四年一次，每次3 600元/hm^2,分摊至每年平均为900元/hm^2。

③劈杂除草：新垦覆期每年900元/hm^2，进入稳产期后每年1 200元/hm^2。

④管护费(主要包括护林，病虫害防治等费用)：150元/hm^2。

(2)竹林竹材产量预测

根据调查该村评估对象附近稳产竹林近几年来平均年竹材采伐量，预测评估对象稳产成年竹林单位面积年产竹材420株/hm^2，新垦覆竹林4年后即从评估基准日后第5年达稳产状态。进入稳产的前4年，每年产竹少且数量不等。其各年产竹材数量预测见表7-2。

表7-2 新垦覆竹林竹材产量预测表

	年度					
	第1年	第2年	第3年	第4年	第5年	第6年
竹材产量/(株/亩①)	150	225	300	375	420	420

(3)竹材经营成本

①竹材价格见表7-3。

表7-3 竹材价格

	眉径(周长)					
	7寸②	8寸	9寸	1尺③	1尺1	1尺2
竹材价格/元	7	10	15	18	22	25

根据调查当地生产的平均竹材主要以8寸~1尺1的竹材为主，取其平均值得注意 $(10+15+18+22)/4=16.25$，取舍后每根竹材平均价格为16元/根。

注释：①1亩≈666.7 m^2；②1寸≈0.033 m；③1尺≈0.33 m。

②采伐成本(含运输费用)：以销售价格的 50% 计即 8 元/根。

(4)竹笋收益

①产量：根据调查新垦覆竹林稳产前笋产量预测见表 7-4。

②价格：春笋平均价格为 1.6 元/kg，冬笋平均价格为 12 元/kg。

③挖笋成本：春笋采挖成本为春笋售价的 60%，冬笋采挖成本为冬笋售价的 50%。

表 7-4　新垦覆竹林稳产前笋产量预测表　kg/hm^2

产　量	年　份					
	第 1 年	第 2 年	第 3 年	第 4 年	第 5 年	第 6 年
春笋产量	825	1 050	1 350	1 800	2 250	2 250
冬笋产量	37.5	90	150	225	300	300

(5)竹林地租

据调查研究，竹林年地租通常为每年 450 元/hm^2。

(6)投资收益率

竹林投资收益率定为 10%。

计算过程：

竹材纯收入 = 16 − 8 = 8(元/根)

春笋纯收入 = 1.6 − 1.6 × 0.6 = 0.64(元/kg)

冬笋纯收入 = 12 − 12 × 0.5 = 6(元/kg)

第 1 年每亩纯收入：

= 8 × 150 + 0.64 × 825 + 6 × 37.5 − 2 100 − 1 800 − 900 − 150 − 450 = −3 447(元/hm^2)

第 2 年每亩纯收入：

= 8 × 225 + 0.64 × 1 050 + 6 × 90 − 2 100 − 1 800 − 900 − 150 − 450 = −2 388(元/hm^2)

第 3 年每亩纯收入：

= 8 × 300 + 0.64 × 1 350 + 6 × 150 − 2 100 − 1 800 − 900 − 150 − 450 = −1 596(元/hm^2)

第 4 年每亩纯收入：

= 8 × 375 + 0.64 × 1 800 + 6 × 225 − 2 100 − 1 800 − 900 − 150 − 450 = 102(元/hm^2)

第 5 年每亩纯收入：

= 8 × 420 + 0.64 × 2 250 + 6 × 300 − 1 350 − 900 − 1 200 − 150 − 450 = 2 550(元/hm^2)

根据上述结果计算：

(1)长期(无限期)转让价值

新垦覆每亩竹林资产评估值为：

$E_n = \{[-3\,447/(1+10\%)^1] + [-2\,388/(1+10\%)^2] + [-1\,596/(1+10\%)^3] + [102/(1+10\%)^4] + 2\,550/[10\% \times (1+10\%)^4]\} = 11\,180.22$(元)

5 hm^2新垦覆竹林资产评估值 = 11 180.22 × 5 = 55 901.11(元)

10 hm^2已进入稳产期竹林资产评估值为：

$$E_n = \frac{S}{i}$$

$$E_n = 2\ 550/0.1 \times 10 = 255\ 000(\text{元})$$

该村拟转让的竹林资产评估值为:

$$E = 55\ 901.11 + 255\ 000 = 310\ 901.11(\text{元})$$

(2)40 年转让期限价值

$E_n = \{[-3\ 447/(1+10\%)^1] + [-2\ 388/(1+10\%)^2] + [-1\ 596/(1+10\%)^3] + [102/(1+10\%)^4] + 2\ 550 \times [(1+10\%)^{(40-4)} - 1]/[10\% \times (1+10\%)^{40}]\} = 10\ 616.80$(元)

5 hm^2新垦覆竹林资产评估值 = 10 616.80 × 5 = 53 084.00(元)

10 hm^2已进入稳产期竹林资产评估值为:

$$E_n = \frac{S[(1+i)^n - 1)]}{i(1+i)^n}$$

$$E_n = 2\ 550 \times [(1+10\%)^{40} - 1]/[10\% \times (1+10\%)^{40}] \times 10 = 249\ 365.8(\text{元})$$

该村拟转让的竹林资产评估值为:

$$E = 53\ 084.00 + 249\ 365.8 = 302\ 449.8(\text{元})$$

小　结

经济林资源资产不同于用材林资产，具有其自身的经营特点，且其清查方法有别于一般用材林，由于其产品的多样化，使经济林评估成为森林资源资产评估中的一个重点内容也是难点，在经济林评估中，通常根据其不同的生长发育阶段将其资产评估分为：产前期、始产期、盛产期和衰产期经济林资源资产评估。不同生长发育时期，其评估方法也有所不同，除现行市价法在满足其适用条件可用于不同阶段的经济资产评估外，对于产前期经济林多采用重置成本法进行测算，始产期经济林则可用重置成本法、收益现值法进行评估；盛产期则多采用收益现值法进行评估；衰产期经济林由于经济林产品产量严重下降，多数不再具有继续经营价值，必须及时采伐更新，可用剩余价值法或参考用材林成过熟林林木资产评估方法进行评估，对于乔木类经济林而言其剩余价值主要是木材的价值。

竹林资源资产是典型的异龄林，但其经营又不同于一般用材异龄林，在评估时应注意其清查与调查项目的特殊性，根据竹林的经营特点其评估主要可分为3种类型：新造的未投产的竹林；年龄结构不合理的竹林；年龄结构合理的竹林。3种类型的竹林资源资产评估的测算方法略有不同。竹林资源资产的评估方法与一般资产评估一样，可以用重置成本法、收益现值法和现行市价法。不同测算方法适合于不同的竹林。除现行市价法外，新造竹林造林多采用重置成本法进行。年龄结构不理想的已投产竹林大多是由于缺乏合理的采伐制度和留笋养竹制度造成的，此类竹林经营粗放，成本不易估算，一般不采用重置成本法进行估算，而采用分段式收益现值法进行估算。而对于具有合理结构的竹林多采用收益现值法进行评估，由于竹林可能存在大小年现象，所以还需注意大小年竹林在评估中的计算参数应用。

思考题

1. 经济林资源资产的经营特点有哪些?
2. 经济林资源资产如何界定?
3. 在经济林资源资产清查和评估中应收集哪些资料?
4. 经济林资源资产中通常采用哪些评估方法?
5. 请简述竹林资源的特性及经营特点。
6. 针对不同的竹林资源类型，应分别采用何种评估方法?

7. 毛竹林资源资产评估必须注意哪些问题?

8. 某村集体拟将毛竹林地承包于林农经营，其中A地块10 hm^2毛竹林的拟承包转让期限为50年，另一B地块20 hm^2的毛竹林则拟进行长期(无限期)承包转让，这两块林地毛竹林年龄结构合理，预期投资收益率为10%。试根据下列条件计算其承包转让评估值：

(1)A地块竹林为花年竹林，每年可获取笋竹纯收益为4 500元/hm^2。

(2)B地块竹林存在大小年现象，大年可获取笋竹纯收益为5 000元/hm^2，小年获取笋竹纯收益为2 000元/hm^2。

请分别计算A、B两地块竹林的承包转让评估值。

第8章　林地资源资产评估

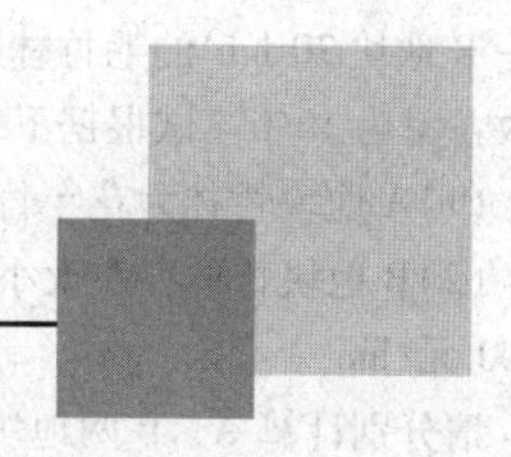

【本章提要】

本章主要对林地资源资产评估的概念、特点、林地地租和地价及影响林地资产价值的主要因子等进行简要概述，重点阐述了同龄林林地、异龄林林地、其他地类林地等林地资产的价值估算方法。通过本章学习，在熟悉林地资源资产评估内涵、价值影响因子的基础上，重点掌握同龄林林地资源资产评估方法，了解异龄林林地和其他地类的林地评估方法。

林地是林业生产的基础，其价值主要通过生产木材和其他林产品来实现。林地与林木共同构成了森林资源资产评估最为重要的物质基础，随着集体林权制度改革的深化，林地作为农村重要的基础生产资料日趋受到林农及社会投资的重视，传统的无偿使用与随意占用林地已成为历史，在我国社会主义市场经济的不断完善和林业的多元化发展促进下，林地资源资产价值估算与流转已成为集体林权制度深化改革的重要组成部分。

8.1　林地资源资产评估概述

林地是林业生产的基础，林地资源资产是森林资源资产的基础构成部分——没有林地就不会有森林，也就无所谓森林资源资产。林地资源资产既可作为森林资源资产的一个组成部分，又可以成为单独经营的资源性资产。在我国，林地资源资产是所有权禁止买卖而经营权可有偿转让的特殊资源性资产。

随着森林资源经营管理水平的提高和林业企业的发展，人们对林地生产力和林业再生产基础这一价值逐步有了更深层的认识，许多林业企业出于规模化经营的需要，对林地经营范围的扩大与集约化经营不断提出新的要求。在这种趋势的促动下，林地资源资产的界定、价值评估与规范流转都成为森林资源资产化管理中亟待解决的问题。

8.1.1　林地资源资产的特点

林地资源是土地资源的重要组成部分，林地资源资产主要具有以下特点：

(1)有限性

林地是不可再生资源，其资源在一个地区、一个国家以至全球范围内总是有限的，而具备资产属性的林地则更为有限。随着人口的增长、工业的发展、城市的扩大及人类对环境质量要求的提高，林地资源资产的稀缺性愈显突出。

(2)差异性

林地的差异性极大，除了其本身内在的生产潜力差异外(即立地质量等级)，它还存在着地利等级即生产运输成本上的差异。林地的这些差异，要比农地大得多，林地的差异，给林地资源资产评估带来了许多困难。

(3)固定性

林地资源资产也和所有的土地资源资产一样，它的位置是固定在地球的某一地理坐标上，无论是买进还是卖出，林地资源资产的自然地理位置都不可能移动。因而附属于该位置的温度、湿度、光照、降雨等均有一定的状态，从而影响了林地的生产潜力。

(4)易变性

林地范围的界定是人们根据土地的植被、用途、参照有关政策和法规界定的，因而是人为规定的。随着林地上附着物的变化，林地很容易变为其他地产，如毁林开荒，把林地变为农用地，修建房屋变为房地产等。另外，随着道路的修建，林地的精细化作业、经营管理水平的提高等措施则有利于地利等级与立地质量的改善，促进了林地经营效益的提高，可能使一些潜在的非资产性林地资源转化为林地资源资产。因此，在林地资源资产评估中，首先必须界定林地资源资产的范围。

(5)依附性

林地资源资产是基础性资产，它的资产价值是通过在其用途及地上附着物得以体现的。在林业生产实践中，林地价值高低与林分即林木资产价值息息相关。因此，林地资源资产的评估脱离不了林地上的林木资源资产评估。

8.1.2　林地地租

地租是土地所有权在经济上的实现形式，是土地的使用者为了使用土地本身而支付给土地所有者的超过平均利润以上那部分价值。其实质是剩余劳动产物和剩余价值形态。林地作为土地的重要类型之一，其价值内涵本质也是地租的一种体现，通常林地的地租由级差地租和绝对地租两部分构成。

(1)级差地租

级差地租是指经营较优土地所获得的，并归土地所有者占有的那一部分超额利润。级差地租形成的前提是土地资源的有限性，好地并不能满足社会对农产品、林产品的需求时，农林行业中的超额利润就成为常态。因为农林产品的社会生产价格不是由行业平均生产条件决定，往往是由劣等地的生产条件决定，否则就会出现大量的土地抛荒与闲置。形成级差地租的条件是林地质量的差别。它包括林学质量的差别(林地生产潜力的差别)和经济质量的差别(地理位置的差异)。林地的级差地租由于形成的条件不同，具有两种形态：级差地租Ⅰ和级差地租Ⅱ。

级差地租Ⅰ是由于林地立地质量的差异而产生的收获数量差异，或由于地利条件不同而造成生产成本的差异，进而使林地的经济收益产生差异，从而好的林地比差的林地能够获得更高的超额利润，这部分的超额利润即为级差地租Ⅰ。

级差地租Ⅱ是林地使用期内，由于经营者增加投入，实行集约经营，使林地的生产力或地力等级提高从而增加林木材积和林产品数量而产生的超额利润，即为级差地租Ⅱ。级差地租Ⅱ在经营者的承租期内归经营者所有，只有在承租期满后，签订新的租约，这部分的地租才被加到以后的地租中而归土地所有者占有。

(2)绝对地租

从以上分析看，劣等林地没有级差地租，但这并不意味着劣等林地没有地租，否则的话，土地所有者宁肯让它荒芜。林地作为一种生产资料，必须有其回报和补偿，这就构成了绝对地租。所谓的绝对地租是由土地的稀缺性与排他性占有所决定的，其本质与林地质量无关，即土地所有者拥有土地就拥有绝对地租的受益权。但在实际经营中，由于经营者通常很难从劣等林地上获取利益，即劣等林地的绝对地租计算时可能出现负值，但作为资产，其货币计量值必须为正值，负的计量值是无意义的。因此，林业经营中一些最劣等的林地在现阶段暂时不能列入林地资源资产，森林资源资产评估通常不考虑绝对地租，即使有也经常是一个象征性的绝对地租值，以保证其符合作为资产价值必须大于零的基本属性要求。

由于级差地租Ⅱ是林地经营者在获得林地使用权后，通过集约经营或技术改良而获取的收益，该部分收益应归经营者所有，因此在林地使用权评估中，一般只考虑林地使用权出让前的本身固有属性给林地所有者所带来的价值，即级差地租Ⅰ与绝对地租，而不考虑级差地租Ⅱ。在林地资源资产评估实际操作中通常不仔细分绝对地租与级差地租，而是根据当地平均的立地质量和平均地利等级，测算出各地的平均地租，然后再根据各块林地具体的地利等级和立地质量进行修正。

例如，福建省林业局就曾提出，将福建立地分类，分为Ⅰ、Ⅱ、Ⅲ、Ⅳ四类地。以Ⅳ类地为准，山场离乡镇以上公路6 km为基础，地租定为林价的10%，地类每上升一级，地租增加林价的5%，集材运距每增加3 km，地租减少林价的3%，从而更好地适应福建省的林业生产实际需要。

8.1.3 林地使用权

林地使用权有广义和狭义之分。狭义的林地使用权是指依法对林地的实际使用，包括在林地所有权之内，与林地占有权、收益权和处分权是并列关系；广义的林地使用权是指独立于林地所有权之外的含有林地占有权、狭义的林地使用权、部分收益权和不完全处分权的集合。目前实行的林地使用权的出让和转让制度中的“林地使用权”就是指广义的林地使用权。通常所说的林地使用权即广义的林地使用权，它是指林地使用者通过国家或集体(林地所有者)有偿取得林地后依法进行使用或依法对其使用权进行出让、出租、转让、抵押、投资的权利，是林地使用权的法律体现形式。林地使用权是与林地所有权有关的财产物权。取得广义的林地使用权者，就称为林地使用权人。

林地使用权是我国林地使用制度在法律上的表现。林地使用权的设定必须依法成立，任何人无论以何种方式取得林地使用权都必须得到法律认可，否则将构成非法占用他人林地。由于林地使用权是以他人林地为客体的权利，因此，林地使用权人一般须向林地使用权出让人支付林地使用权价格，在我国林地资源资产价值评估本质上就是对林地使用权价格的评估，而非对林地所有权属的评估。

8.1.4　影响林地资源资产评估价值的主要因素

林地是通过生产木材和其他林产品来实现它的价值。因此，在估计这种价值时必须对这些森林的收获进行长期的测定，即对林地未来的收益(林地本身的贡献)进行预测。在预测中有许多因素对其结果产生影响，主要包括：

①林地立地质量及其他自然条件的差异(林学质量)；

②林地地利条件差异(经济质量)；

③林地经营方式及强度；

④林产品的市场价格；

⑤经营周期及利率；

⑥有林地与无林地的差别；

⑦评估时间与交易时间的不同；

⑧林地交易的迫切性；

⑨其他影响因素。

8.1.4.1　林学质量

林学质量通常也称为立地质量，它是指狭义的立地质量，主要从林木生长的角度来反映其经济价值，一般由下列因子所决定：

(1)土层厚度

土层是林木根系生长的场所，深厚的土层是林木正常生长的必要条件。

(2)腐殖质层厚度

腐殖质是土壤肥力的重要指标。腐殖质层厚，土壤的肥力高，林木生长好。

(3)土壤质地

土壤质地反映了土壤的物理性质，疏松、通气的土壤，根系生长发育好，地上部分的林木也长得好。

(4)海拔高度

海拔高度对积温有很大影响，积温直接影响了林木的生长，大多数树种都有一个适宜的海拔范围。

(5)坡位

坡位对土壤的发育、水肥条件影响较大，因而对林木的生长发育的影响也很大。通常上坡的(特别是山脊)土层薄，林木生长较差；而下坡的林地土层厚，水肥条件好，林木生长好。

(6)坡向

坡向影响了日照的时数、强度，并对林木的生长产生影响。通常阴坡或半阴坡的林木材积生长较好，而阳坡的果树果实产量较高。在沿海迎风面坡向的林木生长差，而背风面的林木生长较好。

(7)坡形

坡形也对土壤的形成产生影响。通常洼部的林木生长较好，立地生产潜力较大。

(8)地势

地势分为开阔、较不开阔和隐蔽3种，它对局部的小气候有一定的影响。对于大多数林木来说，隐蔽的地形材积生长好。

由于影响林学质量的因素较多，且这些因素多有交叉的配置，因此，在调查中经常简单地把立地质量分为4个立地条件类型：Ⅰ肥沃类型；Ⅱ较肥沃类型；Ⅲ中等肥沃类型；Ⅳ瘠薄类型。一个类型对应于一些地形、地势和土壤因子，但若干类土壤、地形因子的配置多种多样，4个类型等级很难包罗，因此，在评定时，时常要根据调查人员的经验进行判断，这样就不可避免地带有一定的人为主观因素。

林学质量是从生长的角度来反映林地的生产力。通过研究发现，树木的高生长对林地生长潜力的反应最为敏感，因此，在调查中也常用以林分平均高和平均年龄关系编制的地位级表，或者以林分优势高和年龄关系编制的地位指数表进行评定。也有学者分析了影响立地质量的各因子与树高生长间的关系，利用数量化理论将各环境因子数量化，编制了数量化立地指数表对林地立地质量进行评定。

林学质量确定后，即立地条件类型、地位级或地位指数确定后，就可据其进行林木生长的预测，确定其未来的生长收获，作为林地资源资产评估的基础。

8.1.4.2　经济质量

经济质量主要是指林地的经济位置，它通常以林地交通运输条件作为主要指标。如以近期内道路是否能达到小班，将小班分为即可及小班——道路已达到该小班内或小班附近，小班内采伐的木材，不用修建道路即可运出；将可及小班——近期内道路可延伸至小班或小班附近，小班安排采伐仅需修建少量的道路(木材生产成本可承受得了的投资)即可运出；不可及小班——近期内道路无法延伸到小班附近，采伐木无法运出。

可及度是最粗放的地利等级划分，它从道路修筑的投资出发直接决定了森林资源是否能成为资产及资产价格的高低。不可及小班林的资源由于近期内无法开发利用，无法体现出其经济价值，因此，不可及小班林的资源在近期内暂时还不能作为森林资源资产，而只能作为潜在性的资产。将可及小班林的资源由于其开发利用需要一定数量的道路修筑投资，该投资必须加到木材生产成本中，使木材生产的成本加大、生产的经济效益下降，其森林资源资产的价格也大大降低。即可及小班林资源，它已具备了采集运输条件，其开发利用基本不需要道路的投资，木材生产的成本低、经济效益高，其资源性资产的价格也高。

对经济质量的评定仅用以道路修筑的投资费用考虑的可及度是不够的。从木材生产成本费用的开支的分析中可知，在各项木材生产成本中运输费用的支出变幅极大。同样是可及林，但木材运往销区的运距，可能是十几千米(造纸厂附近的松木林)，到几百千米，以至数千千米(国外进口木材)，运输的成本相差几倍至几十倍。这变幅极大的成本差异构成了级差地租的重要组成部分。因此，在森林资源资产的评估中，评定林地的经济质量，除考虑可及度外，还必须根据木材运输的成本来划分地利等级。

区位等级也是反映土地经济质量的一种重要指标，它是按土地所在县(市)经济发展水平和交通运输条件进行分级，并确定各个等级的地域系数，以该系数来修正林地的价格。该方法来自城镇国有土地的评估，如广东省将城镇国有土地按县(市)经济发展水平分为

10等，每个等级确定地域系数，用地域系数修正地价。在城镇内，再根据土地所在位置的繁华程度又分为若干等，并规定各等级的标准地价。该方法简单易行，因此，广东省国有资产管理办公室和林业厅共同制定的《广东森林资源资产评估程序与方法》中将其引入林地评估，用区位等级来代替地利等级，编制了立地系数表(表8-1)和地域系数表(表8-2)，并确定其标准地价为3 021元/hm^2。

应用该方法的关键是制订地域系数和基准地价，这两个指标制订合理与否，与评估结果关系极大。另外，在同一个县内，木材生产的运输距离的差距仍可达数十千米。因此，在县内仍必须编制地利等级表。

表8-1　立地系数表(基准年20年)

等　级	每公顷出材量/m^3	立地系数
好	60	1.4
中	42.3	1.0
差	33.8	0.8

表8-2　地域系数表

区位等级	2	3	4	5	6	7	8	9	10
地域系数	5.5	5.0	4.0	3.0	2.4	1.9	1.5	1.2	1.0

8.1.4.3　林地经营的方式及强度

林地的价值主要靠生长在其上面的林木生产的木材和其他副产品来实现的。一切特定的林地，可以让其自生自灭，而不采用任何经营利用措施，使其资产的价值最低，也可以采用集约经营，利用各种技术措施，如良种壮苗、抚育施肥、适时间伐、病虫害防治、及时主伐利用等使它的生产量达到或接近土地生产能力的最大值，从而提高了林地的经济效益，并提高了林地的价值。当然，在这一评估中必须考虑采用集约经营措施的成本费用问题和经营实践的成功与否。林地资源资产的价值是以扣除了生产经营成本后的纯收益为评估基础的。

从经营方式看，经营不同的林种如经营用材林或经济林，其经营的目的不同，经营的经济效益也有很大的差别，一块林地，特别是裸露地，必须根据当地的林业发展规划来确定它的最佳林种。从经营的树种看，同样经营用材林，一块地可营造杉木林，也可营造马尾松林，或者珍贵的阔叶林，以至一般的阔叶林。经营不同的树种，经济价值相差较大，其林地的资产价格也将发生变化。因此，在确定了林种后，还必须根据当地的技术水平、经济能力以及外部环境的要求，选择最适宜的目的树种，并在这个基础上确定经营的强度，以此为基础进行经济分析来评估林地的价格。

8.1.4.4　林产品的市场价格

林地资源资产的价值与林产品的价格息息相关，它经常以林地上林产品的产值扣除了成本、税费后的纯收益为基础进行测算。林产品的市场价格提高，对应的林地资源资产的价格也高。

由于林产品的市场价格是经常变化的，且各种规格的原木价格均不同，因此在森林资源资产的评估应用评估基准日的市场价时，必须根据林分径级结构的分布状况确定各种口径的原木出材量，分别乘上它们的市场价，求得林分的木材的总产值，在此基础上分析估算林地资源资产价值。

8.1.4.5 生产周期及利率

林木的生长需要时间，在林业生产中林木生产的周期通常很长，短则数年，多则数十年、上百年，因此，在评估林地价值时必须考虑生产周期的影响。在评估林地价值时需要把在数十年这样一个长期内各个不同时间点发生的各种支出和收入归结到同一个时间点上，以便进行比较、分析和计算，这样就产生了应采用什么样的利率的问题。由于森林经营的生长周期长，在复利计算中，利率高低对评估的结果将发生极大的影响。为此在林地资源资产的评估中必须关注森林经营生产周期与利率的影响：

(1)确定森林经营的时间期限

时间期限在同龄林的经营中通常是指轮伐期，在异龄林的经营中这个时间期限通常是指择伐周期。

轮伐期的确定通常是以林木的工艺成熟龄或经济成熟龄作为确定的主要依据，是根据当地需材材种的要求以及经营单位的经济和经营类型的龄级结构来综合考虑确定的。

择伐周期在理论上是以林木的生长率、择伐的强度，通过公式计算的。但在实际工作中无论是轮伐期，还是择伐周期，在评估前均已确定。

(2)确定评估中所要采用的利率

在森林资源资产的评估中，采用的利率是较低的。因为评估中各计算公式所采用的成本支出，或者经营收入，均以现在的价格进行计算，其采用的利率必须从现行的商业利率中扣除通货膨胀率，仅由纯利率和经营的风险率两部分构成。由于经济利率是较稳定的，则所采用的利率的变化，主要是由经营项目的风险率所决定。

8.1.4.6 有林地与无林地的差别

如上所述，林地的价值与经营的方式、种类、强度有关。在有林地上，在本周期内的经营树种，经营方式和强度均已确定。在本周期内的土地收益必须根据现有状态确定，只有在下一轮伐期后才能改变其经营的种类与方式。而无林地从评估时就必须为其确定较适合的经营树种、经营方式和强度。此外，对有林地的更新，其成本一般要低于无林地的造林。这些因子都使有林地与无林地的价值产生差别。

8.1.4.7 评估时间与交易案例时间的差异

在森林资源资产的评估中使用现行市价法时，经常无法寻找到近期的交易案例，这样所使用案例的交易时间与评估时间有较长的时间间隔，不同时期市场的物价水平不同，也许是涨了(通货膨胀)、也许是跌了(通货紧缩)，这样相同的林地，在不同时期其价值是有所不同的，利用不同时期的交易案例，必须根据市场的物价水平进行调整。

8.1.4.8 林地交易的迫切性

林地交易是否迫切，林地的出售有无竞买者，这对林地的价格有一定的影响。在通常情况下，林地出售的竞买者很少，而林地所有者对林地的出售也不迫切。如果有较多的竞买者，林地价格可能升高，而如果林地所有者对交易要求迫切，则林地价格可能下降。

8.1.4.9　其他影响因素

除上述因素外，实际生产中林地的价值还可能受到如地块形状、经营者投资目的、偏好等因素的影响，在评估中应根据具体的林地状况、交易条件等予以确定。

8.2　林地资源资产评估方法

8.2.1　现行市价法

现行市价法又称市场成交价比较法，是以具有相同或类似条件林地的现行市价作为比较基础，估算林地评估值的方法。其计算公式为：

$$B_u = K_1 \cdot K_2 \cdot K_3 \cdot K_4 \cdot G \cdot S \tag{8-1}$$

式中　B_u——林地资产评估值；

G——参照案例的单位面积林地交易价值；

S——被评估林地面积；

K_1——立地质量调整系数；

K_2——地利等级调整系数；

K_3——物价指数调整系数；

K_4——其他各因子的综合调整系数。

市场成交价比较法一般要求选取 3 个以上的评估参照案例进行测算比较后综合确定。

该法是林地资源资产评估中常用的方法，该方法的关键是评估参照案例的选择，要求选定几个与被评估的林地条件相类似的评估案例，但在实际评估中要寻找与被评估资产相同的案例几乎不可能，每一案例的评估值都必须根据调整系数进行调整。

(1) 立地质量调整系数 K_1

通常表现为林地地位级(或立地条件类型)的差异，可采用该地区交易林地的地位级主伐时的木材预测产量与被评估林地地位级预测主伐时产量来进行修正。

$$K_1 = \frac{\text{评估对象立地等级的标准林分在主伐时的蓄积量}}{\text{参照林地立地等级的标准林分在主伐时蓄积量}} \tag{8-2}$$

(2) 地利等级调整系数 K_2

由于地利等级是林地采、集、运生产条件的反映，一般用采、集、运的生产成本来确定。地利等级调整系数可按现实林分与参照林分在主伐时立木价(以市场价倒算法求算取得)的比值来计算。

$$K_2 = \frac{\text{现实林分地利等级主伐时的立林价}}{\text{参照林分同等地利等级主伐时的立林价}} \tag{8-3}$$

(3) 物价指数调整系数 K_3

交易案例林地资源资产评估基准日与被评估林地的评估基准日的差异，通常采用物价指数法，最简单的物价指数替代值是用两个评估基准日时的木材销售价格。

$$K_3 = \frac{\text{评估基准日的木材销售价格}}{\text{交易案例评估基准日的木材销售价格}} \tag{8-4}$$

(4)其他各因子的综合调整系数 K_4

其他因子的综合调整系数很难用公式表现出来，只能按其实际情况进行评分，将综合的评分值确定一个修订值的量化指标。

8.2.2 林地期望价法

林地期望价法以实行永续皆伐为前提，并假定每个轮伐期 M 林地上的收益相同，支出也相同，从无林地造林开始进行计算，将无穷多个轮伐期的纯收入全部折为现值的累计求和值作为被评估林地资源资产的评估值。其计算公式为：

$$B_u = \frac{A_u + D_a(1+i)^{u-a} + D_b(1+i)^{u-b} + \cdots - \sum_{j=1}^{n} C_j(1+i)^{u-j+1}}{(1+i)^u - 1} - \frac{V}{i} \tag{8-5}$$

式中 B_u——林地价；

A_u——现实林分 u 年主伐时的纯收入(指木材销售收入扣除采运成本、销售费用、管理费用、财务费用、有关税费以及木材经营的合理利润后的部分，可以采用市场价倒算法计算)；

D_a，D_b——第 a、b 年间伐的纯收入；

C_j——第 j 年营林直接投资；

V——平均营林生产间接费用(包括森林保护费、营林设施费、良种试验费、调查设计费及其生产单位管理费、场部管理费和财务费用，可以采用市场价倒算法计算)；

i——利率(不含通货膨胀的利率)；

u——轮伐期的年数。

林地期望价法是评估用材林同龄林林地资源资产的主要方法。该法是按复利计算将无穷多个轮伐期的收入和支出全部折现值累加求和得到。其各项收入和支出的计算过程如下：

(1)主伐收入

每隔 u 年收获一次，永续作业时各轮伐期的主伐收入 A_u 的前价为：

$$\frac{A_u}{(1+i)^u}, \frac{A_u}{(1+i)^{2u}}, \frac{A_u}{(1+i)^{3u}}, \cdots$$

这形成一个无穷等比递缩级数，因此，根据无穷等比递缩级数的求和公式($S=\frac{a_1}{1-q}$，$a_1=\frac{A_u}{(1+i)^u}$，$q=\frac{1}{(1+i)^u}$)，将参数代入后，求和公式变为：$S=\frac{A_u}{(1+i)^u-1}$，这就是定期为 u，定期的利息为 A_u，年利率为 i 的无限定期利息总的前价合计式。

(2)间伐收入

设每个轮伐期都有若干次间伐，分别发生在 a，b，…等年度，在永续作业时每个稳定年度的间伐，每隔 u 年发生一次，则其前价的合计为：

$$\frac{D_a}{(1+i)^a} + \frac{D_a}{(1+i)^{a+u}} + \frac{D_a}{(1+i)^{a+2u}} + \cdots$$

取 $a_1=\frac{D_a}{(1+i)^a}, q=\frac{1}{(1+i)^u}$，代入公式求和得 $\frac{D_a(1+i)^{u-a}}{(1+i)^u-1}$，其余各次间伐的求解方式相同。

(3) 支出

各年的支出如果都不相同，则整个轮伐期的支出的后价为：

$$\sum_{j=1}^{u} C_j (1+i)^{u-j+1}$$

各轮伐期的支出前价为：

$$\frac{\sum_{j=1}^{u} C_j (1+i)^{u-j+1}}{(1+i)^u}+\frac{\sum_{j=1}^{u} C_j (1+i)^{u-j+1}}{(1+i)^{2u}}+\frac{\sum_{j=1}^{u} C_j (1+i)^{u-j+1}}{(1+i)^{3u}}+\cdots$$

求和结果为：$\frac{\sum_{j=1}^{u} C_j (1+i)^{u-j+1}}{(1+i)^u-1}$　$\left(a_1=\frac{\sum_{j=1}^{u} C_j (1+i)^{u-j+1}}{(1+i)^u},\ q=\frac{1}{(1+i)^u}\right)$

在森林经营中各年的管护费用基本相等，而且每年发生一次，这样，管护费用的合计为：

$$\frac{V}{1+i}+\frac{V}{(1+i)^2}+\frac{V}{(1+i)^3}+\cdots$$

求和结果为：$\frac{V}{i}$　$\left(a_1=\frac{V}{1+i}, q=\frac{1}{1+i}\right)$

将上述各项求和结果合并后，得：

$$B_u=\frac{A_u+D_a(1+i)^{u-a}+D_b(1+i)^{u-b}+\cdots-\sum_{j=1}^{u} C_j (1+i)^{u-j+1}}{(1+i)^u-1}-\frac{V}{i} \tag{8-6}$$

如果森林经营中仅第一年进行造林投入，而以后各年仅支出管护费用，则公式简化为：

$$B_u=\frac{A_u+D_a(1+i)^{u-a}+D_b(1+i)^{u-b}+\cdots-C(1+i)^u}{(1+i)^u-1}-\frac{V}{i} \tag{8-7}$$

林地期望价法在测算时必须注意的问题有：

(1) 主伐纯收入的预测

主伐纯收入是用材林资源资产收益的主要来源，在本公式中主伐收入是指木材销售收入扣除采运成本、销售费用、管理费用、财务费用、有关税费、木材经营的合理利润后的剩余部分，也就是林木资源资产评估中用木材市场价倒算法测算出的林木的立木价值。在测算 A_u 时除了按市场价倒算法计算时必须注意测算的材种出材率、木材市场价格、木材生产经营成本、合理利润和税金费(参阅第 6 章)外，在本法应用时关键问题是预测主伐时林分的立木蓄积量。林分主伐时的立木蓄积量一般按当地的平均水平确定。

(2) 间伐收入

林分的间伐收入也是森林资源资产收入的重要来源。在培育大径材、保留株数较少、经营周期长的森林经营类型中更是如此。间伐材的纯收入计算方式与主伐材的纯收入相同，但其产量少，规格小，价格低，在进行第一次间伐时常常出现负收入(即成本、税费和投资应有的合理利润部分超过了木材销售收入)；间伐的时间、次数和间伐强度一般按森林经营类型表的设计确定，间伐时的林分蓄积量按当地同一年龄林分的平均水平确定。

(3)营林成本测算

营林生产成本包括清杂整地、挖穴造林、幼林抚育、劈杂除草、施肥等直接生产成本和护林防火、病虫防治等按面积分摊的间接成本(注意在本公式的使用中地租不作为生产成本)，管理费用摊入各类成本中。直接生产成本根据森林经营类型设计表设计的措施和技术标准，按照基准日的工价，物价水平确定它们的重置值；按面积分摊的间接成本必须根据近年来营林生产中实际发生的分摊数，并按物价变动指数进行调整确定。

(4)投资收益率确定

投资收益率对林地期望价测算的结果影响很大，投资收益率越高林地的地价越低。在本公式的测算中，由于采用的是重置成本，其投资收益率中不应包含通货膨胀率，而且由于投资的期限很长，其投资收益率应采用不含通货膨胀的低收益率。具体参阅第3章3.2。

8.2.3 年金资本化法

林地资源资产评估中的年金资本化法是以林地每年稳定的收益(地租)作为投资资本的收益，再按适当的投资收益率求出林地资源资产的价值的方法。其计算公式为：

$$E = \frac{A}{i} \tag{8-8}$$

式中 E——资产评价值；

A——年平均地租；

i——投资收益率。

年金资本化法的计算简单，仅涉及年平均地租和投资收益率。但在确定年平均地租和收益率时必须十分注意。在确定年平均地租时用近年的平均值，并尽可能将通货膨胀因素从平均地租中扣除，在确定投资收益率时也最好将通货膨胀率扣除。如果在地租中无法将通货膨胀扣除，则采用的投资收益率应包含通货膨胀率，但通货膨胀的变幅较大，这种计算可能产生较大的偏差。

8.2.4 林地费用价法

林地费用是取得林地所需要的费用和把林地维持到现在状态所需的费用来确定林地价格的方法。其计算公式为：

$$B_u = A(1+i)^n + \sum_{j=1}^{n} M_j (1+i)^{n-j+1} \tag{8-9}$$

式中 A——林地购置费；

M_j——林地购置后，第 j 年林地改良费；

n——林地购置年限。

林地费用价法主要用在林地的购入费用较为明确，而且购入后仅采取了一些改良措施，使之适合于林业用途，但又尚未经营的林地。该法在一般的土地资产评估中较常使用，而在林地资源资产中，由于林地购入后仅维持、改良而不进行经营的情况极少，因而该法在林地资源资产评估中较少应用。在该法的应用中，由于林地的购置年限一般较短，各项成本费用大多比较清晰，其利率 i 一般采用商业利率，而各年度的改良费一般也采用历史的账面成本，而不用重置值。如林地的购置费和各年的林地改良费均采用基准日的重置值，则其利率用不含通货膨胀的低利率。

8.3　有林地林地资源资产评估实务

有林地分为用材林、能源林、经济林、竹林、防护林、特殊用途林六大类。薪炭林由于其经营特点与用材林相近，将其并入用材林中。有林地林地资源资产的共同特点是其林地上已生长有林木，而且林木的培育方向、经济水平已经确定，其林地的价值一般根据其上林木所产生的价值而定。但各个林种的经营目的不同，经营的要求也不同。其林地评估采用的方法和注意的要点也不完全一致。

8.3.1　用材林林地资源资产评估

用材林是以生产木材为主要目的的森林。用材林的林地资源资产的价值是以其上的林木所产生的价值来确定。在用材林的经营中根据林分的结构和经营特点分为同龄林和异龄林两大经营体系。这两大经营体系的森林采伐方式、更新方式、各项经营措施设计、木材的产量和质量均不相同，其林地资源资产评估方法和参数的选用也不相同。

8.3.2　同龄林林地资源资产评估

同龄林是林分中林木年龄相对一致的森林，同龄林结构单一，经营措施易于实施。其林地资源资产的评估方法相应比较成熟，主要方法如下。

8.3.2.1　林地期望价法

林地期望价法是以实行永续皆伐为前提，将无穷多个轮伐期的纯收入全部折为现值的累加求和值作为林地价值的方法。其计算公式为：

$$B_u = \frac{A_u + D_a(1+i)^{u-a} + D_b(1+i)^{u-b} + \cdots - \sum_{j=1}^{u} C_j(1+i)^{u-j+1}}{(1+i)^u - 1} - \frac{V}{i} \quad (8\text{-}10)$$

式中　B_u——林地资源资产价值；

A_u——主伐时的纯收入；

D_a，D_b——第 a、b 年的间伐纯收入；

C_j——各年度的营林直接投资（大多数情况下仅前四年才有）；

V——年度管护费用；

i——投资收益率；

u——轮伐期。

由此可计算每年林地使用费为：

$$B = B_u \cdot i \quad (8\text{-}11)$$

式中 B——每年林地使用费；

i——投资收益率。

将无限期林地期望价转化为有限期林地使用费评估值为：

$$E_n = B_u \cdot \frac{(1+i)^n - 1}{(1+i)^n} \tag{8-12}$$

式中 E_n——有限期林地使用费评估值；

n——林地使用年限；

其他字母意义同前。

【例8-1】 ××县××镇××村委会拟对外租赁村集体林地750亩，租赁转让期限为30年，××县为重点集体林区县之一，其土壤及气候适宜林木生长，境内交通运输条件便利。拟对外租赁的林地为宜林荒山荒地，林地相对集中，运输条件将可及，立地条件以Ⅲ类地为主，试计算该林地资产评估值(要求写出计算过程及公式)。

有关技术经济指标(均为虚构假设指标)如下：

(1)木材价格

以当地木材市场销售价为基础，参考周边县(市)木材销售情况，经综合分析后确定杉木木材销售平均价格见表8-3：

表8-3 木材价格表

元/m³

材种	主伐	第二次间伐	第一次间伐
原木	1 200	1 150	0(不出产原木)
综合材	1 050	1 020	1 000

(2)木材税费计征价

根据××县林业局、财政局、物价局林〔2014〕36号文中规定，自2014年4月1日起，木材税费计征价为：杉原木800元/m³；综合材650元/m³。

(3)营林生产成本

根据当地林业生产实际并参考附近国有林场确定营林生产成本，前三年每年营林成本为：第一年造林抚育(含第一年抚育)900元/亩；第二年抚育300元/亩；第三年抚育220元/亩，每年营林管护成本为8元/亩。

(4)木材生产经营成本

根据委托评估森林资源资产的分布及当地木材生产的实际情况确定，其中伐区设计费按蓄积量计费，其他按出材量计算，木材生产成本主要指采伐集材成本、短途运费及道路维修养护费等。

①伐区设计费：7元/m³(按蓄积量计费)。

②检尺费：9元/m³。

③木材生产经营成本：主伐180元/m³；间伐210元/m³。

④销售费用为销售价1%。

⑤管理费为销售价3%。

⑥不可预见费为销售价1%。

(5)税费

①森林植物检疫费：按销售价的0.2%计。

②其他税费：按销售价的3%计。

(6)木材生产经营利润

按木材销售收入的5%计。

(7)采伐年龄

当地平均主伐26年，第一次间伐时间10年，第二次间伐时间为16年，间伐强度均为25%。

(8)出材率

根据待评估山场成熟林林木的平均胸径以及当地生产的实际情况确定如下(表8-4)：

表8-4　出材率表　%

材种	主伐	第二次间伐	第一次间伐
原木	15	5	0
综合材	55	57	50
合计	70	62	50

(9)林分生长预测模型

按福建省2006年《森林资源规划设计调查技术规定》林分生长类型表中一类及三类林分的平均生长指标进行拟合。

杉木：$$V = 24.059\,14 \times (1 - e^{-0.052\,501\,93t})^{2.284\,824}$$

式中　V——蓄积量；

t——年龄。

(10)投资收益率

投资收益率设定为6%。

(11)林地使用权转让年限

林地使用权转让年限设为30年。

解： 主伐杉原木每立方米纯收益：

$1\,200 - 7/70\% - 9 - 180 - 1\,200 \times (0.01 + 0.03 + 0.01) - 1\,200 \times (0.002 + 0.03) - 1\,200 \times 0.05 = 842.6$(元)

主伐杉非规格材每立方米纯收益：

$1\,050 - 7/70\% - 9 - 180 - 1\,050 \times (0.01 + 0.03 + 0.01) - 1\,050 \times (0.002 + 0.03) - 1\,050 \times 0.05 = 712.4$(元)

第二次间伐杉原木每立方米纯收益：

$1\,150 - 7/62\% - 9 - 210 - 1\,150 \times (0.01 + 0.03 + 0.01) - 1\,150 \times (0.002 + 0.03) - 1\,150 \times 0.05 = 767.9$(元)

第二次间伐杉非规格材每立方米纯收益：

$1\,020 - 7/62\% - 9 - 210 - 1\,020 \times (0.01 + 0.03 + 0.01) - 1\,020 \times (0.002 + 0.03) - 1\,020 \times 0.05 = 655.1$(元)

第一次间伐杉非规格材每立方米纯收益：

$1\ 000-7/50\%-9-210-1\ 000\times(0.01+0.03+0.01)-1\ 000\times(0.002+0.03)-1\ 000\times0.05=635.0$(元)

分别将主伐年龄26年，第二次间伐年龄16年，第一次间伐年龄10年代为杉木生长方程得林分平均蓄积量分别为：26年主伐蓄积量为12.26 m^3；16年间伐时蓄积量为6.62 m^3；10年间伐时蓄积量为3.11 m^3。

综上计算林地主伐(A_u)及间伐(D_a, D_b)木材纯收入合计为：

$12.26\times(842.6\times15\%+712.4\times55\%)+6.62\times25\%\times(767.9\times5\%+655.1\times57\%)\times1.06^{10}+3.11\times25\%\times635.0\times50\%\times1.06^{16}=8\ 200.9$(元)

前三年造林成本(C_j)累计后价(计算至26年)合计为：

$$900\times1.06^{26}+300\times1.06^{25}+220\times1.06^{24}=6\ 272.8(\text{元})$$

则单位面积林地期望价为：

$B_u=(8\ 200.9-6\ 272.8)/(1.06^{26}-1)-8\div0.06=409.9$(元)

由此可计算得每亩每年林地使用费：$B=B_u\cdot i=409.9\times0.06=24.6$(元/亩)

将无限期林地地价转化为有限期林地地价，30年林地使用费评估值为：

$$E_n=B_u\cdot\frac{(1+i)^n-1}{(1+i)^n}=409.9\times\frac{(1+0.06)^{30}-1}{(1+0.06)^{30}}=282.1(\text{元})$$

则该村拟对外租赁30年的750亩林地使用费评估价值为282.1×750＝211 575元。

8.3.2.2 年金资本化法

年金资本化法是将林地每年的纯收益按一定的还原利率资本化，在一定的折现率下，将林地未来纯收益折为现值，从而计算出林地资源资产价值。用计算公式表示：

$$E_n=\frac{A}{i} \tag{8-13}$$

式中 E_n——林地资源资产价值；

A——林地年均纯收益；

i——投资收益率。

当林地使用权为有限期时，其计算公式为：

$$E_n=\frac{A}{i}\cdot\frac{(1+i)^n-1}{(1+i)^n} \tag{8-14}$$

式中 n——林地使用年限；

其余字母含义同式(8-13)。

【例8-2】 某村集体拟对外承包转让两块林地，其中一块林地200亩，拟转让长期经营毛竹；另一块林地100亩，拟转让租赁30年，现要求一次性交纳转让承包费，请分别计算这两块林地使用费评估价值。

解：通过查询获知，当地平均林地使用费为每年每亩20元，投资收益率为8%，则：

拟长期经营毛竹林的200亩林地，可使用年金资本化法，其评估值为：

$E_n=200\times20\div0.08=50\ 000$(元)

拟转让租赁30年的100亩林地为有限期转让，其评估值为：

$$E_n = 100 \times 20 \times [(1+0.08)^{30} - 1] \div 0.08 \div (1+0.08)^{30} = 22\,515(\text{元})$$

8.3.2.3　林地市价法

林地市价法就是以与被评估林地类似条件的其他林地的实际买卖价格为标准来评定林地的价格。这是资产评估中的一种常见办法，但由于林地的市场交易较少，而且林地本身的差异又很大，实际上不可能找到与被评估林地完全相同的林地买卖案例，采用市价法通常要根据被评估林地与原买卖林地的差异进行调整。在同龄林林地评估中主要有立地质量调整系数和地利等级调整系数。市场价法的公式为：

$$B_u = K_1 \cdot K_2 \cdot K_b \cdot G \tag{8-15}$$

式中　B_u——林地评估值；

K_1——林地质量调整系数；

K_2——林地地利等级调整系数；

K_b——物价指数调整系数；

G——评估案例的交易价格。

市价法的应用关键是要找到与被评估林地类似的买卖案例，而且其买卖案例的价格必须是真实、合理的。当前森林资源资产市场较为混乱，森林资源资产的买卖中，腐败现象时有发生，它使资产的价格发生了偏移，因此，在选用案例时，尤要慎重；其次，是对原成交价格的修正，应在收集大量的社会经济和自然条件资料的基础上对其进行综合分析判定。

8.3.2.4　同龄林林地评估中必须注意的问题

第一，同龄林林地评估的计算方法有两大类，即期望价法、市价法，各方法又因具体的情况又有着若干种计算的公式，因此，在进行林地资源资产评估时，必须广泛收集当地的自然、经济以及经营方面的资料，在占有大量资料的基础上，分析、选定适合于评估对象的计算方法。也可做多种方案的计算，然后通过分析比较，从中确定林地的资产价值。

第二，同龄林经营的周期(轮伐期)一般较长，因此，在评估中利率的确定十分重要，它对评估的结果将发生极大的影响，一般利率越高，林地的价格越低。在各个计算公式中通常采用的成本是重置成本，其选用的利率应不包括通货膨胀的低利率。

第三，土地期望价法是各种方法中理论上较为完美的方法，但这种方法是建立在若干假设和预测的基础上。如收获的预测不准确或假设的条件不合理，则可能导致评估结果的严重偏差。因此，在采用该方法时必须对收获预测和假设条件进行详细的分析，与林业企业的经营状况进行比较，并将其测算的结果与市价法等其他方法进行比较分析，以修正偏差，得到科学、合理的评估结果。

第四，土地期望价法中采用的经营成本应为重置成本，即现在的劳动价格，重新营造森林的成本。这个成本支出的水平必须与收获预测的经营水平相一致，如收获预测值是以现实成熟林分为基础，则重置成本的技术指标必须是按现实成熟林过去营造的技术指标，而不能用现在采用的技术标准。由于现在的经营水平比过去高，投工、投资量大，林木的生长也相对较好，如用现在标准的重置成本，而预测仍用较粗放经营的过去营造的林分为基础，则其收获量偏低，资产的价值人为下降，使评估结果出现偏差。

8.3.3 异龄林林地资源资产评估

异龄林是指林分中林木的年龄相差较大的森林。异龄林的林分结构比较复杂，多为混交复层的异龄林，它的经营技术较复杂。

根据异龄林的结构与经营特点，异龄林林地资源资产的价值测算可以用收益现值法、市场价法来评估，但不能用重置成本法，因为大多数异龄林为天然林，人工林极少，其营造的成本难以确定，加之要培育一片异龄林所需时间长，是营林的成本，还是木材生产成本很难分清，更增加了其成本测定的困难，使重置成本法无法使用。异龄林林地价的市场价格法实际上与同龄林林地的市场价格法是相同的，因此不再介绍，仅介绍收益现值法。

林地的收益现值法就是将林地今后以至遥远将来的收益，全部折为现值，其计算的方法实质上就是土地期望价的计算方法。但异龄林由于林地始终都有林木，林地的收益能力与林木的收益能力交织在一起，无法细分，其期望价公式计算结果是林地和林地上的林木的综合价格。要确定地价，则必须将土地的价值与林木的价值分割开，通常分割的方式有2种，一种是比例系数法，另一种是剩余价值法。

8.3.3.1 比例系数法

比例系数法就是将用期望价公式计算的异龄林的收益现值按当地森林经营的习惯比例分为地价和林价两部分。该方法的关键问题是确定异龄林的收益现值和确定林价与地价的比例系数。现以一个计算实例来说明。

【例8-3】 设某片10 hm^2的阔叶异龄林承包期已满，在新的承包合同签订前要求对其林地资源资产价格进行评估，并在这一基础上确定新的地租租金。

(1)收益现值计算

据调查该片异龄林的择伐周期为10年，每次择伐每公顷可出材45m^3，其中50%是大径原木，30%为中径原木，20%为小径材和非规格材。每出材1 m^3，可获得纯收入250元，每年分摊的管护费为45元/m^2，利率为6%，择伐强度为30%。

$$B_n = \frac{A_n}{(1+i)^n - 1} - \frac{E}{i} = \frac{250 \times 45}{1.06^{10} - 1} - \frac{45}{0.06} = 13\,475(\text{元}/\text{hm}^2)$$

(2)比例系数确定

比例系数的确定，必须考虑当地森林经营实践中习惯性的林价中的山价(地租)所占份额。以福建省为例，据福建省现行政策，林价中的山价(地租)部分所占份额为10%~30%，平均为20%。

(3)计算地价与地租

地价：$B_u = B_n \times K = 13\,475 \times 0.20 = 2\,695$ (元/hm^2)

地租：$F = B_u \times i = 2\,695 \times 0.06 = 162$ (元/hm^2)

8.3.3.2 剩余价值法

剩余价值法是求出异龄林的收益现值后，将其减去林地上现有林木的价值，剩余的作为地价 V_o。其计算公式为：

$$V_o = B_n - X_n \tag{8-16}$$

式中 V_o——地价；

B_n——异龄林的收益现值；

X_n——刚择伐完的异龄林林分余下的林木的价值。

根据对例 8-3 调查，该林分择伐后保留蓄积量为 165 m^3/hm^2，出材率为 60%，出材量为 99 m^3/hm^2，但木材的口径小，价格较低，经济收益较差，每出材 1 m^3，仅有纯收入 100 元，这样有：

$X_n = 100 \times 99 = 9\,900$（元/$hm^2$）

$V_o = 13\,475 - 9\,900 = 3\,575$（元/$hm^2$）

由此可见，该例中按剩余价值法计算该异龄林的林地价为 3 575 元/hm^2，占收益现值的 26.5%，大于比例法计算的结果，其主要原因是未成熟的中小径木不是用生产潜力来计算其价值，而是作为成熟的林木采伐后的木材计算，这样降低了林木的实际价值，提高了林地的价值，产生了偏差。

8.3.4　经济林林地资源资产评估

经济林经营见效快，收益时间长。大多数树种培育三四年就可获得收益，而收益的时间很长，少则十年八年，多则几十年到上百年。在这样长的时间内，每年都可以相对稳定地收获经济林的产品，获得一定的效益。经济林林地资源资产的评估由于其上的经营方式不同于用材林，其评估的方法也不同于用材林。经济林评估的方法主要有林地期望价法、现行市价法、年金资本化法。

8.3.4.1　林地期望价法

经济林的林地期望价是将经济林在无穷多个经济寿命期的纯收益（扣除了正常成本利润）全部折为现值作为林地的价格。在计算时先把各年的收入和支出（含成本利润）折算为经济寿命期末的后价，然后再根据无穷递缩等比级数的求和公式将其求和。其计算公式为：

$$B_u = \frac{\sum_{j=1}^{u} A_j(1+i)^{u-j+1} - \sum_{j=1}^{u} C_j(1+i)^{u-j+1}}{(1+i)^u - 1} \tag{8-17}$$

式中　B_u——林地期望价；

A_j——第 j 年销售收入；

C_j——第 j 年的经营成本（含税、费及合理利润）；

u——经济寿命期；

i——投资收益率。

该公式必须预测各年度的收益和经营成本，计算较困难，为了便于计算，可假设造林的成本相同，盛产期收入相同，盛产前期的销售收入相近，每年的经营成本大体相同。这样该公式可简化为：

$$B_u = \frac{A_n[(1+i)^n - 1](1+i)^{u-n}i^{-1} + A_m[(1+i)^m - 1]i^{-1} - C(1+i)^u}{(1+i)^u - 1} - \frac{V}{i} \tag{8-18}$$

式中　B_u——林地期望价；

A_n——始产期的平均年收益；

A_m——盛产期的平均年收益;

i——投资收益率;

C——造林时的投资;

V——年平均营林生产成本;

n——始产期的年数;

m——盛产期的年数。

该公式分盛产前期和盛产期两段计算经济林的收益,其资料收集较为容易,计算也大为简化,是经济林林地资源资产评估中常用的方法。

8.3.4.2 年金资本化法

林地地价的年金资本化法是以林地每年的平均纯收入(地租)作为投资的收益额(利息),以当地该行业的平均投资收益率作为利率,来求算其本金—地价的方法。

其计算公式为:

$$B_u = \frac{A}{i} \tag{8-19}$$

式中 B_u——林地地价;

A——年平均地租;

i——投资收益率。

该公式简单易算,关键问题是确定年平均地租和投资的收益率,在经济林林地资源资产评估中,由于林地上的经济林木在较长的时间内每年有稳定的收入,其地租也较稳定并经常每年定期付给,在每年支付地租的经济林资产评估中经常采用该方法。在用材林林地资源资产评估中,由于林木的收益是几年一次性的收益,其地租很少每年支付,而是主伐时一次性支付,因此,在用材林的林地资源资产评估中较少使用该方法。

8.3.4.3 现行市价法

现行市价法是以在市场上已成交的类似的林地价格作为参照物,然后确定待评估资产的价格的方法。在所有林种的林地资源资产评估中现行市价法的公式都相同,但在经济林林地资源资产的评估中比用材林更为复杂。其考虑的因子除了立地质量和地利等级外,还应考虑其上经济林树种、品种、年龄和经营年限。最好能找到三个以上与被评估资产的立地质量、地利等级、树种和品种、林木年龄相近的评估案例作为参照物,然后进行综合的评价。

经济林林地资源资产的评估与经济林木资产评估一样必须注意:经济林的产量预测、造林成本的预测、经济寿命期的确定、经营风险的确定,以及投资收益率的确定。

8.3.5 竹林林地资源资产评估

竹林是典型的异龄林,竹林的经营具有异龄林经营的基本特点,其林地和立竹的收益是紧密相连,难以分开测算的。竹林又是高收益的林种,每年都可获得可观的收益。而且其经营的经济寿命期在正常的条件下是无限的,可永续不断地经营下去。因此,竹林林地资源资产的评估可用收益比例系数法、年金资本化法和现行市价法进行。

8.3.5.1　收益比例系数法

竹林的年经济效益较稳定，收益时间很长、计算其竹林(立竹和林地的综合体)的资产价值较为容易。但竹林是异龄林，其立竹的重置成本测算困难，无法准确划分哪些是林地产生的价值，哪些是立竹产生的价值。因此，竹林的林地资源资产评估和立竹资产评估一样经常借助比例系数法，即按一定的比例将竹林的总资产价值分为林地的价值和立竹的价值。其比例系数通常选用当地用材林经营中地租收入占经营总收益的百分比。直接用这一比例系数乘上竹林的总价值，就得到竹林林地资源资产的价值(总价值的计算参阅第 7 章 7.2 节)。

8.3.5.2　年金资本化法

竹林林地资源资产的年金资本化法仅在竹林的经营者已明确每年缴纳稳定的地租时采用。由于竹林的经济收益大，且每年都有稳定的收益，因此，竹林的经营者每年向土地的所有者缴纳规定的地租的情况比较多，这样就可以直接用竹林的年平均地租和投资的收益率测算出竹林的林地资源资产。

8.3.5.3　现行市价法

各林种林地的现行市价计算的公式都相同，但在竹林林地价测算时必须注意参照的成交案例与待评估资产在年龄结构、均匀度、整齐度、立竹度、经营级、生长级的差异。根据这些差异综合确定其调整系数的 K 值，用 K 值对参照的成交案例的评估结果进行修正。通过对 3 个以上案例的测算，最后综合确定其评估结果。

8.4　其他地类林地资源资产评估

其他地类的林地资源资产是指有林地以外的各地类的林业用地资产。它主要包括疏林地、未成林造林地、苗圃地和无林地。灌木林地大多数不具备资产条件，一般不对它进行评估。

8.4.1　疏林地林地资源资产评估

疏林地是指郁闭度在小于 0.2 的林业用地。疏林地上生长着少量的树木，其利用主要有 2 种方式，一是将其上的林木采伐，然后营造人工同龄林；二是保留原有的林木，通过补植或人工促进天然更新加上封山育林，将其培育成异龄林或相对同龄林。因此，疏林地林地资源评估的方法可以按照用材林的林地资源资产评估方法，或按无林地的评估方法进行。按用材林的林地资源资产评估时，可按同龄林林地资源资产的评估方法，也可按异龄林林地资源资产评估的方法进行评估，但大多数情况下是按同龄林的林地资源资产评估方法进行。在采用用材同龄林林地资源资产的评估方法时，关键是要根据当地的自然条件、经济条件选择最适合的树种，根据培育目的确定一个最适合的森林经营类型，按该类型的森林经营设计，假设在该林地永续经营，来评估林地的价格。

按无林地进行评估时，首先要确定适合的林种、树种、经营类型，然后再按相应的评估方法进行评估。具体参阅无林地的林地资源资产评估。

8.4.2 苗圃地资产评估

苗圃地是林业用地中比例最小的地类，它是指田里的土地。固定苗圃地通常是农用地，而且是水肥条件较好的农用地改造而成，在经营的过程中为了减轻病虫害的发生，经常需要与农作物(水稻)进行轮作。因此，在苗圃地的评估中借用农用地的评估方法，并借用相似的农用地的经济指标。

8.4.2.1 现行市价法

现行市价法也称市场成交价比较法，它是以具有相同或类似条件的林地的现行市场的成交价作为比较基础，估算林地评估值的方法。在苗圃地的评估中，其计算公式与一般林地资源资产评估所用的公式相同：

$$B_u = K \cdot K_b \cdot G \cdot S \tag{8-20}$$

式中 B_u ——林地资源资产评估值；

K ——苗圃地立地质量综合调整系数；

K_b ——物价指数调整系数；

G——参照案例的交易价格；

S——待评估苗圃地的面积。

在苗圃地的评估中参照物可以是类似的苗圃地，但由于苗圃地的交易较少，实际评估中经常采用立地质量相似的农地作为参照物。土地质量的综合调整系数通常根据影响农用地价格的因子，如土地的肥力、土地的排灌条件、平整程度、交通条件、土地的粮食产量等指标，确定各个指标的权重系数，将待评估的土地与参照案例的土地的各项主要指标进行定量比较，最后综合确定出一个综合调整系数。

由于找到评估基准日时的交易案例是不可能的，在选择不同时期的交易案例时由于物价的水平发生变化，必须根据物价指数来求得物价调整系数 K_b，用 K_b 对评估值进行修正。在苗圃地的评估中，K_b 经常用不同时期的粮食价格的比值来确定。

在采用该方法时，由于农地的交易案例较多，而且情况各异，因此，要尽可能收集有关资料，对资料中不合理的因素应予以排除；在比较时要进行量化分析，各项指标尽可能一致。

8.4.2.2 收益现值法

苗圃地的收益现值法按育苗收入计算极为麻烦，因为苗圃地上育苗的种类较多，各种苗木的育苗期限不同，经济效益也不相同，而且为了减少病虫的危害，苗圃地上经常要进行轮作，种一季水稻。因此，苗圃地的收益现值经常用农田粮食生产的收益现值。

$$B_u = \frac{R}{i} \tag{8-21}$$

式中 B_u——苗圃地收益现值；

R——苗圃地上种植粮食的年纯收入(已扣除劳动工资、生产成本及税金费等费用)；

i——投资收益率。

该法计算简单，资料来源容易，是最简单的评估方法。但在使用该法时要注意：

①年纯收入 R 值的计算。必须选择与待评估资产在立地质量、地利等级类似的农地进行产量、成本及收益值的计算。

②R 值计算时如其成本是按当年的会计成本进行计算，而未将其进行重置时，R 值内含有通货膨胀的部分，这时利率 i 则应包括通货膨胀因素。如果测算 R 值时，已对成本进行重置，扣除了通货膨胀因素，则 i 值也应不含通货膨胀值。

③如果苗圃地种的是经济林木或绿化苗，其收益值明显高过种粮食的收益值时，可将其地价适当调高。

④如果年地租是明确而且基本合理的，其承租的合同期又较长，则可直接取 R = 地租，进行测算。

8.4.2.3　林地费用价法

林地费用价法也称重置成本法、成本费用法，它是以取得林地所需费用和把林地维持到现在状态所需的费用，来估算林地评估值的方法。在苗圃地的评估中，取得林地所需的费用是指征占用苗圃地时所支付的成本；把林地维持到现在状态所需费用是指将原购置的土地改为苗圃地时的土地改良费，包括修路、平整、修建排灌设施的费用。其计算公式为：

$$B_u = A(1+i)^n + K\sum_{j=1}^{n} M_j(1+i)^{n-j+1} \tag{8-22}$$

式中　B_u——林地资产评估值；

A——林地购置费；

M_j——苗圃地购置后第 i 年投入的林地改良费；

n——购置的年限；

i——利率；

K——设施的成新率。

该法一般用于新建的苗圃，其土地购置的成本明确，年设施投入也明确，苗圃生产尚未正常使用。在使用该法时必须注意：

①林地的购置费 A，在有条件时应尽可能采用重置成本。如无法进行重置，而采用历史成本时，其测算用的利率必须包括通货膨胀率。

②如果林地购置后一直在经营，则当 A 是重置成本时，不再加算利息。当 A 是历史成本时，其 i 含有通货膨胀率(即按通货膨胀将其购置成本重置)。

③如果林地购置后一直在进行改良而未正式生产，A 是重置成本价时，i 是不含通货膨胀的低利率；A 是历史成本时，则 i 可采用市场利率。

④K 为苗圃设施的成新率，它等于 1 减去折旧率。在评估时必须确定苗圃中各项设施的使用寿命，计算其折旧率，或直接计算其成新率。

8.4.3　未成林造林地林地资源资产评估

未成林造林地是指人工造林后 3～5 年或飞机播种 5～7 年，造林保存株数大于或等 80%，尚未郁闭，但有成林希望的林地。未成林造林地上培育的一般是人工用材同龄林，其树种、经营方式、培育的材种、经营的措施都早已确定。因此，未成林造林地上的林木通常按用材林幼林的评估方法进行评估，而其林地资源资产也是按用材同龄林林地评估的方法进行评估。

8.4.4 无林地林地资源资产评估

无林地包括采伐迹地、火烧迹地、宜林的荒山荒地、沙荒地等。无林地资源资产的评估首先要对无林地资源资产范围进行界定，特别是在荒山荒地和沙荒地的评估时，因为这些林地经常是生态环境差，林地虽可造林，但经济效益极差，往往形成不了商品林生产，而只能起生态防护作用，因此不能全列入资产。其次，在界定为资产的无林地上要确定营造什么林种、什么树种，确定其经营水平和各项技术措施。然后，进行经营的财务分析，预测其收获量，分析各项投入和收入。最后，确定其林地的价格。无林地的定价通常可用收益现值法、市场价法、清算价格法来确定。

(1)收益现值法

无林地的收益现值法在选定了林种和树种后，一般用材林按同龄林林地资源资产评估方法进行，其他林种按相应各林种的评估方法进行。它的关键是确定好最适合的林种、树种和经营水平。一块无林地，在其上经营高投入的名优经济林，它可能获得相当好的经济效益，林地呈现出高的价格。而如果经营低投入的用材林或一般的经济林，则可能效益极为低下，甚至出现亏损。因此，一块林地，可能因选择的树种和经营水平不同，造成用收益现值法计算结果的较大的差异。为了避免这个偏差，在用收益现值法时，通常应计算几种方案，经过综合分析评定后，确定其适合的结果。

(2)市场价法

无林地评估的市场价法除与其他林地资源资产评估一样都要考虑立地质量、地利等级、时间差异等因素外，还应考虑二级地类的差异，如是采伐迹地还是荒山荒地。因为在采伐迹地内通常保存有大量乔木树种的幼苗、种子和伐桩，需人工造林，只要对其进行封育，即可成林。而荒山荒地就无这一优势。即使同样进行人工造林，采伐迹地上的阳性杂草较少，整地、幼林抚育的投工都较少。因此，在同样的立地质量和地利等级，迹地的价格要高于荒山的价格。至于其他各因素的修正，无林地林地资源资产的市场价评估与其他林地相同。

(3)清算价格法

清算价格法通常是在企业破产时使用，它要求迅速变现。它的价格通常要比市价稍低。在无林地的使用权转移中，近年来，我国部分地区的一些单位(主要是乡村集体经济组织)，为了加快消灭荒山的速度，将所拥有的无力经营的荒山进行“拍卖”，其价格十分低廉。这种“拍卖”的底价就是用清算价格法确定的。

在确定清算价格时必须考虑：①该无林地的立地质量；②该无林地的地利等级；③当地最适合的经营方式及获利水平；④买主数量的多少及其经济实力。

在对上述因素进行详细分析后，还必须根据使用权转让的形式来决定其价格，如将荒山拆零进行“拍卖”，其底价一般较低，以避免失去买主，其实际的拍卖价通常是大大高出底价。如是整体转让，则应以当地当时的市场价为基础进行适当的折扣，其价格一般保持中等偏低水平，以防资产严重流失。

小　结

林地是林业生产的基础，应当注意的是并非所有的林地资源都可认定为林地资源资产，只有当林地资源具备了资产的特性时，才可以作为林地资源资产。林地资源资产通常具有有限性、差异性、固定性、易变性和依附性等特点。在我国对于林地资源资产的评估实际上是对林地使用权的价值评估。林地资源资产评估价值受林学质量、经济质量、经营方式及强度、产品的市场价格、生产周期、有林地与无林地的差别、评估时间与交易案例时间的差异等因素的影响，与林木资产评估类似，林地评估也可分为同龄林与异龄林的林地资源资产评估，其方法亦有所不同，同龄林的林地资源资产评估主要的方法有现行市价法、收益现值法和林地费用价法，而异龄林的林地资源资产也通常不能用成本法予以评估，而常采用收益现值法、现行市价法进行总价值评估后，应用比例系数法或剩余价值法将林地价值分割予以价值估算。在林地资源资产评估中，林地期望价是一种较为广泛适用的方法，该方法既适用于用材林林地评估，也适用于经济林林地评估，更常用于其他地类的评估。除有林地的林地评估外，林地的评估还包括了有林地以外的其他各类林业用地的资产评估。其他林地地类评估主要方法包括了现行市价法、收益现值法、林地费用价法等，在评估时应注意其应用的前提条件与客观假设以恰当地选择评估方法。

思考题

1. 影响林地资源资产评估价值的主要因素有哪些？
2. 同龄林地价评估的方法有哪些？
3. 同龄林林地评估中需要注意哪些问题？
4. 异龄林地价评估的方法有哪些？
5. 异龄林的土地价值与林木价值的分割方式有哪些？
6. 苗圃地的评估方法有哪些？
7. 无林地的地价评估方法有哪些？
8. 某国有林场马尾松人工林投资主要技术经济指标：第 1 年 12 000 元/hm^2，第 2 年 4 200 元/hm^2，第 3 年 2 400 元/hm^2。每年管护费用为 90 元/hm^2，31 年进行主伐(皆伐)蓄积量 270 m^3，出材率 75%(其中原木 35%；非规格材 40%)。第 16 年进行第一次间伐，间伐出材量为 15m^3，每立方米间伐材纯收入 300 元/m^3。主伐时松原木价格 880 元/m^3，生产及销售成本 180 元/m^3(含生产段利润)，税金费 120 元/m^3；非规格材价格 680 元/m^3，生产及销售成本 180 元/m^3，税金费 100 元/m^3；投资收益率按 6% 计，计算其地价及年地租？(要求写出计算公式及计算过程)

第9章　森林资源资产其他相关领域评估

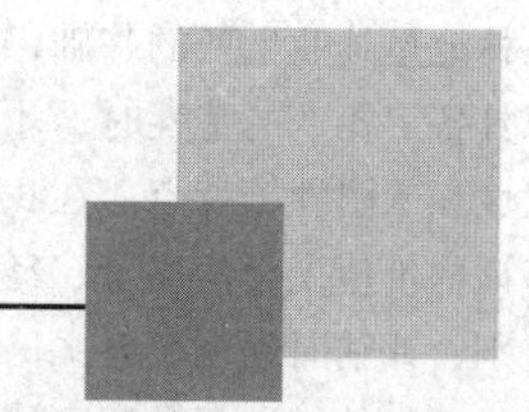

【本章提要】

本章主要对森林景观资产评估、森林生态服务功能价值评估、森林灾害损失价值评估与森林碳汇价值评估四个方面的评估进展进行介绍，通过本章的学习，掌握森林景观资产评估的理论与方法，了解森林生态服务功能价值评估、森林灾害损失价值评估与碳汇价值评估的理论基础与原理，以供读者认识并促进森林资源资产评估新领域的拓展与完善。

1992年，世界环境与发展大会提出“可持续发展”的新发展理念后，世界各国都在反省社会生产力发展与资源衰竭、环境恶化、生态失衡之间难以调和的矛盾，森林所特有的改善生态环境和人类生命支撑系统功能也日益为有识之士所共识。越来越多的人们已把目光从森林具有林木生产的商品机能转而投向其保健休养、户外教育、水源涵养、固碳制氧等更为重要的社会公益机能，森林生态服务的价值研究成为林业经济的热点研究领域。随着碳交易市场的发展和生态效益补偿制度的逐步实施，森林生态服务功能已呈现出外部性逐步内部化的趋势，森林生态服务功能已成为森林资源的经营主体功能之一，其外部经济性正在获得社会认可并为经营者带来收益，成为重要的森林资源资产组成之一。可以预见，森林生态服务功能价值评估将成为未来森林资源资产评估的焦点。

9.1　森林景观资源资产评估

9.1.1　森林景观资源概述

森林景观资源是以森林资源及森林生态环境资源为主体，其他自然景观为依托，人文景观为陪衬且对旅游者能产生吸引力的各种物质和因素，主要包括森林自然景观资源(林景、山景、水景、天象景、古树名木、奇花异草、珍稀动植物)、森林生态环境资源、森林人文景观资源(文物古迹、民族风情、地方文化、艺术传统)三大类。其载体主要有：森林公园、风景林场、植物园、生态公园、森林游乐区、以森林为依托的野营地、森林浴场、自然保护区或类似的旅游地等。

我国地域辽阔，从南到北跨越了热带、亚热带、暖温带、温带和寒温带5个气候带，从东到西横跨了平原、丘陵、山地、高原等多种地貌类型，这些特有的气候和地貌类型形成了不同的水热条件组合，孕育了丰富且绚丽多彩的森林景观资源。森林内分布着大量具有极高观赏价值和科学价值的各种珍奇动植物资源，林区有各种奇山、怪石、奇花、异草和奇特洞穴；有溪、河、湖泊、瀑布、泉水、池塘、漂流河段、风景河段等水域景观资源；有变幻无穷的气象景观、舒适宜人的气候等，从而构成了丰富多彩的自然旅游资源。

我国现有森林资源面积约 2.08×10^8 hm^2，森林景观资源十分丰富，为我国森林旅游事业发展提供了极为有利的条件。据不完全统计，截至2013年年底，森林公园总数达2 948处，规划总面积1 758 $\times10^4$ hm^2。其中国家级森林公园779处，面积1 048 $\times10^4$ hm^2。其中广东、山东、浙江、福建、河南、四川、湖南、山西等10个省的森林公园均超过了百处；除森林公园外，全国还建立了总数超过2 690个的自然保护区，约占陆域土地面积15%以上，面积逾 1.46×10^8 hm^2。其中国家级428处，占全国自然保护区总数的15.9%，面积达9 466 $\times10^4$ hm^2，分别占全国自然保护区面积和陆域国土面积的64.7%和9.7%。其中林业系统建立和管理的自然保护区超过1 600个，总面积约 1.16×10^8 hm^2，占国土面积约12%。自然保护区具有丰富的珍稀动植物资源，在保护区的核心区外围可以开展科学考察、采集标本、宣传教育，也可适当开展景观旅游和森林旅游活动。

9.1.2　森林景观资源资产

森林景观资源资产是指通过经营能带来经济收益的森林景观资源，主要包括风景林（森林公园）、森林游憩地，部分名胜古迹和革命纪念林、古树名木等。它包含了两大特征：第一，森林景观资源资产必须是依托森林景观资源而发展形成的，是以森林景观资源为基础的。根据《中国森林公园风景资源质量等级评定》，把森林风景资源定义为：森林资源及其环境要素中能对旅游者产生吸引力，可以为旅游业所开发利用，并可产生相应的社会效益、经济效益和环境效益的各种物质和因素。其实，森林景观资源和森林风景资源这两个概念并无本质上的区别，在森林资源具备了游览、观光、休闲等价值的时候，我们认为这便形成了森林景观资源；在森林具有了景观特色，具备了开发利用价值的时候，便形成了森林景观资产的物质基础。因此，风景林如武夷山大竹岚的竹海林涛、黄岗山上的高山草甸、福州国家森林公园的国家领导人种植的纪念林、黄山上的迎客松等，这些都形成了独特的森林景色。更进一步说，森林景观资源的范围应包括各种自然或人工栽植的森林、草原、草甸、古树名木、奇花异草等植物景观，野生动物及其他生物资源形成的景观。凡属于依托森林及由森林形成的特有小气候而综合形成的风景资源都应该属于森林景观资源的范畴。第二，森林景观资产是通过人们合理经营形成的。森林景观资产作为森林资源资产的一种，理所当然地必须具备森林资源资产的一般特征，也就是说资源性资产一般都是天然形成的自然物；资源性资产都是具有经济使用价值并且为某经济法律主体经营、开发、利用。除此之外，其森林景观还应该为森林旅游者和有关学者或专家所普遍认可。

9.1.3　森林景观资源资产的特点

森林景观资源经过林业部门的保护、经营、管理，继承并发展了自然和文化遗产，同时成为物种多样性自然基因库的重要组成部分。随着社会经济发展，这些景观资源被逐步开发利用为科研基地、旅游胜地等而具备了资产属性成为资源性资产。因此，森林景观资源资产具有如下特点：

(1)可持续性

森林景观资源资产最显著的特征是其可持续性。经营者或所有者都应该遵循一个基本原则，即在森林旅游或森林游憩过程中，不损害景观资源和环境，并从中学习各种知识，获得身心舒畅和享受。因而在科学管理的前提下发展森林游憩，能对生态保护产生积极作用，并且真正做到保护环境与发展经济相结合。

(2)自然景观与人文景观紧密地结合

天下名山僧侣多，佛道等宗教活动场所多在山上，而山上又正是森林植被、森林资源丰富的地方，两者紧密结合，自然景观和人文景观互相烘托，提高了景观资产质量。如泰山、黄山、庐山、峨眉山被称为“四大名山”；泰山、华山、嵩山、衡山、恒山被称为“五岳”；五台山、峨眉山、普陀山、九华山号称“四大佛教圣地”；五台山、青城山、武夷山、龙虎山号称“道教名山”，它们均是人文古迹与自然山林地貌紧密结成一体的代表。另外，一些少数民族与大森林和谐共处，爱林护林，无论是村寨建筑、生活习惯还是民俗节庆，都与森林密不可分，创造出独具特色的森林文化，极大地丰富了森林景观资产的内容，提高了旅游价值和社会经济效益。

(3)丰富的物种多样性

在森林景观资源集中的森林公园范围内，一般森林覆盖率达85%~98%。由于注重生态保护，环境适宜，保存的珍稀野生动植物种类比较多。据统计，在已建立的森林公园范围内，有珍稀植物100多种，有保护动物近100种，是物种多样性的自然基因库。

(4)功能的多样性

中国森林景观资源资产除具备旅游开发价值以外，其他功能价值亦不可低估。对于面积较大的森林景观资源资产，并不强求每一块林地都用于旅游，而是强调大面积林地上的所有资源合理利用，在不影响景观的条件下，有调整的灵活性。可进行少量的木材生产和多种经营，如张家界国家森林公园就针对公园的具体情况，专门编制了森林经营方案。

(5)广泛的适应性

森林景观资源优越的地方，往往集雄险、清秀的自然风光，灿烂的历史文化，淳朴的民俗风情及得天独厚的生物气候资源于一体。因此，森林游憩的形式多种多样，融合休闲、猎奇、求知、求新、健身、陶冶情操和激发艺术灵感等诸多内容，在很大程度上满足现代旅游者多样化的心理要求。

9.1.4 森林景观资源资产评估方法

9.1.4.1 现行市价法

森林景观资源资产评估现行市价法的基本原理可以表述为：选取若干最近交易的类似森林景观资源资产作为参照物，充分考虑市场的各个变化趋势以及类似资产之间的可比较性资产性质因素的差异，综合分析确定其调整系数，得出合理的评估值。其计算公式如下：

$$E = \frac{S}{m}\sum_{j=1}^{m} K_j K_{jB} G_j \tag{9-1}$$

式中　E——森林景观资源资产评估值；

K_j——第 j 个参照案例的森林景观调整系数；

K_{jB}——第 j 个参照案例的物价指数调整系数；

G_j——第 j 个参照案例的参照物单位面积市场价格；

S——被评估森林景观资源资产的面积；

m——参照案例的个数。

森林景观资源资产评估与用材林资源资产评估一样，评估的首选方法是现行市价法。但必须具备充分发育的森林资源资产交易市场，在同一地理区位内有3个或3个以上的参照案例可供选择。此外，还要考虑被评估资产与参照案例在景观的质量和评估时点上的差异。现就森林景观调整系数和物价指数调整系数的确定做如下说明：

(1)森林景观调整系数

森林景观调整系数主要从两方面考虑，一是从森林景观质量角度出发，首先分析评价森林景观资源资产范围内森林区域的森林景观质量，对森林景观的风景吸收力等分别计量，其次与参照物各项因子分别进行分析评价，得出森林景观质量调整系数 K_1；二是从森林景观资源资产经营的角度出发，充分考虑森林景观所处的经济地理位置，分析森林景观主要客源地的平均国民收入、人口、距离等因素，得出森林景观资源资产经济地理调整系数 K_2，综合确定森林景观调整系数。

通常来说，景观质量评分值越高，说明景观对游客越具有吸引力，景观的调整值也就越高；同样的森林景观分别处于不同的经济地理条件，从资产上反映的价值量是截然不同的，距离越近、越容易游玩，则资产的价值也就越高。遵循上述思路，我们不难看出森林景观调整系数 K 值：

$$K = K_1 \cdot P_1 + K_2 \cdot P_2 \tag{9-2}$$

式中　K_1——森林景观质量调整系数；

K_2——经济地理指数调整系数；

P_1，P_2——分别为 K_1、K_2的权重。

K_1值，即森林景观质量调整系数，是被评估景观资源资产与参照案例各种评价因子(地质地貌、天象、人文、植被及其他动物资源、水文)得分值的比值。具体森林景观质量等级评定参考《中国森林公园风景资源质量等级评定》标准，在此不再赘述。

K_2值，即经济地理指数调整系数，其值等于被评估景观资源资产的经济地理指数与参照案例的经济地理指数的得分值的比值。经济地理指数的评定标准参见表9-1。

P_1、P_2权重可通过Delphi法获得。参考专家意见，一般来说，P_1的值取0.4，P_2取0.6。

表9-1　经济地理指数标准

评价项目	评价指标	评价分值
公园面积	森林公园规划面积大于500 hm^2	10
	森林公园规划面积小于50~500 hm^2	5
	森林公园规划面积小于50 hm^2	1

(续)

评价项目		评价指标	评价分值
旅游适游期		大于或等于240天/年 150~240天/年 小于150天/年	20 10 5
区位条件		距省会城市(含省级市)小于100 km,或以公园为中心、半径100 km内有100万人口规模的城市,或100 km内有著名的旅游区(点) 距省会城市(含省级市)或著名旅游区(点)100~200 km 距省会城市(含省级市)或著名旅游区(点)超过200 km	10 5 2
外部交通	铁路	50 km内通铁路,在铁路干线上,中等或大站,客流量大 50 km内通铁路,不在铁路干线上,客流量小 50 km内不通铁路	10 5 0
	公路	国道或省道,有交通车辆随时可达,客流量大 省道或县级道路,交通车辆较多,有一定客流量 县级道路,客流量较少	10 5 2
	水路	水路较方便,客运量大,在当地交通中占有重要地位 水路较方便,有客运 水路不通或水路只有货运,没有客运	10 5 0
	航空	100 km内有国际空港 100 km内有国内空港 100 km内无航空港	10 5 0
知名度		国际级或国家级 省级 地、市级	10 7 3
市场需求状况		强烈 较强烈或一般 较差	10 7 3

(2)物价指数调整系数

物价指数主要反映了资产在不同时期价格涨落幅度。在我国的物价指数的计算可按基数是否固定分为定基物价指数和环比物价指数,其公式表示如下:

定基物价指数为:

$$K_t = \frac{\sum_{j=1}^{m} P_{j_t} Q_{j_t}}{\sum_{j=1}^{m} P_{j_0} Q_{j_t}} \quad (j = 1,2,\cdots,m) \tag{9-3}$$

环比物价指数为:

$$K_t = \frac{\sum_{j=1}^{m} P_{j_t} Q_{j_t}}{\sum_{j=1}^{m} P_{j(t-1)} Q_{j_t}} \quad (j = 1,2,\cdots,m) \tag{9-4}$$

式中 K_t——第 t 年与基年相比的物价变动指数;

P_{j_t}——商品 j 在第 t 年度的价格;

Q_{j_t}——商品 j 在第 t 年度的销售量；

P_{j_0}——商品 j 在基年的价格；

$P_{j_{(t-1)}}$——商品 j 在第 $t-1$ 年度的价格；

m——被考察的商品总数。

9.1.4.2　收益现值法

在森林景观资源资产评估时，考虑其现实情况，一般采用条件价值法和年金资本化法进行评估。

(1)条件价值法

条件价值法(CVM)，它有多种提法，常见的有支付意愿法(简称 WTP 调查法)、直接询问法和假设定价法，属于直接性经济评价方法。西方经济学的研究告诉我们：对于没有市场交换和市场价值的某些环境效益，可以采用替代市场技术，寻找其替代市场，并用“影子价格”来表达其经济价值。例如，评价森林涵养水源的经济价值时，先计算出森林涵养的水源量，再根据“替代市场方法”假设这些用于市场交换，并以市场水价作为森林涵养水源量的“影子价格”，最后计算出森林涵养水源的经济价值。但是，对于森林景观，在现实中很难找到替代市场，也难以找到其“影子价格”，那么，我们则可以采用模拟市场技术或假设市场技术，先假设“商品”的交换市场存在，再以人们对该商品的支付意愿(本质上是假设价格)来表达其经济价值。

支付意愿(WTP)是指消费者为获得一种商品，一次机会或一种享受而愿意支付的货币资金。实际上，人们每时每刻都用 WTP 来表示自己对事物的爱好，WTP 实际上是“人们行为价值表达的自动指示器”，也是一切商品价值表达的唯一合理指标。目前，支付意愿已被美、英等西方国家的法规和标准规定为环境效益评价的标准指标，并用来评价各种环境效益的经济价值。

在森林景观资源资产评估中运用条件价值法，就是通过对游客进行问卷调查，测算出游客面对景观的平均支付意愿(扣除游览景观过程中的合理开支)后，以该平均支付意愿作为合理的门票价格，从而获得森林景观资产评估价值的方法，其主要步骤如下：

①进行游客调查，得出游客对该森林风景区门票的平均支付意愿值；

②以该平均支付意愿值作为合理的门票价格，计算出景区的年门票收入，加上其他经营项目的年预计收入，得出该景区的年总收入；

③年总收入扣除各种成本费用即得景区的年均纯收益；

④以年均纯收益除以适当的投资收益率即可得出该景区的评估值。

在条件价值法应用中，游客量的预测、支付意愿的测算、其他经营项目的收入和成本费用是其关键所在。

1)游客量的预测

一般来说，森林景观景区游客量变化大体有这样的规律：第一阶段，缓慢的增长阶段，这个阶段的特点是旅游景区刚刚发展起步，只有零散的游客，数量少且形成不了规模；第二阶段，快速的增长阶段，随着游客人数的增多和景点知名度的不断提高，旅游者逐渐变得有规律，外来投资骤增，交通服务等设施得以极大地改善，旅客数量在不断增加，甚至在短期内迅速增长；第三阶段，游客巩固阶段，其明显特征是游客增长率增长缓慢、持平或者开始下降，但游客数量仍将小幅增加或保持稳定，游客市场已经形成或形成相对稳定的规模；第四阶段，游客量衰落或复苏阶段。景点旅游市场衰落，游客增长曲线明显下降，景点吸引力已经不能和新的旅游景点相竞争，旅游设施开始部分或大量闲置，旅游者数量逐年下降，旅游地甚至逐步丧失旅游功能。另外，景点也可能进入复苏阶段，要进入复苏阶段，旅游地吸引力必须发生根本的变化，达到这个目标有两个途径：一是增加人造景观吸引力，如果景观选择适当，这种效果有可能很好，如美国大西洋赌城；二是发挥未开发的自然景观资源优势，重新启动市场。德国学者 W. Christaller(1963 年)、加拿大学者 Butler(1980 年)先后提出的旅游地生命周期理论，论证了旅游地“发展—繁荣—衰落或复苏”规律的存在，同时也指出了游客量在探查阶段、参与阶段、发展阶段、巩固阶段、停滞阶段、衰落或复苏阶段的变化情况，为此可以借助历史数据，运用理查德方程、逻辑斯蒂方程以及满足旅游生命周期规律的数学方程来预测未来的游客量以及景点的饱和区间。

2)支付意愿的测算

支付意愿是从消费者的角度出发，在一系列的假设问题下，通过调查问答、问卷填写、投标等方式来获得的。以年均纯收益除以适当的投资收益率即可得出该景区的评估值。很显然，在运用条件价值法对森林景观资产评估时，关键在于对游客的支付意愿进行合理、准确地估算，游客的支付意愿大，折算成的门票价格就高，景观的价值也相对高。目前，对于国内外学者对游客的支付意愿的测算的偏差来源主要有4种：①起点偏差，回答者可能受到提问者提出的支付意愿起点影响；②信息偏差，回答者有可能缺少对支付意愿问题的全面信息的了解；③策略偏差，当回答者意识到其回答结果将对自己有影响时，回答者常故意提高或降低 WTP；④假设偏差，提问者的假设使回答者无法面对事实，例如提问的依据是照片而不是实际的景观。

通过问卷调查资料对支付意愿进行计算：

$$\overline{WTP} = \frac{\sum_{j=1}^{m} Q_j WTP_j}{\sum_{j=1}^{m} Q_j} \tag{9-5}$$

式中 $\overline{WTP}$ ——总平均支付意愿；

Q_j——第 j 次抽查的游客数量；

WTP_j——第 j 次抽查的游客的平均支付意愿；

m——调查的游客次数。

再将测算出的总平均支付意愿作为合理门票价格，景观或景区门票收入与合理的门票价格通常呈正比，也与景区的年游客数量呈正比，可以用数学表达式表示：

$$A = \overline{WTP} \cdot Q \tag{9-6}$$

式中 A——年门票收入；

$\overline{WTP}$ ——合理门票价格；

Q——年游客数量。

如果，$\overline{WTP}$ 的选用值是当年，则 Q 值也应选用当年的实际人数，若 $\overline{WTP}$ 是通过曲线方程和其他模型预测或模拟出来的，游客量值也应与之相匹配，即预测年份的游客量。

3）其他经营项目的收入和成本费用

在森林景观区设立各种观光、游览、接待设施或增添人造景点是对景观的一种必要补充，如在水面上开展摩托快艇、高空降落项目，在森林中进行体能测试、高速滑道等项目。其效果与景观效益相得益彰、互相补充与发展。因此，这些经营项目的收入中往往包含了由于森林景观存在而产生的额外收益成分，这种成分收入是经营项目依托森林景观效益而产生的超额收益形成的。所以经营项目的收入中包含了 3 个部分：

第一，由经营者或投资者投入经营的成本费用，其可能是固定的，也有可能是变化的，通常这部分是逐年发生和计算的。

第二，由固定资产投入和流动资产投入产生的正常收益构成，这个正常收益可以表示为：

$$A = C \cdot i \tag{9-7}$$

式中　A——其他经营项目资本投入的正常收益；

C——投资成本；

i——社会平均收益率或行业平均收益率。

正常收益和平均收益不仅与经营项目投入成本有关，而且与经营项目内容有关。

第三，经营项目的超额投资收益。这常是经营者投资追逐的主要目标，但这种超额收益本质上不是经营项目自身形成的，而是通过对景观的依托享有或垄断而形成的。因此，这种收益应该归属于森林景观资产收益，其与景观资产所有者实得收益的差额，则是项目经营者超额利润的根本源泉。

与景观资产收入、经营项目收入相对应的成本费用，这里应仅考虑从会计学原理上，会计账本中体现出来的原始成本与费用，再加上应计利息，就构成了总成本费用。

在实际操作实务中，有两种方法可以用来计算这部分景观超额收益：一种是如前所述，通过实际收入扣除其他两部分值；另一种方法，就是根据森林景观所有者实际所得的管理费用等来计算。

4）森林景观资源资产评估值的确定

通常来说，投资收益率包含了无风险利率、风险利率和通货膨胀利率。在森林资源资产评估中，由于涉及的成本均为重置成本，即现实物价水平上的成本，其收入与支出的物价是在同一时点上，不存在通货膨胀因素，因此，投资收益率由纯利率和风险利率组成。在一般森林资源资产评估中，投资收益率常用 4%~6%。考虑到森林景观经营的风险性较大，可以考虑将森林景观资源资产评估投资收益率定为 10%~12%。

根据以上分析，可以综合而得森林景观资源资产评估计算公式：

$$E = \frac{\hat{Q}\dfrac{\sum_{j=1}^{k_1} Q_j WTP_j}{\sum_{j=1}^{k_1} Q_j} + A - B}{i(1+i)^n}\left[(1+i)^n - 1\right] - \sum_{h=1}^{k_2}\sum_{m=1}^{k_3} C_m (1+r)(1+i)^h \tag{9-8}$$

式中　E——评估值；

$\hat{Q}$——预测的年游客数量；

Q_j——第 j 年度预测的游客数量；

WTP_j——第 j 年度预测的游客支付意愿；

A——其他经营项目经营年收入；

B——其他经营项目经营年费用；

C_m——第 m 项经营项目投资额；

r——社会平均投资利润率；

i——投资收益率；

n——森林景观资产经营期限；

k_1——预测游客支付意愿的年数；

k_2——项目投资距评估的年数；

k_3——经营投资项目数。

(2)年金资本化法

年金资本化法主要适用于有相对稳定收入的森林景观资产的价值评估，在这种情况下，首先预测其年收益额，然后对年收益额进行本金化处理，即可确定其评估值。

$$E = \frac{A}{i} \tag{9-9}$$

式中 E——资产评估值；

A——年收益额；

i——本金化率。

在有些森林景观资源资产评估中，其未来预期收益尽管不完全相等，但生产经营活动相对稳定，各期收益相差不大，这种情况也可以采用上述方法进行，其步骤如下：

第一步，预测该项资产未来若干年(一般为5年左右)的收益额，并折现求和。

第二步，通过折现值之和求取年等值收益额。根据上述计算公式可知：

$$\sum_{j=1}^{n} \frac{R_j}{(1+i)^j} = A \cdot \sum_{j=1}^{n} \frac{1}{(1+i)^j}$$

因此，$A = \dfrac{\sum_{j=1}^{n} \frac{R_j}{(1+i)^j}}{\sum_{j=1}^{n} \frac{1}{(1+i)^j}}$，其中，$\sum_{j=1}^{n} \frac{1}{(1+i)^j}$ 为各年现值系数，可查表求得。

第三步，将求得的年等值收益额进行本金化计算，确定该项资产评估值。

若未来收益是不等额的。在这种情况下，首先预测未来若干年内(一般为5年)的各年预期收益额，对其进行折现。再假设从若干年的最后一年开始，以后各年预期收益额均相同，将这些收益额进行本金化处理，最后，将前后两部分收益现值求和。基本公式为：

$$E = \sum_{j=1}^{n} \frac{R_j}{(1+i)^j} + \frac{A}{i(1+i)^n} \tag{9-10}$$

式中 E——资产评估值；

R_j——第 j 年收益额；

n——收益不相同的年数；

A——n 年后的年收益额；

i——本金化率或投资收益率。

应当指出，确定后期年金化收益的方法，一般可以将前期最后一年的收益额作为后期永续年金收益，也可将预测后期第一年的收益额作为永续年金收益。

9.1.4.3　重置成本法

重置成本法是指在资产评估中，用现时条件下重新购置或建造一个全新状态的被评估资产所需的全部成本，减去被评估资产已经发生的实体性贬值、功能性贬值和经济性贬值，得到的差额作为被评估资产的评估值的一种资产评估方法，其基本计算公式为：

$$评估值 = 重置价值 - 实体性贬值 - 经济性贬值 - 功能性贬值 \tag{9-11}$$

或

$$评估值 = 重置价值 \times 成新率 \tag{9-12}$$

森林的生长过程是一个价值不断增长的过程，从造林、抚育至成林，都伴随着人类无差别的社会劳动的投入，用造林成本、抚育成本、管护成本和森林经营管理成本来衡量森林价值，虽然有偏差却容易为人们所理解和接受。利用重置成本法对森林景观资产的价值进行评估，在当前人们对森林景观资产概念与认识较为模糊的情况下，是对景观资产评估方法的一种必要补充，有利于提高人们对森林景观的理解与认识，有利于对景观资产价值的认可和确定。但应该明确的是，对于森林景观资产的评估，重置成本法仅仅是一种替代方法、比较方法或是确定资产最低价值、“保本”价值的保守方法，较为适用于森林景观建设初期，景观资产价值收益体现不明显、不稳定的阶段。

运用更新重置成本法评估森林景观资产的关键在于：一是确定森林景观的重置价值；二是合理估算景观资产的各种贬值损耗额。如果资产的重置价值与各种贬值能够被准确地测算出来，那么景观资产的价值也就可以被计算出来。

重置成本与原始成本内容构成是相同的。因此，可以利用景观资产形成的原始成本，对比原始成本和现时的物价水平，就可以计算出资产重置成本，其价值内容包括林木、林地和旅游设施的重置价值。林木重置成本价，可以利用原始的历史成本资料查阅而得其原始成本，包括苗木价或树木价、运输费用、人工费用、管护费用等。选择适当的利率计算时间机会成本，综合而得林木重置价、林地重置价是林地资源资产在现行状态下的重新购置价由于土地资产的特殊性，不存在贬值性，所以林地重置价即为林地资源资产的价值，并不是所有旅游设施的重置价值都应计入景观资产的重置成本中。只有那些无法独立收益或收益无法计量，却是对游览森林景观所必需的旅游设施才应该纳入景观的重置价值中，如：方便游览的步道，森林中休憩用的石椅、石凳等，这些设施是在森林景观的开发和发展过程中，由经营者出资投入形成，是森林景观的构成部分。其在财务上的表示，多为基础设施建设的一部分。

前面分析可知，森林景观有这样一个特点，随着景观的知名度的增长，森林景观的价值也在不断增长。因此，景观建设初期，其贬值是很少或不存在的。一般来说森林景观资产并不随着资产的实际使用，如从很多人看、很多人观赏到更多人看、更多人观赏，而发生实体性的损耗。景观资产的功能性贬值只有当景观的建设配置不合理，造成了因为建设投入或改造，而引起资产价值量反而降低的情况，直接的反映就是景观质量的下降，景观质量调整系数值降低。经济性贬值主要是由于外部经济环境的变化和同行业的竞争加剧引起的，其主要的表现就是资产的利用率的下降。因此，经济性贬值主要通过利用率的下降来表现。

重置成本可以分为更新重置成本和复原重置成本，两者在使用时的区别在于，更新重置不存在贬值，而复原重置必须计算实体性、功能性、经济性贬值。因此，在实际操作中多采用更新重置成本法进行森林景观资产的评估，其测算公式为：

$$E = K\sum_{j=1}^{n} C_j(1+i)^{n-j+1} + Q \tag{9-13}$$

式中 E——森林景观资产评估值；

K——景观质量调整系数；

Q——旅游设施重置价；

C_j——第 j 年的营林投入，主要包括工资、物资消耗、管护费用和地租等；

i——投资收益率。

【例 9-1】 天山国家森林公园，经预测游客平均支付意愿 37 元/人次(即合理门票)，游客量 125 万人次/年，公园成本费用 2 728 万元/年，其他经营项目年收入 1 536. 5 万元/年，其他经营项目年费用1 197. 8万元/年，其他经营项目 3 年前总投资 1 944 万元，投资利润率 10%，拟转让经营期 20 年，试以 10% 的投资收益率评估该森林公园森林景观资源资产的现值。

解：公园门票纯收入：

$A = WTP \cdot Q - C =$ 37 元/人次 ×125 万人次/年 −2 728 万元/年 =1 897 万元/年

20 年森林景观资源资产的现值：

$E =$ (1 897 +1 536. 5 −1 197. 8)万元 ×[(1 +10%)^{20} −1] ÷10% ÷(1 +10%)^{20} − 1 944 万元 ×(1 +10%) ×(1 +10%)^{3}

=19 033. 77 −2 846. 21 =16 187. 56(万元)

9. 2 森林灾害损失价值评估

森林作为人类生存不可缺少的绿色资源，亦是保障国土生态安全，维持环境生态平衡的重要屏障，然而，自然灾害的频繁发生给森林资源带来了严重的破坏。我国是自然灾害频发国家，每年因气象原因造成的灾害占各种自然灾害总数的 70% 以上，2019 年我国以洪涝、台风、干旱、地震、地质灾害等为主的自然灾害造成的直接经济损失达 3 270. 9 亿元。目前国内外学者的研究多数集中于对因林火、病虫害等受灾林木资源受损情况的研究，而对相关灾害后林木价值经济损失的研究则较为罕见。而在我国的《资产评估法》第二条款中也明确将资产损失的评估纳入了资产评估范畴，因此为迎合社会主义市场经济与资产评估发展的需要，如何对森林灾害损失进行价值评估就成为必需。森林灾害损失评估不仅有利于规范灾后森林资源经济损失的价值弥补，也有利于森林资源经营管理政策与经营措施的实施，从而保护森林资源以实现林区可持续经营管理。

9. 2. 1 概述

森林资源灾害伴随着森林的生存与繁衍，亘古有之，但危害程度有所不同。目前我国森林覆盖率为 23. 04%，总体森林资源仍较缺乏，分布不均，单位面积蓄积量低，森林构成不合理，可供采伐利用率低，森林生态功能尚不健全，正处于森林资源灾害频发的时期。目前我国森林资源灾害主要有以下几种类型：

(1)人为灾害

森林火灾是一种失去人为控制的自然或人为的森林燃烧，森林火灾每年给林业生产带来严重损失，并影响森林资源的保护与发展，是影响林业稳定发展的最主要灾害之一。20世纪世界每年平均发生森林火灾20万余起，烧毁森林面积280×10^4 hm^2以上，约占世界森林面积的0.1%。我国也是一个森林火灾频发的国家，据统计1950—2010年间，我国年均发生森林火灾12 600余次，年均受害森林面积7.95×10^4 hm^2。2011—2019年间，我国森林火灾发生次数总体呈下降趋势，但年均仍超过3 300余次，年均受害森林面积$1.6\times10^4hm^2$，80%以上的森林火灾起火原因来自人为火源。森林火灾不仅造成了巨大的经济损失，同时也会造成了巨大的人员伤亡，如：1987年我国东北大兴安岭的特大火灾，受害森林面积达87×10^4 hm^2，经济损失达5亿多元，2019年四川木里"3·30"森林火灾造成27名森林消防指战员和4名地方干部群众牺牲。乱砍滥伐在全世界每年造成$1\ 000\times10^4$ hm^2的森林破坏，毁林开荒900×10^4 hm^2，我国的黄土高原地区就是森林资源破坏最为典型的例证。在历史上，黄土高原曾有大面积的森林和灌木丛，由于历代开荒屯垦，特别是采取毁林开荒、烧山狩猎、大兴土木、过度樵采与过度放牧的粗放经营方式，使黄土高原森林资源遭到毁灭性破坏。黑龙江省就曾因为森林过伐，耕地有机质含量每年以0.2%的速度下降，水土流失面积已达全部耕地面积的1/2以上，流失土量每年达2.5×10^4t。事实证明，毁林开垦的结果只能"造荒"，有百害而无一利。

酸雨被称为森林的"艾滋病"，酸雨与人类的工业生产与生活活动密切相关，由于全球工业的不断发展与进步，酸雨灾害已成为一个世界性的问题。前捷克斯洛伐克有超过$70\times10^4hm^2$森林毁于酸雨，著名的前西德黑森林区，也因酸雨造成了大片森林死亡。我国酸雨分布之广，酸度之强，频率之高，不亚于美国东部，是世界酸雨严重地区。据统计：我国西南地区因酸雨使森林生产力下降，损失木材达630 hm^2，直接经济损失32亿元。我国受酸雨围绕严重的森林面积达10×10^4 hm^2，造成林业损失年均2亿美元。由于工业迅速发展，致使大气中氟、氮氧化物、SO_2等污染物质浓度大大增加，因此危害森林资源，造成大面积干枯死亡。

(2)生物灾害

病虫害是我国主要的森林灾害之一。目前我国某些区域森林病虫害的发生流行比较严重，以致成灾。森林受环境因素的非正常影响或受到生物的侵害，林木生长受到影响，甚至死亡。我国森林病害达3 000种、害虫达5 000种。除病虫害外，鼠害也是森林常年性灾害的一种。我国森林鼠害主要发生在西北西部和华北北部等生态环境较差的地区。鼠类不但与家畜争食，而且由于挖坑活动引起林区出现次生裸地，降低了森林生产力，导致生态环境恶化。近几年来，全国每年发生森林病虫鼠害面积$8\ 000\times10^4$ hm^2左右，损失林木生长量1 700 hm^2，造成经济损失约50亿元。

(3)气象灾害(风灾、寒潮、干旱、雪灾、冰雹)

风灾是我国森林资源灾害的一个重要灾种。风灾中危害较为严重的是台风，这种风暴移近大陆或登陆后，给农林业带来巨大灾害。风灾时，幼苗危害更加严重。1993年5月5

日，西北遭“黑暴”侵袭，新疆、甘肃、宁夏 1.8×10^4 hm^2 果树全部毁坏，刚刚人工栽植的树木成活率接近零。寒潮则是我国冬天常发性的一种灾害性天气，主要发生在9月至翌年5月间，平均每年发生2~4次。给林业生产造成严重威胁。伴随寒潮而来的往往还有冰雪灾害，2008年初一场50年不遇的寒潮与冰雪灾害在中国南方发生，$1\ 800\times10^4$ hm^2 的森林受灾，约占全国森林总面积的1/10；受灾的森林蓄积量达到 3.7×10^4 m^3，占全国森林总蓄积量的3%；损失的毛竹近30亿株，占全国毛竹总量的47%。据初步统计与估算，此次灾害造成数百亿元人民币的直接经济损失，使我国原本十分紧张的木材供求矛盾更加突出。

干旱是我国影响面最广的气象灾害。最显著的特点是频率高，分布广。长期降水偏少而使新栽的树苗大量死亡，造成植树成活率下降或完全死亡。在严重干旱的年份，也会使已长大的树木因缺水而枯死。此外，干旱容易引起森林火灾。2008年10月下旬发生的持续大范围严重旱情，波及15个省份，造成1.18亿亩的林地遭受干旱危害，持续大范围的干旱，让中国森林面临更大的火灾威胁。2009年1月，由于持续干旱，全国共发生森林火灾651起，受灾森林面积2 005 hm^2。与往年同期相比，森林火灾次数上升49%，受灾森林面积上升34.7%。

除此之外，还有雹灾，这是带有较强的局部性和地方性的一种灾害。我国是世界冰雹灾害最严重的国家之一，每年因雹灾给林业造成的经济损失达10亿元。1987年3月大范围冰雹横扫江西、湖北、安徽、江苏、浙江、上海，所经之地，城市绿化、苗圃、四旁植树被毁率为33%~67%。

(4)地质灾害(滑坡、泥石流、崩塌、水土流失等)

我国地质灾害种类繁多，直接危害林业的主要是崩滑流，特别是泥石流，它具有强大的冲击力，可对其流路上的物体施加每平方米几千牛顿的力。所经之处，粗大的树干推腰切断，较小的灌木和草本植被更易被冲击和掩埋，而地震等地质灾害所造成的损失则更为惊人，举世震惊的2008年汶川“5·12”大地震造成四川省林地损毁面积达 33×10^4 hm^2，受损林木蓄积量 $1\ 947\times10^4$ m^3，森林覆盖率下降0.5个百分点，其林业系统经济损失就超过230亿元。

9.2.2 森林资源灾害损失评估主要技术思路

9.2.2.1 森林资源灾害直接经济损失评估

森林资源灾害的直接经济损失主要来自由于灾害而形成的各类受害木，这些受害木的直接经济损失主要体现在两个方面：第一是由于各类危害所形成的蓄积量(株数)减少而产生的实物量减损，其次是受害木的材质下降造成的销售价格降低产生的减损。

(1)灾害实物量损失评估

在对用材林资源资产价值评估时，对于成熟林林分其蓄积量是主要决定因素之一，而在幼龄林资产评估中起决定因素的则是保存株数与树高。对灾害所形成的实物量损失计量实际上可视为数量的部分乃至于全部的减损，由此可设定实物量减损系数以计量其损失。其实物量减损系数 k_1 为：

$$k_1 = \frac{\Delta M}{M} \tag{9-14}$$

式中　ΔM——灾害所形成的各类受害木而形成的可利用蓄积量减损量；

M——未受灾前林分的原有蓄积量。

而对于幼龄林，受灾害影响的其成活率或株数保存率成为评价其价值损失的关键，其实物量减损系数 k_1 应为：

$$k_1 = \frac{\Delta N}{N} \tag{9-15}$$

式中　ΔN——因灾害造成的死亡株数；

N——未受灾前林分的保存株数。

值得注意的是，根据我国目前的造林技术规程，对于新造林地或未成林造林地，若造林成活率低于40%，可视为造林失败，其郁闭成林的概率大大降低。有鉴于此，建议当受灾害的新造林地或未成林造林地形成的株数减损率 $K_1 > 60\%$，即造林成活率低于 40%，则其值应为 1，即林分价值全部减损。由此可得因实物量损失造成的经济损失量 E_m 为：

$$E_m = E \cdot k_1 \tag{9-16}$$

式中　E——林木资源资产评估值(可参考第 6、7 章中方法计算)；

k_1——实物量减损系数。

(2) 灾害木市场价格损失评估

除实物量减损外，就木材生产而言，受灾害影响，一方面各类受害木材质会受到较大的影响，使其市场销售价格有所下降；另一方面，灾害灾后林地需及时清理，会使木材生产量增加，受市场价值规律制约，产量的增加必然会影响其价格。据笔者 2008 年 6 月在福建省灾害重灾区建宁县与泰宁县的调查，其杉木木材价格同周边地区相比，虽然本次灾害中杉木受损较轻，但其价格较其他未受灾区相比亦有约 30～50 元/m^3 的差距。而受灾最严重的松木价格不仅不如相邻地区，就是与 2007 年同期相比较，其价格更达到了约 50～80 元/m^3 的下滑，与近期正常木材交易市场木材价格日益上涨的趋势恰好形成鲜明对比。因此受灾木的市场价格下滑亦是造成经营者直接经济损失的重要原因。其价格减损系数 k_2 为：

$$k_2 = \frac{W_{正常} - W_{雪灾}}{W_{正常}} \tag{9-17}$$

式中　$W_{正常}$——正常状况下的木材市场销售价格；

$W_{雪灾}$——受灾区域的木材市场销售价格。

在实际计算中，正常的木材价格可通过对周边县市同期木材价格市场调查获取，若调查区域不具可比性，亦可采用受灾前该地区木材销售价格进行测算。由此可计算因木材价格所造成的价值损失量 E_w 为：

$$E_w = M \cdot W_{正常} \cdot k_2 \tag{9-18}$$

式中　k_2——价格减损系数；

其余字母意义同式(9-15)、式(9-17)。

9.2.2.2　森林资源灾害未来收益损失评估

对于成熟林林分，灾害所造成的主要是直接经济价值损失，而对于中龄林以上的未成熟林林分，除上述的直接损失外，实际由于其生长受影响，而造成的未来收益损失也是不可忽略的，当林地遭受灾害后，正常生长的中龄林林分可能就因此而中断，而必须以成熟林方式进行林地清查，其现实状况是未成熟林林分直径与蓄积量均较小，与其未来的生长可达直径与蓄积量可能会产生相当大的差距，进而形成其未来收益的损失。根据现有的森林资源资产评估技术规范中规定中龄林采用收获现值法，成过熟林采用市场价倒算法评估。在计算因灾害所造成的未来收益损失，其具体做法如下：

①由于中龄林以上的未成熟林分除受灾较轻之外，多数将被视为成熟林林分处理，采用市场价倒算法进行计算，其价值为：

$$E_n = m_n[f_1(W_1 - C_1 - F_1) + f_2(W_2 - C_2 - F_2)] \tag{9-19}$$

式中 E_u——正常生长中龄林以上未成熟林分按收获现值法计算评估价值；

m_n——现实林分实际蓄积量；

f_1，f_2——原木、非规格材出材率；

W_1，W_2——原木、非规格材平均木材销售价格；

C_1，C_2——原木、非规格材木材生产经营成本；

F_1，F_2——原木、非规格材木材生产经营段利润。

②正常生长中龄林以上未成熟林分其评估价值为：

$$E_u = M_u \cdot \frac{f_{u1}(W_{u1} - C_{u1} - F_{u1}) + f_{u2}(W_{u2} - C_{u2} - F_{u2})}{(1+i)^{u-n}} - \frac{V[(1+i)^{u-n} - 1]}{i(1+i)^{u-n}} \tag{9-20}$$

式中 E_n——按市场价倒算法计算中龄林未成熟林分评估价值；

M_u——现实林分至主伐期间其未来蓄积量；

f_{u1}，f_{u2}——未来收益时原木、非规格材出材率；

W_{u1}，W_{u2}——按未来林分状况所确定的原木、非规格材的现实平均木材销售价格；

C_{u1}，C_{u2}——原木、非规格材木材生产经营成本；

F_{u1}，F_{u2}——原木、非规格材木材生产经营利润；

V——现实林分至主伐期间的年平均管护费用；

u——主伐年龄；

n——现实林分年龄；

i——投资收益率。

③依上述原理与计算可得到中龄林以上未成熟林林分的未来收益损失 ΔE 为：

$$\Delta E = E_u - E_n \tag{9-21}$$

9.2.2.3 灾害的额外费用增加形成的价值损失评估

当林分在遭受灾害后，无论从现实生产还是理论意义角度，都必须对林地或保存林分进行及时的清理，以减少或降低后续灾害(如火灾、病虫害等)的风险。然而由于灾害对于道路、林地卫生等产生的众多不利影响，灾害灾后清理费用必然将较正常年份林分生产提高。其费用的增加通常包括以下几项：

①林木采伐费用　因林木多株或成片倒伏交叉等因素导致采伐难度加大，从而使得采伐费用增加。

②道路清理费用　包括进出采伐区的道路清理费用以及伐区道路清理费用。

③林分清理费用　包括林木除雪、完全冻死林木的清理、林地卫生维护、清沟排水、地上断梢和折断枝条的清理等清理费用。

④管护费用　受气温与林区人为活动频繁等影响，极易着火酿成火灾等次生灾害（由原生灾害所诱导出来的灾害），需要增加灾后林地管护费用支出。

⑤人身安全保障支出及其他不可预见费用　灾害过后，树上积雪较多，保留时间长，灾后林分中随时都会有林木折枝、倒伏的可能，这对灾后清理工作构成严重的危险，需要增加相应的费用支出如生产安全保险等。

这些费用的增加将直接由经营者承担，亦对经营者的直接经济效益产生影响，其价值损失量 E_c 为：

$$E_c = \sum_i^n \Delta C_i \tag{9-22}$$

式中　E_c——因受灾而额外增加的支出与费用；

ΔC_i——灾后的第 i 项增加费用，可通过灾后的相应项费用与正常生产条件下的该项费用比较获得，其值等于增加后该项费用支出减去正常生产条件下的该项费用支出。

9.2.2.4　森林灾害所产生的生态服务功能价值损失

随着森林生态服务功能日益受到人们的认可与关注，森林灾害将直接破坏森林结构或使森林质量下降，从而导致森林生态服务功能的下降，森林生态服务功能价值损失主要由两个部分构成：

(1)由于森林质量下降而产生的生态服务功能减弱所产生的价值损失

由于森林灾害的发生，其森林生态系统的结构或森林质量受损，进而影响了森林生态功能效用的发挥。但随着森林的自然恢复或人工修复，其生态功能又将逐步恢复。因此其价值损失也将由大到小逐步递减，主要评估思路以收益法为主，计算参考方法如下：

$$E_g = \sum_{j=1}^n \frac{k_j \cdot E_s}{(1+i)^j} \tag{9-23}$$

式中　E_g——因森林质量下降而减弱的生态服务功能损失价值；

E_s——未受损前林分状态时的年生态服务功能价值；

k_j——林分受损折损系数；

n——林分恢复至灾前状态的年限。

(2)为恢复森林生态服务功能而产生的林分修复费用

除了上述生态服务功能减弱而产生的损失之外，经营或管理者还需对受损的林分进行修复，由此而产生的额外费用，这部分费用通常宜采用成本法予以估算，计算公式如下：

$$E_x = \sum_{i=1}^n \left[C_i (1+i)^{n-i+1} \right] \tag{9-24}$$

式中　E_x——为恢复森林生态服务功能而产生的林分修复费用；

C_i——灾后的第 i 年的林分修复费用；

n——林分恢复至灾前状态的年限。

需要注意的是，由于森林生态服务功能的发挥与森林质量状态息息相关，因此如果在森林灾害评估中既考虑了前述的林木价值损失，又考虑生态服务功能价值损失时，应注意避免重复计算的问题，例如，对于幼龄林如果前述已按重置成本计算了林木价值实物量损失，则在此就不能再重复计算林分修复费用。

9.2.3 森林资源灾害损失评估展望

随着全球气候变暖、资源的日益短缺等因素，森林因各类灾害受损的概率不断提高，以上灾害损失评估的技术思路从理论角度上适用于各类因森林灾害而造成的森林资源资产评估。然而，由于生物性资产的特殊性，如其可能存在的受损后自然恢复，其实际价值的损失可能只是其在恢复期内的各类实物量、价值等的损失，并且从理论角度上还可能存在一些特殊情况，例如对于近熟林或林分生长质量不高的林分，其未来林分的生长率已呈现逐年下降或不高的情况，按上述理论以收获现值法计算其未来收益的折现值时，由于折现率可能还高于其林分的生长率，就可能出现未来收益的折现值甚至不如现实林分的市场价倒算价值，那么就会出现受害者的补偿值为负值，就会造成在实际生产中，受害者不仅得不到补偿，还要“倒贴”现值，这从情、法、理上均是行不通的。因此对于此类灾害的评估建议以生物性资产的生物量损失加上市场价格损失以及额外支出损失进行评估为宜。

在经济林受损评估中，是否应对该经济林全部的未来收益进行补偿，尤其是对处于始产期或盛产期的经济林，应用收益现值法进行评估应有待于商榷。因为受损价值损失评估的目的是对受损价值予以补偿，它与资产的转让并不能等同。如果要应用收益现值对于未来经营周期内的价值进行全额补偿，则该林地的未来经营期(例如经济寿命期减去现实经济林年龄)应当属于补偿者，而不再属于受害者，这种情形在实际生产中极为少见。受害者通常并不愿意转让经营权，因此在实际操作中建议以经济林重置成本价值加上在恢复更新期内的收益损失更为合理。

除此之外，森林灾害的发生常常是不可预见的，因此受害形成的后果也往往无法预测而上述评估是立足于森林资源资产评估的相关技术约定，这使本研究在一定程度上也受到现行评估方法的制约。同时由于灾害灾后的调查、伐区设计、灾后市场等均有较大的不确定性，因此要正确地评价与计量分析灾害灾后价值损失还需建立在大量的灾后森林资源、社会与市场调查基础上，才能更为合理准确地体现灾害所造成的林木价值损失。同时森林灾害所造成的森林资源价值损失实际上并不仅仅局限于森林本身，除了森林自身经济价值外，还会引发相应生态灾害，乃至对全社会亦产生一定影响，因此其价值损失是综合而又复杂的。

9.3 森林生态服务功能价值评估

9.3.1 森林生态服务功能价值评估基础

生态系统服务功能主要包括向社会经济系统输入有用物质和能量、接收和转化来自社会经济系统的废弃物，以及直接向人类社会成员提供服务。森林生态系统服务功能(forest ecosystem services)是森林生态系统与生态过程所形成的用以维系人类赖以生存和发展的自然环境条件与效用。目前，森林生态系统服务功能包括多种指标，可以概略地分为两大类：一是森林生态系统产品。例如，提供木材、林副产品，表现为直接价值；二是支撑与维系人类赖以生存的环境。主要包括森林在涵养水源、保育土壤、固碳释氧、积累营养物质、净化大气环境、森林防护、生态多样性保护和森林游憩等方面的生态服务功能。

森林生态服务功能的效益是属于外部经济，是无法以市场经济结构去保证社会需求量的公共财产。森林具有社会资本的性质，属于公益效益。由于森林生态功能无法通过市场机制给森林所有者带来利益，由此使个体生产条件和社会生产条件产生了差别，要保证社会需要的服务功能的水平和内容是很困难的。因此，需要国家进行政策干预、补助金、贷款和纳税制度等辅助措施来消除部分个体生产条件和社会生产条件之间的差别。但要想完全消除这种差别，从理论上来说，需要通过提高辅助措施给森林所有者补助，其金额同森林生态服务功能的货币价值相等。有关森林生态服务功能的费用分担是这些辅助措施所需财源的社会负担。因此，要确定费用分担标准，就需要对森林生态服务功能进行计量和评价。

9.3.2　森林生态服务功能价值评估的基本方法

根据现有的文献资料，全世界还没有一套公认的较为完善的森林生态服务功能价值评估体系，怎样准确地评估问题在任何国家均未得到完全解决。1997 年，R. Costanza 对全球尺度的生态系统服务功能进行了评估，他将森林生态系统服务功能分为 17 种类型，估算出全球生态系统服务功能的年总价值在 16 万亿~54 万亿美元。前苏联、美国及德国等国家的概算数字表明，森林生态服务功能的经济评价数字应为木材生产评价数字的1.5~2倍。尽管这些评价的数字存在一些争议，但是这些工作和评价方法都为以后的森林生态服务功能的价值评估提供了理论参考。我国于 20 世纪后期开始了森林生态系统服务功能价值评估工作，不过大多数的研究都是借鉴国外的一些方法。2008 年，国家林业局发布了《森林生态系统服务功能评估规范》(LY/T 1721—2008)，2016 年发布了《自然资源(森林)资产评价技术规范》(LY/T 2735—2016)，建立了我国的森林生态系统服务功能评估指标体系(图 9-1)。为科学开展森林生态系统服务功能评估提供了初步的依据和标准。

9.3.2.1　涵养水源功能

森林涵养水源功能主要是指森林对降水的截留、吸收和贮存，将地表水转为地表径流或地下水的作用。主要功能表现在增加可利用水资源、净化水质和调节径流三个方面。因此本报告选用 2 个指标，即调节水量指标和净化水质指标，以反映森林的涵养水源功能。

(1)调节水量指标

①年调节水量　森林生态系统年调节水量公式为：

$$G_{调} = 10A(P - E - C) \tag{9-25}$$

式中　$G_{调}$——林分年调节水量(m^3/a)；

P——林外降水量(mm/a)；

E——林分蒸散量(mm/a)；

C——地表径流量(mm/a)；

A——林分面积(hm^2)。

②年调节水量价值　森林生态系统年调节水量价值根据水库工程的蓄水成本(替代工程法)来确定，采用如下公式计算：

$$U_{调} = 10C_{库}A(P - E - C) \tag{9-26}$$

式中　$U_{调}$——林分年调节水量价值(元/a)；

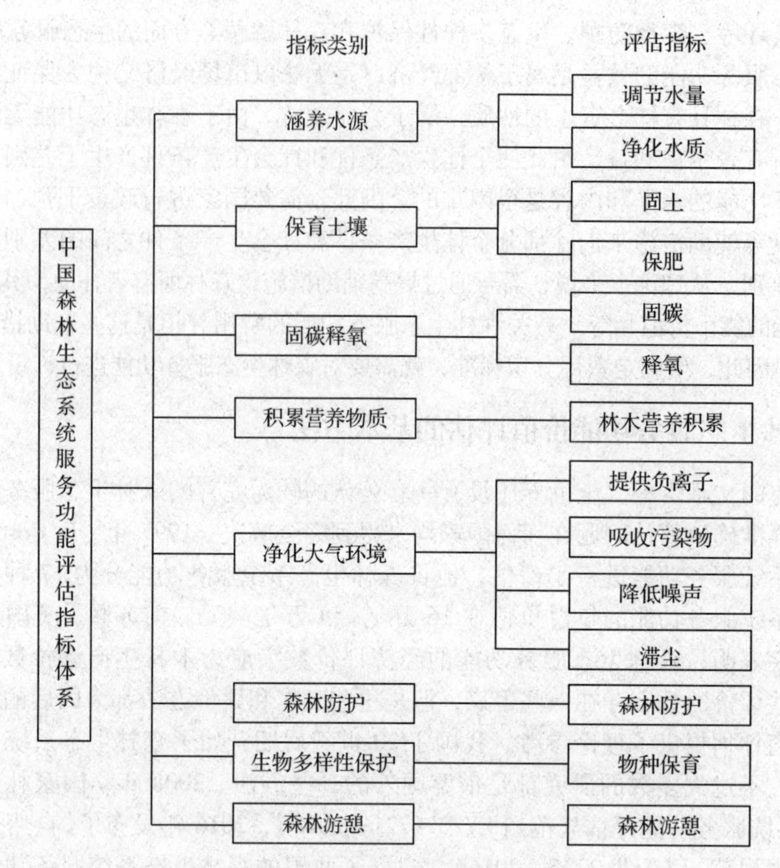

图9-1 森林生态系统服务功能评价指标体系

$C_{库}$——水库库容造价(元/m^3);

P——林外降水量(mm/a);

E——林分蒸散量(mm/a);

C——地表径流量(mm/a);

A——林分面积(hm^2)。

(2)净化水质指标

①年净化水量 森林生态系统年净化水量采用年调节水量的公式为:

$$G_{调} = 10A(P - E - C) \tag{9-27}$$

式中 $G_{调}$——林分年调节水量(m^3/a);

P——林外降水量(mm/a);

E——林分蒸散量(mm/a);

C——地表径流量(mm/a);

A——林分面积(hm^2)。

②年净化水质价值 森林生态系统年净化水质价值根据净化水质工程的成本(替代工程法)计算,公式为:

$$U_{水质} = 10K_{水}A(P - E - C) \tag{9-28}$$

式中　$U_{水质}$——林分年净化水质价值(元/a)；

$K_{水}$——水的净化费用(元/t)；

P——林外降水量(mm/a)；

E——林分蒸散量(mm/a)；

C——地表径流量(mm/a)；

A——林分面积(hm^2)。

9.3.2.2　保育土壤功能

森林凭借庞大的树冠、深厚的枯枝落叶层及强壮且成网络的根系截留大气降水，减少或免遭雨水对土壤表层的直接冲击，有效地固持土体，降低了地表径流对土壤的冲蚀，使土壤流失量大大降低。而且森林的生长发育及其代谢产物不断对土壤产生物理及化学影响，参与土体内部的能量转换与物质循环，使土壤肥力提高，森林是土壤养分的主要来源之一。为此，本报告选用2个指标，即固土指标和保肥指标，以反映森林保育土壤功能。

(1)固土指标

①年固土量　林分年固土量公式为：

$$G_{固土} = A(X_2 - X_1) \tag{9-29}$$

式中　$G_{固土}$——林分年固土量(t/a)；

X_1——有林地土壤侵蚀模数[t/(hm^2·a)]；

X_2——无林地土壤侵蚀模数[t/(hm^2·a)]；

A——林分面积(hm^2)。

②年固土价值　由于土壤侵蚀流失的泥沙淤积于水库中，减少了水库蓄积水的体积，因此本报告根据蓄水成本(替代工程法)计算林分年固土价值，公式为：

$$U_{固土} = A \cdot C_{土}(X_2 - X_1)/\rho \tag{9-30}$$

式中　$U_{固土}$——林分年固土价值(元/a)；

X_1——有林地土壤侵蚀模数[t/(hm^2·a)]；

X_2——无林地土壤侵蚀模数[t/(hm^2·a)]；

$C_{土}$——挖取和运输单位体积土方所需费用(元/m^3)；

ρ——林地土壤容重(t/m^3)；

A——林分面积(hm^2)。

(2)保肥指标

①年保肥量

$$G_N = A \cdot N(X_2 - X_1) \tag{9-31}$$

$$G_P = A \cdot P(X_2 - X_1) \tag{9-32}$$

$$G_K = A \cdot K(X_2 - X_1) \tag{9-33}$$

式中　G_N——森林固持土壤而减少的氮流失量(t/a)；

G_P——森林固持土壤而减少的磷流失量(t/a)；

G_K——森林固持土壤而减少的钾流失量(t/a)；

X_1——有林地土壤侵蚀模数[t/(hm^2·a)]；

X_2——无林地土壤侵蚀模数[$t/(hm^2 \cdot a)$];

N——土壤含氮量(%);

P——土壤含磷量(%);

K——土壤含钾量(%);

A——林分面积(hm^2)。

②年保肥价值　年固土量中N、P、K的数量换算成化肥的价值即为林分年保肥价值。本报告的林分年保肥价值以年固土量中N、P、K的数量折合成磷酸二铵化肥和氯化钾化肥的价值来体现，公式为：

$$U_{肥} = A(X_2 - X_1)(N \cdot C_1/R_1 + P \cdot C_1/R_2 + K \cdot C_2/R_3 + M \cdot C_3) \tag{9-34}$$

式中　$U_{肥}$——林分年保肥价值(元/a);

X_1——有林地土壤侵蚀模数[$t/(hm^2 \cdot a)$];

X_2——无林地土壤侵蚀模数[$t/(hm^2 \cdot a)$];

N——森林土壤平均含氮量(%);

P——森林土壤平均含磷量(%);

K——森林土壤平均含钾量(%);

M——森林土壤有机质含量(%);

R_1——磷酸二铵化肥含氮量(%);

R_2——磷酸二铵化肥含磷量(%);

R_3——氯化钾化肥含钾量(%);

C_1——磷酸二铵化肥价格(元/t);

C_2——氯化钾化肥价格(元/t);

C_3——有机质价格(元/t);

A——林分面积(hm^2)。

9.3.2.3 固碳释氧功能

森林与大气的物质交换主要是CO_2与O_2的交换，即森林固定并减少大气中的CO_2和提高并增加大气中的O_2，这对维持大气中的CO_2和O_2动态平衡、减少温室效应以及为人类提供生存的基础都有巨大和不可替代的作用。为此本报告选用固碳、释氧2个指标反映森林固碳释氧功能。根据光合作用化学反应式，森林植被每积累1.0 g物质，可以吸收1.63 g CO_2，释放1.19 g O_2。

(1)固碳指标

①植被和土壤年固碳量

$$G_{碳} = A(1.63R_{碳} \cdot B_{年} + F_{土壤碳}) \tag{9-35}$$

式中　$G_{碳}$——年固碳量(t/a);

$B_{年}$——林分净生产力[$t/(hm^2 \cdot a)$];

$F_{土壤碳}$——单位面积林分土壤年固碳量[$t/(hm^2 \cdot a)$];

$R_{碳}$——CO_2中碳的含量，为27.27%;

A——林分面积(hm^2)。

式(9-35)得出森林的潜在年固碳量，再从其中减去由于森林采伐造成的生物量移出从而损失的碳量，即为森林的实际年固碳量。

②年固碳价值 森林植被和土壤年固碳价值的计算公式为：

$$U_{碳} = A \cdot C_{碳}(1.63R_{碳} \cdot B_{年} + F_{土壤碳}) \tag{9-36}$$

式中 $U_{碳}$——林分年固碳价值(元/a)；

$B_{年}$——林分净生产力[t/(hm^2 · a)]；

$F_{土壤碳}$——单位面积林分土壤年固碳量[t/(hm^2 · a)]；

$C_{碳}$——固碳价格(元/t)；

$R_{碳}$——CO_2中碳的含量，为27.27%；

A——林分面积(hm^2)。

式(9-36)得出森林的潜在年固碳价值，再从其中减去由于森林年采伐消耗量造成的碳损失，即为森林的实际年固碳价值。

(2)释氧指标

①年释氧量 年释氧量的计算公式为：

$$G_{氧} = 1.19A \cdot B_{年} \tag{9-37}$$

式中 $G_{氧}$——林分年释氧量(t/a)；

$B_{年}$——林分净生产力[t/(hm^2 · a)]；

A——林分面积(hm^2)。

②年释氧价值 年释氧价值采用以下公式计算：

$$U_{氧} = 1.19C_{氧} \cdot A \cdot B_{年} \tag{9-38}$$

式中 $U_{氧}$——林分年释氧价值(元/a)；

$B_{年}$——林分净生产力[t/(hm^2 · a)]；

$C_{氧}$——氧气价格(元/t)；

A——林分面积(hm^2)。

9.3.2.4 积累营养物质功能

森林在生长过程中不断从周围环境吸收营养物质，固定在植物体中，成为全球生物化学循环不可缺少的环节，为此选用林木营养积累指标反映森林积累营养物质功能。

(1)林木营养年积累量

$$G_{氮} = A \cdot N_{营养} \cdot B_{年} \tag{9-39}$$

$$G_{磷} = A \cdot P_{营养} \cdot B_{年} \tag{9-40}$$

$$G_{钾} = A \cdot K_{营养} \cdot B_{年} \tag{9-41}$$

式中 $G_{氮}$——林分固氮量(t/a)；

$G_{磷}$——林分固磷量(t/a)；

$G_{钾}$——林分固钾量(t/a)；

$N_{营养}$——林木氮元素含量(%)；

$P_{营养}$——林木磷元素含量(%)；

$K_{营养}$——林木钾元素含量(%)；

$B_{年}$——林分净生产力[t/(hm^2 · a)];

A——林分面积(hm^2)。

(2)林木营养年积累价值

采用把营养物质折合成磷酸二铵化肥和氯化钾化肥的方法计算林木营养年积累价值，公式为:

$$U_{营养} = A \cdot B_{年}(N_{营养} \cdot C_1/R_1 + P_{营养} \cdot C_1/R_2 + K_{营养} \cdot C_2/R_3) \tag{9-42}$$

式中 $U_{营养}$——林分营养物质年积累价值(元/a);

$N_{营养}$——林木含氮量(%);

$P_{营养}$——林木含磷量(%);

$K_{营养}$——林木含钾量(%);

R_1——磷酸二铵含氮量(%);

R_2——磷酸二铵含磷量(%);

R_3——氯化钾含钾量(%);

C_1——磷酸二铵化肥价格(元/t);

C_2——氯化钾化肥价格(元/t);

$B_{年}$——林分净生产力[t/(hm^2 · a)];

A——林分面积(hm^2)。

9.3.2.5 净化大气环境功能

大气中的有害物质主要包括二氧化硫、氟化物、氮氧化物等有害气体和粉尘，这些有害气体在空气中的过量积聚会导致人体呼吸系统疾病、中毒、形成光化学烟雾和酸雨，损害人体健康与环境。森林能有效吸收这些有害气体并阻滞粉尘，还能释放氧气与萜烯物，从而起到净化大气的作用。为此，本报告选取提供负离子、吸收污染物和滞尘3个指标反映森林净化大气环境能力。由于降低噪音指标计算方法尚不成熟，所以本报告中不涉及降低噪声指标。

(1)提供负离子指标

①年提供负离子量

$$G_{负离子} = 5.256 \times 10^{15} \times Q_{负离子} \cdot A \cdot H/L \tag{9-43}$$

式中 $G_{负离子}$——林分年提供负离子个数(个/a);

$Q_{负离子}$——林分负离子浓度(个/cm^3);

H——林分高度(m);

L——负离子寿命(min);

A——林分面积(hm^2)。

②年提供负离子价值 国内外研究证明，当空气中负离子达到600个/cm^{3}以上时，才能有益人体健康，所以林分年提供负离子价值采用如下公式计算:

$$U_{负离子} = 5.256 \times 10^{15} \times A \cdot H \cdot K_{负离子}(Q_{负离子} - 600)/L \tag{9-44}$$

式中 $U_{负离子}$——林分年提供负离子价值(元/a);

$K_{负离子}$——负离子生产费用(元/个);

$Q_{负离子}$——林分负离子浓度(个/cm^3);

L——负离子寿命(min)；

H——林分高度(m)；

A——林分面积(hm^2)。

空气负离子是带负电荷的单个气体分子及其轻离子团的总称，其分子式为 $O_2^-(H_2O)_n$、$OH^-(H_2O)_n$ 或 $CO_4^-(H_2O)_2$。由于氧分子比 CO_2 分子更具有亲电性，因此空气负离子主要是由负氧离子组成。

负离子是一种无色、无味的物质，在不同的环境下存在的“寿命”也不同。在洁净空气中，负离子的寿命从几分钟到二十多分钟，而在灰尘多的环境中仅有几秒钟，被吸入人体后的负离子能调节神经中枢的兴奋状态、改善肺的换气功能、改善血液循环、促进新陈代谢、增加免疫系统功能、使人精神振奋、提高工作效率等。它还对高血压、气喘、流感、失眠、关节炎等许多疾病有一定的治疗作用，所以人们称负离子为“空气中的维生素”。

在有森林和各种绿地的地方，空气负离子浓度会大大提高，这是因为森林多生长在山区，山地岩石中含放射性物质较多，森林的树冠、枝叶的尖端放电以及光合作用过程的光电效应均会促进空气电解，产生大量的空气负离子。

(2)吸收污染物指标

二氧化硫、氟化物和氮氧化物是大气污染物的主要物质。因此本报告选取森林吸收二氧化硫、氟化物和氮氧化物3个指标评估森林吸收污染物的能力。森林对二氧化硫、氟化物和氮氧化物的吸收，可使用面积—吸收能力法、阈值法、叶干质量估算法等，本报告采用面积—吸收能力法评估森林吸收污染物的总量和价值。

①吸收二氧化硫

A. 年吸收二氧化硫量

$$G_{二氧化硫} = Q_{二氧化硫} \cdot A \tag{9-45}$$

式中　$G_{二氧化硫}$——林分年吸收二氧化硫量(t/a)；

$Q_{二氧化硫}$——单位面积林分年吸收二氧化硫量[kg/(hm^2·a)]；

A——林分面积(hm^2)。

B. 年吸收二氧化硫价值

$$U_{二氧化硫} = K_{二氧化硫} \cdot Q_{二氧化硫} \cdot A \tag{9-46}$$

式中　$U_{二氧化硫}$——林分年吸收二氧化硫价值(元/a)；

$K_{二氧化硫}$——二氧化硫的治理费用(元/kg)；

$Q_{二氧化硫}$——单位面积林分年吸收二氧化硫量[kg/(hm^2·a)]；

A——林分面积(hm^2)。

②吸收氟化物

A. 年吸收氟化物量

$$G_{氟化物} = Q_{氟化物} \cdot A \tag{9-47}$$

式中　$G_{氟化物}$——林分年吸收氟化物量(t/a)；

$Q_{氟化物}$——单位面积林分年吸收氟化物量[kg/(hm^2·a)]；

A——林分面积(hm^2)。

B. 年吸收氟化物价值

$$U_{氟} = K_{氟化物} \cdot Q_{氟化物} \cdot A \tag{9-48}$$

式中 $U_{氟}$——林分年吸收氟化物价值(元/a);

$Q_{氟化物}$——单位面积林分年吸收氟化物量[kg/(hm^2 · a)];

$K_{氟化物}$——氟化物治理费用(元/kg);

A——林分面积(hm^2)。

③吸收氮氧化物

A. 年吸收氮氧化物量

$$G_{氮氧化物} = Q_{氮氧化物} \cdot A \tag{9-49}$$

式中 $G_{氮氧化物}$——林分年吸收氮氧化物量(t/a);

$Q_{氮氧化物}$——单位面积林分年吸收氮氧化物量[kg/(hm^2 · a)];

A——林分面积(hm^2)。

B. 年吸收氮氧化物价值

$$U_{氮氧化物} = K_{氮氧化物} \cdot Q_{氮氧化物} \cdot A \tag{9-50}$$

式中 $U_{氮氧化物}$——林分年吸收氮氧化物价值(元/a);

$K_{氮氧化物}$——氮氧化物治理费用(元/kg);

$Q_{氮氧化物}$——单位面积林分年吸收氮氧化物量[kg/(hm^2 · a)];

A——林分面积(hm^2)。

(3)滞尘指标

森林有阻挡、过滤和吸附粉尘的作用，可提高空气质量，因此滞尘功能是森林生态系统重要的服务功能之一。

①年滞尘量

$$G_{滞尘} = Q_{滞尘} \cdot A \tag{9-51}$$

式中 $G_{滞尘}$——林分年滞尘量(t/a);

$Q_{滞尘}$——单位面积林分年滞尘量[kg/(hm^2 · a)];

A——林分面积(hm^2)。

②年滞尘价值

$$U_{滞尘} = K_{滞尘} \cdot Q_{滞尘} \cdot A \tag{9-52}$$

式中 $U_{滞尘}$——林分年滞尘价值(元/a);

$K_{滞尘}$——降尘清理费用(元/kg);

$Q_{滞尘}$——单位面积林分年滞尘量[kg/(hm^2 · a)];

A——林分面积(hm^2)。

9.3.2.6 生物多样性保护功能

人类生存离不开其他生物，繁杂多样的生物及其组合(即生物多样性)与它们的物理环境共同构成了人类所依赖的生命支持系统。森林是生物多样性最丰富的区域，是生物多样性生存和发展的最佳场所，在生物多样性保护方面有着不可替代的作用。为此，选用物种保育指标反映森林的生物多样性保护功能。

森林生态系统的物种保育价值采用引入物种濒危系数的 Shannon – Wiener 指数法计算：

$$U_{总} = (1 + \sum_{i=1}^{n} E_i \times 0.1) S_{单} \cdot A \tag{9-53}$$

式中　$U_{总}$——林分年物种保育价值(元/a)；

E_i——评估林分(或区域)内物种 i 的濒危分值；

n——物种数量；

$S_{单}$——单位面积年物种损失的机会成本[元/(hm^2·a)]；

A——林分面积(hm^2)。

根据 Shannon-Wiener 指数法计算生物多样性价值，共划分为7级：

当指数<1时，$S_{单}$为3 000元/(hm^2·a)；

当1≤指数<2时，$S_{单}$为5 000元/(hm^2·a)；

当2≤指数<3时，$S_{单}$为10 000元/(hm^2·a)；

当3≤指数<4时，$S_{单}$为20 000元/(hm^2·a)；

当4≤指数<5时，$S_{单}$为30 000元/(hm^2·a)；

当5≤指数<6时，$S_{单}$为40 000元/(hm^2·a)；

当指数≥6时，$S_{单}$为50 000元/(hm^2·a)。

9.3.2.7　森林生态服务功能价值评估

中国森林生态服务功能总价值为上述13分项之和，其计算公式为：

$$U = \sum_{i=1}^{13} U_i \tag{9-54}$$

式中　U——中国森林生态系统服务功能年总价值(元/a)；

U_i——中国森林生态系统服务功能各分项年价值(元/a)。

9.3.3　森林生态系统服务功能价值评估实例

某公司拟在××林场内投资建设森林康养基地，该森林康养基地位于吕梁山南麓，区域内地势南高北低，地貌属中起伏侵蚀中山，海拔最高1 820 m，最低1 020 m，相对高差800 m，平均海拔1 420 m，属中高山天然林区。康养基地属暖温带大陆性气候，经监测，康养区域内大气负氧离子年平均浓度达到3 500个/cm^3，PM2.5年平均浓度为0.5 μg/m^3，规划区内自东向西横穿一条天然小溪，水源主要为高山雨、雪水及地下藏水，水质上佳，口感甘甜；土壤主要为山地褐土和褐土，山地褐土占85%，土壤肥沃，有机质含量较高，区域内至今未有明显地质及洪水灾害等安全隐患。

康养基地规划区内，植被丰富，乔木主要树种为油松、落叶松、辽东栎，次要树种为白桦、五角枫、漆树、流苏、茶条槭树、暴马丁香等，灌木主要为黄刺玫、连翘、沙棘、绣线菊、红瑞木、胡枝子、胡颓子，草类主要为羊胡子草、莎草、蒿类等；动物种类繁多，目前已发现有国家一级保护动物鸟褐马鸡，国家二级保护动物矮鹿，野生山猪、雉鸡等。

林场拟以该森林康养基地的生态服务功能作价与拟投资建设公司合作，转让期限20年，因此，需评估其与森林康养有关的生态服务功能价值。

评估过程：

根据该康养基地建设规划与定位，评估专业人员确定与森林康养功能相关的生态服务功能主要以森林游憩与空气及环境净化功能为主，因此选择森林的游憩、释氧、吸收二氧化硫、吸收氟化物、吸收氮氧化物、滞尘、释放负离子为主进行生态服务功能价值的评估。

(1)森林游憩价值计算

采用假设开发法中的收益现值法计算，由于本次价值咨询中，康养基地的详细规划与投资计划不明，故参考周边森林公园及景区经营现状。初步估算该康养基地的年康养游客容量为3万人，以此估算其森林游憩价值。其计算公式为：

$$E = \sum_{j=1}^{n} \frac{R_j}{(1+i)^j} + \frac{A}{i(1+i)^n} \tag{9-55}$$

式中 E——资产评估值；

R_j——第j年收益额；

A——n年后的收益额；

n——收益年数；

i——本金化率或投资收益率。

主要技术参数指标：

①参考世界旅游组织对于森林公园的基本空间标准667 m^2/人，以现有建设康养基地所涉森林资源面积的1%为空间利用率可计算项目区日容量为450人，结合中国年休假日分布(约104 d)、季节性与淡旺季考虑，全年可利用康养游憩日以2/3计；其中法定休假日以日容量80%计，非法定休假日以日容量20%计，由此可估算该项目基地年康养游客容量为40 000人次，首年以容量的20%计，年均增加20%，第10年达到4万人。

②参考邻近自然保护区及周边森林公园开展旅游的门票及消费情况，确定人均康养游憩消费：60元/人。

③基础设施维修维护费及林相改造、景观林美化费用：按照年收入总额的15%提取。

④各种广告宣传费、保险费及其他经营费用：按照年总收入总额的5%计算。

⑤项目区内各项管理费用，如卫生环保和安全保障等支出、工作和管理人员工资福利和景区供电、供水费用等：按年收入总额的10%计算。

⑥营业税：按年收入总额的5%计算。

⑦企业所得税：按收入总额扣除成本、税费和折旧费(本例中折旧均以直线折旧，折旧年限为10年，且为投资完成后翌年计提)后的利润总额的25%计算。

⑧行业平均经营利润的确认方法：按照年全部成本费用和税费之和(不含所得税)的15%计算。

⑨折现率P的确定：参考银行同期存款利率和国债利率，无风险利率确定为4.0%~4.5%；考虑到森林景观资产运营中的各项风险因素，将其风险利率确定为3.5%~4.0%，故折现率定为8%。

由此计算当年超额收益为：

$R_{第一年} = 48 - 7.2 - 2.4 - 4.8 - 2.592 - 7.752 - 2.5488 = 20.707$(万元)

$R_{第二年} = 57.6 - 8.64 - 2.88 - 5.76 - 3.1104 - 9.3024 - 3.0586 = 24.849$(万元)

同理依此类推计算第 3 年至第 9 年各年纯收益。

至第 10 年起，每年的纯收益为：

$R_{10} = A = 240 - 36 - 12 - 24 - 12.96 - 38.76 - 12.74 = 103.54$(万元)

据上述收益现值法公式可计算该项目 20 年收益折现值合计为 598 万元。

(2)释氧价值计算

$$U_{释氧} = \frac{1}{20} \times G_{氧气} \cdot J_{氧} \tag{9-56}$$

式中　$U_{释氧}$——林分释氧价值(元/a)；

$G_{氧气}$——林分释氧量(t/a)；其中：$G_{氧气}$ = 干物质平均年生长量 ×1.2［林木干物质平均年生长量 = 活立木蓄积年增长量 ×1.25 ×0.45(干物质折换率)；林木蓄积年增长量 = 林木蓄积量 × 生长率］；

$J_{氧}$——氧气价格(元/t)(采用 2007 年中华人民共和国卫生部网站春季氧气平均价格 1 000 元/t，根据医药制造业价格指数折算为 2018 年 3 月的现价，即1 166 元/t)。

表 9-2　各树种主要年平均生长率

树种	幼龄林	中龄林	近熟林	成熟林	年平均生长率
油松	8.68	5.57	3.44	2.8	4.92
落叶松	16.03	7.26	3.19	3.84	7.14
辽东栎	8.95	4.86	2.96	2.2	4.27
白桦	13.33	7.08	5.22	3.63	5.91

注：生长率数据来自 2015 年第九次全国森林资源清查山西省森林资源清查成果。

据此计算年释氧价值为：$U_{释氧} = \frac{1}{20} G_{氧气} \cdot J_{氧} = 33\ 609$(元/a)

20 年的释氧价值折现值为：$E_n = U \cdot \frac{(1+i)^n - 1}{i(1+i)^n} = 329\ 976$(元)

(按 $i = 8\%$，n 为 20 计算，下同)

表 9-3 为小班释氧价值计算过程。

表 9-3　释氧价值各小班明细表

序号	林班号	小班号	评估面积/hm²	优势树种	林龄/a	龄组	每公顷林分蓄积量/m³	小班林分蓄积量/m³	释氧价值/元
1	59	7878	61.933 3	油松、辽东栎	39	幼龄林	46.3	2 867.5	9 795
2	59	8223	18.600 0	辽东栎	32	幼龄林	34.2	636.1	2 240
3	59	8230	20.866 7	华北落叶松	36	中龄林	35.4	738.7	2 110
4	59	8231	10.733 3	华北落叶松	32	幼龄林	35.1	376.7	2 376
5	59	8242	4.600 0	辽东栎	36	幼龄林	35.2	161.9	570
6	59	8243	10.266 7	辽东栎	36	幼龄林	35.2	361.4	1 273
7	59	8315	163.066 7	油松、华北落叶松	38	中龄林	39.5	6 441.1	14 118
8	59	8316	9.933 3	辽东栎	32	幼龄林	32.2	319.9	1 127
合计			300					11 903.3	33 609

(3)吸收二氧化硫价值计算

$$U_{二氧化硫} = G_{二氧化硫} \cdot J_{二氧化硫} \tag{9-57}$$

式中 $U_{二氧化硫}$——林分吸收二氧化硫价值(元/a);

$G_{二氧化硫}$——林分年吸收二氧化硫量(kg/a)(根据《生物多样性国情研究报告》,阔叶林、针叶林对二氧化硫每年的吸收能力分别为88.65 kg/hm²、215.60 kg/hm²,针阔混交林的吸收能力使用二者的平均值152.125 kg/hm²计算);

$J_{二氧化硫}$——二氧化硫治理成本(元/kg)(参考国家发展和改革委员会等四部委2003年《排污费征收标准及计算方法》中排污费收费标准,二氧化硫治理成本为1.2元/kg,通过工业生产者出厂价格指数将其折算为2018年的现价为1.58元/kg)。

据此计算年吸收二氧化硫价值为:$U_{二氧化硫} = G_{二氧化硫} \cdot J_{二氧化硫} = 87\ 276$(元/a)

20年的年吸收二氧化硫价值折现值为:$E_n = U \cdot \dfrac{(1+i)^n - 1}{i(1+i)^n} = 856\ 884$(元)

表9-4为各小班吸收二氧化硫价值计算过程。

表9-4 吸收二氧化硫价值各小班明细表

序号	林班号	小班号	评估面积/hm²	优势树种	林龄/a	龄组	每公顷林分蓄积量/m³	小班林分蓄积量/m³	吸收SO²价值/元
1	59	7878	61.933 3	油松、辽东栎	39	幼龄林	46.3	2 867.5	14 886
2	59	8223	18.600 0	辽东栎	32	幼龄林	34.2	636.1	2 605
3	59	8230	20.866 7	华北落叶松	36	中龄林	35.4	738.7	7 108
4	59	8231	10.733 3	华北落叶松	32	幼龄林	35.1	376.7	3 656
5	59	8242	4.600 0	辽东栎	36	幼龄林	35.2	161.9	644
6	59	8243	10.266 7	辽东栎	36	幼龄林	35.2	361.4	1 438
7	59	8315	163.066 7	油松、华北落叶松	38	中龄林	39.5	6 441.1	55 548
8	59	8316	9.933 3	辽东栎	32	幼龄林	32.2	319.9	1 391
合计			300					11 903.3	87 276

(4)吸收氟化物价值计算

$$U_{氟化物} = G_{氟化物} \cdot J_{氟化物} \tag{9-58}$$

式中 $U_{氟化物}$——林分吸收氟化物价值(元/a);

$G_{氟化物}$——林分年吸收氟化物量(kg/a)(参照北京市环境保护科学研究所的研究:阔叶林、针叶林每年的吸氟能力约为4.65 kg/hm²、0.50 kg/hm²,针阔混交林的吸收能力使用二者的平均值2.575 kg/hm²计算);

$J_{氟化物}$——氟化物治理成本(元/kg)(参考国家发展和改革委员会等四部委2003年《排污费征收标准及计算方法》中排污费收费标准,氟化物治理成本为0.69元/kg,通过工业生产者出厂价格指数将其折算为2018年的现价为0.91元/kg)。

据此计算年吸收氟化物价值为 $U_{氟化物} = G_{氟化物} \cdot J_{氟化物} = 416$(元/a)

20年的吸收氟化物价值折现值为：$E_n = U \cdot \frac{(1+i)^n - 1}{i(1+i)^n} = 4\ 085$(元)

表9-5各小班吸收氟化物价值计算过程。

表9-5　吸收氟化物价值各小班明细表

序号	林班号	小班号	评估面积/hm²	优势树种	林龄/a	龄组	每公顷林分蓄积量/m³	小班林分蓄积量/m³	吸收氟化物价值/元
1	59	7878	61.9333	油松、辽东栎	39	幼龄林	46.3	2 867.5	145
2	59	8223	18.6000	辽东栎	32	幼龄林	34.2	636.1	79
3	59	8230	20.8667	华北落叶松	36	中龄林	35.4	738.7	9
4	59	8231	10.7333	华北落叶松	32	幼龄林	35.1	376.7	5
5	59	8242	4.6000	辽东栎	36	幼龄林	35.2	161.9	19
6	59	8243	10.2667	辽东栎	36	幼龄林	35.2	361.4	43
7	59	8315	163.0667	油松、华北落叶松	38	中龄林	39.5	6 441.1	74
8	59	8316	9.9333	辽东栎	32	幼龄林	32.2	319.9	42
合计			300					11 903.3	416

(5)吸收氮氧化物价值计算

$$U_{氮氧化物} = G_{氮氧化物} \cdot J_{氮氧化物} \tag{9-59}$$

式中　$U_{氮氧化物}$——林分吸收氮氧化物价值(元/a)；

$G_{氮氧化物}$——林分年吸收氮氧化物量(kg/a)(根据《生物多样性国情研究报告》，阔叶林、针叶林每年吸收氮氧化物能力均约为6 kg/hm²)；

$J_{氮氧化物}$——氮氧化物治理成本(元/kg)(参考国家发展和改革委员会等四部委2003年《排污费征收标准及计算方法》中排污费收费标准，氮氧化物治理成本为0.63元/kg，通过工业生产者出厂价格指数将其折算为2018年的现价为0.82元/kg)。

据此计算吸收氮氧化物价值为：$U_{氮氧化物} = G_{氮氧化物} \cdot J_{氮氧化物} = 1\ 478$(元/a)

20年的吸收氮氧化物价值折现值为：$E_n = U \cdot \frac{(1+i)^n - 1}{i(1+i)^n} = 1\ 4511$(元)

表9-6各小班吸收氮氧化物价值计算过程。

表9-6　吸收氮氧化物价值各小班明细表

序号	林班号	小班号	评估面积/hm²	优势树种	林龄/a	龄组	每公顷林分蓄积量/m³	小班林分蓄积量/m³	吸收氮氧化物价值/元
1	59	7878	61.9333	油松、辽东栎	39	幼龄林	46.3	2 867.5	305
2	59	8223	18.6000	辽东栎	32	幼龄林	34.2	636.1	92
3	59	8230	20.8667	华北落叶松	36	中龄林	35.4	738.7	103
4	59	8231	10.7333	华北落叶松	32	幼龄林	35.1	376.7	53
5	59	8242	4.6000	辽东栎	36	幼龄林	35.2	161.9	23
6	59	8243	10.2667	辽东栎	36	幼龄林	35.2	361.4	51
7	59	8315	163.0667	油松、华北落叶松	38	中龄林	39.5	6 441.1	802
8	59	8316	9.9333	辽东栎	32	幼龄林	32.2	319.9	49
合计			300					11 903.3	1 478

(6)滞尘价值计算

$$U_{滞尘} = G_{滞尘} \cdot J_{滞尘} \tag{9-60}$$

式中 $U_{滞尘}$——林分滞尘价值(元/a);

$G_{滞尘}$——林分年滞尘量(kg/a)(根据《生物多样性国情研究报告》,阔叶林、针叶林每年阻滞降尘的能力分别为10.11 t/hm^2、33.2 t/hm^2,针阔混交林每年阻滞降尘的能力使用二者的平均值21.655 t/hm^{2}计算);

$J_{滞尘}$——降尘清理成本(元/kg)(参考国家发展和改革委员会等四部委2003年《排污费征收标准及计算方法》中排污费收费标准,一般性粉尘排污费收费标准为每0.15元/kg,通过工业生产者出厂价格指数将其折算为2018年的现价为0.20元/kg)。

据此计算年滞尘价值为:$U_{滞尘} = G_{滞尘} \cdot J_{滞尘} = 1\ 648\ 574$(元/a)

20年的滞尘价值折现值为:$E_n = U \cdot \dfrac{(1+i)^n - 1}{i(1+i)^n} = 16\ 185\ 864$(元)

表9-7为各小班滞尘价值计算过程。

表9-7 滞尘价值各小班明细表

序号	林班号	小班号	评估面积/hm^2	优势树种	林龄/a	龄组	每公顷林分蓄积量/m^3	小班林分蓄积量/m^3	滞尘价值/元
1	59	7878	61.9333	油松、辽东栎	39	幼龄林	46.3	2 867.5	268 233
2	59	8223	18.6000	辽东栎	32	幼龄林	34.2	636.1	37 609
3	59	8230	20.8667	华北落叶松	36	中龄林	35.4	738.7	138 555
4	59	8231	10.7333	华北落叶松	32	幼龄林	35.1	376.7	71 269
5	59	8242	4.6000	辽东栎	36	幼龄林	35.2	161.9	9 301
6	59	8243	10.2667	辽东栎	36	幼龄林	35.2	361.4	20 759
7	59	8315	163.0667	油松、华北落叶松	38	中龄林	39.5	6 441.1	1 082 763
8	59	8316	9.9333	辽东栎	32	幼龄林	32.2	319.9	20 085
合计			300					11 903.3	1 648 574

(7)释放负离子价值计算

$$U_{负离子} = 5.256 \times 1\ 015 \times A \cdot H \cdot K_{负离子}(Q_{负离子} - 600)/L \tag{9-61}$$

式中 $U_{负离子}$——林分提供负离子价值(元/a);

A——林分面积(hm^2),$A = 300$;

$Q_{负离子}$——林分平均负离子浓度(个/cm^3),$Q = 3\ 500$;

L——负离子寿命(min),$L = 10$;

H——林分高度(m);

$K_{负离子}$——负离子生产费用(元/个)。

$J_{负离子} = 9.596\ 4 \times 10^{-18}$(元/个)

$U_{负离子} = 5.256 \times 10^{15} \times A \cdot H \cdot K_{负离子}(Q_{负离子} - 600)/L = 35\ 220$(元)

20年的释放负离子价值折现值为:$E_n = U \cdot \dfrac{(1+i)^n - 1}{i(1+i)^n} = 345\ 793$(元)

表9-8为各小班释放负离子价值计算过程。

表9-8　释放负离子价值各小班明细表

序号	林班号	小班号	评估面积/hm^2	优势树种	林龄/a	龄组	每公顷林分蓄积量/m^3	小班林分蓄积量/m^3	释放负离子价值/元
1	59	7878	61.933 3	油松、辽东栎	39	幼龄林	46.3	2 867.5	9 421
2	59	8223	18.600 0	辽东栎	32	幼龄林	34.2	636.1	1 904
3	59	8230	20.866 7	华北落叶松	36	中龄林	35.4	738.7	1 984
4	59	8231	10.733 3	华北落叶松	32	幼龄林	35.1	376.7	1 020
5	59	8242	4.600 0	辽东栎	36	幼龄林	35.2	161.9	458
6	59	8243	10.266 7	辽东栎	36	幼龄林	35.2	361.4	1 021
7	59	8315	163.066 7	油松、华北落叶松	38	中龄林	39.5	6 441.1	18 366
8	59	8316	9.933 3	辽东栎	32	幼龄林	32.2	319.9	1 046
合计			300					11 903.3	35 220

综上所述：

本项目总价值＝释氧价值＋吸收二氧化硫价值＋吸收氟化物价值＋吸收氮氧化物价值＋滞尘价值＋负离子价值＋森林游憩价值

项目总价值折算值为：$E_n = B_u \cdot \dfrac{(1+i)^{20}-1}{i(1+i)^{20}} + 598 = 2\ 371.711\ 3$（万元）

式中　B_u＝释氧价值＋吸收二氧化硫价值＋吸收氟化物价值＋吸收氮氧化物价值＋滞尘价值＋负离子价值。

9.4　森林碳汇价值评估

9.4.1　基本概念

从20世纪90年代以来，面对全球气候变暖给人类带来的威胁，国际社会通过协商以及各种形式，采取了一系列减少碳排放[人类生产经营活动过程中向外界排放温室气体二氧化碳(CO_2)、氧化亚氮(N_2O)、甲烷(CH_4)、氢氟氯碳化物(CFCs，HFCs，HCFCs)、全氟碳化物(PFCs)及六氟化硫(SF_6)的过程]以应对全球气候变化的行动。经过几轮气候谈判会议的讨论与协商，先后出台了《联合国气候变化框架公约》《京都议定书》等重要协议，将造林再造森林碳汇项目作为一种长期有效的手段来应对气候变化。

《联合国气候变化框架公约(UNFCCC)》中将碳汇(carbon sinks)定义为"从空气中清除二氧化碳的过程、活动、机制"。与碳汇相关概念是碳源，UNFCCC中将碳源定义为"向大气中释放碳的过程或活动"。在自然界中动植物的呼吸作用、动植物本身的分解、化石燃料(包括煤油、煤炭、石油、天然气等)燃烧、大规模森林破坏、土地利用形态的改变，均形成大量的碳排放到大气中，全球每年约有70×10^8 t C经由人类生产活动以及各种生物生存活动排放到大气中。

森林碳汇(forest carbon sinks)是指森林植物吸收大气中的二氧化碳并将其固定在植被和

(或)土壤中的过程。就森林等绿色植物而言，碳汇作用体现为光合作用，即绿色植物体利用太阳光能将水和二氧化碳还原为氧气并合成碳水化合物的生物化学过程，其化学方程式为:

$$6CO_2 + 6H_2O \xrightarrow[\text{叶绿体}]{\text{光}} C_6H_{12}O_6 + 6O_2$$

这就是绿色植物通过自身光合作用调节大气中二氧化碳和氧气的平衡，调节空气，改善大气条件，美化居住环境的基本原理，也是形成全球所有生物资源和提供主要能源的起点。在陆地生态系统中，森林是最大的碳库，对降低温室气体浓度、减缓全球气候变暖有不可替代的作用。

森林固碳作用包括直接固碳作用和间接固碳作用两种形式，见表9-9。

表9-9 森林固碳作用分类

森林直接固碳	森林间接固碳
林木固碳 林下植物固碳 土壤固碳	森林产品固碳作用的延伸 森林产品对其他材料的替代所带来的节约

应注意的是，针对目前的碳交易活动而言，森林碳汇则是指通过造林、再造林和减少毁林、森林经营等措施减少温室气体排放源或增加温室气体吸收汇，以及通过森林碳汇相关管理减缓气候变暖的活动，它与前述基于森林碳吸存的定义是不同的。就目前而言，并非所有理论意义上的森林碳汇均可进行碳交易。

9.4.2 森林碳汇发展现状

由于森林具有显著的固碳作用，因此通过造林、再造林等项目，通过树木的光合作用吸收大气中的二氧化碳，成为直接减少二氧化碳的有效措施。《京都议定书》生效后，国际上更加重视森林的固碳作用。

为达到《联合国气候变化框架公约》全球温室气体减量的最终目的，依据公约的法律架构，《京都议定书》中规定了3种减排机制：①清洁发展机制(Clean Development Mechanism，CDM)：它允许缔约方与非缔约方联合开展二氧化碳等温室气体减排项目。这些项目产生的减排数额可以对冲被缔约方作为履行他们所承诺的限排或减排量；②排放贸易(emissions trade，ET)：是在附件Ⅰ国家的国家登记处之间，进行包括“减排量单位”(emission reduction unit，ERU)、“核证减排量”(certified emission reduction，CERs)、“分配数量单位”(assigned amount unit，AAU)、“清除单位”(removal unit，RMU)等减排单位核证的转让或获得。也就是发达国家将其超额完成的减排义务指标，以贸易方式直接转让给另外一个未能完成减排义务的发达国家；③联合履约(joint implementation，JI)：是附件Ⅰ国家[①]之间在“监督委员会”监督下，进行减排量单位核证与转让或获得，所使用的减排单位为“减排量单位”(ERU)作为可交易的商品，ERU可以帮助履约国家实现京都议定书下的减排承诺。

① 根据《气候变化框架公约》，附件Ⅰ国家包含美国、日本、澳大利亚等24个经济合作组织(OECD)成员国，俄罗斯等14个经济转型国家，此外还有欧盟、摩纳哥、支敦士登；非附件Ⅰ国家全部是发展中国家。

《京都议定书》规定的这三种减排机制通过各种规则促进世界各国减少碳排放，其主要目标是从源头控制碳排放，并由此形成了目前国际碳交易中常见的林业碳汇交易项目：清洁发展机制（CDM）项目、核证碳减排标准[①]（VCS/VERRA）项目和黄金标准[②]（GS）项目。其中清洁发展机制（CDM）可以在发达国家和发展中国家间进行合作，发达国家可以在发展中国家的项目中投入资金、技术等必要条件，使发展中国家在发展进程中使用新技术提高能源的利用率，减少二氧化碳的排放量，此后向发展中国家购买其减排量，以履行《京都议定书》规定的减排义务。2001年《波恩政治协议》和《马拉喀什协定》已同意将造林、再造林项目作为第一承诺期合格的CDM项目，发达国家通过在发展中国家实施森林碳汇项目抵消其部分温室气体排放量，因而森林碳汇项目对于发展林业经济的意义不容忽视。这标志着森林作为生态功能的服务者在经济上得到了国际社会承认，标志林业的生态服务进入可贸易获益时代的到来。因此，森林碳汇的发展，不仅可以改善我国的生态状况，还因为通过造林增加了碳吸收，从而扩大我国未来的排碳权空间，为能源、加工业、交通运输和旅游业发展创造条件。同时，积极参与碳汇相关的国际交流和国际谈判，也有利于参与林业发展的国际进程，并为国家气候外交作出应有贡献。

9.4.3　碳交易概述

碳交易也称碳排放权交易，是涵盖所有服务于限制温室气体排放的经济交易活动。其核心思想是建立一个排放总量控制下的交易市场，使市场机制在碳排放权配置上发挥决定性作用，进而以较低的社会成本实现温室气体排放控制目标。碳交易的基本原理是，由政府设定二氧化碳气体排放的上限并为纳入交易机制的企事业单位分配一定的配额，超出配额排放的单位需要从市场上购买配额或抵消产品补足上缴履约，配额有富余的单位则可以出售配额，自愿减排市场中通过建设减排项目并获得国家主管部门备案的核证减排量（通称“CCER”，其中包括林业碳汇）可以按照相关规定作为强制减排市场上配额的抵消品用于履约。

在国际市场上，碳排放权交易通常是指各国政府为实现《京都议定书》的减排承诺，对本国企业实行二氧化碳排放额度控制，并允许其进行交易，即一个公司如果排放了少于预期的二氧化碳，那么就可以出售剩余的额度，并得到回报，而那些排放量超出限额的公司，须购买额外的许可额度，以避免政府的罚款和制裁，从而实现国家对二氧化碳排放的总量控制。自2005年以来，伴随着《京都议定书》的生效实施，碳排放权成为国际商品，国际碳交易市场得到了迅速发展，并正日益成为推动低碳经济发展最为重要的机制。目前很多国家已经在碳市场建设方面做了探索，29个国家已经采用碳市场管理体系，9个国家正在建设碳市场（含中国），15个国家正在考虑将碳市场体系与自身气候变化政策相结合。

21世纪以来，中国亦极为重视碳汇与碳交易工作，2008年8月5日同时挂牌成立北

① 核证碳减排标准（Verified Carbon Standard，VCS）：是气候组织（CG）、国际排放交易协会（IETA）及世界经济论坛（WEF）联合于2005年开发的为自愿碳减排交易项目提供的一个全球性质量保证标准。

② 黄金标准（Gold Standard，GS）：世界自然基金会（WWF）在经过广泛地与环境、商业和政府机构协商之后制定的用于清洁发展机制和联合履约项目的质量标准，它为清洁发展机制（CDM）和联合履约（JI）之下的减排项目，提供了第一个独立的、最佳的实施标准，并基于该标准为清洁发展机制和联合履约项目提供经过独立机构认证的质量标识。

京环境交易所和上海环境能源交易所这两个国家级环境权益交易机构，天津排放权交易所于9月25日成立，该交易机构是我国国内第一家综合性排放权交易机构。2010年10月深圳排放权交易所成立。2011年10月29日，国家发展和改革委员会发布了《关于开展碳排放权交易试点工作的通知》。从2011年起在北京、上海、天津、重庆、湖北、广东6个省(直辖市)开展碳排放权交易试点，并于2014年全部启动上线交易。

按照碳交易的分类，目前我国碳交易市场有两类基础产品，一类为政府分配给企业的碳排放配额(CEA，即经碳排放权交易主管部门核定、发放并允许纳入碳排放权交易的企业在特定时期内二氧化碳排放量，单位以“吨”计)；另一类为核证自愿减排量(CCER，即对我国境内可再生能源、林业碳汇、甲烷利用等项目的温室气体减排效果进行量化核证，并在国家温室气体自愿减排交易注册登记系统中登记的温室气体减排量)。截至2021年6月，我国试点省市碳市场覆盖了电力、钢铁、水泥等20多个行业近3 000家重点排放单位。累计配额成交量4.8×10^{8} t二氧化碳当量，成交额约114亿元，是全球二氧化碳排放量规模最大的碳交易市场。

2020年9月22日，习近平主席在第七十五届联合国大会上指出，中国将提高国家自主贡献力度，采取更加有力的政策和措施，二氧化碳排放力争于2030年前达到峰值，努力争取2060年前实现碳中和，至此中国开启了实现碳达峰①与碳中和②的“双碳”目标征程。在实现“双碳”目标过程中，碳交易是不容忽视的重要环节，一方面，碳交易是利用市场化手段，助推以电力为代表的高排放行业低成本实现能源转型、减少碳排放的制度工具；另一方面，碳交易使企业可以通过碳交易平台购买碳配额或林业碳汇指标，是其完成减排工作后最终实现“净零排放”的必要手段。为落实党中央、国务院关于建设全国碳排放权交易市场的决策部署，在应对气候变化和促进绿色低碳发展中充分发挥市场机制作用，推动温室气体减排，规范全国碳排放权交易及相关活动，根据国家有关温室气体排放控制的要求，2021年2月1日，生态环境部审议通过的《碳排放权交易管理办法(试行)》开始施行，2021年7月16日，备受瞩目的全国碳排放权交易市场正式上线，当天收盘交易总量达410.40×10^{4} t，交易总额突破2亿元人民币，碳交易正在成为中国实现“双碳”目标的重要举措，而林业碳汇作为降低温室气体排放的主要途径之一，林业碳汇交易成为碳交易市场的重要组成部分，具有巨大的市场开发潜力，目前我国林业碳汇交易多属于项目层面的核证减排量交易，其项目主要包括：中国自愿减排(CCER)项目、福建林业碳汇(FFC-ER)项目和广东碳普惠(PHCER)项目。

9.4.4 森林碳汇价值评估方法

纵观国内外学者的研究，森林碳汇价值评估方法归纳起来主要有市场价值法、造林成本法、碳税法、人工固定CO_2成本法、成本效益法、均值法和支付意愿法等。

---

① 碳达峰是指某一个时点，二氧化碳的排放不再增长达到峰值，之后逐步回落。根据世界资源研究所的介绍，碳达峰是一个过程，即碳排放首先进入平台期并可以在一定范围内波动，之后进入平稳下降阶段。

② 碳中和是指企业、团体或个人测算在一定时间内直接或间接产生的温室气体排放总量，然后通过植树造林、节能减排等形式，抵消自身产生的二氧化碳排放量，实现二氧化碳“零排放”。

9.4.4.1　市场价值法

市场价值法通过定量评估森林碳汇数量，乘以碳汇项目交易过程中的实时市场价格以计算其总经济价值。其计算公式为：

$$V = Q \cdot P \tag{9-62}$$

式中　V——碳汇价值；

　　　Q——碳汇数量；

　　　P——碳汇价格。

碳汇数量可通过常用的蓄积量法、生物量法等予以计算，而市场价格则多来自碳汇市场的实时交易价格。由该计算方法可见市场价格的选取将决定了森林碳汇价值高低，对森林碳汇价值的评估就是以森林碳汇功能为评估对象，进行市场价值的判断。该方法是目前用得最多的评估方法之一，其优点是直接、明确、技术简单，但是通过碳市场形成的碳交易价格随市场时空的转换以及政策的变化波动较大，造成碳汇价值估算结果的不稳定。另外，由于目前在碳汇市场的交易中，林业碳汇交易非常少，应用市场价值法很难找到合适的参考价格。

9.4.4.2　造林成本法

造林成本法把森林看成固定二氧化碳的一种手段，依据所造林分吸收大气中的 CO_2 的数量与造林的费用之间的关系来推算森林固定 CO_2 的价值。美国国家环保局研究结果表明北寒带、温带和热带各类森林固定 CO_2 成本小于 30 美元/t C；联合国粮食及农业组织(FAO)计算出热带森林固碳的造林成本为 24～31 美元/t C。在中国，薛达元估算我国人工林固碳成本为 251.4 元/t C；成克武、余新晓和施溯筠等估算造林成本为 260.9 元/t C、273.3 元/t C 和 305.0 元/t C，取其算术平均值，我国固碳成本大约为 279.73 元/t C。该方法比较适宜于人工林碳汇价值的评估，但有专家认为，造林成本法由于幼林造林费用高，但林子小、碳汇能力弱，因此利用造林成本法导致计算出的林业碳汇经济价值可能偏低。

9.4.4.3　碳税法

碳税法是政府部门为了限制向大气中排放 CO_2 而征收的，按向大气中排放 CO_2 的税费标准计算森林植物固定 CO_2 的经济价值。即对含碳的燃料，每排放单位重量的 CO^2 征收一定数额的碳税。目前，瑞典的碳税率得到较多人的认可，为 150 美元/t C。碳税法通常被认为是减少能源消费和大幅削减碳排放最有效的手段之一，碳税中的碳排放价格稳定，由碳税形成的碳价值比较稳定。但是各国政府制定的税费相差很大，不利于国与国之间横向比较。尤其，以瑞典为代表的碳税率相对于我们国家来说偏高，并不适合我国国情。

9.4.4.4　人工固定 CO_2 成本法

人工固定 CO_2 成本法就是以工艺固定等量二氧化碳所花费的成本来计算森林固定二氧化碳的经济价值。目前人类运用碳捕获和封存(CCS)技术可以准确地计算出碳固定价值。具体而言，是指把 CO_2 从排放源分离出来，输送到一个封存地点并且长期与大气隔绝的一个过程。如日本在计算森林的碳汇效益时，采用森林年度 CO_2 吸收量乘以火力发电站回收 CO_2 的成本计算森林吸收 CO_2 所产生的生态效益。IPCC 第三工作组主持编写的《关于 CO_2 捕获和封存的特别报告》对 CO_2 捕获和封存的成本进行了一个全面评估，认为碳捕获 CO_2

的成本在5~115元/tC，运输、封存以及监测与检验CO_2的成本在0.6~30元/tC，所以总的碳汇价值为5.6~145元/tC。目前较少人采用此种方法对森林碳汇价值进行估算。

9.4.4.5 成本效益法

成本效益法从经济效益的角度来看森林对CO_2的吸收作用，用固定等量CO_2的成本来计算森林固定CO_2的经济价值。典型代表有，袁嘉祖等采用计算碳的成本效应*BRAC*的方法，其计算公式如下：

$$BRAC = (I - C) / C_i \tag{9-63}$$

式中 I——每公顷林木所产木材的市场销售额(即总产出值)；

C——每公顷林木的投入总金额；

C_i——每公顷林木的固碳量。

计算得出，每储存1 t CO_2的社会经济效益为11.18美元。成本效益法能客观地分析碳汇经济价值，是一种很好的方法。但是可以看出，对于不同林分、林龄，其固碳量、成本、收益也不尽相同，森林的碳汇价值估算相差很大，无法准确计算未来碳汇经济价值。

9.4.4.6 均值法

为了更合理地估算森林碳汇价值，有学者将以上两种或两种以上的方法结合起来，采用多种方法的均值作为碳汇功能的经济价值。如黄怀雄等采用瑞典碳税率法和造林成本法的平均值对长株潭地区森林固碳释氧功能价值进行评估；张雄等按照造林成本法、瑞典碳税率法和市场价值法分别计算后进行加权平均对湖南主要针叶林乔木层碳汇价值进行评估，也有专家将造林成本法和成本效益法结合起来，提出碳汇经济价值计算的预期效益法，即将两者的均值作为碳汇功能的经济价值，尽管如此，但均值法仍具有上述方法的种种缺陷，并不能从本质上解决问题。

9.4.4.7 支付意愿法

支付意愿法就是在没有完备的真实交易市场的情况下，构造一个假设的市场，从消费者的角度出发，在一系列假设问题下，通过调查、问卷、投标等方式来获得消费者对享受森林碳汇服务的支付意愿，以此来确定碳汇的虚拟市场价格。该方法克服了市场价值法寻找可比价格困难的缺点，但是该方法要求被访者的配合，不仅是在对碳汇的认知水平、环境保护意识以及价值观等方面的配合，更重要的是中国所处的社会经济发展阶段消费者购买力水平的配合。因此，采用此方法估算得到的碳汇价值不一定能真实反映碳汇的真正价值。

综上所述，尽管目前对于碳汇价值的评估方法已有不少论述，但由于碳汇活动起步较迟，碳交易市场仍处于初级建设阶段，已有的评估方法并未有一种能取得世界各国公认或为市场所普遍认同，而随着我国碳达峰与碳中和远景目标的提出，既是我国森林碳汇发展的机遇，但同时也对森林碳汇价值评估提出了挑战，森林碳汇价值评估任重而道远，仍需不断深入研究、实践与完善。

小 结

随着社会经济与科学技术的不断发展，森林资源资产评估的对象与领域不断扩大，森林景观、生态服务功能、森林碳汇等都进入森林资源资产评估的相关领域，森林景观资产是通过经营能带来经济收益的森林景观资源，森林景观资产具有可持续性、自然与人文景观紧密结合、珍稀野生动植物等生物多样性丰富、功能的多样性、广泛的适应性的特点，在其评估中常用现行市价法、收益现值法与重置成本法，其中条件价值法是最为常用的一种评估方法；本章在分析森林主要灾害类型基础上，从森林经营者角度出发论述了灾害损失价值评估的主要技术思路，但并未对其生态效益、社会效益损失的价值评估进行详述，其目的在于抛砖引玉，以其为灾害灾后重建、估价等提供理论依据与借鉴，作为灾害经济学的一部分，森林灾害损失价值评估相对于其他自然灾害经济价值评估研究而言，仍是一个崭新的领域，如何在现有理论与技术条件开发出新的、实用的、更完善的灾害评估体系仍有许多问题需待进一步的深入研究；森林生态服务功能价值主要包括涵养水源、保育土壤、固碳释氧、积累营养物质、净化大气环境、森林防护、生态多样性保护和森林游憩等方面，对其评估可分为直接与间接评估两大类方法，但目前其评估多处于理论探讨与试验阶段，并未形成统一认可的评估方法体系，但可以预见其未来必成为森林资源资产评估的全新重点领域。除此之外，本章也介绍了森林碳汇概念、发展现状与碳交易的相关内容，并对目前森林碳汇价值评估中常用的几种方法予以介绍，受限于碳汇市场发展，碳汇价值评估理论与实践仍有待于补充完善。森林生态服务价值与森林碳汇价值评估的引入将为后续森林资源资产评估的理论与体系的丰富与完善提供参考与开拓思路。

思考题

1. 简述森林景观资源资产的概念及主要特点。
2. 森林景观资源资产评估的方法有哪些？
3. 简述运用条件价值法对森林景观资源进行资产评估的主要步骤。
4. 森林景观景区游客量发展变化的规律是怎样的？
5. 森林灾害主要有哪些类型？
6. 森林灾害损失价值通常包括哪些部分？
7. 什么是森林生态系统服务功能？它主要包括哪几个方面？
8. 如何进行森林生态系统服务功能评估？
9. 什么是碳汇与碳交易？
10. 森林碳汇价值评估方法主要有哪些？存在着哪些优缺点？

第10章　森林资源资产评估报告

【本章提要】

本章阐述了森林资源资产评估报告书、森林资源资产评估说明及森林资源资产评估档案归集工作底稿的相关内容及编制方法。通过本章学习，掌握森林资源资产评估成果的编制过程，了解编制森林资源资产评估报告书、森林资源资产评估说明及森林资源资产评估档案归集的方法及流程，加深对森林资源资产评估相关理论的认识和理解。

森林资源资产评估报告是评估机构与人员的评估工作总结成果，也是委托方及相关当事方实现委托评估目的的重要书面参考依据，正确地整理与撰写评估报告，引导委托方及相关当事方恰当地理解与使用评估报告，对于评估机构、评估专业人员、委托方及相关当事方都具有极为重要的意义。

10.1　森林资源资产评估报告概述

10.1.1　森林资源资产评估报告概念

森林资源资产评估报告是指从事森林资源资产评估业务的资产评估机构及其资产评估专业人员遵守法律、行政法规和资产评估准则，根据委托履行必要的资产评估程序后，由资产评估机构对评估对象在评估基准日特定目的下的价值出具的书面专业意见。

森林资源资产评估报告是森林资源资产评估专业人员和评估机构提交给委托方的工作成果，向委托方及相关当事方提供必要信息以合理地理解与使用评估结论，因此评估报告要求评估专业人员应当以清楚和准确的方式进行表述，而不致引起报告使用者的误解。评估报告不得存在歧义或误导性陈述。由于评估报告将提供给委托方、业务约定书中所明确的其他评估报告使用者和国家法律、法规明确的其他评估报告使用者，因此，除委托方以外，其他评估报告使用者可能没有机会与森林资源资产评估专业人员进行充分沟通，而仅能依赖评估报告中的文字性表述来理解和使用评估结论。所以，评估专业人员必须特别注意评估报告的表述方式，不应引起使用者的误解。同时，评估报告作为一个具有法律意义的文件，用语必须清晰、准确，不允许有意或无意地使用存在歧义或误导性的表述。根据《中国资产评估准则——评估报告》准则的基本要求，森林资源资产评估报告一般包含以下基本要求：

①资产评估报告应当合理披露与提供必要信息，使评估报告使用者能够正确理解与使用评估结论。

②森林资源资产评估专业人员执行资产评估业务，可以根据评估对象的复杂程度、委托方要求，合理确定评估报告的详略程度。

③资产评估专业人员执行资产评估业务，因法律法规规定、客观条件限制，无法或者不能完全履行资产评估基本程序，经采取措施弥补程序缺失，且未对评估结论产生重大影响的，可以出具资产评估报告，但应当在资产评估报告中说明资产评估程序受限情况、处理方式及其对评估结论的影响。如果程序受限对评估结论产生重大影响或者无法判断其影响程度的，不得出具资产评估报告。

④资产评估报告应当至少两名承办该项业务的资产评估专业人员签名并加盖资产评估机构印章；如果是法定资产评估业务的资产评估报告则应当由至少两名承办该项业务的资产评估师签名并加盖资产评估机构印章。

⑤资产评估报告应当使用中文撰写。需要同时出具外文评估报告的，中外文资产评估报告存在不一致的，以中文评估报告为准。

⑥资产评估报告一般以人民币为计量币种，使用其他币种计量的，应当注明评估基准日时该币种与人民币的汇率。

⑦资产评估报告应当明确评估报告的使用有效期。通常，只有当评估基准日与经济行为实现日相距不超过一年时，才可以使用资产评估报告。

10.1.2　森林资源资产评估报告的作用

(1)为委托评估的资产提供价值意见

森林资源资产评估报告是资产评估机构根据委托评估的森林资源资产的特点和要求，组织评估专业人员及相应行业的专业人员组成的评估队伍，遵循评估准则和林业行业标准，履行必要的评估程序，运用科学的方法对被评估森林资源资产价值进行评定和估算后，通过报告的形式提出对评估对象在评估基准日特定目的下的价值发表的书面价值意见，该价值意见不代表任何当事人一方的利益，是一种独立的专业人士的评估意见，具有较强的公正性和科学性，因而成为被评估森林资源资产在特定目的下作价的重要参考。

(2)反映和体现资产评估工作情况，明确委托方、受托方及相关当事方责任的依据

森林资源资产评估报告用文字的形式，对评估业务的目的、背景、范围、依据、程序、方法等方面和评估的结果进行了说明和总结，体现了评估机构的工作成果。同时也反映和体现受托的评估机构与执业人员的权利与义务，并以此来明确委托方、受托方等相关当事方的法律责任。在资产评估现场工作完成后，评估专业人员就要根据现场工作取得的有关资料和估算数据，撰写评估结果报告，向委托方报告。负责评估项目的评估专业人员也应同时在报告书上行使签字的权利，并提出报告使用的范围和评估结果实现的前提等具体条款。

(3)管理部门用以完善资产评估管理的重要手段

森林资源资产评估报告是反映评估机构和评估专业人员职业道德、执业能力水平以及

评估质量高低和机构内部管理机制完善程度的重要依据。有关管理部门通过审核评估报告，可以有效地对评估机构的业务开展情况进行监督和管理。

(4)建立评估档案并归集评估档案资料的重要信息来源

评估专业人员在完成森林资源资产评估业务之后，都必须按照档案管理的有关规定，将评估过程收集的资料、工作记录以及资产评估过程的有关工作底稿进行归档，以便进行评估档案的管理和使用。由于资产评估报告是对整个评估过程的工作总结，其内容包括了评估过程的各个具体环节和各有关资料的收集和记录。因此，不仅评估报告的工作底稿是评估档案归集的主要内容，而且撰写评估报告过程所采用的各种数据、各个依据、工作底稿和资产评估报告制度中形成的有关文字记录等都是资产评估档案的重要信息来源。

10.2 森林资源资产评估报告编制

10.2.1 森林资源资产评估报告书的编制

森林资源资产评估报告书应当包括下列主要内容：①标题及文号；②目录；③声明；④摘要；⑤正文；⑥附件。

10.2.1.1 评估报告标题及文号、目录

森林资源资产评估报告书的标题应简练清晰，通常在评估报告的封面页或首页冠以“×××(评估项目名称)资产评估报告”字样，标题中一般要包含委托方或资产占有方信息，并明确其经济行为(如转让、投资等)。例如“××村委会林木拍卖转让资产评估报告”，同时为了便于检索与管理，根据公文的要求，还应赋予其文号，文号通常包括评估机构特征字，公文种类特征字(例如，评报、评咨)、年份、文件序号。评估报告正式报告应用“评报”，评估报告预报告应用“评预报”。例如，绿林资产评估公司出具报告时，采用“绿林评报字〔2020〕第18号”。

为方便评估报告使用人快速定位与检阅报告，通常在评估报告的扉页将评估报告的声明、摘要、正文的主要章节标题、所附材料名录等内容及页码按照一定的次序编排就形成了目录。

10.2.1.2 评估报告的声明

评估报告的声明应当包括以下内容：

——评估机构及评估专业人员恪守“独立、客观和公正”的原则，遵循有关法律、法规和资产评估准则的规定，并承担相应的责任。

——提醒评估报告使用者关注评估报告特别事项说明和使用限制。

——其他需要声明的内容。

森林资源资产评估报告的声明一般包括(但不局限于)以下内容：

①本资产评估报告依据财政部发布的资产评估基本准则和中国资产评估协会发布的资产评估执业准则和职业道德准则编制；

②资产机构及评估专业人员在执行资产评估业务中，遵守法律、行政法规和资产评估准则，恪守独立、客观和公正的原则；根据所收集的资料做出客观的评估报告陈述，并对

所出具的资产评估报告依法承担责任；

③报告书的使用仅限于报告中载明的评估目的及使用范围，委托人或者其他资产评估报告使用人应当按照法律、行政法规规定和资产评估报告载明的评估目的及使用范围使用资产评估报告；委托人或者其他资产评估报告使用人违反前述规定使用资产评估报告的，资产评估机构及其资产评估专业人员不承担责任；

④评估对象涉及的森林资源林木资产情况核实一览表由委托单位、被评估单位(或者产权持有者)申报并经其签章确认；提供必要的资料并保证所提供资料的真实性、合法性和完整性，并恰当使用评估报告是委托单位和相关当事方的责任；

⑤资产评估机构及评估专业人员对评估对象的法律权属状况给予了必要的关注，但不对评估对象的法律权属做任何形式的保证。对已经发现的问题进行了如实披露，且已提请委托单位及相关当事方完善产权以满足出具评估报告的要求；

⑥遵守相关法律、法规和资产评估准则，对委托评估对象价值进行估算并发表专业意见，是资产评估机构及评估专业人员的责任，但评估机构及评估专业人员并不承担相关当事人决策的责任。评估结论不等同于评估对象可实现价格，评估结论不应当被认为是对评估对象可实现价格的保证；

⑦资产评估报告分析和结论是在恪守独立、客观、公正的原则基础上形成的，仅在报告设定的评估假设和限制条件下成立，资产评估报告使用人应当关注评估结论成立的假设前提、资产评估报告特别事项说明和使用限制；

⑧资产评估报告仅供委托人、资产评估委托合同中约定的其他资产评估报告使用人和法律、行政法规规定的资产评估报告使用人使用；除此之外，其他任何机构和个人不能成为资产评估报告的使用人；

⑨本报告书评估结论有效期限自评估基准日起有效，有效期为一年；评估报告使用者应当根据评估基准日后的资产状况和市场变化情况合理确定评估报告使用期限。

10.2.1.3 森林资源资产评估报告书摘要

评估机构应以较少的篇幅，将评估报告中的关键内容摘要刊印在评估报告书正文之前，以便各有关方了解该评估报告提供的主要信息，方便企业在注册等情况下的使用；“摘要”与资产评估报告正文具有同等法律效力，与评估报告揭示的结果一致，不得有误导性内容，其内容通常包括：①资产占有方或委托方；②评估机构；③评估目的；④评估对象和评估范围；⑤价值类型及其定义；⑥评估基准日；⑦评估方法；⑧评估结论；⑨评估报告日；⑩评估专业人员签名、盖章和评估机构盖章。

除此之外，通常还要在摘要中以下述文字提醒使用者阅读全文，即“以上内容摘自资产评估报告，欲了解本评估项目的全面情况，应认真阅读资产评估报告全文”。

10.2.1.4 资产评估报告正文

资产评估报告正文通常包括以下内容：

(1)绪言

应写明该评估委托方全称、受托评估事项及评估工作整体情况，一般应包含下列内容的表达格式：

××(评估机构)接受××的委托，根据国家有关资产评估的规定，本着客观、独立、公正、科学的原则，按照公认的资产评估方法，对为×××(评估目的)而涉及全部资产和负债进行了评估工作。本所评估专业人员按照必要的评估程序对委托评估的资产进行了实地查勘、鉴定和市场调查与询证，对委托评估的资产在××年××月××日表现的市场价值做出公允反映。现将资产评估情况及评估结果报告如下：

(2)委托方、产权持有者及其他评估报告使用者简介

①应较为详细地分别介绍委托方、资产占有方(两者合一的可作为资产占有方介绍)的情况。主要包括名称、注册地址及主要经营场所地址、法定代表人、历史情况简介，企业资产、财务、经营状况，行业、地域的特点与地位，以及相关的国家产业政策；

②须写明委托方和资产占有方之间的隶属关系或经济关系，如无隶属或经济关系，则写明发生评估的原因；

③如资产占有方为多家企业，须逐一介绍。

(3)评估目的

①同一评估报告的评估目的必须是唯一的，表述应当明确清晰；

②写明本次资产评估是为了满足委托方的何种需要，及其所对应的经济行为类型；

③简要、准确说明该经济行为的发生是否经过批准，如已获批准，则应写明已获得的相关经济行为批准文件，含批件名称、批准单位名称、确定日期及文号。

(4)评估对象和范围

①简要写明纳入评估范围的森林资源资产在评估前的账面金额及对应的主要资产类型，如纳入评估的资产为多家占有，应说明各自的份额及对应的主要资产类型；

②写明纳入评估范围的资产是否与委托评估立项时确定的资产范围一致，如不一致则应说明原因。

(5)价值类型和定义

资产评估一般可供选择的价值类型包括市场价值、投资价值、在用价值、清算价值和残余价值。市场价值是指自愿买方和自愿卖方在各自理性行事且未受任何强迫压制的情况下，对在评估基准日进行正常交易中某项资产应当进行交易的价值估计数额。

(6)评估基准日

评估基准日应当与资产评估委托合同约定的评估基准日一致，可以是过去、现在或者未来的时点。一般要求：

①写明评估基准日的具体日期；

②写明确定评估基准日的理由或成立的条件；

③需对评估基准日对评估结果影响程度做出明确揭示；

④评估基准日的确定应由评估机构根据经济行为的性质同委托方确立，并尽可能与评估目的的实现日接近。

评估基准日是确认森林资源资产的数量和质量、评估价格的基准时间，一旦确定不得随意更改。

(7)评估依据

评估依据一般可划分为法律法规依据、准则依据、权属依据和取价依据等。

①法律法规依据应包括资产评估的有关法律、法规以及涉及资产评估的有关条例、文

件等；

②准则依据应包括资产评估所依据的各项准则等；

③权属依据应包括评估资产的产权登记证书、土地使用权证、林权证等；

④取价依据应包括资产评估中直接或间接使用的、企业提供的财务会计经营方面的资料和评估机构收集的国家有关部门发布的统计资料和技术标准资料，以及评估机构收集的有关询价资料和参数资料等；

⑤对评估项目中所采用的特殊依据应予披露。

(8)评估方法

①简要说明评估专业人员在评估过程中所选择并使用的评估方法；

②简要说明选择评估方法的理由或依据；

③因适用性受限或者操作条件受限等原因而选择一种评估方法的，应当在资产评估报告中披露并说明原因；

④对于所选择的特殊评估方法，应适当介绍其原理与适用范围。

(9)评估程序实施过程和情况

①评估过程应反映评估机构自接受评估项目委托起至提交评估报告的工作过程，包括接受委托、组建评估项目组和制订评估方案、资产清查、评定估算、评估汇总、提交报告等过程；

②接受委托中应明确反映接受项目委托、确定评估目的和评估对象及范围、选定评估基准日、拟定评估方案的过程；

③资产清查中应反映指导资产占有方清查资产与收集准备资料、检查核实资产与验证资料的过程；

④评定估算中应反映现场检测与鉴定、选择评估方法、收集市场信息、具体计算的过程，在该部分应针对评估方法反映评估过程的特点；

⑤评估汇总中应反映评估结果汇总、评估结论分析、撰写说明与报告、内部复核的过程。

(10)评估假设和限定条件

写明评估中各龄组林分所采用的评估方法，其中的假设和限定前提条件一般是按照以下设定的：

①评估测算各项参数取值均按基准日取值，因此未考虑通货膨胀因素；

②影响企业经营的国家现行的有关法律、法规及企业所属行业的基本政策无重大变化，宏观经济形势不会出现重大变化；企业所处地区的政治、经济和社会环境无重大变化；

③国家现行的银行利率、汇率、税收政策等无重大改变；

④无其他不可预测和不可抗力因素造成的重大不利影响；

⑤评估测算价值为未考虑采伐限额制度的一次性支付价值总额；

⑥评估所涉及的木材价格、生产成本、出材率、山场作业条件、经营成本等，均按××县(区)现有林分生长及经营管理的平均水平确定。

(11)评估结论

①评估结论应当以文字和数字表达形式表述，并明确评估结论的使用有效期；

②通常评估结论应当是确定的数值。经与委托方沟通，评估结论可以使用区间值或其他形式表达；

③评估结论应包括评估结果汇总表、评估后各资产占有方所占的份额和评估机构对评估结果发表的结论；

④须使用表述性文字完整地叙述资产、负债、净资产的账面价值、调整后账面值、评估价值及其增减幅度，并含有“评估结论详细情况见评估明细表”的提示；

⑤评估结果除文字表述外，评估报告中还须按统一规定的格式列表提示评估结果；

⑥存在多家资产占有方的项目，应分别说明评估结果；

⑦评估机构如对所揭示的评估结果尚有疑义，则应对实际情况充分提示并在评估报告中发表自己的看法，以提示资产评估报告使用者注意。

(12)特别事项说明

①权属等主要资料不完整或者存在瑕疵的情形；

②委托人未提供的其他关键资料情况；

③未决事项、法律纠纷等不确定因素；

④重要的利用专家工作及相关报告情况；

⑤重大期后事项；

⑥评估程序受限的有关情况、评估机构采取的弥补措施及对评估结论影响的情况；

⑦在不违背资产评估准则基本要求的情况下，采用不同于资产评估准则的程序与方法；

⑧其他需要说明的事项。

评估专业人员应当说明特别事项可能对评估结论产生的影响，并重点提示评估报告使用者予以关注。

(13)评估报告的使用限制说明

①评估报告只能用于评估报告载明的评估目的和用途，委托人或者其他资产评估报告使用人未按照法律、行政法规规定和资产评估报告载明的使用范围使用资产评估报告的，资产评估机构及其资产评估专业人员不承担责任；

②评估报告只能由评估报告载明的评估报告使用者使用，除委托人、资产评估委托合同中约定的其他资产评估报告使用者和法律、行政法规规定的资产评估报告使用者之外，其他任何机构和个人不能成为资产评估报告的使用者；

③资产评估报告使用人应当正确理解和使用评估结论。评估结论不等同于评估对象可实现价格，评估结论不应当被认为是对评估对象可实现价格的保证；

④未征得出具评估报告的评估机构同意，评估报告的内容不得被摘抄、引用或披露于公开媒体，法律、法规规定以及相关当事方另有约定的除外；

⑤评估报告有效使用期限自评估基准日起一年。

(14)评估报告提出日期

①通常为评估结论形成的日期，可以不同于资产评估报告的签署日；

②评估报告原则上应在确定的评估基准日后3个月内提出。

(15)尾部

①评估机构盖章；

②法定代表人或者合伙人签字；

③评估专业人员签名，法定业务应当由评估师签名。

10.2.1.5　附件

附件作为评估报告的组成部分，是为了强调委托方提交的有关文件、评估机构资格以及其他的证明性文件在整个评估服务中的重要性。附件的内容包括：

①有关经济行为文件；

②委托方与资产占有方营业执照复印件；

③评估对象所涉及的权属证明文件资料；

④委托方及相关当事方承诺函；

⑤资产评估专业人员和评估机构的承诺函；

⑥资产评估机构及签名资产评估专业人员的备案文件或者资格证明文件；

⑦评估对象涉及的资产清单或资产汇总表；

⑧重要合同；

⑨其他文件。

10.2.2　森林资源资产评估说明的编制

评估说明是申请备案核准资产评估业务的必备材料，为方便国有资产监督管理部门和相关机构全面了解评估情况，评估说明中所揭示的内容应当与评估报告阐述的内容一致。评估机构、资产评估专业人员、委托方、资产占有方应对所撰写说明的真实性、可靠性做出承诺。撰写评估说明的目的在于通过评估专业人员和评估机构描述的评估过程、方法、依据、参数的选取、计算过程等，说明评估操作符合相关法律、法规和行业规范的要求，在一定程度上证实评估结果的公允性，保护评估行为相关当事方的合法利益。

10.2.2.1　评估说明封面及目录

(1)封面

评估说明封面一般应载明下列内容：

①××(评估项目名称)资产评估说明；

②评估报告书编号；

③评估机构名称；

④评估报告书提出时间；

⑤注明第×册/共×册。

(2)目录

目录应在封二排印，包括每一部分的标题和相应的起止页号，评估说明每一页页码标注应与目录相符。

评估说明中收录的备查文件或资料的复印件，须统一标注页码(原文件或资料的页码可以保留)。

10.2.2.2　关于评估说明使用范围的声明

应写明评估说明仅供资产评估主管机关、企业主管部门审查资产评估报告书和检查评估机构工作之用；非为法律、行政法规规定，材料的全部或部分内容不得提供给其他任何单位和个人，不得见诸公开媒体。

10.2.2.3 关于进行资产评估有关事项的说明

本说明由委托方与资产占有方共同撰写，委托方和资产占有方有责任写明所有对评估结果产生重大影响的事项，并由法定代表人(或授权人)签字，加盖公章、签署日期。其作用有两点：一是评估主管机关备案核准企业进行资产评估的依据；二是评估机构开展评估活动的依据。

有关事项的说明一般包括以下内容：

(1)委托方与资产占有方简介

①企业名称、企业注册号、注册资金、地址、法定代表人；

②企业性质；

③企业经营范围、成立日期、营业期限；

④企业生产能力、产销状况；

⑤森林资源资产的经营状况。

(2)评估目的

①评估目的必须是唯一且表述明确清晰；

②如该经济行为需要得到批准，应说明相关经济行为批准文件，包括批件名称、批准单位名称、确定日期及文号。

(3)评估基准日

①确定评估基准日的具体日期，可以是过去、现在或未来的某一具体时点；

②评估基准日应尽可能与评估目的的实现日接近；

③评估基准日确定的理由或成立的条件；

④评估基准日由评估机构根据经济行为的性质与委托方或相关当事方协商确立。

(4)评估范围

①说明委托评估资产产权关系，主要是各项山林权权益(林木所有权、使用权与林地使用权)归属；

②委托评估森林资源资产经营管理数量、地理分布以及经营管理概况；

③委托评估的森林资源资产类型，如该资产为多家占有时应说明各自的份额与对应资产类型。

(5)可能影响评估工作的重大事项说明

①产权瑕疵；

②未决事项、法律纠纷等不确定因素；

③重大期后事项；

④其他可能影响评估工作的事项说明。

(6)森林资源资产清查情况说明

资产委托方和占有方应对本企业因进行森林资源资产评估而组织开展的森林资源资产清查的情况和结果做出说明，若该企业无森林资源资产调查资质，应请有调查资质的单位进行森林资源资产清查。主要应包括下列内容：

①说明森林资源资产清查工作的人员组成、时间计划、组织安排、实施方案等过程；

②应较为详细地介绍森林资源资产分布地点、地利条件、林木生长状况等基本情况；

③写明清查人员对森林资源资产清查采用的方法；

④介绍清查对象，权属、面积、蓄积量、地类、林种、树种等因子；

⑤根据林业基本图、地形图和小班一览表等有关资料，确认清查的森林资源资产范围；

⑥用文字概括说明森林资源资产清查结果，提供森林资源资产清单（森林资源小班一览表）。

10.2.2.4　森林资源资产核查情况说明

这部分主要说明评估机构对委托评估的企业所占有的森林资源资产（含应评估的相关负债）进行核查的情况。具体包括以下基本内容：

①说明森林资源资产核查工作的人员组成、时间计划、组织安排、实施方案等过程；

②应较为详细地介绍森林资源资产分布地点、地利条件、林木生长状况等基本情况；

③写明评估专业人员对委托评估声明中确定的评估范围采用的核查方法；

④介绍核查对象，权属、面积、蓄积量、地类、林种、树种等因子；

⑤概括说明森林资源资产核查结果，说明核查小班个数、面积及合格率，并说明委托方或资产占有方所提供的森林资源资产清单准确性；

⑥确认纳入本次评估的对象，对未纳入本次评估范围的森林资源资产应说明原因。

10.2.2.5　评估依据的说明

①说明执行资产评估业务过程中遵循的法律、法规、评估准则和指导意见以及取价标准等评估依据；

②法律、法规依据应包括资产评估的有关条法、文件及涉及资产评估的有关法律、法规等。如《森林法》《森林法实施条例》《公司法》《证券法》《拍卖法》《国有资产评估管理办法》《企业国有资产监督管理暂行条例》等；

③准则依据主要包括我国资产评估准则体系所包含的《资产评估准则——基本准则》《资产评估职业道德准则——基本准则》《资产评估准则——评估报告》《资产评估准则——评估程序》《资产评估准则——业务约定书》等一系列程序性准则和《资产评估准则——无形资产》《资产评估准则——机器设备》《资产评估准则——森林资源资产》《企业价值评估指导意见（试行）》等一系列准则；

④权属依据应包括评估森林资源资产的林权证、山林权证清册、有关的山林权协议等；

⑤取价依据应包括资产评估中直接或间接使用的、企业提供的财务会计经营方面的资料和评估机构收集的国家有关部门发布的统计资料和技术标准资料，以及评估机构收集的有关询价资料和参数资料等；

⑥对评估项目中所采用的特殊依据应在本节内容中披露。

10.2.2.6　森林资源资产评估技术说明

对森林资源资产进行评定估算和估价过程的详细说明，具体反映评估中选定的评估方法和采用的技术思路及实施的评估工作。评估技术说明应至少含有以下基本内容：

①评估价值确定的方法、依据。根据《森林资源资产评估技术规范(试行)》，针对不同林种、不同龄组，选择适当的方法；

②列出涉及的计算公式；

③评估举例。选择有代表性的森林资源资产评估举例，并有详细的计算过程，推导评估结论的每一参数都应说明来源或依据；

④对于选用特殊方法进行评估，应详细介绍选用该方法的原因及其科学性、合理性；

⑤假设与说明。列出本次评估的假设前提条件；

⑥重要前提及限定条件。

10.2.2.7 有关技术经济指标说明

主要列示由评估专业人员所选取的确定森林资源资产评估价值的技术标准，通常包括：

营林生产成本、产品销售价格、经营成本、林分生长预测模型、出材率、林价、地租、经营利润率、投资收益率等指标，并说明取价依据，包括国家各部委、地方政府及有关部门颁发的技术标准、规范文件、经验数据资料、研究成果、统计资料、行业惯例及国际评估惯例等，以及评估专业人员认为需要列示的其他评估依据。

10.2.2.8 评估结论及其分析

应写明评估结论、评估结论成立的条件、评估结论的瑕疵事项、评估基准日的期后事项对评估结论的影响、评估结论的效力、使用范围与有效期等。

10.3 森林资源资产评估档案管理

10.3.1 资产评估档案概述

资产评估档案是资产评估机构开展资产评估业务形成的，反映资产评估程序实施情况、支持评估结论的工作底稿、资产评估报告及其他相关资料。纳入资产评估档案的资产评估报告应当包括初步资产评估报告和正式资产评估报告。资产评估档案的作用主要表现在以下几个方面：

(1)形成评估意见的直接依据

资产评估档案记录了被评估资产的状态，以及资产评估专业人员选用的评估方法、作价依据和作价计算过程等，因而是提出评估意见最直接的依据。

(2)评价和考核资产评估专业人员专业能力和工作业绩的依据

资产评估专业人员在进行评估作业时，是否实施了必要的评估程序、所选用的评估方法是否恰当、依据的作价标准是否正确、执业判断和计算结果是否准确等，都会通过评估档案反映出来。通过检查评估档案，可以较为客观地评价资产评估专业人员的专业能力，考核资产评估专业人员的工作业绩。

(3)控制评估质量和监控评估工作的手段

按一定的规范格式和内容编写评估档案，是约束资产评估专业人员的执业行为和控制评估质量的重要手段。

(4)未来评估业务和其他评估专业人员学习的参考文献

对同类企业或同类资产的评估均存在一定的共性，以前执业的评估档案可成为后人的参考和借鉴。

10.3.2　评估工作底稿的编制

评估工作底稿是反映资产评估程序实施情况，支持评估结论的基础资料与重要依据，是资产评估档案管理中最主要的部分，评估机构及评估专业人员执行资产评估业务，应当遵守法律、行政法规和资产评估准则，编制工作底稿。

10.3.2.1　资产评估工作底稿的种类和内容

资产评估工作底稿分为管理类工作底稿和操作类工作底稿两类。

(1)管理类工作底稿

管理类工作底稿由评估项目负责人编制，是指在执行资产评估业务过程中，为受理计划、控制和管理资产评估业务所形成的工作记录及相关资料，它侧重于项目的组织管理过程和评估报告最终结果的质量控制。主要在以下各环节记录相关工作内容：

①项目洽谈　包括项目洽谈记录、前期调查情况记录及项目前期来往函电等明确评估基本业务事项的记录。

②评估委托　记录委托合同的草拟修改情况及正式签订的委托合同。

③评估计划　根据评估项目和评估计划指南的要求编制的评估计划，以及对评估计划的组织实施记录。

④客户信息　记录调查评估委托人及资产占有单位的基本情况，被评估资产规模及主要资产状况。

⑤重大问题处理记录　在执业过程中对于重大问题的协商处理过程与记录。

⑥评估报告　记录草拟评估报告和形成报告文本的过程。

⑦评估报告审核意见　评估机构各级管理层对于评估报告及评估档案的内部三级审核意见，委托方或资产占有方及其主管部门等评估机构以外部门对评估报告的审核意见，如国有资产管理部门资产的评估备案及核准文件等。

(2)操作类工作底稿

操作类工作底稿由评估执业人员编制，主要是履行现场调查、收集评估资料和评定计算程序时所形成的工作记录及相关资料，它反映评估专业人员在执行具体评估程序时所形成的评估工作成果，侧重于汇总和记录单项资产评估的作价过程。主要包括以下内容：

①现场调查记录与相关资料，通常包括：

a. 委托人或者其他相关当事人提供的资料，例如，资产评估明细表，评估对象的权属证明资料，与评估业务相关的历史、预测、财务、审计等资料，以及相关说明、证明和承诺等；

b. 现场勘查记录、书面询问记录、函证记录等；

c. 其他相关资料。

②收集的评估资料，通常包括：市场调查及数据分析资料，询价记录，其他专家鉴定

及专业人士报告，其他相关资料。

③评定估算过程记录，通常包括：重要参数的选取和形成过程记录，价值分析、计算、判断过程记录，评估结论形成过程记录，与委托人或者其他相关当事人的沟通记录，其他相关资料

10.3.2.2 评估工作底稿的内容要求

评估工作底稿在内容上应做到资料翔实、重点突出、繁简得当、结论明确。评估工作底稿的具体内容还需要同主管部门的要求保持一致，目前的具体要求有如下几项：

(1)委托方和资产占有单位名称

若资产占有单位为委托方的下属公司，则应同时写明下属公司的名称。资产占有单位名称可写简称。

(2)评估对象名称

即某资产或负债项目名称。

(3)评估基准日

确定被评估资产价值的时点。

(4)评估程序和过程

评估专业人员按评估计划所规定的评估程序进行的评估工作轨迹及专业判断和计算的过程，实施评估而达到评估目标的过程记录。

(5)评估标识及其说明

评估标识是评估专业人员为便于表达评估含义而采用的符号。为了便于他人理解，评估人员应在评估工作底稿中说明各种评估标识所代表的含义。评估标识应前后一致。

(6)索引号及页次

评估专业人员为整理利用评估工作底稿，将具有同一性质或反映同一具体评估事项的评估工作底稿分别归类，形成相互联系、相互控制的特定编号即索引号；页次是在同一索引号下不同的评估工作底稿的顺序编号。

(7)编制者姓名及编制日期

评估专业人员必须在其编制的评估工作底稿上签名和签署日期。

(8)复核者姓名及复核日期

评估复核人员必须在其复核过的评估工作底稿上签名和签署日期。若有多级复核，每级复核者均应签名和签署日期。

(9)评估结果

评估专业人员通过实施必要的评估程序后，对某一评估事项所做的专业判断。就清查调整值而言，是指评估专业人员对委托方所申报的账面资产在产权认证和资产存在认证后的结果；就评估值而言，是指评估专业人员对清查调整值所对应的资产在基准日的状态和价值发表专业性评估意见。

(10)其他应说明事项

评估专业人员根据其专业判断，认为应在评估工作底稿中予以记录的其他相关事项。

10.3.2.3 对评估工作底稿的形式要求

评估工作底稿可以是纸质文档、电子文档或者其他介质形式的文档，资产评估机构及

其资产评估专业人员应当根据资产评估业务具体情况和工作底稿介质的理化特性谨慎选择工作底稿的介质形式。评估工作底稿在形式上应做到要素齐全、格式规范、标识一致、记录清晰。

①要素齐全　构成评估工作底稿的基本内容应全部包括在内。

②格式规范　评估工作底稿在结构设计上应当合理，并有一定的逻辑性。所采用的格式应规范，但并不意味着格式统一。每一类资产所适用的评估工作底稿格式都应根据不同类型资产的特点具体规范。

③标识一致　评估符合的含义应前后一致，并明确反映在评估工作底稿上。

④记录清晰　评估工作底稿上记录的内容要连贯，文字要端正，计算要正确。

资产评估专业人员应当根据资产评估业务特点和工作底稿类别，编制工作底稿目录，建立必要的索引号，以反映工作底稿间的勾稽关系。

10.3.2.4　工作底稿中由委托方或其他第三者提供或代为编制的资料的处理

在评估中，相当部分的工作底稿是由委托方和相关当事方提供的，这些工作底稿有些是反映委托方基本情况的，如企业营业执照、林权证或其他资产权属证注明文件，则需要提供方签字或盖章确认；有些是确定评估对象与评估范围的，如森林资源资产清单，也需要提供方签字或盖章确认。委托方及相关当事方原则上应当对这些资料的真实性、完整性、合法性负责。除此之外，在评估中可能采用的资料也可能来自于第三方，如当地统计年鉴等。这些资料也应当注明其资料来源，从而有助于资产评估专业人员辨别资料的可信性和证明力。

10.3.2.5　评估工作底稿复核

复核是评估机构保证评估质量、降低评估风险的重要手段，是必需的控制程序。一方面要求评估机构应当建立评估工作底稿的复核制度，对复核要求、复核程序做出明确规范，以保证复核工作规范化、制度化和经常化；另一方面，复核人在复核时，应做出必要的复核记录和签名。对复核中发现的问题及处理意见予以明确反映，以便编制者修正。同时，复核记录和签名也有利于明确评估责任。

10.3.3　评估档案归集管理

10.3.3.1　评估档案归集

资产评估专业人员通常应当在资产评估报告日后 90 日内将工作底稿、资产评估报告及其他相关资料归集形成资产评估档案，并在归档目录中注明文档介质形式。重大或者特殊项目的归档时限为评估结论使用有效期届满后 30 日内。

资产评估委托合同、资产评估报告应当形成纸质文档。评估明细表、评估说明可以是纸质文档、电子文档或者其他介质形式的文档。同时以纸质和其他介质形式保存的文档，其内容应当相互匹配，不一致的以纸质文档为准。

资产评估机构应当在法定保存期内妥善保存资产评估档案，保证资产评估档案安全和持续使用。资产评估档案自资产评估报告日起保存期限不少于十五年；属于法定资产评估业务的，不少于三十年。

资产评估档案应当由资产评估机构集中统一管理，不得由原制作人单独分散保存资产评估档案。

随着计算机设备、网络信息技术、办公自动化等在评估业务中广泛应用，产生了大量的与评估业务相关的电子文档，而这些与评估相关的电子文档或其他介质(如数据光盘)也是评估档案的重要组成部分，评估机构应当采取适当的措施以保证这些信息的完整性与有效性。其措施包括将电子文档拷贝或刻录到可脱机的便于长期保管的存储载体、加强计算机安全管理、适合的计算机设施设备运行环境、培养专业的电子文件管理人员等。

10.3.3.2 评估档案的保密与查阅

(1)评估机构应建立评估档案的保密制度

这里实际上包含两层意思：一是评估机构及其他资产评估专业人员应当对评估档案保密，遵守资产评估专业人员的职业道德；二是为了保证评估档案保密工作规范化、制度化，评估机构应当建立评估档案保密制度，并严格执行制度。

(2)不属于泄密的几种特殊情况

一是法院、检察院及其国家机关因工作需要依法调阅评估档案；二是资产评估行业协会对执业进行检查和监督须查阅评估档案；三是有关管理部门审核和审批评估项目(如国有资产管理部门对评估报告审核)，要求查阅评估档案。就第一种情况而言，是国家法律授予该机构或部门向包括资产评估专业人员在内的全体公民搜集证据的权利，或者国家法律要求包括资产评估专业人员在内的全体公民对某一事实有举证的义务。这时资产评估专业人员或评估机构若拒绝查阅，则属于违法。就第二种和第三种情况而言，资产评估专业人员和评估机构按行业的有关规定应该予以查阅，否则，亦属于违规。同时就上述情况而言，一般不构成对委托方的非法侵害，因此，均不属于泄密范围。

小　结

森林资源资产评估报告是森林资源资产评估专业人员完成评估业务后向委托方提交的重要成果资料，也是委托方及相关当事方正确理解与使用评估结论的文件依据，森林资源资产评估报告一般根据委托方的要求、工作情况和采用的评估方法来确定评估报告的基本内容，主要包括标题与文号、目录、声明、摘要、正文及附件6个部分。评估报告应经评估专业人员及评估机构签字盖章后方能生效，且其有效期为评估基准日起一年内有效。为便于委托方及相关当事方正确理解评估报告正文，同时也为了满足评估与资产管理(如核准备案)的需要，评估报告还应当附以相应的评估说明，评估说明是核准备案的必备材料，说明中所揭示的内容应当与评估报告阐述的内容一致，重点说明评估过程、方法、依据、参数的选取、计算过程等。说明评估操作符合相关法律、法规和行业规范的要求，既有利于评估报告的使用与管理需要，也有助于保护评估行业以及各方的合法利益。

资产评估档案是资产评估专业人员在计划评估工作、执行评估程序和报告评估意见的过程中形成的工作记录，它以书面记录的形式完整反映评估工作的全过程。它包括了评估工作底稿、资产评估报告及其他相关资料，其中又以工作底稿的编制最为重要，资产评估工作底稿分为管理类工作底稿和操作类工作底稿两类。资产评估档案是形成评估意见的直接依据；是评价和考核资产评估专业人员专业能力和工作业绩的依据；是控制评估质量和监控评估工作的手段；是约束资产评估专业人员的执业行为和控制评估质量的重要手段；是未来评估业务和其他评估专业人员学习的参考文献。因此，资产评估档案应尽量详细完整，并妥善地进行整理、归档、保存与管理。

思考题

1. 什么是森林资源资产评估报告？它有何作用？
2. 森林资源资产评估报告书的基本内容分为哪几个部分？并概括其内容。
3. 森林资源资产评估报告书的正文包括哪几个方面的内容？
4. 森林资源资产评估依据的说明应至少含有哪些基本内容？
5. 森林资源资产评估说明的基本内容分为哪几个部分？并概括其内容。
6. 森林资源资产评估档案有何作用？
7. 简述森林资源资产评估工作底稿的种类及相关内容。
8. 森林资源资产评估档案管理的基本要求有哪些？

参考文献

张卫民，2015．森林资源资产评估基础[M]．北京：中国林业出版社．

董新春，2015．森林资源资产评估实务[M]．2版．北京：中国林业出版社．

中国资产评估协会，2014．中国资产评估准则2013[M]．北京：经济科学出版社．

全国注册资产评估考试辅导教材编写组，2013．资产评估学[M]．北京：中国财政经济出版社．

张颖，2013．森林碳汇核算及其市场化[M]．北京：中国林业出版社．

朱萍，2012．资产评估学教程 [M]．4版．上海：上海财经大学出版社．

姜楠，王景升，2011．资产评估[M]．2版．大连：东北财经大学出版社．

亢新刚，2011．森林经理学[M]．4版．北京：中国林业出版社．

朱萍，王辉，朱良，2011．资产评估学[M]．2版．上海：复旦大学出版社．

陈平留，刘健，陈昌雄，2010．森林资源资产评估[M]．北京：高等教育出版社．

张永利，杨锋伟，王兵，等，2010．中国森林生态系统服务功能研究[M]．北京：科学出版社．

王宏伟，2009．森林资源资产评估实务[M]．北京：中国财经经济出版社．

靳芳，余新晓，鲁绍伟，等，2007．中国森林生态系统生态服务功能及其评价[M]．北京：中国林业出版社．

孙玉军，2007．资源环境监测与评价[M]．北京：高等教育出版社．

孟宪宇，2006．测树学[M]．3版．北京：中国林业出版社．

侯元兆，2005．森林资源核算[M]．北京：中国科学技术出版社．

杨晓杰，刘晓光，2005．森林资源资产评估理论与实务[M]．哈尔滨：东北林业大学出版社．

王巨斌，2003．森林经理学[M]．北京：中国科学技术出版社．

国家林业局，2003．森林资源规划设计调查主要技术规定[M]．北京：中国林业出版社．

陈平留，刘健，2002．森林资源资产评估运作技巧[M]．北京：中国林业出版社．

高立法，孙健南，吴贵生，2002．资产评估[M]．北京：中国经济出版社．

国家林业局发展计划与资金管理司，2002．森林资源资产化管理法规制度选编[M]．北京：中国林业出版社．

黄云鹏，芦维忠，2002．森林培育[M]．北京：高等教育出版社．

罗江滨，陈平留，陈新兴，2002．森林资源资产评估[M]．北京：中国林业出版社．

罗江滨，姚昌恬，高玉英，等，2002．森林资源资产化管理改革理论与实践[M]．北京：中国林业出版社．

亢新刚，2001．森林资源经营管理 [M]．北京：中国林业出版社．

张敏新，2000．森林资产管理与资产评估[M]．北京：中国林业出版社．

于政中，1993．森林经理学 [M]．2版．北京：中国林业出版社．

白云庆，郝文康，1987. 测树学[M]. 哈尔滨：东北林业大学出版社.

刘春华，2008. 毛竹林资产评估方法探讨[J]. 安徽农学通报(13)：134-135.

王富炜，田治威，张海燕，等，2008. 森林资源资产抵押贷款价值评估研究[J]. 林业经济(11)：12-16.

张伟，2008. 灵石山国家森林公园森林景观资产评估[J]. 宁德师专学报(自然科学版)(4)：32-35.

刘降斌，2007. 森林景观资产价值特点及评估方法选择与评价[J]. 中国资产评估(7)：47-50.

刘降斌，2007. 林地资源资产评估方法研究[J]. 哈尔滨商业大学学报(2)：42-45.

孙福清，2007. 现行市价法在林木资产评估中的应用[J]. 中国资产评估(11)：13-14.

万道印，李耀翔，2007. 用材林林木资产评估模式及方法[J]. 森林工程(4)：82-83.

刘礼平，2006. 毛竹林资产评估方法的应用[J]. 林业经济(10)：68-70.

刘健，陈平留，郑德祥，等，2006. 用材林林地资产动态评估模型构建研究[J]. 林业经济(11)：53-56.

刘健，叶德星，余坤勇，等，2006. 闽北用材林林地标准地租的确定[J]. 福建林业科技，33(1)：1-5.

张盛钟，卢春英，2005. 集体林权制度改革与资产评估探讨[J]. 改革之窗(9)：24-25.

陈平留，刘健，陈昌雄，等，2004. 小班生产条件调查方法研究[J]. 福建林业科技(1)：83-86.

曹辉，陈平留，2003. 森林景观资产评估 CVM 法研究[J]. 福建林学院学报，23(1)：48-52.

冯建孟，郑四渭，2003. 林地资源与林地资产比较研究初探[J]. 国土与自然资源研究(3)：84-85.

李忠魁，朱国诚，施海，等，2003. 北京市森林景观资产等级评价[J]. 森林资源资产化管理(11)：36-37.

蔡细平，韩国康，汤肇元，2002. 关于林地资产价值量化问题的探讨[J]. 林业经济(3)：51.

曹辉，2001. 森林景观资源评价与景观资产评估研究[D]. 福州：福建农林大学.

曹辉，陈平留，2002. 论森林景观资产评估[J]. 林业资源管理(1)：41-44.

曹辉，陈平留，2002. 森林公园景观资产评估市场比较法初探[J]. 林业经济问题，22(2)：103-106.

曹辉，兰思仁，2002. 条件价值法在森林景观资产评估中的应用[J]. 世界林业研究，15(3)：32-36.

陈平留，林杰，刘健，1994. 用材林资产评估初探[J]. 华东森林经理，8(3)：42-47.

陈平留，刘健，1995. 人工用材林资产评估的实践与探索[J]. 林业资源管理(特刊)：97-102.

陈平留，王红春，1997. 经济林资产评估中折旧问题研究[J]. 福建林学院学报(4)：318-321.

陈平留，郑德祥，1999. 林木资产评估中的重置成本法的研究[J]. 华东森林经理(13)：25-27.

陈文波，张志云，郑焦，2000. 从地租理论看森林资源资产评估方法的统一性[J]. 江西农业大学学报，22(2)：286-290.

福建省林业厅，2016. 福建省地方森林资源监测体系小班区划调查技术规定.

关百钧，施昆山，1995. 森林可持续发展研究综述[J]. 世界林业研究(4)：1-6.

管德华，孔小红，2013. 西方价值理论的演进[M]. 北京：中国经济出版社.

郭进辉，2004. 南平用材林林地资产动态评估的研究[D]. 福州：福建农林大学.

郭晋平，2001. 森林可持续经营背景下的森林经营管理原则[J]. 世界林业研究(4)：37-42.

郭罗生，陈平留，1997. 林木资产评估新方法研究[J]. 中南林业调查规划(4)：43-46.

郭仁鉴，黄超刚，陈根旭，等，1999. 经济林毛竹林资产评估初探[J]. 浙江林学院学报(1)：48-52.

国家林业局，2015. 森林资源资产评估技术规范：LY/T 2407—2015[S]. 北京：中国标准出版社.

国家林业局，2017. 自然资源(森林)资产评价技术规范：LY/T 2735—2016[S]. 北京：中国标准出版社.

国家市场监督管理总局 国家标准化管理委员会，2020. 森林资源连续清查技术规程：GB/T 38590—2020[S]. 北京：中国标准出版社.

黄清麟，1999. 森林可持续经营综述[J]. 福建林学院学报，19(3)：282－286.

蒋有绪，2000. 国际森林可持续经营问题的进展[J]. 资源科学，22(6)：77－82.

蒋有绪，2001. 森林可持续经营与林业的可持续发展[J]. 世界林业研究，14(2)：1－8.

教育部高教司组，2020. 西方经济学(微观部分)[M]. 7版. 北京：中国人民大学出版社.

兰思仁，2000. 试论森林旅游业与社会林业的发展[J]. 林业经济问题，20(3)：143－146.

兰思仁，2001. 森林景观计量评价与福建森林景观的开发应用研究综述[J]. 华东森林经理(15)：53－57.

李维长，2000. 林地、林木资产评估应该使用的方法[J]. 经济问题探索(8)：104－106.

李忠魁，朱国诚，施海，等，2003. 森林景观资产等级评价原理[J]. 森林资源资产化管理(10)：33－36.

林昌庚，1964. 林木蓄积量测算技术中的干形控制问题[J]. 林业科学，9(4)：365－375.

林业部，1989. 林业专业调查主要技术规定[M]. 北京：中国林业出版社.

刘健，陈平留，2003. 林地期望价修正法——一种实用的用材林林地资产评估方法[J]. 林业经济(3)：45－46.

刘凯旋，2012. 我国森林碳汇市场的构建与定价研究[D]. 北京：北京林业大学.

刘娜，2011. 中国建立碳交易市场的可行性研究及框架设计[D]. 北京：北京林业大学.

孟宪宇，1991. 林分材种出材量表编制理论和方法的研究[J]. 河北林学院学报，6(1)：35－47.

王炳贵，陈建设，郭剑峰，等，1999. 厦门天竺山森林公园森林景观资产初步评估[J]. 北京林业大学学报，21(6)：84－88.

鑫峰，王雁，2000. 国内外森林景观的定量评价和经营技术研究现状[J]. 世界林业研究，13(5)：31－38.

殷有，殷鸣放，陈珂，等，1999. 论林地资产价格评估[J]. 辽宁林业科技(5)：39－41.

袁杰，李承，魏莉华，等，2016. 中华人民共和国资产评估法释义[M]. 北京：中国民主法制出版社.

张坤，2007. 森林碳汇计量和核查方法研究[D]. 北京：北京林业大学.

张琨，2011. 基于国际碳交易的森林碳汇市场价格探讨[D]. 哈尔滨：东北林业大学.

张卫民，2010. 森林资源资产价格及评估方法研究[D]. 北京：北京林业大学.

甄学宁，陈世清，1999. 林木生产周期与林地资产价格的关系[J]. 华南农业大学学报，20(3)：81－84.

郑德祥，2015. 森林资源资产评估[M]. 北京：中国林业出版社.

郑德祥，陈平留，2000. 浅析用材林资产评估的几种类型[J]. 林业经济问题(2)：85－87.

郑德祥，陈平留，2000. 中、幼龄林资产评估差值分析研究[J]. 中南林业调查规划(3)：58－60.

郑德祥，陈平留，陈昌雄，等，2000. 用材林幼龄林资产评估调整系数的确定[J]. 福建林学院学报(4)：325－328.

中国资产评估协会，2008.《资产评估准则——工作底稿》讲解[M]. 北京：经济科学出版社.

中国资产评估协会，2008.《资产评估准则——基本准则》讲解[M]. 北京：经济科学出版社.

中国资产评估协会，2008.《资产评估准则——评估程序》讲解[M]. 北京：经济科学出版社.

中国资产评估协会，2014．利用专家工作森林资源资产评估准则讲解[M]．北京：经济科学出版社．
中国资产评估协会，2017．中国资产评估准则 2017[M]．北京：经济科学出版社．
中国资产评估协会编，2021．资产评估基础[M]．北京：中国财政经济出版社．
中华人民共和国国家质量监督检验检疫总局 中国国家标准化管理委员会，2011．森林资源规划设计调查技术规程：GB/T 26424—2010[S]．北京：中国标准出版社．

附录　森林资源资产评估相关材料

附录1　中华人民共和国资产评估法

（2016年7月2日第十二届全国人民代表大会常务委员会第二十一次会议通过）

第一章　总则

第一条　为了规范资产评估行为，保护资产评估当事人合法权益和公共利益，促进资产评估行业健康发展，维护社会主义市场经济秩序，制定本法。

第二条　本法所称资产评估(以下称评估)，是指评估机构及其评估专业人员根据委托对不动产、动产、无形资产、企业价值、资产损失或者其他经济权益进行评定、估算，并出具评估报告的专业服务行为。

第三条　自然人、法人或者其他组织需要确定评估对象价值的，可以自愿委托评估机构评估。

涉及国有资产或者公共利益等事项，法律、行政法规规定需要评估的(以下称法定评估)，应当依法委托评估机构评估。

第四条　评估机构及其评估专业人员开展业务应当遵守法律、行政法规和评估准则，遵循独立、客观、公正的原则。

评估机构及其评估专业人员依法开展业务，受法律保护。

第五条　评估专业人员从事评估业务，应当加入评估机构，并且只能在一个评估机构从事业务。

第六条　评估行业可以按照专业领域依法设立行业协会，实行自律管理，并接受有关评估行政管理部门的监督和社会监督。

第七条　国务院有关评估行政管理部门按照各自职责分工，对评估行业进行监督管理。

设区的市级以上地方人民政府有关评估行政管理部门按照各自职责分工，对本行政区域内的评估行业进行监督管理。

第二章　评估专业人员

第八条　评估专业人员包括评估师和其他具有评估专业知识及实践经验的评估从业

人员。

评估师是指通过评估师资格考试的评估专业人员。国家根据经济社会发展需要确定评估师专业类别。

第九条 有关全国性评估行业协会按照国家规定组织实施评估师资格全国统一考试。

具有高等院校专科以上学历的公民，可以参加评估师资格全国统一考试。

第十条 有关全国性评估行业协会应当在其网站上公布评估师名单，并实时更新。

第十一条 因故意犯罪或者在从事评估、财务、会计、审计活动中因过失犯罪而受刑事处罚，自刑罚执行完毕之日起不满五年的人员，不得从事评估业务。

第十二条 评估专业人员享有下列权利：

(一)要求委托人提供相关的权属证明、财务会计信息和其他资料，以及为执行公允的评估程序所需的必要协助；

(二)依法向有关国家机关或者其他组织查阅从事业务所需的文件、证明和资料；

(三)拒绝委托人或者其他组织、个人对评估行为和评估结果的非法干预；

(四)依法签署评估报告；

(五)法律、行政法规规定的其他权利。

第十三条 评估专业人员应当履行下列义务：

(一)诚实守信，依法独立、客观、公正从事业务；

(二)遵守评估准则，履行调查职责，独立分析估算，勤勉谨慎从事业务；

(三)完成规定的继续教育，保持和提高专业能力；

(四)对评估活动中使用的有关文件、证明和资料的真实性、准确性、完整性进行核查和验证；

(五)对评估活动中知悉的国家秘密、商业秘密和个人隐私予以保密；

(六)与委托人或者其他相关当事人及评估对象有利害关系的，应当回避；

(七)接受行业协会的自律管理，履行行业协会章程规定的义务；

(八)法律、行政法规规定的其他义务。

第十四条 评估专业人员不得有下列行为：

(一)私自接受委托从事业务、收取费用；

(二)同时在两个以上评估机构从事业务；

(三)采用欺骗、利诱、胁迫，或者贬损、诋毁其他评估专业人员等不正当手段招揽业务；

(四)允许他人以本人名义从事业务，或者冒用他人名义从事业务；

(五)签署本人未承办业务的评估报告；

(六)索要、收受或者变相索要、收受合同约定以外的酬金、财物，或者谋取其他不正当利益；

(七)签署虚假评估报告或者有重大遗漏的评估报告；

(八)违反法律、行政法规的其他行为。

第三章 评估机构

第十五条 评估机构应当依法采用合伙或者公司形式，聘用评估专业人员开展评估业务。

合伙形式的评估机构，应当有两名以上评估师；其合伙人三分之二以上应当是具有三年以上从业经历且最近三年内未受停止从业处罚的评估师。

公司形式的评估机构，应当有八名以上评估师和两名以上股东，其中三分之二以上股东应当是具有三年以上从业经历且最近三年内未受停止从业处罚的评估师。

评估机构的合伙人或者股东为两名的，两名合伙人或者股东都应当是具有三年以上从业经历且最近三年内未受停止从业处罚的评估师。

第十六条　设立评估机构，应当向工商行政管理部门申请办理登记。评估机构应当自领取营业执照之日起三十日内向有关评估行政管理部门备案。评估行政管理部门应当及时将评估机构备案情况向社会公告。

第十七条　评估机构应当依法独立、客观、公正开展业务，建立健全质量控制制度，保证评估报告的客观、真实、合理。

评估机构应当建立健全内部管理制度，对本机构的评估专业人员遵守法律、行政法规和评估准则的情况进行监督，并对其从业行为负责。

评估机构应当依法接受监督检查，如实提供评估档案以及相关情况。

第十八条　委托人拒绝提供或者不如实提供执行评估业务所需的权属证明、财务会计信息和其他资料的，评估机构有权依法拒绝其履行合同的要求。

第十九条　委托人要求出具虚假评估报告或者有其他非法干预评估结果情形的，评估机构有权解除合同。

第二十条　评估机构不得有下列行为：

（一）利用开展业务之便，谋取不正当利益；

（二）允许其他机构以本机构名义开展业务，或者冒用其他机构名义开展业务；

（三）以恶性压价、支付回扣、虚假宣传，或者贬损、诋毁其他评估机构等不正当手段招揽业务；

（四）受理与自身有利害关系的业务；

（五）分别接受利益冲突双方的委托，对同一评估对象进行评估；

（六）出具虚假评估报告或者有重大遗漏的评估报告；

（七）聘用或者指定不符合本法规定的人员从事评估业务；

（八）违反法律、行政法规的其他行为。

第二十一条　评估机构根据业务需要建立职业风险基金，或者自愿办理职业责任保险，完善风险防范机制。

第四章　评估程序

第二十二条　委托人有权自主选择符合本法规定的评估机构，任何组织或者个人不得非法限制或者干预。

评估事项涉及两个以上当事人的，由全体当事人协商委托评估机构。

委托开展法定评估业务，应当依法选择评估机构。

第二十三条　委托人应当与评估机构订立委托合同，约定双方的权利和义务。

委托人应当按照合同约定向评估机构支付费用，不得索要、收受或者变相索要、收受回扣。

委托人应当对其提供的权属证明、财务会计信息和其他资料的真实性、完整性和合法性负责。

第二十四条　对受理的评估业务，评估机构应当指定至少两名评估专业人员承办。

委托人有权要求与相关当事人及评估对象有利害关系的评估专业人员回避。

第二十五条　评估专业人员应当根据评估业务具体情况，对评估对象进行现场调查，收集权属证明、财务会计信息和其他资料并进行核查验证、分析整理，作为评估的依据。

第二十六条　评估专业人员应当恰当选择评估方法，除依据评估执业准则只能选择一种评估方法的外，应当选择两种以上评估方法，经综合分析，形成评估结论，编制评估报告。

评估机构应当对评估报告进行内部审核。

第二十七条　评估报告应当由至少两名承办该项业务的评估专业人员签名并加盖评估机构印章。

评估机构及其评估专业人员对其出具的评估报告依法承担责任。

委托人不得串通、唆使评估机构或者评估专业人员出具虚假评估报告。

第二十八条　评估机构开展法定评估业务，应当指定至少两名相应专业类别的评估师承办，评估报告应当由至少两名承办该项业务的评估师签名并加盖评估机构印章。

第二十九条　评估档案的保存期限不少于十五年，属于法定评估业务的，保存期限不少于三十年。

第三十条　委托人对评估报告有异议的，可以要求评估机构解释。

第三十一条　委托人认为评估机构或者评估专业人员违法开展业务的，可以向有关评估行政管理部门或者行业协会投诉、举报，有关评估行政管理部门或者行业协会应当及时调查处理，并答复委托人。

第三十二条　委托人或者评估报告使用人应当按照法律规定和评估报告载明的使用范围使用评估报告。

委托人或者评估报告使用人违反前款规定使用评估报告的，评估机构和评估专业人员不承担责任。

第五章　行业协会

第三十三条　评估行业协会是评估机构和评估专业人员的自律性组织，依照法律、行政法规和章程实行自律管理。

评估行业按照专业领域设立全国性评估行业协会，根据需要设立地方性评估行业协会。

第三十四条　评估行业协会的章程由会员代表大会制定，报登记管理机关核准，并报有关评估行政管理部门备案。

第三十五条　评估机构、评估专业人员加入有关评估行业协会，平等享有章程规定的权利，履行章程规定的义务。有关评估行业协会公布加入本协会的评估机构、评估专业人员名单。

第三十六条　评估行业协会履行下列职责：

（一）制定会员自律管理办法，对会员实行自律管理；

（二）依据评估基本准则制定评估执业准则和职业道德准则；

（三）组织开展会员继续教育；

（四）建立会员信用档案，将会员遵守法律、行政法规和评估准则的情况记入信用档案，并向社会公开；

（五）检查会员建立风险防范机制的情况；

（六）受理对会员的投诉、举报，受理会员的申诉，调解会员执业纠纷；

（七）规范会员从业行为，定期对会员出具的评估报告进行检查，按照章程规定对会员给予奖惩，并将奖惩情况及时报告有关评估行政管理部门；

（八）保障会员依法开展业务，维护会员合法权益；

（九）法律、行政法规和章程规定的其他职责。

第三十七条　有关评估行业协会应当建立沟通协作和信息共享机制，根据需要制定共同的行为规范，促进评估行业健康有序发展。

第三十八条　评估行业协会收取会员会费的标准，由会员代表大会通过，并向社会公开。不得以会员交纳会费数额作为其在行业协会中担任职务的条件。

会费的收取、使用接受会员代表大会和有关部门的监督，任何组织或者个人不得侵占、私分和挪用。

第六章　监督管理

第三十九条　国务院有关评估行政管理部门组织制定评估基本准则和评估行业监督管理办法。

第四十条　设区的市级以上人民政府有关评估行政管理部门依据各自职责，负责监督管理评估行业，对评估机构和评估专业人员的违法行为依法实施行政处罚，将处罚情况及时通报有关评估行业协会，并依法向社会公开。

第四十一条　评估行政管理部门对有关评估行业协会实施监督检查，对检查发现的问题和针对协会的投诉、举报，应当及时调查处理。

第四十二条　评估行政管理部门不得违反本法规定，对评估机构依法开展业务进行限制。

第四十三条　评估行政管理部门不得与评估行业协会、评估机构存在人员或者资金关联，不得利用职权为评估机构招揽业务。

第七章　法律责任

第四十四条　评估专业人员违反本法规定，有下列情形之一的，由有关评估行政管理部门予以警告，可以责令停止从业六个月以上一年以下；有违法所得的，没收违法所得；情节严重的，责令停止从业一年以上五年以下；构成犯罪的，依法追究刑事责任：

（一）私自接受委托从事业务、收取费用的；

(二)同时在两个以上评估机构从事业务的；

(三)采用欺骗、利诱、胁迫，或者贬损、诋毁其他评估专业人员等不正当手段招揽业务的；

(四)允许他人以本人名义从事业务，或者冒用他人名义从事业务的；

(五)签署本人未承办业务的评估报告或者有重大遗漏的评估报告的；

(六)索要、收受或者变相索要、收受合同约定以外的酬金、财物，或者谋取其他不正当利益的。

第四十五条　评估专业人员违反本法规定，签署虚假评估报告的，由有关评估行政管理部门责令停止从业两年以上五年以下；有违法所得的，没收违法所得；情节严重的，责令停止从业五年以上十年以下；构成犯罪的，依法追究刑事责任，终身不得从事评估业务。

第四十六条　违反本法规定，未经工商登记以评估机构名义从事评估业务的，由工商行政管理部门责令停止违法活动；有违法所得的，没收违法所得，并处违法所得一倍以上五倍以下罚款。

第四十七条　评估机构违反本法规定，有下列情形之一的，由有关评估行政管理部门予以警告，可以责令停业一个月以上六个月以下；有违法所得的，没收违法所得，并处违法所得一倍以上五倍以下罚款；情节严重的，由工商行政管理部门吊销营业执照；构成犯罪的，依法追究刑事责任：

(一)利用开展业务之便，谋取不正当利益的；

(二)允许其他机构以本机构名义开展业务，或者冒用其他机构名义开展业务的；

(三)以恶性压价、支付回扣、虚假宣传，或者贬损、诋毁其他评估机构等不正当手段招揽业务的；

(四)受理与自身有利害关系的业务的；

(五)分别接受利益冲突双方的委托，对同一评估对象进行评估的；

(六)出具有重大遗漏的评估报告的；

(七)未按本法规定的期限保存评估档案的；

(八)聘用或者指定不符合本法规定的人员从事评估业务的；

(九)对本机构的评估专业人员疏于管理，造成不良后果的。

评估机构未按本法规定备案或者不符合本法第十五条规定的条件的，由有关评估行政管理部门责令改正；拒不改正的，责令停业，可以并处一万元以上五万元以下罚款。

第四十八条　评估机构违反本法规定，出具虚假评估报告的，由有关评估行政管理部门责令停业六个月以上一年以下；有违法所得的，没收违法所得，并处违法所得一倍以上五倍以下罚款；情节严重的，由工商行政管理部门吊销营业执照；构成犯罪的，依法追究刑事责任。

第四十九条　评估机构、评估专业人员在一年内累计三次因违反本法规定受到责令停业、责令停止从业以外处罚的，有关评估行政管理部门可以责令其停业或者停止从业一年以上五年以下。

第五十条　评估专业人员违反本法规定，给委托人或者其他相关当事人造成损失的，由其所在的评估机构依法承担赔偿责任。评估机构履行赔偿责任后，可以向有故意或者重大过失行为的评估专业人员追偿。

第五十一条　违反本法规定，应当委托评估机构进行法定评估，而未委托的由有关部门责令改正；拒不改正的，处十万元以上五十万元以下罚款；情节严重的，对直接负责的主管人员和其他直接责任人员依法给予处分；造成损失的，依法承担赔偿责任；构成犯罪的，依法追究刑事责任。

第五十二条　违反本法规定，委托人在法定评估中有下列情形之一的，由有关评估行政管理部门会同有关部门责令改正；拒不改正的，处十万元以上五十万元以下罚款；有违法所得的，没收违法所得；情节严重的，对直接负责的主管人员和其他直接责任人员依法给予处分；造成损失的，依法承担赔偿责任；构成犯罪的，依法追究刑事责任：

(一)未依法选择评估机构的；

(二)索要、收受或者变相索要、收受回扣的；

(三)串通、唆使评估机构或者评估师出具虚假评估报告的；

(四)不如实向评估机构提供权属证明、财务会计信息和其他资料的；

(五)未按照法律规定和评估报告载明的使用范围使用评估报告的。

前款规定以外的委托人违反本法规定，给他人造成损失的，依法承担赔偿责任。

第五十三条　评估行业协会违反本法规定的，由有关评估行政管理部门给予警告，责令改正；拒不改正的，可以通报登记管理机关，由其依法给予处罚。

第五十四条　有关行政管理部门、评估行业协会工作人员违反本法规定，滥用职权、玩忽职守或者徇私舞弊的，依法给予处分；构成犯罪的，依法追究刑事责任。

第八章　附则

第五十五条　本法自2016年12月1日起施行。

附录2　资产评估执业准则——森林资源资产

第一章　总则

第一条　为规范森林资源资产评估行为，保护资产评估当事人合法权益和公共利益，根据《资产评估基本准则》制定本准则。

第二条　本准则所称森林资源资产，是指由特定主体拥有或者控制并能带来经济利益的，用于生产、提供商品和生态服务的森林资源，包括森林、林木、林地、森林景观、森林生态等。

第三条　本准则所称森林资源资产评估，是指资产评估机构及其资产评估专业人员遵守法律、行政法规和资产评估准则，根据委托对评估基准日特定目的下的森林资源资产价值进行评定和估算，并出具资产评估报告的专业服务行为。

第四条　执行森林资源资产评估业务，应当遵守本准则。

第二章　基本遵循

第五条　执行森林资源资产评估业务，应当具备森林资源资产评估的专业知识和实践经验，能够胜任所执行的森林资源资产评估业务。

当执行某项特定业务缺乏相关的专业知识和经验时，应当采取弥补措施，包括聘请林业专业技术人员或者相关专业机构协助工作等。

第六条　在对持续经营前提下的经济组织价值进行评估时，作为经济组织资产的组成部分，森林资源资产价值通常受其对经济组织贡献程度的影响。

第七条　执行森林资源资产评估业务，应当根据评估目的等相关条件，选择恰当的价值类型。

第八条　执行森林资源资产评估业务，应当考虑国家相关林业法规和政策，以及森林资源的自然属性、经营特性、使用期限、用途等因素对森林资源资产价值的影响。执行涉及生态公益林等特殊用途的森林资源资产评估业务，除评估其经济价值外，还应当结合评估目的考虑是否评估其生态服务价值。

第九条　资产评估专业人员应当履行适当的评估程序，核实森林资源资产实物量及相关信息，分析经营管理的合理性，选择恰当的评估参数进行评定估算，编制和提交资产评估报告。

第三章　操作要求

第十条　执行森林资源资产评估业务，应当要求委托人明确森林资源资产评估目的、评估对象和范围。

第十一条　执行森林资源资产评估业务，应当根据评估目的和具体情况进行合理假设，并在资产评估报告中予以披露。

第十二条　资产评估专业人员应当要求委托人或者其他相关当事人明确森林资源资产

的权属，出具林权证或者相关权属证明文件，并对其真实性、完整性、合法性做出承诺。资产评估专业人员应当对森林资源资产的权属资料进行核查验证。

第十三条　执行森林资源资产评估业务，应当要求委托人或者其他相关当事人提供森林资源资产实物量清单。

第十四条　森林资源资产实物量是价值评估的基础。资产评估专业人员在进行森林资源资产价值评定估算前，可以委托相关专业机构对委托人或者其他相关当事人提供的森林资源资产实物量清单进行现场核查，由核查机构出具核查报告。

第十五条　当森林资源资产实物量清单由相关专业机构为满足所进行的资产评估需求，通过开展调查工作，以出具调查报告方式确定时，资产评估专业人员可以对调查工作进行现场核查。

第十六条　资产评估专业人员应当依法对森林资源资产评估活动中使用的资料进行核查验证。

第四章　评估方法

第十七条　执行森林资源资产评估业务，应当根据评估对象、评估目的、价值类型、资料收集等情况，分析市场法、收益法和成本法三种资产评估基本方法的适用性，选择评估方法。

第十八条　采用市场法评估森林资源资产时，应当考虑：

（一）森林资源资产市场的活跃程度，市场提供足够数量可比森林资源资产交易数据的可能性及其可靠性；

（二）森林资源所在地域的差异性对森林资源资产交易价格的影响；

（三）森林资源资产的用途和功能对交易价格的影响；

（四）不同林分质量、立地等级、地利条件、交易情况等因素对森林资源资产价值的影响。

第十九条　采用收益法评估森林资源资产时，应当考虑：

（一）森林资源结构、功能、质量、自然生长力等对收益的影响；

（二）森林资源管理相关法律、行政法规、财政补贴政策、采伐制度等对收益的影响；

（三）根据森林资源资产的特点、经营类型、风险因素等相关条件合理确定折现率；

（四）森林资源采伐方式和采伐周期对收益的影响。

第二十条　采用成本法评估森林资源资产时，应当考虑：

（一）森林资源培育过程的复杂性对成本的影响；

（二）森林资源经营的长期性对价值的影响；

（三）森林资源质量对价值的影响；

（四）森林资源培育技术、林地利用方式等造成的影响。

第二十一条　执行森林资源资产评估业务，应当关注各龄组之间计算结果的合理性。

第五章　披露要求

第二十二条　无论单独出具森林资源资产评估报告，还是将森林资源资产评估作为资产评估报告的组成部分，都应当在资产评估报告中披露必要信息，使资产评估报告的使用人能够正确理解评估结论。

第二十三条　资产评估专业人员应当在资产评估报告中对森林资源资产的权属状况、自然条件、地理分布、生产经营情况进行恰当描述。对评估范围内具有典型代表性或者经济价值高的森林资源资产，应当进行重点描述。

第二十四条　资产评估专业人员应当在资产评估报告中披露利用森林资源资产核查报告的情况。

第二十五条　资产评估专业人员应当在资产评估报告中披露重大事项对评估结论可能产生的影响，包括林地使用费用支付方式的影响等。

第二十六条　资产评估专业人员应当在资产评估报告中披露森林资源资产存在的抵押及其他权利受限情形。

第二十七条　资产评估专业人员应当将森林资源资产的权属证明、图面材料等资料作为资产评估报告的附件。法律行政法规另有规定的从其规定。

第六章　附则

第二十八条　本准则自2017年10月1日起施行。中国资产评估协会于2012年12月28日发布的《关于印发〈资产评估准则——森林资源资产〉的通知》(中评协〔2012〕245号)同时废止。

附录3　森林资产评估报告书范例

××××国有林场拟收购
森林资源资产项目
资产评估报告

闽绿林评报字〔2020〕第0001号

共一册，第一册

福建绿色林业资产评估有限公司

二〇二〇年十一月二十五日

资产评估报告书目录

资产评估报告声明

一、本资产评估报告依据财政部发布的《资产评估基本准则》和中国资产评估协会发布的《资产评估执业准则》和《职业道德准则》编制。

二、委托人或者其他资产评估报告使用人应当按照法律、行政法规规定和资产评估报告载明的使用范围使用资产评估报告；委托人或者其他资产评估报告使用人违反前述规定使用资产评估报告的，本资产评估机构及评估专业人员不承担责任。

三、本资产评估报告仅供委托人、资产评估委托合同中约定的其他资产评估报告使用人和法律、行政法规规定的资产评估报告使用人使用；除此之外，其他任何机构和个人不能成为资产评估报告的使用人。

四、本资产评估机构及评估专业人员提示资产评估报告使用人应当正确理解评估结论，评估结论不等同于评估对象可实现价格，评估结论不应当被认为是对评估对象可实现价格的保证。

五、本资产机构及评估专业人员在执行资产评估业务中，遵守法律、行政法规和资产评估准则，恪守独立、客观和公正的原则；根据所收集的资料做出客观的评估报告陈述，并对所出具的资产评估报告依法承担责任。

六、评估对象涉及的资产清单由委托人、被评估单位申报并经其采用签名、盖章或法律允许的其他方式确认；委托人和其他相关当事人依法对其提供资料的真实性、完整性、合法性负责。

七、本资产评估机构及评估专业人员与资产评估报告中的评估对象没有现存或者预期的利益关系；与相关当事人没有现存或者预期的利益关系，对相关当事人不存在偏见。

八、评估专业人员已经对资产评估报告中的评估对象及其所涉及资产的法律权属状况给予必要的关注，对评估对象及其所涉及资产的法律权属资料进行了查验，对已经发现的问题进行了如实披露，并且已提请委托人及其他相关当事人完善产权以满足资产评估报告的要求。

九、本资产评估机构出具的资产评估报告中的分析、判断和结果受资产评估报告中假设和限定条件的限制，资产评估报告使用人应当充分考虑资产评估报告中载明的假设、限制条件、特别事项说明及其对评估结论的影响。

十、本资产评估报告评估结论有效期限自评估基准日 2020 年 11 月 15 日起有效，有效期为一年，至 2021 年 11 月 14 日止；评估报告使用者应当根据评估基准日后的资产状况和市场变化情况合理确定评估报告使用期限。

××××国有林场拟收购
森林资源资产项目
资产评估报告摘要

闽绿林评报字〔2020〕第0001号

××××国有林场：

福建绿色林业资产评估有限公司接受贵林场的委托，根据资产评估法、资产评估准则及其他有关法律、行政法规的要求，坚持独立、客观、公正的原则，按照必要的评估程序，对委估资产的市场价值进行了评估，现将资产评估报告摘要如下：

评估目的：评定评估对象森林资源资产市场价值，为委托人拟收购职工股份所涉及森林资源资产提供价值参考依据。

评估对象：××××国有林场拟收购职工股份行为涉及的森林资源资产。

评估范围：包括有林面积20 979亩林地上的林木资源资产。

评估基准日：2020年11月15日。

评估方法：幼龄林采用重置成本法；中龄林与近熟林采用收获现值法；成过熟林采用市场价倒算法；天然用材林与山价计算均采用收益现值法。

价值类型：市场价值。

评估结论：在持续经营的前提下，××××国有林场委托评估的20 979亩有林地上人工林林木资源资产于评估基准日2020年11月15日的评估值现值共计人民币壹仟叁佰捌拾玖万陆仟贰佰元(13 896 200元)，人工用材林皆伐计算所需支付山价现值为人民币肆佰玖拾贰万肆仟捌佰元(4 924 800元)，天然林停伐补助价值现值为人民币贰佰壹拾陆万零陆佰玖拾元(2 160 690元)。

本资产评估报告的使用有效期原则上不应超过评估基准日壹年，即自2020年11月15日起至2021年11月14日止。如果资产状况、市场状况与评估基准日相关状况相比发生重大变化，委托人应当委托评估机构执行评估更新业务或重新评估。

本资产评估报告仅供委托人或者其他资产评估报告使用人为本报告所列明的评估目的使用，任何不正确或不恰当地使用本资产评估报告所造成的不便或损失，将由资产评估报告使用人自行承担责任。下列行为，但不仅限于此均被认为是没有正确地使用本资产评估报告：

1. 将本评估报告用于其他目的经济行为；

2. 除评估法律、行政法规规定以及相关当事方另有约定外，未经本机构审阅相关内容，将本评估报告的全部或者部分内容摘抄、引用或者披露于公开媒体。

以上内容摘自资产评估报告正文，欲了解本评估业务的详细情况和正确理解评估结论，应当阅读资产评估报告正文。

××××国有林场拟收购森林资源资产项目资产评估报告正文

闽绿林评报字〔2020〕第0001号

××××国有林场：

福建绿色林业资产评估有限公司接受贵林场的委托，按照法律、行政法规和资产评估准则的规定，坚持独立、客观、公正的原则，采用收获现值法、市场价倒算法、重置成本法、择伐收益现值法，按照必要的评估程序，对××××国有林场拟收购职工股份涉及的森林资源资产于评估基准日2020年11月15日的市场价值进行了评估。现将资产评估情况报告如下。

一、委托人、被评估单位和资产评估委托合同约定的其他资产评估报告使用人概况

本次资产评估项目的委托人与被评估单位均为××××国有林场(以下简称××××国有林场)，资产评估委托合同约定的其他资产评估报告使用人为法律、行政法规规定的其他使用人。

××××国有林场简介

名称：××××国有林场

住所：××××

法定代表人：×××

经营来源：财政核拨补助

开办资金：1000万元

举办单位：××市林业局

登记管理机关：××市事业单位登记管理局

有效期：2002年02月25日至2028年02月25日

宗旨和业务范围：造林育林、采伐、加工、综合利用森林资源，为社会提供用材，并在科学实验和发挥森林多种效益方面起到带头示范和辐射作用。

统一社会信用代码：12××××××××××××××××

二、评估目的

××××国有林场拟实施森林资源资产职工股份收购事宜，委托福建绿色林业资产评估有限公司对涉及的森林资源资产市场价值进行评估，为××××国有林场拟收购职工股份所涉及森林资源资产提供价值参考依据。

三、评估对象和评估范围

评估对象为××××国有林场拟收购的森林资源资产，评估范围包括有林面积20 979亩林地上的林木资源资产，详细情况见附件《森林资源资产评估小班一览表》。

委托人提供了评估范围内林木资源资产的《林权证》及林地林木转让协议，产权人均为××××国有林场，权属清晰、无纠纷。

经现场实地调查，纳入评估范围的林木资源资产位于××××国有林场位于新林工区经营区内。××县是福建省重点集体林区县之一，其土壤及气候较适宜林木生长，境内交通运输条件便利。本次拟评估的森林资源资产为××××国有林场所属部分经营林地，其林地相对较集中，交通运输条件一般，林分生长状况良好，总体森林资源管护情况正常。

四、价值类型

根据评估目的，委托人拟收购森林资源资产，委托福建绿色林业资产评估有限公司评定委估资产市场价值，故本评估报告选用价值类型为市场价值。

市场价值是指自愿买方和自愿卖方在各自理性行事且未受任何强迫压制的情况下，对在评估基准日进行正常交易中某项资产应当进行交易的价值估计数额。

五、评估基准日

本项目资产评估基准日是2020年11月15日。

此基准日是距评估目的计划实现日较接近的基准时间，由委托人、评估人员等共同讨论后确定。

六、评估依据

(一)经济行为依据

1.《××××国有林场关于批准收购林场股份林中职工股份的请示》(××林场〔2019〕100号)。

(二)法律法规依据

1.《中华人民共和国资产评估法》(2016年7月2日)；

2.《国有资产评估管理办法》(1991年11月16日)；

3.《国有资产评估管理办法施行细则》(1992年7月18日)；

4.《国有资产评估管理若干问题的规定》(2001年12月31日)；

5.《企业国有资产评估管理暂行办法》(2005年8月25日)；

6.《关于加强企业国有资产评估管理工作有关问题的通知》(2006年12月12日)；

7.《企业国有产权转让管理暂行办法》；

8.《中华人民共和国森林法》(1998年4月29日)；

9.《森林资源资产评估管理暂行规定》(2006年12月25日)；

10. 其他与资产评估相关的法律、行政法规等。

(三)评估准则依据

1.《资产评估基本准则》；

2.《资产评估职业道德准则》；

3.《资产评估执业准则—资产评估程序》；

4.《资产评估执业准则—资产评估报告》；

5.《资产评估执业准则—资产评估委托合同》；

6.《资产评估执业准则—资产评估档案》；

7.《资产评估执业准则—利用专家工作及相关报告》；

8.《资产评估执业准则—森林资源资产》；

9.《企业国有资产评估报告指南》；

10.《资产评估机构业务质量控制指南》；

11.《资产评估价值类型指导意见》；

12.《资产评估对象法律权属指导意见》；

13.《森林资源资产评估技术规范》（LY/T 2407—2015）；

14.《森林资源资产评估技术规范》（DB35/T 642—2005）；

15.《森林资源资产评估报告的编制规则》（DB35/T 544—2004）。

（四）权属依据

1.《林权证》闽林证字（2015）第 300002、300003、300004、40001、400005、400006、500007、500008、500009 号；

2. 相关林地林木转让协议（含补充协议）。

（五）取价依据

1. 评估人员进行的市场调查资料、现场勘察及询证的相关资料；

2. ××县近年木材生产资料及营造林生产计划表；

3. ××××国有林场近年来有关生产经营数据表；

4. 企业相关部门及人员提供的相关材料；

5. 福建省××县林业税费政策与相关规定；

6. 国家有关部门颁布的统计资料和技术标准资料，以及评估机构收集的其他有关资料。

（六）其他参考依据

1. 委托人提供的《森林资源资产评估一览表》；

2. 委托人提供的其他有关资料。

七、评估方法

森林资源资产评估基本方法有市场法、收益法及成本法。其中市场法包括木材市场价倒算法及市场成交价比较法；收益法包括收益现值法、收获现值法、年金资本化法、周期收益资本化法；成本法即重置成本法。根据《森林资源资产评估技术规范》，森林资源资产评估应根据不同树种、龄组等选择恰当的方法进行评估。

（一）选用的评估方法及理由

评估对象为用材林资源资产，根据林分年龄可分为幼龄林、中龄林、近熟林及成过熟林。对于成过熟林，易于调查获取木材销售价格、生产经营成本等资料，故宜选用市场法中的木材市场价倒算法进行评估；对于中龄林及近熟林，可预测林木资产主伐时净收益、评估基准日至主伐期间的营林成本等，故宜选用收益法中的收获现值法进行评估，而受国家对于天然阔叶用材林的保护，其采伐生产亦可进行择伐，故宜选用收益法中择伐（周期）收益现值法进行评估；对于幼龄林可调查其从整地开始到现有年龄的营造林及幼林抚育成本等，故宜选用成本法中的重置成本法进行评估。

（二）未选用的评估方法及理由

由于成熟林可即时进行采伐且距造林年限长不宜采用收益法与成本法；中龄林与近熟林也距造林年限长，使用成本法易产生成本失真，受森林资源管理法规政策的最低采伐年龄限制需要预测其后续收益，不能立即采伐，故不宜采用成本法与市场法；而幼龄林距可采伐收获年限还需较长时间，不宜采用收益法与市场法进行评估。

(三)选用的评估方法技术路线

1. 木材市场价倒算法

木材市场价倒算法是将被评估的林木皆伐后所得木材的市场销售总收入，扣除木材生产经营所耗费的成本(含税、费等)及应得的利润后，剩余的部分作为林木资产评估值的一种方法。其计算公式为：

$$E_n = m_n[f_1(W_1 - C_1 - F_1 - D_1) + f_2(W_2 - C_2 - F_2 - D_2)]$$

式中 m_n——林龄为n年时单位面积林分实际蓄积量；

f_1，f_2——原木、非规格材出材率；

W_1，W_2——原木、非规格材平均木材销售价格；

C_1，C_2——原木、非规格材木材生产经营成本；

F_1，F_2——原木、非规格材木材生产经营段利润；

D_1，D_2——原木、非规格材山价(造林更新费)。

2. 收获现值法

收获现值法是利用收获表预测被评估林木资产在主伐时净收益的折现值，扣除评估基准日后到主伐期间所支出的营林生产成本折现值的差额，作为被评估林木资产评估值的一种方法。其计算公式为：

$$E_n = \frac{m_n \cdot M_u}{\hat{m}_n} \cdot \frac{f_1(W_1 - C_1 - F_1 - D_1) + f_2(W_2 - C_2 - F_2 - D_2)}{(1+p)^{u-n}} - \frac{V[(1+p)^{(u-n)} - 1]}{p(1+p)^{u-n}}$$

式中 m_n——林龄为n年时单位面积林分实际蓄积量；

$\hat{m}_n$——林龄为n年时单位面积林分理论蓄积量，按林木蓄积生长预测模型计算得到，各树种生长预测模型是利用福建省林业厅现行《森林经营类型表》中中径材经营类型生长指标拟合而成；

M_u——按林木生长预测模型计算的u年主伐时单位面积林分理论蓄积量；

f_1，f_2——原木、非规格材出材率；

W_1，W_2——原木、非规格材平均木材销售价格；

C_1，C_2——原木、非规格材木材生产经营成本；

F_1，F_2——原木、非规格材木材生产经营段利润；

D_1，D_2——原木、非规格材山价(造林更新费)；

V——年平均管护费用；

u——主伐年龄；

n——林分年龄；

p——投资收益率。

3. 重置成本法

重置成本法是按现在的技术标准和工价、物价水平，重新营造一片与被评估资产同样的林分所需的资金成本和资金的投资收益(利息)。其计算公式为：

$$E_n = K\sum_{i=1}^{n} C_i(1+p)^{n-i+1}$$

式中　E_n——林龄为 n 年时单位面积林木资产评估值；

K——调整系数(本项目计算中为经济性贬值率调整)；

C_i——第 i 年以现时工价和生产水平为标准的投资额，各年度投资标准、管护费用详见技术经济指标；

p——投资收益率；

n——林分年龄。

4. 山价款评估方法(收益法)

本次评估中应委托人要求对全部林分按用材林皆伐方式在正常主伐年龄时予以采伐支付计算，由于评估中仅涉及中龄林以上的林分须计算山价款，采用以下公式计算：

$$D_n = \frac{m_n \cdot M_u}{\hat{m}_n} \cdot \frac{f_1 \cdot D_1 + f_2 \cdot D_2}{(1+p)^{(u-n)}}$$

式中　D_n——山价；

m_n——林龄为 n 年时单位面积林分实际蓄积量；

$\hat{m}_n$——林龄为 n 年时单位面积林分理论蓄积量，按林木蓄积生长预测模型计算得到，各树种生长预测模型是利用福建省林业厅现行《森林经营类型表》中中径材经营类型生长指标拟合而成；

M_u——按林木生长预测模型计算的 u 年主伐时单位面积林分理论蓄积量；

f_1，f_2——原木、非规格材出材率；

D_1，D_2——原木、非规格材山价。

上式中当现实林分年龄大于正常主伐年龄时，即林分为成熟林以上林分时，$u=n$，其计算公式为：

$$D_n = m_n(f_1 \cdot D_1 + f_2 \cdot D_2)$$

式中　m_n，f_1，f_2，D_1，D_2字母意义同上。

5. 天然用材林评估

根据现有天然林采伐管理政策，国有林场的天然林停止商业性采伐，故暂不具备商品用材林采伐收益，而根据《福建省林业厅关于申请2017年中央财政天然林停伐管护补助资金的函》，天然用材林可获取每年15元/亩的停伐补助资金，可视为天然林经营收益，采用收益现值法进行评估。

收益现值法是将天然林后续有效经营期(合同租赁期减去已使用年限)内的逐年获取的停伐补助资金折算为现值的累计值。其计算公式为：

$$B_n = \frac{B[(1+p)^{u-n} - 1]}{p(1+p)^{u-n}}$$

式中　B_n——停伐补助资金累计现值；

u——合同租赁期；

n——已租赁使用期；

p——收益率。

八、评估过程

(一)接受委托

委托人于2020年11月正式确定××××林业资产评估有限公司为本项目的评估机构，之后双方签订了评估业务约定书，明确了评估目的、评估对象及范围和评估基准日等。

(二)组建评估项目组和制订评估方案

根据评估范围的资产的分布情况、资产特点并结合项目的整体时间要求，评估公司成立评估项目组。同时针对本项目实际情况和资产分布的情况，为了保证质量、统一评估方法和参数，并结合委托人企业资产的特点，在对企业进行前期调研后制订了本项目资产评估工作方案。

(三)资产清查核实和相关情况访谈

本次现场清查核实工作2020年11月15日开始至2020年11月20日结束。

在委托人如实申报资产并对委托评估资产进行全面自查的基础上，对××××国有林场所提供的森林资源资产清单及产权进行核查、询证、内业统计分析，验证委托评估的森林资源资产的真实性和准确性。评估人员就企业的未来发展规划、市场销售、生产能力、未来经营等与评估相关的事项进行调查与相应的访谈。

(四)评定估算

评估人员依据针对本项目特点制订的评估方案，结合实际情况确定各类资产的作价原则，明确评估参数和价格标准，进行评定估算工作。

(五)汇总和内部审核

本次评估根据操作方案的要求由负责人完成汇总评估明细表、撰写评估说明和评估报告并完成自审后将完整的评估明细表、评估说明、评估报告及相应的工作底稿提交机构内部进行三级审核程序。项目组根据审核意见修改完善评估报告。

(六)提交评估报告

2020年11月25日将评估报告提交委托人。

九、评估假设

(1)交易假设：假设评估对象已经处在交易过程中，评估师根据评估对象的交易条件等模拟市场进行估价。交易假设是资产评估得以进行的一个最基本的前提假设。

(2)公开市场假设：假设评估对象拟进入的市场是公开市场。公开市场是指一个有自愿的买方和卖方的竞争性市场，在这个市场上，买方和卖方的地位平等，都有获取足够市场信息的机会和时间，买卖双方的交易都是在自愿的、理智的、非强制性或不受限制的条件下进行。

(3)本次评估以本报告所列明的特定评估目的为基本假设前提。

(4)影响企业经营的国家现行的有关法律、法规及企业所属行业的基本政策无重大变化，宏观经济形势不会出现重大变化；企业所处地区的政治、经济和社会环境无重大变化。

(5)假设无其他不可预测和不可抗力因素造成的重大不利影响。

(6)假设国家现行的银行利率、汇率、税收政策等无重大改变。

(7)本次评估测算价值为未考虑采伐限额制度影响的一次性支付价值总额。

(8)本次评估所涉及木材价格、生产成本、出材率、山场作业条件、经营成本等，均按××县现有林分生长及周边县市经营管理的平均水平确定。

(9)委托人提供的相关基础资料真实、准确、完整。

当出现与本报告前述假设条件不一致的事项发生时，本评估结果一般会失效。

十、评估结论

根据国家有关资产评估的规定，本着客观、独立、公正和科学的原则及必要的评估程序，对××××国有林场委托评估的森林资源资产进行了评估，根据以上评估工作，得出如下评估结论：

在持续经营的前提下，××××国有林场委托评估的20 979亩有林地上人工林林木资源资产于评估基准日2020年11月15日的评估值现值共计人民币壹仟叁佰捌拾玖万陆仟贰佰元(13 896 200元)，人工用材林皆伐计算所需支付山价现值为人民币肆佰玖拾贰万肆仟捌佰元(4 924 800元)，天然林停伐补助价值现值为人民币贰佰壹拾陆万零陆佰玖拾元(2 160 690元)。

具体评估结果详见《森林资源资产评估结果一览表》。

十一、特别事项说明

以下为在评估过程中已发现可能影响评估结论但非评估人员执业水平和能力所能评定估算的有关事项(包括但不限于)：

(1)本评估结果是反映评估对象在本次评估目的下，根据公开市场原则确定的现行价格，没有考虑将来可能承担的担保和质押事宜，以及特殊的交易方可能追加付出的价格等对评估价值的影响，也未考虑国家宏观经济政策发生变化以及遇有自然力和其他不可抗力对资产价格的影响。当前述条件以及评估中遵循的持续经营原则等发生变化时，评估结果一般会失效。

(2)委托人对所提供的评估对象法律权属等资料的真实性、合法性和完整性承担责任；评估专业人员的责任是对该资料及其来源进行必要的查验和披露，不代表对本次评估对象的权属提供任何保证。对评估对象法律权属进行确认或发表意见超出评估专业人员执业范围，因此，针对本项目，评估人员进行了必要的、独立的核实工作，××××国有林场和相关当事人应对其提供资料的真实性、合法性、完整性负责。

(3)本评估报告是在委托人提供基础文件数据资料的基础上做出的。提供必要的资料并保证所提供的资料的真实性、合法性、完整性是委托人的责任，并承担相应的法律责任。

(4)评估专业人员的责任是对评估对象在评估基准日特定目的下的价值进行分析、估算并发表专业意见，本评估结论不应当被认为是对评估对象可实现价格的保证。

(5)本次评估测算价值为一次性支付价值总额，没有考虑采伐限额指标对资源采伐的影响。

(6)本次评估所涉及的木材价格、生产成本、出材率、山场作业条件及经营成本等，均按××县现有林分生长及经营管理的平均水平确定。

(7)根据福建省林业厅文件《福建省林业厅转发国家林业局关于严格保护天然林的通知》闽林〔2016〕第8号规定“从2016年起全面停止省属国有林场和县属国有林场天然林商

业性采伐”与《福建省林业厅关于加强和规范“十三五”期间森林采伐管理的通知》闽林〔2016〕17号中规定“严禁采伐天然阔叶林各皆伐天然针叶林、严禁天然林商业性采伐”。以及闽政文〔2016〕103号《福建省人民政府关于下达“十三五”期间年森林采伐限额的通知》文件中亦不再有天然林采伐限额指标下达，本次委托评估方为国有林场，根据上述规定天然林不具备商业性采伐条件，实际上暂不具备木材生产的商业市场价值，而根据2017年7月《福建省林业厅关于申请2017年中央财政天然林停伐管护补助资金的函》，上述天然林可获得15元/亩的停伐管护补助，可视为天然林经营收益，因此在本次评估中，仅对其在后续经营期(即合同有效期减去已租赁林地年限)内的天然林停伐管护补助累计现值进行计算，并将其结果列示于评估结果中，即本评估结论中并未包含真正意义上的全部天然商品林林木资产价值，而仅是现有政策的天然林停伐的部分补偿费用价值，后续经营中，如果因法规政策调整等原因而使该天然林可进行商品用材林正常采伐生产，则需要调整评估结论，不能直接使用本报告中天然商品林的评估结论，因此而产生的后果与责任与评估公司及人员无关。

(8)根据委托人委托，本次评估中所涉及位于×××村的林地为国有林场租赁自村集体林地，在主伐时需向村集体支付山价(按出材每立方米90~120元不等，而不再支付林地使用费)，即林木资产评估价值中不包含山价，由于所涉及林地均为2004年及2006年之前租赁，租赁时均为可采伐用材林，之后由于森林区划与国家采伐管理政策的变化导致其中的天然林实际上无法进行商业性采伐，因此如本报告前述，在本次评估中未对天然商品林林木资产进行评估，亦无法计算其相应山价，故本报告不列示天然林所需支付山价评估结果，但根据《福建省林业厅关于申请2017年中央财政天然林停伐管护补助资金的函》评估其相应的停伐管护补助费现值，所估算的停伐管护补助费是否分成则需经营者根据相应的法规政策与合同协议执行，相应的后续经营中如前述天然林因法规政策等原因可进行用材林正常生产经营而需要调整评估结果时，则山价评估结果也应相应调整，因此而产生的结果与评估公司及人员无关。

(9)对存在的可能影响资产评估值的瑕疵事项，在委托人委托时未作特殊说明而评估人员执行评估程序一般不能获知的情况下，评估机构及评估人员不承担相关责任。

(10)本公司不能预计本评估报告出具后的政策与市场变化对评估结果的影响。

(11)本报告仅为本评估目的服务，在此行为实现的过程中，除以上经济行为涉及的各方外，不排除其他相关方会阅读到本评估报告，但我们对其他相关方基于自身立场对本报告的理解不负任何责任。

(12)评估结论是福建绿色林业资产评估有限公司出具的，评估过程中聘请了环林林业调查规划公司专业技术人员协助评估对象的外业调查工作以及评估价值的测算，本报告受具体参加本次项目的评估人员的执业水平和能力的影响。

评估报告使用者应注意以上的特别事项对评估结论可能产生的影响。

十二、资产评估报告使用限制说明

(一)本资产评估报告只能用于本资产评估报告载明的评估目的。

(二)委托人或者其他资产评估报告使用人未按照法律、行政法规和资产评估报告载明的使用范围使用资产评估报告的，资产评估机构及其评估专业人员不承担责任。

（三）除委托人、资产评估委托合同中约定的其他资产评估报告使用人和法律、行政法规规定的资产评估报告使用人之外，其他任何机构和个人不能成为资产评估报告的使用人。

（四）资产评估报告使用人应当正确理解评估结论，评估结论不等同于评估对象可实现价格，评估结论不应当被认为是对评估对象可实现价格的保证。

（五）本资产评估报告的全部或者部分内容被摘抄、引用或者被披露于公开媒体，需评估机构审阅相关内容，法律、行政法规规定以及相关当事方另有约定除外。

（六）本资产评估报告应当由至少两名承办该评估业务的评估师签字，并加盖资产评估机构公章后方可使用。

（七）本资产评估报告需完整使用，对仅使用报告中的部分内容所导致的有关损失，我公司不承担任何责任。

（八）本资产评估报告的使用有效期原则上不应超过评估基准日壹年，即自2020年11月15日起至2021年11月14日止。如果资产状况、市场状况与评估基准日相关状况相比发生重大变化，委托人应当委托资产评估机构执行评估更新业务或重新评估。

十三、资产评估报告日

资产评估报告日为评估结论形成的日期，本资产评估报告日为2020年11月25日。

资产评估师：　　　　　　　　森林资源资产评估专家：

资产评估师：　　　　　　　　森林资源资产评估专家：

福建绿色林业资产评估有限公司

二〇二〇年十一月二十五日

××××国有林场拟收购
森林资源资产项目

资产评估报告附件目录

一、委托人和被评估单位法人营业执照；
二、评估对象涉及的主要权属证明资料；
三、委托人和其他相关当事人的承诺函；
四、签名资产评估师的承诺函；
五、资产评估机构资格证明文件；
六、资产评估机构法人营业执照副本。

附：资产评估说明

××××国有林场拟收购
森林资源资产项目
资产评估说明

闽绿林评报字〔2020〕第0001号

（共一册，第一册）

福建绿色林业资产评估有限公司

二〇二〇年十一月二十五日

××××国有林场拟收购
森林资源资产项目
资产评估说明目录

第一部分 关于评估说明使用范围的声明

本评估说明仅供本评估行为主管部门、评估行业主管部门及转让委托人和产权持有单位审查资产评估报告书和检查评估机构工作之用，非为法律、行政法规规定，材料的部分或全部内容不得提供给其他任何单位和个人，不得见诸于公开媒体。

第二部分 企业关于进行资产评估有关事项的说明

（委托人提供，复印件附后）

第三部分　森林资源资产清查核实情况说明

受××××国有林场(以下简称××××国有林场)的委托，由我公司组织评估人员并聘请环林林业调查规划公司林业技术人员协助，组成森林资源资产实物量核查小组，在××××国有林场林业人员的配合下，于2020年11月15日起对××××国有林场所提供的拟评估森林资源资产进行全部小班实地核查，现就核查结果报告如下：

一、实物资产分布情况及特点

××××国有林场委托评估森林资源主要分布于××××国有林场位于新林工区经营区内，林权凭证为闽林证字(2015)第300002、300003、300004、40001、400005、400006、500007、500008、500009号以及相关林地林木转让协议(含补充协议)。××县是福建省重点集体林区县之一，其土壤及气候适宜林木生长，境内交通运输条件便利。委托评估森林资源资产经营小班总面积21 811亩，其林地相对较集中，交通运输条件一般，林分生长与管理状况正常。

二、实物资产核查方法

调查方法按照福建省《森林资源规划设计调查技术规定》(2016年)的要求进行小班调查。本次核查为部分核查，用样圆群(以3~4个样圆为一群)调查法确定小班蓄积量。

核查工作分三个阶段，即：

第一阶段：利用林业基本图、地形图、山林权证、山林权清册及山林权分布图，参照新一轮森林资源二类调查资源数据编制而成的小班一览表，按委托书核实森林资源资产的产权。

第二阶段：利用林业基本图、小班一览表对所抽取的部分小班进行全面调查，核对其小班的界线、面积、地类、林种、树种、小班蓄积量、平均胸径、平均高、株数等主要的调查因子要现地调查。

第三阶段：对核查的资料进行内业整理分析，编制森林资源资产实物量统计表和调查报告。

三、森林资源资产范围确认

根据委托，本次森林资源资产评估的范围为××××国有林场委托评估产权属于××××国有林场的森林资源资产。经核查，本次列入森林资源资产清单的森林资源林权均属于××××国有林场，委托评估林地面积21 811亩，扣除委托人不要求评估的832亩的林中林缘空地、零星竹林、无林地等，实际纳入资产评估范围的有林地面积为20 979亩，产权明晰可列入评估范围。

核查范围资产与委托评估的范围一致。

四、森林资源资产核查结果

本次核查用材林小班个数45个，核查面积4 513亩，占委托评估森林资源资产用材林总面积21 811亩的20.7%。以本次核查数据为准，对委托人所提供的委托评估的森林资源资产清单进行误差分析，计算蓄积量调查系统误差。计算公式为：(各小班原有蓄积量合计－各小班核查蓄积量合计)/各小班核查蓄积量合计×100%。经测算：蓄积量总体系统误差 1.8%，分树种分龄组蓄积量的系统误差为：杉木误差 -10.5%，马尾松误差 -9.5%，阔叶树误差 7.7%，符合有关技术规程中森林资源资产蓄积量核查误差不大于 ±15% 的要求。详见附表 3-1 公司森林资源蓄积量核查结果对照表。

附表 3-1 森林资源蓄积量核查结果对照表

优势树种	龄组	核查小班个数	核查面积/亩	原蓄积量/m^3	核查蓄积量/m^3	误差/%
阔叶树	合计	3	214	1 719	1 596	7.7
	成熟林	3	214	1 719	1 596	7.7
马尾松	合计	32	3 491	29 019	32 060	-9.5
	近熟林	4	328	2 872	3 345	-14.1
	成熟林	28	3 163	26 146	28 715	-8.9
杉木	合计	10	808	4 222	4 717	-10.5
	中龄林	2	123	229	213	7.8
	近熟林	2	256	469	462	1.5
	成过熟林	6	429	3 524	4 043	-12.8
总计		45	4 513	34 960	38 374	-8.9

经统计，××××国有林场委托评估产权属于××××国有林场的森林资源资产经营小班有林地面积 20 979 亩，蓄积量 186 736m^3，包含有马尾松、杉木及阔叶树等，详见森林资源资产小班一览表。

五、森林资源资产核查有关情况说明

1. 本次核查是以××××国有林场提供的森林资源资产清单为依据进行的，该清单是××××国有林场委托乙级林业调查规划设计资质单位 2018 年根据森林资源二类调查技术规程重新调查编制而成的新资源数据。

2. 本次核查由于是在新一轮二类调查成果基础上进行，故原委托小班一览表为 2006 年二类续档数据，新一轮二类进行了重新的小班区划与面积求算，故其面积与原委托小班面积 21 822 亩存在 0.05% 的面积误差，其有林地面积与原委托有林地面积 21 615 亩不一致，经林场同意以本次新一轮二类调查区划面积为准，在小班一览表后备注小班区划新增与合并小班情况，以供委托人复核。

3. 本次核查是根据转让委托人所提供的资源数据进行部分核查，小班面积主要以委托人所提供的小班面积为准，并扣除林中林缘空地、无林地、零星竹林等。

六、森林资源资产情况附表

1. 森林资源资产评估小班一览表(附表 3-2)

附表 3-2　森林资源资产评估小班一览表

林场	工区	林班	大班	小班	地类	小班面积/亩	树种组成	起源	年龄/a	平均胸径/cm	平均树高 h	亩蓄积/(m^3/亩)	蓄积量/m^3	林权证号
××	新林	059	01	020	林分	89	7杉3马	天然	24	14.6	9.5	6.9	613	闽林证字(2015)第300002号
××	新林	059	01	120	林分	23	8杉2马	人工	37	13.9	9.3	6.1	140	闽林证字(2015)第300002号
××	新林	059	01	060	林分	34	8杉2马	人工	37	16.3	11.2	12.4	422	闽林证字(2015)第300002号
××	新林	059	01	070	林分	19	10马	天然	32	7.2	4.6	1.1	20	闽林证字(2015)第300002号
××	新林	059	01	080	林分	16	9马1杉	天然	25	12.6	8.2	6.8	108	闽林证字(2015)第300002号
××	新林	059	01	090	林分	10	10马	天然	32	12.8	8.4	4.2	42	闽林证字(2015)第300002号
××	新林	059	01	160	林分	5	10马	天然	32	8.1	4.6	1.2	6	闽林证字(2015)第300002号
××	新林	059	02	060	林分	103	7杉3马	人工	25	15.9	10.4	11.5	1 180	闽林证字(2015)第300003号
××	新林	059	02	070	林分	32	6马4杉	天然	32	20.8	13.2	14.0	447	闽林证字(2015)第300003号
××	新林	059	02	080	林分	141	8马2杉	天然	27	11.8	7.8	2.3	328	闽林证字(2015)第300003号
××	新林	059	02	090	林分	76	7马3杉	天然	26	18.4	11.7	5.6	422	闽林证字(2015)第300003号
××	新林	059	03	010	林分	108	8杉2马	人工	15	14.0	9.1	7.6	820	闽林证字(2015)第300004号
××	新林	059	03	020	林分	227	7杉3马	人工	14	11.5	8.0	7.6	1 723	闽林证字(2015)第300004号
××	新林	059	03	030	林分	60	8马2杉	天然	25	15.0	9.7	7.8	469	闽林证字(2015)第300004号
××	新林	059	03	040	林分	38	8马2杉	天然	36	17.6	11.2	5.9	224	闽林证字(2015)第500008号
××	新林	059	03	050	林分	141	5马5杉	人工	28	19.6	12.8	12.2	1 721	闽林证字(2015)第500008号
××	新林	059	04	010	林分	45	9马1杉	天然	22	14.8	9.3	5.8	262	闽林证字(2015)第500008号
××	新林	059	04	020	林分	11	6马4杉	人工	52	14.3	8.9	6.8	75	闽林证字(2015)第500008号
××	新林	059	04	030	林分	53	10马	天然	41	12.9	8.1	4.8	257	闽林证字(2015)第500008号
××	新林	059	04	040	林分	50	5马5杉	天然	52	16.0	10.4	7.2	360	闽林证字(2015)第500009号
××	新林	059	04	060	林分	60	8杉2马	人工	37	14.9	11.0	9.9	592	闽林证字(2015)第500009号
××	新林	059	04	100	林分	31	7杉3马	天然	37	12.0	8.0	5.6	175	闽林证字(2015)第500009号
⋮	⋮	⋮	⋮	⋮	⋮	⋮	⋮	⋮	⋮	⋮	⋮	⋮	⋮	⋮
⋮	⋮	⋮	⋮	⋮	⋮	⋮	⋮	⋮	⋮	⋮	⋮	⋮	⋮	⋮
⋮	⋮	⋮	⋮	⋮	⋮	⋮	⋮	⋮	⋮	⋮	⋮	⋮	⋮	⋮
合计						20 979							186 736	

第四部分　评估依据的说明

一、行为依据

《××××国有林场关于批准收购林场股份林中职工股份的请示》(××××林场〔20××〕008号)。

二、法律依据

1.《中华人民共和国资产评估法》(2016年7月2日);

2.《国有资产评估管理办法》(1991年11月16日);

3.《国有资产评估管理办法施行细则》(1992年7月18日);

4.《国有资产评估管理若干问题的规定》(2001年12月31日);

5.《企业国有资产评估管理暂行办法》(2005年8月25日);

6.《关于加强企业国有资产评估管理工作有关问题的通知》(2006年12月12日);

7.《企业国有产权转让管理暂行办法》;

8.《中华人民共和国森林法》(1998年4月29日);

9.《森林资源资产评估管理暂行规定》(2006年12月25日);

10. 其他与资产评估相关的法律、行政法规等。

三、准则依据

1.《资产评估基本准则》;

2.《资产评估职业道德准则》;

3.《资产评估执业准则——资产评估程序》;

4.《资产评估执业准则——资产评估报告》;

5.《资产评估执业准则——资产评估委托合同》;

6.《资产评估执业准则——资产评估档案》;

7.《资产评估执业准则——利用专家工作及相关报告》;

8.《资产评估执业准则——森林资源资产》;

9.《企业国有资产评估报告指南》;

10.《资产评估机构业务质量控制指南》;

11.《资产评估价值类型指导意见》;

12.《资产评估对象法律权属指导意见》;

13.《森林资源资产评估技术规范》(LY/T 2407—2015);

14.《森林资源资产评估技术规范》(福建省地方标准 DB35/T 642—2005);

15.《森林资源资产评估报告的编制规则》(DB35/T 544—2004)。

四、权属依据

1.《林权证》闽林证字(2015)第300002、300003、300004、40001、400005、400006、500007、500008、500009号;

2. 相关林地林木转让协议(含补充协议)。

五、取价依据

1. 评估人员进行的市场调查资料、现场勘察及询证的相关资料；

2. ××县近年木材生产资料及营造林生产计划表；

3. ××××国有林场近年来有关生产经营数据表；

4. 企业相关部门及人员提供的相关材料；

5. 福建省××县林业税费政策与相关规定；

6. 国家有关部门颁布的统计资料和技术标准资料，以及评估机构收集的其他有关资料。

六、其他参考依据

1. 委托人提供的《森林资源资产评估清单》；

2. 委托人提供的其他有关资料。

第五部分　森林资源资产评估说明

一、森林资源资产概况

××××国有林场委托纳入本次评估范围内资产为产权属于××××国有林场的森林资源资产有林地面积 20 979 亩、蓄积量 186 736 m^3，林分包含有杉木、松木及天然阔叶林，林分生长状况良好，总体森林资源管护状况正常。

二、评估方法

根据《森林资源资产评估技术规范》(LY/T 2407—2015)与福建地方标准《森林资源资产评估技术规范》(DB35/T 642—2005)规定，本次森林资源资产评估分别针对用材林的不同龄组采用不同的评估方法。

1. 成过熟林林木资产评估

成过熟林采用木材市场价倒算法进行评估。木材市场价倒算法是将被评估的林木皆伐后所得木材的市场销售总收入，扣除木材生产经营所耗费的成本(含税、费等)及应得的利润后，剩余的部分作为林木资产评估值的一种方法。其计算公式为：

$$E_n = m_n[f_1(W_1 - C_1 - F_1 - D_1) + f_2(W_2 - C_2 - F_2 - D_2)]$$

式中　m_n——林龄为 n 年时单位面积林分实际蓄积量；

f_1，f_2——原木、非规格材出材率；

W_1，W_2——原木、非规格材平均木材销售价格；

C_1，C_2——原木、非规格材木材生产经营成本；

F_1，F_2——原木、非规格材木材生产经营段利润；

D_1，D_2——原木、非规格材山价(造林更新费)。

2. 中龄林及近熟林林木资产评估

中龄林及近熟林林木资产采用收获现值法进行评估。收获现值法是利用收获表预测被评估林木资产在主伐时净收益的折现值，扣除评估基准日后到主伐期间所支出的营林生产成本折现值的差额，作为被评估林木资产评估值的一种方法。其计算公式为：

$$E_n = \frac{m_n \cdot M_u}{\hat{m}_n} \cdot \frac{f_1(W_1 - C_1 - F_1 - D_1) + f_2(W_2 - C_2 - F_2 - D_2)}{(1+p)^{u-n}} - \frac{V[(1+p)^{(u-n)} - 1]}{p(1+p)^{u-n}}$$

式中 m_n——林龄为 n 年时单位面积林分实际蓄积量；

$\hat{m}_n$——林龄为 n 年时单位面积林分理论蓄积量，按林木蓄积生长预测模型计算得到，各树种生长预测模型是利用福建省林业厅现行《森林经营类型表》中中径材经营类型生长指标拟合而成；

M_u——按林木生长预测模型计算的 u 年主伐时单位面积林分理论蓄积量；

f_1，f_2——原木、非规格材出材率；

W_1，W_2——原木、非规格材平均木材销售价格；

C_1，C_2——原木、非规格材木材生产经营成本；

F_1，F_2——原木、非规格材木材生产经营段利润；

D_1，D_2——原木、非规格材山价(造林更新费)；

V——年平均管护费用；

u——主伐年龄；

n——林分年龄；

p——投资收益率。

3. 幼龄林(含未成林造林地)林木资产评估

幼龄林(含未成林造林地)采用重置成本法进行评估。重置成本法是按现在的技术标准和工价、物价水平，重新营造一片与被评估资产同样的林分所需的资金成本和资金的投资收益(利息)。其计算公式为：

$$E_n = K\sum_{i=1}^{n} C_i(1+p)^{n-i+1}$$

式中 E_n——林龄为 n 年时单位面积林木资产评估值；

K——调整系数(本项目计算中为经济性贬值率调整)；

C_i——第 i 年以现时工价和生产水平为标准的投资额，各年度投资标准、管护费用详见技术经济指标；

p——投资收益率；

n——林分年龄。

4. 山价款评估方法

本次评估中应委托人要求对全部林分按用材林皆伐方式在正常主伐年龄时予以采伐支付计算，由于评估中仅涉及中龄林以上的林分须计算山价款，采用以下公式计算：

$$D_n = \frac{m_n \cdot M_u}{\hat{m}_n} \cdot \frac{f_1 \cdot D_1 + f_2 \cdot D_2}{(1+p)^{(u-n)}}$$

式中 D_n——山价；

m_n——林龄为 n 年时单位面积林分实际蓄积量；

$\hat{m}_n$——林龄为 n 年时单位面积林分理论蓄积量，按林木蓄积生长预测模型计算得到，各树种生长预测模型是利用福建省林业厅现行《森林经营类型表》中中径材经营类型生长指标拟合而成；

M_u——按林木生长预测模型计算的 u 年主伐时单位面积林分理论蓄积量；

f_1，f_2——原木、非规格材出材率；

D_1，D_2——原木、非规格材山价。

上式中当现实林分年龄大于正常主伐年龄时，即林分为成熟林以上林分时，$U=n$，其计算公式为：

$$D_n = m_n[f_1 \cdot D_1 + f_2 \cdot D_2]$$

式中　m_n，f_1，f_2，D_1，D_2字母意义同上。

5. 天然用材林评估

根据现有天然林采伐管理政策，国有林场的天然林停止商业性采伐，故暂不具备商品用材林采伐收益，而根据《福建省林业厅关于申请2017年中央财政天然林停伐管护补助资金的函》，天然用材林可获取每年15元/亩的停伐补助资金，可视为天然林经营收益，采用收益现值法进行评估。

收益现值法是将天然林后续有效经营期（合同租赁期减去已使用年限）内的逐年获取的停伐补助资金折算为现值的累计值。其计算公式为：

$$B_n = \frac{B[(1+p)^{u-n} - 1]}{p(1+p)^{u-n}}$$

式中　B_n——停伐补助资金累计现值；

u——合同租赁期；

n——已租赁使用期；

p——收益率。

三、假设与说明

1. 本次评估所涉及的木材价格、生产成本、出材率、山场作业条件、经营成本等，均按××县现有林分生长及经营管理的平均水平综合考虑林场实际经营水平及周边县市生产状况确定。

2. 本次评估中所涉山价款仅在采伐收获时支付，而10年以下的幼龄林林地均为林场重新出资造林无须支付山价，故应用重置成本法不涉及山价计算。

3. 本次评估中评估价值为扣除山价款的林木资产评估价值，即林木资产评估价值中不包含山价款，即后续的受让者与经营者在未来采伐收获时仍需按原有林地租赁协议支付相应山价。

4. 本次山价款的计算为应委托人要求，由于所涉及林地均为2004年及2006年之前租赁，租赁时均为可采伐用材林，之后由于森林区划与国家采伐管理政策的变化导致其中的天然林实际上无法进行商业性采伐，目前暂不具备木材采伐生产价值，但可获得相应的天然林停伐管护补助资金，可视为经营者收益，故天然林价值以其有效经营期内的天然林停伐补助资金累计现值计算，以供委托人参考。

四、重要前提及限定条件

1. 在未来可预见的时间内企业按目前经营模式持续经营，生产经营政策不做重大调整，预测的收入、成本及费用在未来经营中能如期实现。

2. 未来国家对水、电等能源的价格不做重大调整，本次评估测算中假定其价格在未来的经营中基本保持不变。

3. 本次评估测算各项参数取值均按基准日取值，因此未考虑通货膨胀因素。

4. 国家宏观经济政策及关于林业的基本政策无重大变化。

5. 国家现行的银行利率、汇率、税收政策等无重大变化。

6. 本次评估测算价值为未考虑采伐限额制度对于资产评估影响下的一次性支付评估价值总额。

(一)营林管护成本

营林管护成本根据××××国有林场及参考其周边县市集体林造林的社会平均发生额综合确定，结果见附表3-3。

附表3-3 营林生产成本

元/亩

年度	杉木	马尾松	阔叶树
1	860	820	860
2	280	280	280
3	210	180	210

亩年管护成本为8元/亩。

(二)木材价格

以××××国有林场、当地木材市场平均销售价为基础，参考其周边县市国有林场木材销售情况综合确定(附表3-4)。

附表3-4 木材平均销售价格表

元/m^3

树材种	单价	树材种	单价	树材种	单价
杉原木	1 250	松原木	600	杂原木	750
杉小径	1 080	松小径	500	杂小径	600

(三)木材经营成本

1. 伐区设计费：10元/m^3(按单位蓄积量计)；

2. 采伐成本主伐：杉木200元/m^3，马尾松260元/m^3，及杂木220元/m^3；

3. 道路维护及短途集运材及仓储成本：50元/m^3；

4. 检尺费：10元/m^3(薪材不计)；

5. 管理费(含销售费用及不可预见费)等：销售价的8%；

6. 中龄林以上年管护费：每年8元/亩。

(四)税费

无(免税单位)。

(五)木材生产段利润

按直接采伐成本的10%计。

(六)出材率

按待评估山场成熟林林木的平均胸径以及当地生产的实际情况确定。

杉木出材率68%(其中原木约占35%；小径材65%)；

松木出材率73%(其中原木约占65%；小径材35%)；

杂木出材率55%(其中原木约占60%；小径材40%)。

（七）山价支付

根据国有林场山场承包经营合同，其位于新林工区的山场主伐时原木按120元/m^3标准支付山价予林地所有者，非规格材及等外材按原木的70%支付，不再另行支付林地使用费；位于××镇新林的山场主伐时原木按90元/m^3标准支付山价予林地所有者，非规格材及等外材按原木的70%支付，不再另行支付林地使用费，幼龄林未主伐前不支付山价。

（八）天然林停伐补助资金

根据《福建省林业厅关于申请2017年中央财政天然林停伐管护补助资金的函》规定天然林停伐补助资金为每年15元/亩，该林场林地均为2004—2006年租赁，根据其合同协议计算其后续有效经营期为15年。

（九）投资收益率

投资收益率为6%。

（十）林木蓄积生长预测模型：

杉木：$V=20.31432\times(1-e^{-0.1263545t})^{5.293045}$

人工松木：$V=20.29737\times(1-e^{-0.1008322t})^{4.361291}$

人工阔叶林：$V=31.45159\times(1-e^{-0.04364764t})^{1.700351}$

（十一）各树种平均主伐年龄

杉木为26年，人工松木及杂木为31年。

（十二）计算过程实例（附表3-5）

附表3-5　各树种纯收入计算表

元/m^3

项　目	杉原	杉小	松原	松小	杂原	杂小
利率/%	6		6		6	
管护费用	8		8		8	
木材价格/元	1250	1080	600	500	750	600
设计费/元	10	10	10	10	10	10
设计与检尺费/元	10	10	10	10	10	10
生产费/元	200	200	260	260	220	220
运输费/元	50	50	50	50	50	50
管理费/元	8.0%	8.0%	8.0%	8.0%	8.0%	8.0%
经营成本合计/元	360.00	346.40	368.00	360.00	340.00	328.00
生产利润/%	10	10	10	10	10	10
利润/元	20.00	20.00	26.00	26.00	22.00	22.00
出材率/%	23.8	44.2	47.5	25.6	33.0	22.0
林价/（元/m^3）	90	90	90	90	90	90
山价率/%	100.0	70.0	100.0	70.0	100.0	70.0
每立方米出材纯收入/元	780.00	650.60	116.00	51.00	298.00	187.00
每立方米蓄积量纯收入/元	463.21		58.07		129.48	

备注：经营成本＝检尺费＋设计费＋生产费＋运输费＋木材价格×（销售费用＋管理费＋不可预见费）

纯收入=木材价格-经营成本合计-采伐生产利润；其中采伐生产利润=生产费×采伐生产利润率(注天然林为人工林基础上加100元，但生产利润不加)

单位纯收入=原木纯收入×原木出材率+小径材纯收入×小径材出材率

计算实例：

1. 成过熟林市场价倒算法实例

实例：以59林班01大班120小班为例，有林地23亩，7杉3马，37年，小班蓄积量为140 m^3。

由《各树种纯收入计算表》查每立方米杉木纯收入=463.21元；

则70%杉木评估值=463.21×140×70%=45 395≈45 400元(取舍至百位)

同理由《各树种纯收入计算表》查每立方米马尾松纯收入=58.07元；

则30%马尾松评估值=58.07×140×30%=2 439≈2 500元(取舍至百位)

则该小班评估值=45 400+2 500=47 900元

2. 中龄林收获现值法实例

以059林班02大班060小班为例，有林地103亩，7杉3马，25年，小班蓄积为1 180m^3。

注意，由于采伐时应以优势树种主伐年龄为主，故本例中30%的马尾松主伐年龄也应为26年而非31年。

首先计算70%的杉木价值，由生长模型求得25年和26年时的理论蓄积量分别为：$\hat{m}_n=16.144\,8\ m^3$，$M_u=16.599\,8\ m^3$。

由附表《各树种纯收入计算表》查每立方米立杉木纯收入=463.21元：

$$E_n=\frac{m_n\cdot M_u}{\hat{m}_n}\cdot\frac{f_1(W_1-C_1-F_1)+f_2(W_2-C_2-F_2)}{(1+p)^{u-n}}-\frac{V[(1+p)^{u-n}-1]}{p(1+p)^{u-n}}$$

=529 399元

则70%的杉木评估值=529 399×70%=370 579≈370 600元(取舍至百位)

同理计算30%的松木价值，由附表《各树种纯收入计算表》查每立方米松木纯收入=58.07元：

由生长模型求得25年和26年时的理论蓄积量分别为：$\hat{m}_n=14.083\,0\ m^3$，$M_u=14.605\,3\ m^3$。

$$E_n=\frac{m_n\cdot Mu}{\hat{m}_n}\cdot\frac{f_1(W_1-C_1-F_1)+f_2(W_2-C_2-F_2)}{(1+p)^{u-n}}-\frac{V[(1+p)^{u-n}-1]}{p(1+p)^{u-n}}$$

=66 267元

则30%的松木评估值=66 267×30%=19 880≈19 900元(取舍至百位)

则该小班评估值=370 600+19 900=390 500元

3. 幼龄林重置成本法实例

以7林班02大班050小班为例，树种组成10杉，31亩，林分年龄4年，每年管护费为8元，则评估值E_n为：

则该小班评估值为$E_n=[860\times(1+6\%)^4+280\times(1+6\%)^3+210\times(1+6\%)^2+8\times(1+6\%)^1]\times31=1\,663.65\times31\approx51\,573=51\,600$元(取舍至百位)

4. 山价款计算实例

以上例中龄林为例，由生长模型要预测现有林分的未来主伐蓄积量：

70%杉木未来主伐蓄积量 = 16.599 8/16.144 8 × 70% × 1 180 = 849.3(m^3)

则杉木所需支付山价现值 = 90 × [849.3 × (0.68 × 0.35 + 0.68 × 0.65 × 70%)]/(1 + 6%)$^{26-25}$ ≈ 39 500(元)

同理 30%马尾松未来主伐蓄积量 = 14.605 3/14.088 3 × 30% × 1 180 = 367.1(m^3)

则松木所需支付山价现值 = 90 × [367.5 × (0.73 × 0.65 + 0.73 × 0.35 × 70%)]/(1 + 6%)$^{26-25}$ ≈ 20 400(元)

由此该小班须支付山价现值 = 39 500 + 20 400 = 59 900(元)

5. 天然林评估计算实例

以71 林班7 大班030 小班为例，196 亩，天然林，2004 年租赁，合同经营期30 年，剩余有效经营期限15 年，则其天然林停伐补助资金累计现值为：

$$B_n = \frac{B[(1+p)^{u-n}-1]}{p(1+p)^{u-n}} = \frac{15 \times [(1+0.06)^{30-15}-1]}{0.06 \times (1+0.06)^{30-15}} = 145.68$$

则该小班评估值 = 145.68 × 196 ≈ 28 550(元)

第六部分　评估结论及其分析

一、评估结论

根据国家有关资产评估的规定，本着客观、独立、公正和科学的原则及必要的评估程序，对××××国有林场委托评估的森林资源资产进行了评估，根据以上评估工作，得出如下评估结论：

在持续经营的前提下，××××国有林场委托评估的20 979 亩有林地上人工林林木资源资产于评估基准日2020 年11 月15 日的评估值现值共计人民币壹仟叁佰捌拾玖万陆仟贰佰元(13 896 200 元)，人工用材林皆伐计算所需支付山价现值为人民币肆佰玖拾贰万肆仟捌佰元(4 924 800 元)，天然林停伐补助价值现值为人民币贰佰壹拾陆万零陆佰玖拾元(2 160 690 元)，具体评估结果详见《森林资源资产评估结果一览表》。

附表 3-6　评估结果汇总表

树种	起源	龄组	面积/亩	蓄积量/m^3	林木资产价值/元	支付山价现值/元	天然林停伐补助价值/元
杉木	天然	小计	1 065	6 704	0	0	160 610
	人工	幼龄林	31	0	51 600	0	
		中龄林	362	2 687	999 300	153 100	
		近熟林	157	1 940	686 300	95 200	
		成过熟林	831	8 901	2 906 800	463 200	
		小计	1 381	13 528	4 644 000	711 500	
	合计		2 446	20 232	4 644 000	711 500	

续表

树种	起源	龄组	面积/亩	蓄积量/m³	林木资产价值/元	支付山价现值/元	天然林停伐补助价值/元
松木	天然	小计	7 685	66 428	0	0	1 424 600
	人工	幼龄林	262	238	546 800	0	
		中龄林	80	583	62 000	7 600	
		近熟林	610	5 161	961 900	262 400	
		成过熟林	6 214	59 235	7 625 500	3 925 500	
		小计	7 166	65 217	9 196 200	4 195 500	
	合计		14 851	131 645	9 196 200	4 195 500	
阔叶树	天然	小计	3 615	34 528	0	0	
	人工	成过熟林	67	331	56 000	17 800	
		小计	67	331	56 000	17 800	
	合计		3 682	34 859	56 000	17 800	575 480
用材林总计			20 979	186 736	13 896 200	4 924 800	2 160 690

二、评估结论成立的条件

(一)评估结论是福建绿色林业资产评估有限公司出具的，受具体参加本次项目的评估人员的执业水平和能力的影响。

(二)本评估报告的结论是在产权明确的情况下，以持续经营为前提条件。

(三)本评估结论是反映评估对象在本次评估目的下，根据公开市场原则确定的现行价格，没有考虑将来可能承担的抵押、担保事宜，以及特殊的交易方可能追加付出的价格等对评估价值的影响，也未考虑国家宏观经济政策发生变化以及遇有自然力和其他不可抗力对资产价格的影响。当前述条件以及评估中遵循的持续经营原则等发生变化时，评估结果一般会失效。

(四)由转让委托人和产权持有者管理层及其有关人员提供的与评估相关的所有资料，是编制本报告的基础，转让委托人及产权持有者应对其提供资料的真实性、全面性负责。对存在的可能影响资产评估值的瑕疵事项，在转让委托人委托时未作特殊说明而评估人员执行评估程序而一般不能获知的情况下，评估机构及评估人员不承担相关责任。

三、评估结论的瑕疵事项

本次评估中涉及天然林，根据目前森林资源管理与采伐管理政策实际上不具备商业性采伐条件，即暂不具备木材生产的商业市场价值。根据2017年7月《福建省林业厅关于申请2017年中央财政天然林停伐管护补助资金的函》，上述天然林仍可获得15元/亩的停伐管护补助，因此在本次评估中，仅对其在后续经营期(即合同有效期减去已租赁林地年限)内的天然林停伐管护补助累计现值进行计算，并将其结果列示于评估结果中，即本评估结论中并未包含真正意义上的全部天然商品林林木资产价值，而仅是现有政策的天然林停伐补偿费用，后续经营中如果因法规政策调整等原因而使该天然林可进行商品用材林正常采伐生产，则需要调整评估结论。

本次评估中涉及山价评估，该山价为国有林场2004年及2006年之前租赁自村集体林地，在主伐时需向村集体支付山价(按出材每立方米90～120元不等，而不再支付林地使用费)，但根据目前国家采伐管理政策天然林实际上无法进行商业性采伐，因此未对天然商品林林木资产进行评估，亦无法计算其相应山价，报告所列示天然评估价值实为天然林停伐管护补助费现值，为避免损害村集体林地所有者权益，相应的停伐管护补助费是否分成则需经营者根据相应的法规政策与合同协议执行，后续经营中如前述天然商品用材林价值因法规政策等原因可进行商品用材林正常生产经营而需要重新调整评估结果时，则相应的山价评估结果也应予以相应调整。

除此之外，评估人员在评估过程中尚未发现其他可能影响评估结论的瑕疵事项。

四、评估基准日的期后事项对评估结论的影响

评估基准日后，若资产数量及作价标准发生变化，对评估结论造成影响时，不能直接使用本评估结论，须对评估结论进行调整或重新评估。

除上述情况外，本次资产评估过程中未发现有影响评估工作的重大期后事项。

五、评估结论的效力、使用范围与有效期

(一)本报告所揭示的评估结论仅对被评估资产和本次评估目的有效，有效期为一年，至2021年11月14日。

(二)本报告系评估机构及人员依据国家法律法规出具的专业性结论，需经评估机构及评估人员签字、盖章后，依据国家法律法规的有关规定发生法律效力。

(三)本报告书的评估结论仅供转让委托人为本次评估目的和主管部门、评估行业主管部门及转让委托人和产权持有单位审查资产评估报告书和检查评估机构工作之用，报告书的使用权归转让委托人所有，未经转让委托人许可，我公司不会随意向他人提供或公开。